普通高等院校数学类规划教材

应用微积分
YINGYONG WEIJIFEN

（下册）（第三版）

组　编　大连理工大学城市学院基础教学部
主　编　曹铁川
副主编　张　鹤　王淑娟
编　者　高旭彬　张宇红　肖厚国

U0245086

 大连理工大学出版社

图书在版编目(CIP)数据

应用微积分. 下册 / 大连理工大学城市学院基础教
学部组编；曹铁川主编. -- 3版. -- 大连：大连理工
大学出版社，2023.7(2024.7重印)
　普通高等院校数学类规划教材
　ISBN 978-7-5685-3998-2

　Ⅰ.①应… Ⅱ.①大… ②曹… Ⅲ.①微积分－高等
学校－教材 Ⅳ.①O172

中国版本图书馆 CIP 数据核字(2022)第 233597 号

大连理工大学出版社出版
地址:大连市软件园路 80 号　邮政编码:116023
发行:0411-84708842　邮购:0411-84708943　传真:0411-84701466
E-mail:dutp@dutp.cn　URL:https://www.dutp.cn
丹东新东方彩色包装印刷有限公司印刷　　大连理工大学出版社发行

幅面尺寸:185mm×260mm　　印张:16.25　　字数:374 千字
2010 年 7 月第 1 版　　　　　　　　　　2023 年 7 月第 3 版
　　　　　　　2024 年 7 月第 2 次印刷

责任编辑:孙兴乐　　　　　　　　　　责任校对:贾如南
　　　　　封面设计:张　莹

ISBN 978-7-5685-3998-2　　　　　　　定　价:45.50 元

前言 Preface

在高等教育中,微积分是理工、经管、农医等众多院校、众多专业的一门重要的基础课,其理论与方法有着广泛的应用领域。

微积分课程一般也被称为高等数学。可能有人会问:大学阶段学习的高等数学与中学阶段学习的初等数学在研究对象与研究方法上有什么不同呢?我们知道,数学是研究客观世界数量关系和空间形式的科学。初等数学研究的基本上是常量,即在某一运动过程中保持不变的量;初等数学研究的图形多是形状确定的规则几何形体。在研究方法上,初等数学基本上是采用形式逻辑的方法,静止、孤立地对具体的"形"与"数"逐个进行研究。高等数学研究的对象主要是变量;高等数学研究的图形多是不规则的几何形体,如抽象的曲线、曲面以及由它们构成的几何形体,而且将"形"与"数"紧密联系在一起,相互渗透。在研究方法上,高等数学不再是孤立地、逐个地讨论问题,而是从整体上普遍地解决问题。

例如,导数或微分与积分构成了微积分理论的两个重要方面,导数是从微观上研究函数在某一点的变化状态,而积分则是从宏观上研究函数在某一区间或区域上的整体形态。在研究方法上,无论是导数还是积分都引入了"无限"的思想,通过极限的方法使问题得以解决。简而言之,函数是微积分的主要研究对象,极限是微积分的研究方法和基础。

微积分产生于 17 世纪,正值工业革命的盛世。航海造船业的兴起、机械制造业的发展、运河渠道的开掘、天文物理的研究等诸多领域面临着许多亟待解决的应用难题,呼唤着新的数学理论和方法出现。牛顿和莱布尼兹总结了数学先驱们的研究成果,集大成,创立了微积分,并直接将其应用于科研与技术领域,使科学技术呈现出突飞猛进的崭新面貌。可以说,微积分是继欧几里得几何以后全部数学中最伟大的创造之一。直至今日,作为数学科学的重要支柱,微积分仍保持着强大的生命力。

当今世界正从工业时代步入信息时代。科学技术的日新月异,大大扩展了数学的应用领域。相应地,对当代大学生数学素养的要求也在不断提高,期待着更多数学基础扎实、创新能力强、综合素质佳的人才涌现。

《应用微积分》是为普通高等院校,特别是应用技术型大学所编写的数学教材。通过本课程的学习,可获得一元函数微积分及其应用、多元函数微积分及其应用,以及向量代数与空间解析几何、无穷级数与微分方程等方面的基本概念、基本理论、基本方法和基本技能。考虑到授课对象的特点,在编写过程中,我们力求突出以下几个方面:

(1)在教材内容的选择上,既注意到微积分理论的系统性,又在不失严谨的前提下,适当删减或调整知识体系。例如,在极限部分,突出了函数极限的地位,而把数列极限作为函数极限的特例,避免了叙述上的重复,使主旨内容更为简明;在一元函数积分学中,先讲定积分概念,而不定积分和积分法作为定积分的计算工具自然引出,这样就还原和强调了积分的思想。在多元函数积分学中,把重积分、第一型曲线、曲面积分统一归为数量值函数在几何形体上的积分,与一元函数定积分前后呼应,既便于理解,又削减了篇幅。在微分方程的初等积分法中,突出了一阶线性微分方程,而把一阶齐次方程、伯努利方程、可降阶方程统一归为利用变量代换求解的微分方程,使这部分内容脉络更为清晰。

(2)考虑到高等院校的实际,在引出概念、定理、公式方面,尽可能按照认识规律,从直观背景出发,深入浅出,提出问题,解决问题,水到渠成地得出结论。对某些概念还从不同角度加以阐述、类比,使学生接受起来形象易懂。例如,对于闭区间上连续函数的介值定理和罗尔中值定理,除讲明其几何意义外,还给出其物理解释;在引出初学者不易理解的泰勒公式时,不厌其详地阐述多项式逼近函数的思想,结合几何形象,分析如何获取最为理想的多项式,并以二阶泰勒公式为例,自然推广,引出泰勒定理。本教材十分重视基础的训练和基本能力的培养,和一些传统教材相比,每一章节都围绕着相关定理和运算法则展开学习,配置的例题更为丰富,每一节后的习题数量也较为充足。考虑到有的学生有志于攻读更高层次的学位,所以在每一章后附有复习题,这些题目概念性强、综合性强,可满足这部分学生的学习需要。

(3)注重应用意识的培养,突出微积分的强大应用功能。当代著名数学家、教育家、沃尔夫奖获得者 P. D. 拉克斯(Peter D. Lax)指出:"目前数学在非常广泛的领域里的研究蓬蓬勃勃,而且成就辉煌,但还没有充分发挥人们的数学才华以加深数学与其他学科的相互关系。这种不平衡对于数学及其使用者都是有害的。纠正这种不平衡是一种教育工作,这必须从大学一开始做起。微积分是最适合从事这项工作的一门课程。""在微积分里,学生可以直接体会到数学是确切表达科学思想的语言,可以直接学到科学是深远影响着数学发展的数学思想的源泉。最后,很重要的一点在于数学可以提供许多重要科学问题的光辉答案。"我们非常赞赏这些观点。为了使学生提高学习热情,开阔眼界,活跃思想,培养学习兴趣和应用意识,在选材上,我们非常注意联系应用实际,除经典的力学、物理学实例外,还增加了化学、生态、经济、管理、生命科学、军事、气象、医学、农业及日常生活中的实例。特别是在每一章都设有"应用实例阅读"一节,提出了一些饶有趣味且具有真实背景的实际问题,用本章学到的微积分知识加以解决。相信这些内容的设置,会进一步激发学生的学习兴趣。

(4)注重高等数学与初等数学内容的衔接,附有初等数学中的常见曲线、基本初等函数、极坐标与直角坐标的基本内容。对于重要数学名词还给出了中英文对照,为学生阅读英文材料提供方便。

本教材由大连理工大学城市学院基础教学部组织编写,曹铁川任主编并负责统稿。参加上册(第1版)编写的教师有孙晓坤、高桂英、佟小华、刘怡娣、牛方平、宋尚文;参加下册(第1版)编写的教师有王淑娟、麻艳、高旭彬、张宇红、杜娟、张鹤、肖厚国。

本教材还配有《应用微积分同步辅导》教学参考书。

本教材第2版在《应用微积分》第1版的基础上,根据教学实践,按照精品课教材的要求,修订而成。第2版修订主要是对例题和习题做了较多的调整,删除了个别繁难的题目,充实了较多的基础性训练,使理论部分和操作部分更为协调,更有利于教与学。修订工作由曹铁川、杨巍、初丽、张颖完成。

本教材第3版是在第1版、第2版的基础上修订的。本次修订主要是对原有教材的例题和习题做了一些调整,增加了有关加强基本概念、基本运算的例题;还在难度梯度上对课后习题进行了调整,增补了部分计算比较简单又有利于概念理解的习题,并重新校订了全部习题和答案。特别地,本教材响应二十大精神,推进教育数字化,建设全民终身学习的学习型社会、学习型大国,及时丰富和更新了数字化微课资源,以二维码形式融合纸质教材,使得教材更具及时性、内容的丰富性和环境的可交互性等特征,使读者学习时更轻松、更有趣味,促进了碎片化学习,提高了学习效果和效率。本次修订工作由曹铁川、王淑娟、肖厚国、张宇红、张鹤、高旭彬完成。

当前我国高等教育正从精英教育向大众教育转化,办学模式和培养目标也呈现出了多元化的特点。本教材的编写也是为适应新形势而做的探索和尝试。我们期待着读者和同行提出宝贵的意见和建议。

编著者

于大连理工大学城市学院

2023年7月

所有意见和建议请发往:dutpbk@163.com

欢迎访问高教数字化服务平台:https://www.dutp.cn/hep/

联系电话:0411-84708462　84708445

微课资源展示

二维码	微课名称	教材页码
	旋转曲面	29
	二次曲面	32
	曲面的切平面与法线	81
	直角坐标系下 三重积分的计算	125
	第一型曲面积分的计算	139
	第二型曲线积分的概念	157
	常数项无穷级数的概念	194
	绝对收敛与条件收敛	210

目录 Contents

第5章

向量代数与空间解析几何

　　向量是对自然界和工程技术中存在着的既有大小又有方向的一类量的概括和抽象.作为重要的数学工具,向量代数在许多领域都有广泛的应用.

　　解析几何的基本思想是用代数方法研究几何问题.空间直角坐标系的建立,把空间的点与三元有序数组对应起来,空间曲面和曲线与三元方程和方程组对应起来,空间向量及其运算的几何形式与坐标形式对应起来.正是这种形与数的结合,使几何目标得以用代数方法达到,反过来,代数语言又因有了几何解释而变得直观.

　　向量代数与空间解析几何既是独立的知识体系,同时又是学习多元函数微积分前应做的必要准备.

　　本章先引进向量的概念,并结合实际背景给出向量的运算.接着通过空间直角坐标系的建立,对向量及其运算用坐标法进行量化处理.在空间解析几何部分,又以向量为工具着重讨论平面和空间直线方程.在曲面方程中,着重讨论柱面、旋转曲面及锥面,并用截痕法研究二次曲面的图形.

5.1　向量及其运算

5.1.1　向量的概念

　　在现实生活中,我们遇到的量常可以分为两种类型.一类量在取定测量单位之后,用一个实数就可以表示出来,如长度、体积、温度、质量、能量等,这类量称为**数量**或**标量**(scalar).另一类量不仅有大小,而且还有方向,例如,描述一个物体的运动速度,只指出速度的大小还不够,还要同时指出速度的方向才算完整.类似的量还有很多,如力、位移、加速度、力矩、电场强度等.像这样既有大小又有方向的量,称为**矢量**或**向量**(vector).

　　向量通常用有向线段表示,有向线段的长度表示向量的大小,有向线段的方向表示向量的方向.以 A 为起点,B 为终点所表示的向量记作 $\boldsymbol{AB}$.向量还常用黑体字母或加箭头的字母表示,如 $\boldsymbol{a}$、$\boldsymbol{b}$、$\boldsymbol{F}$ 或 $\vec{a}$、$\vec{b}$、$\vec{F}$ 等.向量的大小称为向量的**模**(norm),记作 $|\boldsymbol{AB}|$、$|\boldsymbol{a}|$、$|\vec{a}|$ 等.

在实际问题中遇到的具体向量,有时与起点有关,有时与起点无关,在数学上只讨论与起点无关的向量,即所谓**自由向量**,也就是只考虑向量的大小和方向这两方面的属性,而不考虑它的起点在何处.因而本教材中的向量可以任意作平行移动,只要平移后能完全重合的向量都认为是相等的.设有向量 a 和 b,如果它们的模相等,方向相同,则称向量 a 和 b 相等,记作 $a=b$.

模等于 1 的向量称为**单位向量**(unit vector).模等于 0 的向量称为**零向量**(zero vector),记作 $\mathbf{0}$ 或 $\vec{0}$,零向量的方向可以看作是任意的,即可根据情况任意指定.与向量 a 的模相等而方向相反的向量称为 a 的**负向量**,记作 $-a$.

若将向量 a、b 平移,使它们的起点重合,则表示它们的有向线段的夹角 $\theta(0\leqslant\theta\leqslant\pi)$ 称为向量 a 和 b 的夹角(图 5-1),记作 $(\widehat{a,b})$.

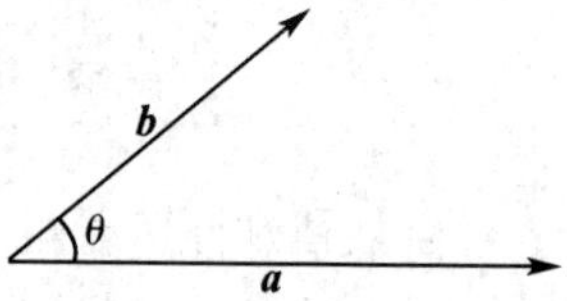

若两个非零向量 a 和 b 的夹角等于 0 或 π,即它们的方向相同或相反,则称 a 和 b **平行**,记作 $a/\!/b$.因为相互平行的向量经平移后可以位于同一直线上,故又称两平行的向量**共线**.若 a 和 b 的夹角等于 $\dfrac{\pi}{2}$,则称 a 和 b **垂直**或**正交**,记作 $a\perp b$.

图 5-1

因为零向量的方向可以看作是任意的,因此在具体问题中,零向量可以认为与任何向量都平行或垂直.

5.1.2 向量的线性运算

向量最基本的运算是向量的加法和向量与数的乘法,这两种运算统称为向量的线性运算.

1. 向量的加法

在力学中,求力的合成与分解用的是平行四边形法则,在物理学中出现的向量也用这个方法进行合成与分解.由此可以规定向量的加法运算.

对于向量 a 和 b,任取一点 A,作有向线段 $\boldsymbol{AB}=a$,$\boldsymbol{AD}=b$.在以 AB、AD 为邻边所做的平行四边形 $ABCD$ 中,记 $c=\boldsymbol{AC}$,则称向量 c 为向量 a 与 b 的和(图 5-2),记作

$$c=a+b.$$

此规则称为向量相加的**平行四边形法则**.

求向量 a 与 b 的和的运算称为向量 a 与 b 的加法.也可用下面的方法求 $a+b$(图 5-3):作有向线段 $\boldsymbol{AB}=a$,$\boldsymbol{BC}=b$,则 AC 表示的向量即 $a+b$,此规则称为向量相加的**三角形法则**.从图 5-2 和图 5-3 中可明显看出,用平行四边形法则和用三角形法则求出的$a+b$是一致的.当 a 和 b 平行时,用三角形法则求它们的和也是适用的.

向量的加法满足下列运算规律:

(1)$a+b=b+a$(交换律);

(2)$(a+b)+c=a+(b+c)$(结合律).

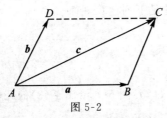
图 5-2

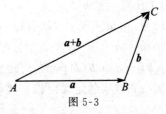
图 5-3

由向量加法的平行四边形法则知,交换律显然是成立的,结合律则可由图 5-4 得到验证.

根据零向量、负向量的定义及加法的运算规律,立即得到

$$a+0=0+a=a,$$

$$a+(-a)=(-a)+a=0.$$

利用负向量可以规定向量的**减法**,向量 a 和 b 的差为

$$a-b=a+(-b).$$

向量的减法也可以用三角形法则表示(图 5-5).

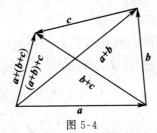
图 5-4

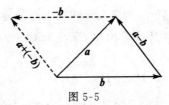
图 5-5

因为向量的加法满足交换律和结合律,所以加法可以推广至求任意有限个向量和的情况. n 个向量 $a_1,a_2,\cdots,a_n$ 相加可写成

$$a_1+a_2+\cdots+a_n.$$

并容易看出只要把 $a_1,a_2,\cdots,a_n$ 依次首尾相接,则由 a_1 的起点到 a_n 的终点的有向线段所表示的向量即所求的和. 图 5-6 给出了 $n=5$ 的情况:

$$s=a_1+a_2+a_3+a_4+a_5.$$

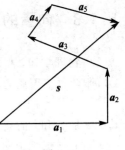
图 5-6

2. 向量与数的乘法(简称数乘)

设 a 是一向量,λ 是一实数,我们定义 a 与 λ 的乘积(简称数乘)是一个向量,记作 λa,它的模 $|\lambda a|=|\lambda|\cdot|a|$,它的方向,当 $\lambda>0$ 时与 a 相同,当 $\lambda<0$ 时与 a 相反(图 5-7).

$$\overrightarrow{a} \qquad \underset{(\lambda>0)}{\overrightarrow{\lambda a}} \qquad \underset{(\lambda<0)}{\overleftarrow{\lambda a}}$$

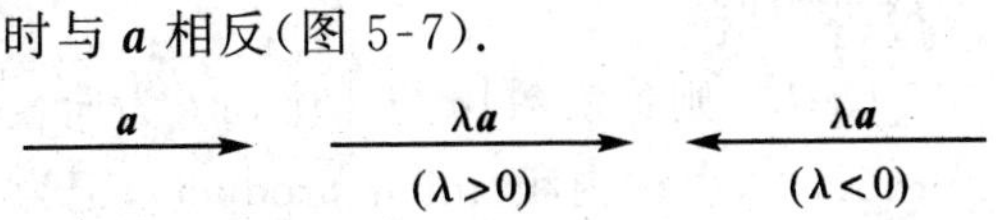

图 5-7

特别地,

$$1\cdot a=a,\quad (-1)a=-a.$$

当 $\lambda=0$ 时,

$$\lambda a=0.$$

显然,对于任意向量 a、b 和实数 λ、μ,数乘满足下列运算规律:

(1)$\lambda(\mu a)=(\lambda\mu)a=\mu(\lambda a)$(结合律);

(2)$(\lambda+\mu)a=\lambda a+\mu a$(对实数的分配律);

(3)$\lambda(a+b)=\lambda a+\lambda b$(对向量的分配律).

由向量加法和数乘的定义可以直接推出(1)、(2).图 5-8 给出了(3)的几何解释.

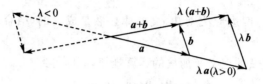

图 5-8

由数与向量的乘法定义可以得到下面两个重要结论:

(1)$a\neq 0$,则向量 $b\,/\!/\,a$ 的充要条件是:存在实数 λ,使得 $b=\lambda a$.

(2)若 $a\neq 0$,则 $a=|a|e_a$ 或 $e_a=\dfrac{a}{|a|}$,其中 e_a 表示与 a 方向一致的单位向量.

利用向量的线性运算,有时可方便地证明一些几何命题.

【例 5-1】 证明三角形两腰中点的连线平行于底边,且等于底边的一半.

证明 如图 5-9 所示,在 $\triangle ABC$ 中,D、E 分别为 AB、AC 的中点,则

$$DE=DA+AE$$
$$=\frac{1}{2}BA+\frac{1}{2}AC=\frac{1}{2}(BA+AC)=\frac{1}{2}BC,$$

所以 $DE\,/\!/\,BC$,且 $|DE|=\dfrac{1}{2}|BC|$.

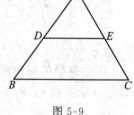

图 5-9

5.1.3　向量的数量积(点积、内积)

由物理学知,某物体在力 f 的作用下,沿直线从点 A 移至点 B,用 s 表示物体位移 AB,那么力 f 所做的功为

$$W=|f|\cdot|s|\cos\theta,$$

其中 θ 是 f 和 s 的夹角(图 5-10).

由此我们规定向量的数量积运算.

设 a、b 是两个向量,$\theta=(a\widehat{\ }b)$,则称实数 $|a|\cdot|b|\cos\theta$ 为向量 a 与 b 的**数量积**(scalar product),或称**点积**(dot product),也称**内积**(inner product),记为 $a\cdot b$,即

$$\boxed{a\cdot b=|a|\cdot|b|\cos\theta.}$$

按照数量积的定义,力 f 所做的功可表示为 $W=f\cdot s$.

下面给出数量积的几何意义.

设非零向量 a 所在的直线为 l,且 $(a\widehat{\ }b)=\theta$.用有向线段 AB 表示向量 b,过点 A 和点

B 作平面垂直于直线 l，并与 l 分别交于点 A' 和点 B'（图 5-11），则称点 A' 和点 B' 分别为点 A 和点 B 在 l 上的**投影**，称有向线段 $\boldsymbol{A'B'}$ 为向量 $\boldsymbol{b}$ 在向量 $\boldsymbol{a}$ 上的**投影向量**. 容易看出

$$\boldsymbol{A'B'}=(|\boldsymbol{AB}|\cos\theta)\boldsymbol{e}_a=(|\boldsymbol{b}|\cos\theta)\boldsymbol{e}_a,$$

称上式中的实数 $|\boldsymbol{b}|\cos\theta$ 为向量 $\boldsymbol{b}$ 在向量 $\boldsymbol{a}$ 上的**投影**（projection），并记作 $\mathrm{Prj}_a\boldsymbol{b}$. 当 $0\leqslant\theta<\dfrac{\pi}{2}$ 时，$\mathrm{Prj}_a\boldsymbol{b}$ 等于 $\boldsymbol{b}$ 在 $\boldsymbol{a}$ 上投影向量的长度；当 $\dfrac{\pi}{2}<\theta\leqslant\pi$ 时，$\mathrm{Prj}_a\boldsymbol{b}$ 等于 $\boldsymbol{b}$ 在 $\boldsymbol{a}$ 上投影向量长度的相反数；当 $\theta=\dfrac{\pi}{2}$ 时，$\mathrm{Prj}_a\boldsymbol{b}$ 等于零. 我们还注意到，无论向量 $\boldsymbol{b}$ 如何平移，它在向量 $\boldsymbol{a}$ 上的投影都是同一个实数，即具有唯一性.

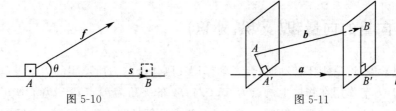

图 5-10　　　　　　　　　图 5-11

根据数量积的定义，当 $\boldsymbol{a}\neq\boldsymbol{0}$ 时，立即得到

$$\boldsymbol{a}\cdot\boldsymbol{b}=|\boldsymbol{a}|\,\mathrm{Prj}_a\boldsymbol{b}.$$

这表明，数量积 $\boldsymbol{a}\cdot\boldsymbol{b}$ 是向量 $\boldsymbol{b}$ 在 $\boldsymbol{a}$ 上投影的 $|\boldsymbol{a}|$ 倍，特别是当 $\boldsymbol{a}$ 为单位向量时，$\boldsymbol{a}\cdot\boldsymbol{b}$ 就等于 $\boldsymbol{b}$ 在 $\boldsymbol{a}$ 上的投影.

对于任意向量 $\boldsymbol{a}$、$\boldsymbol{b}$、$\boldsymbol{c}$ 和实数 λ、μ，向量的数量积满足下面的运算规律：

(1) $\boldsymbol{a}\cdot\boldsymbol{b}=\boldsymbol{b}\cdot\boldsymbol{a}$（交换律）；

(2) $(\lambda\boldsymbol{a})\cdot(\mu\boldsymbol{b})=\lambda\mu(\boldsymbol{a}\cdot\boldsymbol{b})$（数乘结合律）；

(3) $\boldsymbol{a}\cdot(\boldsymbol{b}+\boldsymbol{c})=\boldsymbol{a}\cdot\boldsymbol{b}+\boldsymbol{a}\cdot\boldsymbol{c}$（分配律）.

由数量积的定义还可推知：

> 向量 $\boldsymbol{a}$ 的模
>
> $$|\boldsymbol{a}|=\sqrt{\boldsymbol{a}\cdot\boldsymbol{a}}.$$
>
> 向量 $\boldsymbol{a}$ 与 $\boldsymbol{b}$ 的夹角满足
>
> $$\cos\theta=\frac{\boldsymbol{a}\cdot\boldsymbol{b}}{|\boldsymbol{a}||\boldsymbol{b}|}\quad(0\leqslant\theta\leqslant\pi).$$
>
> $\boldsymbol{a}$ 与 $\boldsymbol{b}$ 垂直的充分必要条件是
>
> $$\boldsymbol{a}\cdot\boldsymbol{b}=0.$$

【例 5-2】 设流体以速度 $\boldsymbol{v}$ 流经平面 Π，在 Π 上有一面积为 A 的区域，$\boldsymbol{e}_n$ 为垂直于 Π 的单位向量[图 5-12(a)]，试用数量积表示流体经过该区域且流向 $\boldsymbol{e}_n$ 所指一侧的流量（单位时间内流过该区域的流体质量），已知流体的密度为常数 ρ.

解 单位时间内流经该区域的流体是底面积为 A、斜高为 $|\boldsymbol{v}|$ 的斜柱体[图 5-12(b)]. 设 $\boldsymbol{v}$ 与 $\boldsymbol{e}_n$ 的夹角为 θ，则此斜柱体的体积为

$$V=A|\boldsymbol{v}|\cos\theta=A\boldsymbol{v}\cdot\boldsymbol{e}_n.$$

从而所求流量为

$$\Phi = \rho A v \cdot e_n.$$

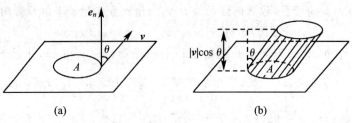

(a)   (b)

图 5-12

5.1.4 向量的向量积(叉积、外积)

在物理学中,讨论刚体转动时,要考虑作用在刚体上的力所产生的力矩.例如,一物体的支点为 O,力 f 作用在物体上的点为 A,f 与 OA 的夹角为 θ,点 O 到力 f 作用线的距离为 $|OP|$(图 5-13).则力 f 对支点 O 的力矩 M 是一个向量,它的大小为力的大小与支点到力作用线距离的乘积,即

$$|M| = |OP||f| = |OA||f|\sin\theta.$$

M 的方向垂直于 OA 与 f,指向符合"右手法则".即当右手的四指从 OA 转向 f 时(转角为两者的夹角),大拇指的指向就是 M 的方向.由此我们规定向量的向量积运算.

设 a、b 是两个向量,$\theta = (a\hat{,}b)$,规定 a 与 b 的**向量积**(vector product)是一个向量,记作 $a \times b$,它的模

$$|a \times b| = |a||b|\sin\theta$$

它的方向垂直于 a 和 b,并且 a、b、$a \times b$ 符合右手法则(图 5-14).

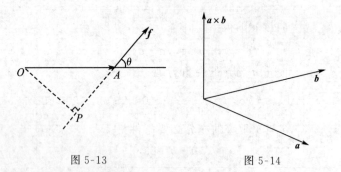

图 5-13   图 5-14

向量的向量积也称向量的**叉积**(cross product)或**外积**(outer product).

据此定义,上述力矩可以记作 $M = OA \times f$.

两向量的向量积有如下几何意义:

(1)$a \times b$ 的模 $|a \times b|$ 是以 a、b 为邻边的平行四边形的面积(图 5-15);

(2)$a \times b$ 与一切既平行于 a 又平行于 b 的平面垂直.

向量积的几何意义在后面的空间解析几何中有着重要的应用.

向量的向量积满足下面运算规律:

(1)$a \times b = -b \times a$(注意:不满足交换律);

(2)$(\lambda a) \times b = \lambda(a \times b) = a \times (\lambda b)$(结合律);

(3)$(a+b) \times c = a \times c + b \times c$(分配律).

式(1)和式(2)由向量积定义不难验证,式(3)的证明稍显复杂,略去.

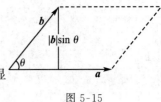

图 5-15

由向量积的定义,可立即推出:

$$0 \times a = a \times 0 = 0,$$
$$a \times a = 0.$$

两个非零向量 a、b 平行的充分必要条件是

$$a \times b = 0.$$

【例 5-3】　设△ABC 的三条边长分别是 a、b、c(图 5-16),试用向量运算证明正弦定理

$$\frac{a}{\sin A} = \frac{b}{\sin B} = \frac{c}{\sin C}.$$

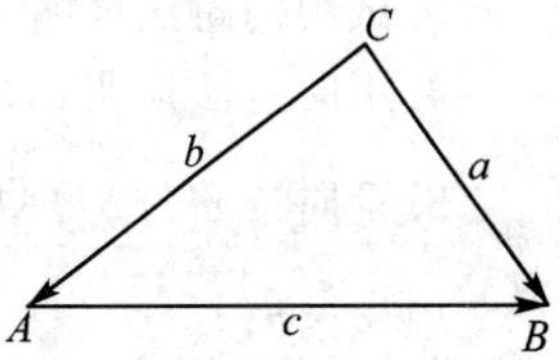

证明　注意到 $CB = CA + AB$,故有

$$CB \times CA = (CA + AB) \times CA = CA \times CA + AB \times CA$$
$$= AB \times CA = AB \times (CB + BA) = AB \times CB.$$

图 5-16

于是得到

$$CB \times CA = AB \times CA = AB \times CB.$$

从而

$$|CB \times CA| = |AB \times CA| = |AB \times CB|.$$

即

$$ab\sin C = cb\sin A = ca\sin B.$$

所以

$$\frac{a}{\sin A} = \frac{b}{\sin B} = \frac{c}{\sin C}.$$

5.1.5　向量的混合积

向量 a 与 b 的向量积 $a \times b$ 仍是一向量,它还可以与另一向量 c 作数量积,我们称 $(a \times b) \cdot c$ 为向量 a、b、c 的混合积(mixed product),记为$[abc]$,即

$$[abc] = (a \times b) \cdot c = |a \times b||c|\cos\theta,$$

其中 θ 是向量 $a \times b$ 与 c 的夹角.

混合积$[abc]$是这样一个实数,它的绝对值$|(a \times b) \cdot c|$表示以 a、b、c 为邻边的平行六面体的体积.这是因为$|a \times b|$等于以 a、b 为邻边的平行四边形的面积.以此平行四边形为底,平行六面体的高 h 恰为$||c|\cos\theta|$(图 5-17).易知,当 a、b、c 组成右手系时,平行六面体的体积为$[abc]$.

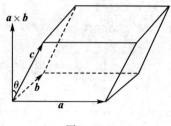

图 5-17

习题 5-1

1. 设 A、B、C 是 $\triangle ABC$ 的三个顶点，D 是 AC 的中点，

（1）求 $\boldsymbol{AB}+\boldsymbol{BC}+\boldsymbol{CA}$；

（2）若记 $\boldsymbol{AB}=\boldsymbol{a}$，$\boldsymbol{BC}=\boldsymbol{b}$，试用 $\boldsymbol{a}$、$\boldsymbol{b}$ 表示 $\boldsymbol{BD}$ 和 $\boldsymbol{CD}$.

2. 设 $\boldsymbol{u}=\boldsymbol{a}+\boldsymbol{b}-2\boldsymbol{c}$，$\boldsymbol{v}=-\boldsymbol{a}-3\boldsymbol{b}+\boldsymbol{c}$，试用 $\boldsymbol{a}$、$\boldsymbol{b}$、$\boldsymbol{c}$ 来表示 $2\boldsymbol{u}-3\boldsymbol{v}$.

3. 试用向量法证明三角形余弦定理.

4. 用向量法证明：对角线互相平分的四边形是平行四边形.

5. 设向量 $\boldsymbol{a}$ 与 $\boldsymbol{b}$ 的夹角 $\theta=\dfrac{2\pi}{3}$，且 $|\boldsymbol{a}|=3$，$|\boldsymbol{b}|=4$，试求：

（1）$\boldsymbol{a}\cdot\boldsymbol{b}$；

（2）$(3\boldsymbol{a}-2\boldsymbol{b})\cdot(\boldsymbol{a}+2\boldsymbol{b})$.

6. 设向量 $\boldsymbol{r}$ 的模是 4，它与向量 $\boldsymbol{u}$ 的夹角为 $\dfrac{\pi}{3}$，求 $\boldsymbol{r}$ 在 $\boldsymbol{u}$ 上的投影.

7. 设 $\boldsymbol{r}=2\boldsymbol{a}+3\boldsymbol{b}$，$\boldsymbol{s}=\boldsymbol{a}-\boldsymbol{b}$，$|\boldsymbol{a}|=1$，$|\boldsymbol{b}|=2$，且向量 $\boldsymbol{a}$ 与 $\boldsymbol{b}$ 的夹角为 $\dfrac{\pi}{3}$，求：

（1）$\boldsymbol{r}\cdot\boldsymbol{s}$；

（2）$\boldsymbol{r}$ 在 $\boldsymbol{s}$ 上的投影 $\mathrm{Prj}_s\boldsymbol{r}$.

8. 证明向量 $\boldsymbol{a}$ 与 $\boldsymbol{b}$ 垂直的充分必要条件是，对任意的实数 λ，都有
$$|\boldsymbol{a}+\lambda\boldsymbol{b}|=|\boldsymbol{a}-\lambda\boldsymbol{b}|.$$

9. 已知 $|\boldsymbol{a}|=3$，$|\boldsymbol{b}|=26$，$|\boldsymbol{a}\times\boldsymbol{b}|=72$，求 $\boldsymbol{a}\cdot\boldsymbol{b}$.

10. 已知 $|\boldsymbol{a}|=10$，$|\boldsymbol{b}|=2$，$\boldsymbol{a}\cdot\boldsymbol{b}=12$，求 $|\boldsymbol{a}\times\boldsymbol{b}|$.

11. 设向量 $\boldsymbol{a}$、$\boldsymbol{b}$、$\boldsymbol{c}$ 满足 $\boldsymbol{a}+\boldsymbol{b}+\boldsymbol{c}=\boldsymbol{0}$，证明
$$\boldsymbol{a}\times\boldsymbol{b}=\boldsymbol{b}\times\boldsymbol{c}=\boldsymbol{c}\times\boldsymbol{a}.$$

12. 设 $\boldsymbol{a}\times\boldsymbol{b}=\boldsymbol{c}\times\boldsymbol{d}$，$\boldsymbol{a}\times\boldsymbol{c}=\boldsymbol{b}\times\boldsymbol{d}$，求证 $\boldsymbol{a}-\boldsymbol{d}$ 与 $\boldsymbol{b}-\boldsymbol{c}$ 平行.

5.2 点的坐标与向量的坐标

5.2.1 空间直角坐标系

为了建立空间的点与数、图形与方程、向量与数量的联系，进而用代数方法研究几何

问题,我们先来建立空间直角坐标系.

设 i、j、k 为相互垂直的三个单位向量,其正方向符合右手法则.过空间一定点 O,沿着 i、j、k 的方向作直线 Ox、Oy 和 Oz,分别以 i、j、k 的方向作为它们的正向,并取这些向量的长度作为单位,就使得 Ox、Oy、Oz 成为三条实数轴,称为**坐标轴**.点 O 和三条坐标轴就组成了**空间直角坐标系**,点 O 称为**坐标原点**(图 5-18).i、j、k 称为该坐标系下的**标准单位向量**.

由两条坐标轴所确定的平面称为**坐标平面**,x 轴和 y 轴确定的平面称为 xOy 面,类似地有 yOz 面和 zOx 面.3 个坐标平面把空间分为 8 个部分,每个部分叫作一个**卦限**.xOy 面的 1、2、3、4 象限上方的 4 个卦限依次称为 Ⅰ、Ⅱ、Ⅲ、Ⅳ卦限,下方的 4 个卦限依次称为 Ⅴ、Ⅵ、Ⅶ、Ⅷ卦限(图 5-19).

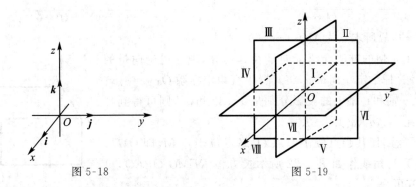

图 5-18　　　　　　　　　　　图 5-19

设 M 是空间的一点,过点 M 分别作平面垂直于三条坐标轴,并依次与 x 轴、y 轴、z 轴交于 P、Q、R 三点.P、Q、R 在 x 轴、y 轴、z 轴上的坐标分别为 x、y、z.这样点 M 就和有序数组 (x,y,z) 建立了一一对应的关系,我们称有序数组 (x,y,z) 为点 M 的**坐标**,依次把 x、y、z 称为点 M 的横坐标、纵坐标、竖坐标,并可把点 M 记作 $M(x,y,z)$(图 5-20).特别地,有 $P(x,0,0)$,$Q(0,y,0)$,$R(0,0,z)$,$O(0,0,0)$,xOy 面上点坐标为 $(x,y,0)$,yOz 面上点坐标为 $(0,y,z)$,zOx 面上点坐标为 $(x,0,z)$.

设 $M_1(x_1,y_1,z_1)$ 和 $M_2(x_2,y_2,z_2)$ 是空间两点.过 M_1 和 M_2 各做三个分别垂直于 x 轴、y 轴、z 轴的平面.这 6 个平面围成一个长方体,M_1M_2 为其对角线(图 5-21).从图中可以看出,该长方体三条棱的长度分别是 $|x_2-x_1|$、$|y_2-y_1|$、$|z_2-z_1|$,于是得到

> $M_1(x_1,y_1,z_1)$、$M_2(x_2,y_2,z_2)$ 两点间距离为
> $$|M_1M_2|=\sqrt{(x_2-x_1)^2+(y_2-y_1)^2+(z_2-z_1)^2}.$$

特别地,点 $M(x,y,z)$ 与坐标原点 $O(0,0,0)$ 的距离为

$$|MO|=\sqrt{x^2+y^2+z^2}.$$

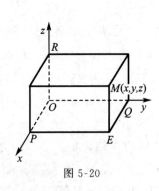

图 5-20

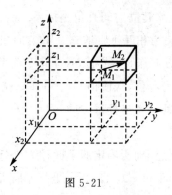

图 5-21

【例 5-4】 已知点 $A(4,1,7)$、$B(-3,5,0)$，在 y 轴上求一点 M，使得 $|MA|=|MB|$.

解 因点 M 在 y 轴上，故设其坐标为 $M(0,y,0)$，则由两点间距离公式，有

$$\sqrt{(4-0)^2+(1-y)^2+(7-0)^2}=\sqrt{(-3-0)^2+(5-y)^2+(0-0)^2}.$$

解得 $y=-4$，故所求点为 $M(0,-4,0)$.

前面用几何的方法介绍了向量及其运算，现在讨论向量的坐标表示法. 任给定一向量 a，将其置于直角坐标系 $Oxyz$ 中. 若 a 在 x 轴、y 轴和 z 轴上的投影分别是 a_x、a_y 和 a_z，则可得到唯一有序数组 (a_x,a_y,a_z).

将 a 平移，使其起点位于原点 O，终点位于点 M，即 $OM=$ a. 以 OM 为对角线作如图 5-22 所示长方体 $RFMG$-$OPEQ$，由 5.1 节内容可得

$$OP=a_x\boldsymbol{i}, \quad OQ=a_y\boldsymbol{j}, \quad OR=a_z\boldsymbol{k}.$$

又由向量的加法运算，有

$$a=OM=OP+PE+EM=OP+OQ+OR.$$

所以

$$\boxed{a=a_x\boldsymbol{i}+a_y\boldsymbol{j}+a_z\boldsymbol{k}.}$$

此式称为向量 a 的**标准分解式**. $a_x\boldsymbol{i}$，$a_y\boldsymbol{j}$，$a_z\boldsymbol{k}$ 称为向量 a 沿三个坐标轴方向的**分量** (component).

反之，若给定了有序数组 (a_x,a_y,a_z)，则由标准单位向量 $\boldsymbol{i}$、$\boldsymbol{j}$、$\boldsymbol{k}$ 的线性组合 $a_x\boldsymbol{i}+a_y\boldsymbol{j}+a_z\boldsymbol{k}$，也就确定了向量 a. 可见，向量 a 与有序数组 (a_x,a_y,a_z) 是一一对应的，据此称 (a_x,a_y,a_z) 为向量 a 在坐标系 $Oxyz$ 中的**坐标** (coordinates)，记作

$$\boxed{a=(a_x,a_y,a_z).}$$

此式称为向量 a 的**坐标表示式**.

特别地，标准单位向量 $\boldsymbol{i},\boldsymbol{j},\boldsymbol{k}$ 的坐标分别为 $\boldsymbol{i}=(1,0,0)$，$\boldsymbol{j}=(0,1,0)$，$\boldsymbol{k}=(0,0,1)$.

5.2.2　向量运算的坐标表示

向量有了坐标表示,向量的加、减、数乘运算就可以方便地转化为坐标的运算.

设向量 $\boldsymbol{a}=(a_x,a_y,a_z),\boldsymbol{b}=(b_x,b_y,b_z)$,$\lambda$ 为实数,则有

$$\boldsymbol{a}\pm\boldsymbol{b}=(a_x,a_y,a_z)\pm(b_x,b_y,b_z)=(a_x\boldsymbol{i}+a_y\boldsymbol{j}+a_z\boldsymbol{k})\pm(b_x\boldsymbol{i}+b_y\boldsymbol{j}+b_z\boldsymbol{k})$$
$$=(a_x\pm b_x)\boldsymbol{i}+(a_y\pm b_y)\boldsymbol{j}+(a_z\pm b_z)\boldsymbol{k},$$
$$\lambda\boldsymbol{a}=\lambda(a_x,a_y,a_z)=\lambda(a_x\boldsymbol{i}+a_y\boldsymbol{j}+a_z\boldsymbol{k})=\lambda a_x\boldsymbol{i}+\lambda a_y\boldsymbol{j}+\lambda a_z\boldsymbol{k},$$

从而得到向量加、减、数乘的坐标表示式

$$\boldsymbol{a}\pm\boldsymbol{b}=(a_x\pm b_x,a_y\pm b_y,a_z\pm b_z),$$
$$\lambda\boldsymbol{a}=(\lambda a_x,\lambda a_y,\lambda a_z).$$

可见,对向量进行加、减、数乘运算,只需对各个坐标分别进行相应的数量运算即可.

5.1 节中指出,若向量 $\boldsymbol{a}\neq\boldsymbol{0},\boldsymbol{b}\ //\ \boldsymbol{a}$ 相当于 $\boldsymbol{b}=\lambda\boldsymbol{a}$,用坐标表示式表示即

$$(b_x,b_y,b_z)=\lambda(a_x,a_y,a_z).$$

从而

$$\frac{b_x}{a_x}=\frac{b_y}{a_y}=\frac{b_z}{a_z}=\lambda.$$

由此可知:

> 两个非零向量 $\boldsymbol{a}=(a_x,a_y,a_z),\boldsymbol{b}=(b_x,b_y,b_z)$ 平行的充分必要条件是对应的坐标成比例,即
> $$\frac{b_x}{a_x}=\frac{b_y}{a_y}=\frac{b_z}{a_z}(当分母为零时,其分子也为零).$$

【例 5-5】　设有点 $M_1(x_1,y_1,z_1),M_2(x_2,y_2,z_2)$,求向量 $\boldsymbol{M_1M_2}$ 的坐标表示式.

解　由于

$$\boldsymbol{M_1M_2}=\boldsymbol{OM_2}-\boldsymbol{OM_1},$$

而

$$\boldsymbol{OM_1}=(x_1,y_1,z_1),\qquad\boldsymbol{OM_2}=(x_2,y_2,z_2),$$

于是

$$\boldsymbol{OM_2}-\boldsymbol{OM_1}=(x_2,y_2,z_2)-(x_1,y_1,z_1)=(x_2-x_1,y_2-y_1,z_2-z_1),$$

即

$$\boldsymbol{M_1M_2}=(x_2-x_1,y_2-y_1,z_2-z_1).$$

这一结果以后要多次用到.

利用向量的坐标运算,还可以具体地表示出向量的模及其方向.

设向量 $\boldsymbol{a}=(a_x,a_y,a_z)$,作 $\boldsymbol{OM}=\boldsymbol{a}$(图 5-23),则点 M 的坐标为 (a_x,a_y,a_z),由两点间距离公式立即得到

$$|\boldsymbol{a}|=|\boldsymbol{OM}|=|OM|=\sqrt{a_x^2+a_y^2+a_z^2}.$$

图 5-23 中的 $\alpha、\beta、\gamma$ 是非零向量 $\boldsymbol{a}$ 与 x 轴、y 轴、z 轴的正

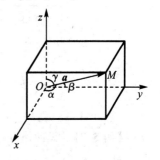

图 5-23

方向夹角,称为向量 $\boldsymbol{a}$ 的**方向角**$(0\leqslant\alpha、\beta、\gamma\leqslant\pi)$,$\cos\alpha、\cos\beta、\cos\gamma$ 称为向量 $\boldsymbol{a}$ 的**方向余弦**.用方向角或方向余弦可以确定向量 $\boldsymbol{a}$ 的方向.由图5-23容易看出

$$\cos\alpha=\frac{a_x}{|\boldsymbol{a}|},\quad \cos\beta=\frac{a_y}{|\boldsymbol{a}|},\quad \cos\gamma=\frac{a_z}{|\boldsymbol{a}|},$$

其中 $$|\boldsymbol{a}|=\sqrt{a_x^2+a_y^2+a_z^2}.$$

方向余弦满足关系式

$$\cos^2\alpha+\cos^2\beta+\cos^2\gamma=1.$$

【例 5-6】 已知两点 $A(3,0,2),B(4,\sqrt{2},1)$,求向量 $\boldsymbol{AB}$ 的三个方向角.

解 由 $\boldsymbol{AB}=(4,\sqrt{2},1)-(3,0,2)=(1,\sqrt{2},-1)$,得

$$|\boldsymbol{AB}|=\sqrt{1^2+(\sqrt{2})^2+(-1)^2}=2.$$

设 $\boldsymbol{AB}$ 的三个方向角分别为 $\alpha、\beta$ 和 γ,则

$$\cos\alpha=\frac{1}{2},\quad \cos\beta=\frac{\sqrt{2}}{2},\quad \cos\gamma=-\frac{1}{2},$$

所以

$$\alpha=\frac{\pi}{3},\quad \beta=\frac{\pi}{4},\quad \gamma=\frac{2}{3}\pi.$$

下面给出向量数量积的坐标表示式.

设 $\boldsymbol{a}=(a_x,a_y,a_z),\boldsymbol{b}=(b_x,b_y,b_z)$,并注意到

$$\boldsymbol{i}\cdot\boldsymbol{j}=\boldsymbol{j}\cdot\boldsymbol{k}=\boldsymbol{k}\cdot\boldsymbol{i}=0,\quad \boldsymbol{i}\cdot\boldsymbol{i}=\boldsymbol{j}\cdot\boldsymbol{j}=\boldsymbol{k}\cdot\boldsymbol{k}=1.$$

由数量积的运算规律,有

$$\begin{aligned}\boldsymbol{a}\cdot\boldsymbol{b}&=(a_x\boldsymbol{i}+a_y\boldsymbol{j}+a_z\boldsymbol{k})\cdot(b_x\boldsymbol{i}+b_y\boldsymbol{j}+b_z\boldsymbol{k})\\&=a_xb_x\boldsymbol{i}\cdot\boldsymbol{i}+a_xb_y\boldsymbol{i}\cdot\boldsymbol{j}+a_xb_z\boldsymbol{i}\cdot\boldsymbol{k}+a_yb_x\boldsymbol{j}\cdot\boldsymbol{i}+a_yb_y\boldsymbol{j}\cdot\boldsymbol{j}+\\&\quad a_yb_z\boldsymbol{j}\cdot\boldsymbol{k}+a_zb_x\boldsymbol{k}\cdot\boldsymbol{i}+a_zb_y\boldsymbol{k}\cdot\boldsymbol{j}+a_zb_z\boldsymbol{k}\cdot\boldsymbol{k}\\&=a_xb_x+a_yb_y+a_zb_z.\end{aligned}$$

于是得到

$$\boldsymbol{a}\cdot\boldsymbol{b}=(a_x,a_y,a_z)\cdot(b_x,b_y,b_z)=a_xb_x+a_yb_y+a_zb_z.$$

利用数量积的定义及数量积的坐标表示式,可得

向量 $\boldsymbol{a}$ 和 $\boldsymbol{b}$ 的夹角 θ 满足

$$\cos\theta=\frac{\boldsymbol{a}\cdot\boldsymbol{b}}{|\boldsymbol{a}||\boldsymbol{b}|}=\frac{a_xb_x+a_yb_y+a_zb_z}{\sqrt{a_x^2+a_y^2+a_z^2}\sqrt{b_x^2+b_y^2+b_z^2}}.$$

$\boldsymbol{a}\perp\boldsymbol{b}$ 的充分必要条件是

$$a_xb_x+a_yb_y+a_zb_z=0.$$

【例 5-7】 设向量 $\boldsymbol{a}=(1,2,4)$,求 $\boldsymbol{a}$ 在向量 $\boldsymbol{b}=(2,0,-1)$ 上的投影 $\mathrm{Prj}_b\boldsymbol{a}$.

解 $$|\boldsymbol{b}|=\sqrt{2^2+0^2+(-1)^2}=\sqrt{5},$$
$$\boldsymbol{a}\cdot\boldsymbol{b}=1\times2+2\times0+4\times(-1)=-2,$$

所以

$$\text{Prj}_b \boldsymbol{a} = \frac{\boldsymbol{a} \cdot \boldsymbol{b}}{|\boldsymbol{b}|} = -\frac{2}{\sqrt{5}} = -\frac{2\sqrt{5}}{5}.$$

【例 5-8】 对于任意实数 a_1、a_2、a_3、b_1、b_2、b_3，证明不等式

$$|a_1 b_1 + a_2 b_2 + a_3 b_3| \leqslant \sqrt{a_1^2 + a_2^2 + a_3^2} \ \sqrt{b_1^2 + b_2^2 + b_3^2}.$$

证明 设向量 $\boldsymbol{a} = (a_1, a_2, a_3)$，$\boldsymbol{b} = (b_1, b_2, b_3)$，由于 $\boldsymbol{a} \cdot \boldsymbol{b} = |\boldsymbol{a}||\boldsymbol{b}|\cos(\widehat{\boldsymbol{a}, \boldsymbol{b}})$，而 $|\cos(\widehat{\boldsymbol{a}, \boldsymbol{b}})| \leqslant 1$，于是

$$|\boldsymbol{a} \cdot \boldsymbol{b}| \leqslant |\boldsymbol{a}||\boldsymbol{b}|,$$

即

$$|a_1 b_1 + a_2 b_2 + a_3 b_3| \leqslant \sqrt{a_1^2 + a_2^2 + a_3^2} \ \sqrt{b_1^2 + b_2^2 + b_3^2}.$$

当 $\cos(\widehat{\boldsymbol{a}, \boldsymbol{b}}) = \pm 1$，即 $\boldsymbol{a}$ 与 $\boldsymbol{b}$ 共线时，等号成立。

根据向量积的运算规律，对于向量 $\boldsymbol{a} = (a_x, a_y, a_z)$ 和 $\boldsymbol{b} = (b_x, b_y, b_z)$，有

$$\boldsymbol{a} \times \boldsymbol{b} = (a_x \boldsymbol{i} + a_y \boldsymbol{j} + a_z \boldsymbol{k}) \times (b_x \boldsymbol{i} + b_y \boldsymbol{j} + b_z \boldsymbol{k})$$
$$= a_x b_x (\boldsymbol{i} \times \boldsymbol{i}) + a_x b_y (\boldsymbol{i} \times \boldsymbol{j}) + a_x b_z (\boldsymbol{i} \times \boldsymbol{k}) + a_y b_x (\boldsymbol{j} \times \boldsymbol{i}) + a_y b_y (\boldsymbol{j} \times \boldsymbol{j}) +$$
$$a_y b_z (\boldsymbol{j} \times \boldsymbol{k}) + a_z b_x (\boldsymbol{k} \times \boldsymbol{i}) + a_z b_y (\boldsymbol{k} \times \boldsymbol{j}) + a_z b_z (\boldsymbol{k} \times \boldsymbol{k}).$$

注意到

$$\boldsymbol{i} \times \boldsymbol{i} = \boldsymbol{j} \times \boldsymbol{j} = \boldsymbol{k} \times \boldsymbol{k} = \boldsymbol{0}.$$

并容易算出

$$\boldsymbol{i} \times \boldsymbol{j} = \boldsymbol{k}, \quad \boldsymbol{j} \times \boldsymbol{k} = \boldsymbol{i}, \quad \boldsymbol{k} \times \boldsymbol{i} = \boldsymbol{j},$$
$$\boldsymbol{j} \times \boldsymbol{i} = -\boldsymbol{k}, \quad \boldsymbol{k} \times \boldsymbol{j} = -\boldsymbol{i}, \quad \boldsymbol{i} \times \boldsymbol{k} = -\boldsymbol{j},$$

整理得

$$\boldsymbol{a} \times \boldsymbol{b} = (a_y b_z - a_z b_y)\boldsymbol{i} + (a_z b_x - a_x b_z)\boldsymbol{j} + (a_x b_y - a_y b_x)\boldsymbol{k}.$$

用行列式记号，得到向量的分解表示式

$$\boldsymbol{a} \times \boldsymbol{b} = \begin{vmatrix} a_y & a_z \\ b_y & b_z \end{vmatrix} \boldsymbol{i} + \begin{vmatrix} a_z & a_x \\ b_z & b_x \end{vmatrix} \boldsymbol{j} + \begin{vmatrix} a_x & a_y \\ b_x & b_y \end{vmatrix} \boldsymbol{k}.$$

或用便于记忆的三阶行列式表示：

$$\boldsymbol{a} \times \boldsymbol{b} = \begin{vmatrix} \boldsymbol{i} & \boldsymbol{j} & \boldsymbol{k} \\ a_x & a_y & a_z \\ b_x & b_y & b_z \end{vmatrix}.$$

【例 5-9】 求同时垂直于向量 $\boldsymbol{a} = (2, 3, 4)$，$\boldsymbol{b} = (1, 0, 1)$ 的单位向量。

解
$$\boldsymbol{a} \times \boldsymbol{b} = \begin{vmatrix} \boldsymbol{i} & \boldsymbol{j} & \boldsymbol{k} \\ 2 & 3 & 4 \\ 1 & 0 & 1 \end{vmatrix} = 3\boldsymbol{i} + 2\boldsymbol{j} - 3\boldsymbol{k} = (3, 2, -3)$$

故所求单位向量

$$\boldsymbol{e} = \pm \frac{\boldsymbol{a} \times \boldsymbol{b}}{|\boldsymbol{a} \times \boldsymbol{b}|} = \pm \frac{1}{\sqrt{22}}(3, 2, -3)$$

【例 5-10】 求以 $A(2,-2,1),B(-2,0,1),C(1,2,2)$ 为顶点的 $\triangle ABC$ 的面积.

解 $$\boldsymbol{AB}=(-4,2,0),\boldsymbol{AC}=(-1,4,1)$$

$$\boldsymbol{AB}\times\boldsymbol{AC}=\begin{vmatrix} \boldsymbol{i} & \boldsymbol{j} & \boldsymbol{k} \\ -4 & 2 & 0 \\ -1 & 4 & 1 \end{vmatrix}=2\boldsymbol{i}+4\boldsymbol{j}-14\boldsymbol{k}=(2,4,-14)$$

而 $\boldsymbol{AB}\times\boldsymbol{AC}$ 的模 $|\boldsymbol{AB}\times\boldsymbol{AC}|$ 是以 $\boldsymbol{AB},\boldsymbol{AC}$ 为邻边的平行四边形的面积,故

$$S_{\triangle ABC}=\frac{1}{2}|\boldsymbol{AB}\times\boldsymbol{AC}|=\frac{1}{2}\cdot\sqrt{2^2+4^2+14^2}=3\sqrt{6}$$

最后给出混合积的坐标表示式.

设 $\boldsymbol{a}=(a_x,a_y,a_z),\boldsymbol{b}=(b_x,b_y,b_z),\boldsymbol{c}=(c_x,c_y,c_z)$,由

$$\boldsymbol{a}\times\boldsymbol{b}=\left(\begin{vmatrix} a_y & a_z \\ b_y & b_z \end{vmatrix},\begin{vmatrix} a_z & a_x \\ b_z & b_x \end{vmatrix},\begin{vmatrix} a_x & a_y \\ b_x & b_y \end{vmatrix}\right),$$

得

$$[\boldsymbol{abc}]=(\boldsymbol{a}\times\boldsymbol{b})\cdot\boldsymbol{c}$$

$$=\begin{vmatrix} a_y & a_z \\ b_y & b_z \end{vmatrix}c_x+\begin{vmatrix} a_z & a_x \\ b_z & b_x \end{vmatrix}c_y+\begin{vmatrix} a_x & a_y \\ b_x & b_y \end{vmatrix}c_z.$$

即

$$\boxed{[\boldsymbol{abc}]=(\boldsymbol{a}\times\boldsymbol{b})\cdot\boldsymbol{c}=\begin{vmatrix} a_x & a_y & a_z \\ b_x & b_y & b_z \\ c_x & c_y & c_z \end{vmatrix}.}$$

习题 5-2

1. 在空间直角坐标系中,定出下列点的位置:

$$A(1,2,1),B(1,2,-1),C(-1,2,-1),D(-1,-2,1),$$
$$E(1,0,1),F(-1,2,0),G(0,2,0),H(0,0,1).$$

2. 求点 (a,b,c) 关于(1)各坐标面,(2)各坐标轴,(3)坐标原点的对称点的坐标.

3. 在 yOz 坐标面上,求与三个点 $A(3,1,2)$、$B(4,-2,-2)$、$C(0,5,1)$ 等距离的点.

4. 证明以点 $A(3,1,0)$、$B(2,3,2)$、$C(1,2,1)$ 为顶点的三角形是直角三角形.

5. 已知两点 $A(x_1,y_1,z_1)$ 和 $B(x_2,y_2,z_2)$ 以及实数 $\lambda\neq-1$,点 M 在直线 AB 上,且满足

$$\boldsymbol{AM}=\lambda\boldsymbol{MB},$$

称点 M 为有向线段 $\boldsymbol{AB}$ 的 λ 分点.

(1)证明点 M 的坐标为

$$M\left(\frac{x_1+\lambda x_2}{1+\lambda},\frac{y_1+\lambda y_2}{1+\lambda},\frac{z_1+\lambda z_2}{1+\lambda}\right).$$

(2)求线段 AB 的中点 $M_0(x_0,y_0,z_0)$ 的坐标.

6. 设向量 $\boldsymbol{a}=(3,1,2)$、$\boldsymbol{b}=(3,0,4)$、$\boldsymbol{c}=(1,1,1)$,求向量 $\boldsymbol{a}-2\boldsymbol{b}+3\boldsymbol{c}$ 的坐标.

7. 设点 $A(1,0,2)$ 和向量 $\boldsymbol{AB}=(2,1,-4)$，求点 B 的坐标.

8. 已知向量 $\boldsymbol{a}=\mu\boldsymbol{i}+5\boldsymbol{j}-\boldsymbol{k},\boldsymbol{b}=3\boldsymbol{i}+\boldsymbol{j}+\lambda\boldsymbol{k}$ 共线，求系数 μ 和 λ.

9. 设点 $P_1(0,-1,2),P_2(-1,1,0)$，求 $\boldsymbol{P_1P_2}$ 及其方向余弦.

10. 已知 $\boldsymbol{a}=(0,-2,3)$、$\boldsymbol{b}=(3,0,-2)$，试求：

(1)$\boldsymbol{a}\cdot\boldsymbol{b}$;　　(2)$(\boldsymbol{a}+\boldsymbol{b})\cdot(\boldsymbol{a}-\boldsymbol{b})$;　　(3)$\cos(\widehat{\boldsymbol{a},\boldsymbol{b}})$;　　(4)$\mathrm{Prj}_{\boldsymbol{b}}\boldsymbol{a}$;　　(5)$\mathrm{Prj}_{\boldsymbol{a}}(2\boldsymbol{b})$

11. 力 $\boldsymbol{F}=(10,18,-6)$ 将物体从 $M_1(2,3,0)$ 沿直线移至 $M_2(4,9,15)$，设力的单位是牛顿(N)，位移的单位是米(m)，求 $\boldsymbol{F}$ 做的功.

12. 已知 $\boldsymbol{a}=2\boldsymbol{i}+2\boldsymbol{j}+\boldsymbol{k},\boldsymbol{b}=4\boldsymbol{i}+5\boldsymbol{j}+3\boldsymbol{k}$，

(1)求与 $\boldsymbol{a}$ 同方向的单位向量 $\boldsymbol{e}_a$;

(2)求同时垂直于向量 $\boldsymbol{a}$ 和向量 $\boldsymbol{b}$ 的单位向量.

13. 已知 $\boldsymbol{a}=(2,1,1),\boldsymbol{b}=(1,2,-1),\boldsymbol{c}=(0,1,-1)$，试求：

(1)$(\boldsymbol{a}\cdot\boldsymbol{b})\boldsymbol{c}-(\boldsymbol{a}\cdot\boldsymbol{c})\boldsymbol{b}$;　　(2)$(\boldsymbol{a}+\boldsymbol{b})\times(\boldsymbol{b}+\boldsymbol{c})$;　　(3)$(\boldsymbol{a}\times\boldsymbol{b})\cdot\boldsymbol{c}$;

(4)$\boldsymbol{a}\times(\boldsymbol{b}\times\boldsymbol{c})$;　　(5)$(\boldsymbol{a}\times\boldsymbol{b})\times\boldsymbol{c}$.

14. 已知 $\triangle ABC$ 的顶点坐标是 $A(1,2,3)$、$B(2,0,6)$、$C(0,3,1)$，求其面积 S.

15. 求向量 $\boldsymbol{a}=3\boldsymbol{i}-12\boldsymbol{j}+4\boldsymbol{k}$ 在向量 $\boldsymbol{b}=(\boldsymbol{i}-2\boldsymbol{k})\times(\boldsymbol{i}+3\boldsymbol{j}-4\boldsymbol{k})$ 上的投影.

16. 设有空间四点 $O(0,0,0),A(5,2,0),B(2,5,0),C(1,2,4)$.

(1)求以 OA,OB,OC 为棱的平行六面体的体积；

(2)求以 O,A,B,C 为顶点的四面体的体积；

5.3　空间的平面与直线

空间直角坐标系的建立使得几何上的点、向量与有序数组建立了一一对应关系，从而就有可能用代数的方法来研究一些几何问题. 首先我们以向量为工具，讨论最简单但非常重要的几何图形——空间的平面与直线.

5.3.1　平　面

我们知道，若已知平面上的一个点及该平面的垂线，则这个平面的位置就完全确定了. 按照这种思路，我们来寻求表示平面的代数方法.

垂直于平面的直线称为该平面的**法线**，垂直于平面的任一非零向量称为平面的**法向量**. 平面上的任何向量都垂直于它的法向量.

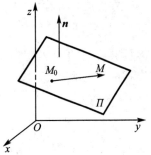

设平面 Π 经过点 $M_0(x_0,y_0,z_0),\boldsymbol{n}=(A,B,C)$ 是它的一个法向量，$M(x,y,z)$ 是平面 Π 上的任一点(图 5-24)，因而有 $\boldsymbol{M_0M}\perp\boldsymbol{n}$，即有

$$\boldsymbol{M_0M}\cdot\boldsymbol{n}=0.$$

而 $\boldsymbol{M_0M}=(x-x_0,y-y_0,z-z_0),\boldsymbol{n}=(A,B,C)$，故有

$$A(x-x_0)+B(y-y_0)+C(z-z_0)=0. \tag{1}$$

这说明平面 Π 上任一点的坐标 (x,y,z) 都满足方程(1)；

图 5-24

反之,若点 $M(x,y,z)$ 不在平面 Π 上,则向量 $\boldsymbol{M_0M}$ 不垂直于 $\boldsymbol{n}$,它的坐标 (x,y,z) 就不满足方程(1).这样对平面 Π 的研究就可以转为对方程(1)的研究,故称方程(1)为平面 Π 的方程,而平面 Π 称为方程(1)的图形.由于方程(1)是由点 M_0 和法向量 $\boldsymbol{n}$ 确定的,故又称方程(1)为平面 Π 的**点法式方程**.即

> 过点 $M_0(x_0,y_0,z_0)$ 且以 $\boldsymbol{n}=(A,B,C)$ 为法向量的平面方程为
> $$A(x-x_0)+B(y-y_0)+C(z-z_0)=0.$$

【例 5-11】 已知空间两点 $M_1(1,2,-1)$ 和 $M_2(3,-1,2)$,求经过点 M_1 且与直线 M_1M_2 垂直的平面方程.

解 显然 $\boldsymbol{M_1M_2}$ 就是平面的一个法向量.
$$\boldsymbol{M_1M_2}=(3-1,-1-2,2+1)=(2,-3,3).$$
由点法式方程可得所求平面方程为
$$2(x-1)-3(y-2)+3(z+1)=0,$$
即
$$2x-3y+3z+7=0.$$

【例 5-12】 已知不共线的三点 $M_1(2,-1,-3)$、$M_2(-1,3,-2)$ 和 $M_3(0,3,-1)$,求过这三点的平面方程.

解 先求平面的法向量 $\boldsymbol{n}$.由于 $\boldsymbol{n}\perp\boldsymbol{M_1M_2}$,$\boldsymbol{n}\perp\boldsymbol{M_1M_3}$,故可取 $\boldsymbol{n}=\boldsymbol{M_1M_2}\times\boldsymbol{M_1M_3}$,而 $\boldsymbol{M_1M_2}=(-3,4,1)$,$\boldsymbol{M_1M_3}=(-2,4,2)$,故
$$\boldsymbol{n}=\boldsymbol{M_1M_2}\times\boldsymbol{M_1M_3}=\begin{vmatrix} \boldsymbol{i} & \boldsymbol{j} & \boldsymbol{k} \\ -3 & 4 & 1 \\ -2 & 4 & 2 \end{vmatrix}=4\boldsymbol{i}+4\boldsymbol{j}-4\boldsymbol{k}.$$

根据点法式方程,得所求平面方程为
$$4(x-2)+4(y+1)-4(z+3)=0,$$
即
$$x+y-z-4=0.$$

在点法式方程(1)中,若记 $D=-(Ax_0+By_0+Cz_0)$,则方程可改写为三元一次方程
$$Ax+By+Cz+D=0. \tag{2}$$
反之,给定一个三元一次方程 $Ax+By+Cz+D=0$(其中 A、B、C 不全为零),可取满足该方程的一组解 x_0、y_0、z_0,即 $Ax_0+By_0+Cz_0+D=0$,把它与方程(2)相减,就得到与方程(2)同解的方程
$$A(x-x_0)+B(y-y_0)+C(z-z_0)=0.$$
这说明方程(2)是过点 (x_0,y_0,z_0) 且以 $\boldsymbol{n}=(A,B,C)$ 为法向量的平面方程,因此称方程(2)为平面的**一般方程**.即

三元一次方程
$$Ax+By+Cz+D=0$$
（A、B、C 不全为零）的图形是平面，其中 x、y、z 的系数 A、B、C 恰是平面法向量的坐标，即
$$n=(A,B,C).$$

【例 5-13】 已知平面的一般方程为 $Ax+By+Cz+D=0$（A,B,C,D 全不为零），求该平面与三个坐标轴的交点.

解　由 A、B、C、D 全不为零，原方程可变形为
$$\frac{x}{-\frac{D}{A}}+\frac{y}{-\frac{D}{B}}+\frac{z}{-\frac{D}{C}}=1.$$

因此，平面与三个坐标轴的交点分别为 $\left(-\frac{D}{A},0,0\right),\left(0,-\frac{D}{B},0\right),\left(0,0,-\frac{D}{C}\right)$.

令 $a=-\frac{D}{A}$，$b=-\frac{D}{B}$，$c=-\frac{D}{C}$，则方程变为 $\frac{x}{a}+\frac{y}{b}+\frac{z}{c}=1$.

称方程 $\frac{x}{a}+\frac{y}{b}+\frac{z}{c}=1$ 为平面的**截距式方程**，a,b,c 依次称为平面在 x、y、z 轴上的**截距**.

在平面的一般方程（2）中，若 A、B、C、D 有若干为零时，其所表示的平面将有相应的情况，读者应熟悉其特点. 例如：

若 $D=0$，方程为
$$Ax+By+Cz=0, \tag{3}$$
显然原点 O 坐标$(0,0,0)$满足此方程，即方程（3）表示一个通过原点的平面.

若 $C=0$，方程为
$$Ax+By+D=0, \tag{4}$$
其法向量 $n=(A,B,0)$垂直于 z 轴，故方程（4）表示一个平行于 z 轴的平面.

特别地，当 $C=D=0$ 时，方程为
$$Ax+By=0,$$
表示经过 z 轴的一个平面.

若 $A=B=0$，方程为
$$Cz+D=0, \tag{5}$$
其法向量 $n=(0,0,C)$既与 x 轴垂直，又与 y 轴垂直，因而方程（5）表示与 xOy 面平行的一个平面，它在 z 轴上的截距为 $-\frac{D}{C}$.

特别地，当 $A=B=D=0,C\neq 0$ 时，方程为
$$z=0,$$

它表示的是 xOy 面.

其他类似情况,可仿此讨论.

【例 5-14】 求经过 z 轴及点 $(1,2,-3)$ 的平面方程.

解 因平面经过 z 轴,故可设其方程为
$$Ax+By=0,$$
又因 $(1,2,-3)$ 点在平面上,将其坐标代入方程,则有
$$A+2B=0,即\ A=-2B,$$
故所求平面方程为 $-2Bx+By=0$,即
$$2x-y=0.$$

【例 5-15】 设平面 Π 的方程为 $3x-2y+z+5=0$,求经过坐标原点且与 Π 平行的平面方程.

解 显然所求平面与平面 Π 有相同的法向量 $\boldsymbol{n}=(3,-2,1)$,又所求平面经过原点,故它的方程为
$$3x-2y+z=0.$$

5.3.2 直 线

一条空间直线,如果满足下列三个条件之一,它的位置就完全确定了:(1)作为两个平面的交线;(2)经过一个定点,且平行一非零向量;(3)经过两个定点.

设有平面 $\Pi_1:A_1x+B_1y+C_1z+D_1=0$ 和平面 $\Pi_2:A_2x+B_2y+C_2z+D_2=0$. 如果直线 L 看作是这两个平面的交线(图 5-25),那么将这两个平面方程联立的方程组就可以表示直线 L. 这是因为 L 上任一点的坐标都满足方程组,而不在 L 上的点不可能同时在 Π_1 和 Π_2 上,它的坐标就不能满足这个方程组. 由此得到的下面方程组,称为直线 L 的**一般方程**.

$$\begin{cases} A_1x+B_1y+C_1z+D_1=0 \\ A_2x+B_2y+C_2z+D_2=0 \end{cases}, \tag{6}$$
这里 A_1、B_1、C_1 和 A_2、B_2、C_2 不成比例.

注意 经过直线 L 的平面有无数多个,从中任选两个,把它们的方程联立,都可作为 L 的方程.

设直线 L 通过点 $M_0(x_0,y_0,z_0)$ 且平行于一非零向量 $\boldsymbol{s}=(m,n,p)$,我们称 $\boldsymbol{s}$ 是直线 L 的**方向向量**,m、n、p 称为 L 的一组**方向数**,这时 L 的位置就完全确定(图 5-26). 设 $M(x,y,z)$ 是 L 上的任一点,则有向量 $\boldsymbol{M_0M}/\!/\boldsymbol{s}$,而 $\boldsymbol{M_0M}=(x-x_0,y-y_0,z-z_0)$,根据两向量平行的充分必要条件知,存在实数 t,使 $\boldsymbol{M_0M}=t\boldsymbol{s}$,即有
$$(x-x_0,y-y_0,z-z_0)=(tm,tn,tp).$$

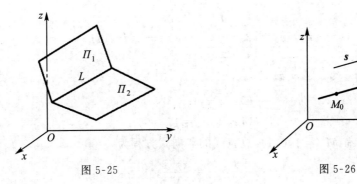

图 5-25　　　　　　　　　　　　图 5-26

从而得到

$$
\begin{cases}
x = x_0 + mt \\
y = y_0 + nt \ , \\
z = z_0 + pt
\end{cases}
\tag{7}
$$

或　　　$\dfrac{x-x_0}{m} = \dfrac{y-y_0}{n} = \dfrac{z-z_0}{p}$.　　(8)

方程组(7)称为直线 L 的**参数方程**,方程组(8)称为直线 L 的**点向式方程**或**对称式方程**.

在方程组(8)中,若分母为零时,从方程组(7)可以看出,分式的分子也为零.例如, $m=0$ 就意味着 $x-x_0=0$.此时为了保持方程的对称形式,我们约定仍写作

$$
\frac{x-x_0}{0} = \frac{y-y_0}{n} = \frac{z-z_0}{p},
$$

但此时应理解为 L 的一般方程是

$$
\begin{cases}
x-x_0 = 0 \\
\dfrac{y-y_0}{n} = \dfrac{z-z_0}{p}.
\end{cases}
$$

【**例 5-16**】　求经过两点 $M_1(x_1,y_1,z_1)$ 和 $M_2(x_2,y_2,z_2)$ 的直线方程.

解　该直线的方向向量可取 $\boldsymbol{s}=\boldsymbol{M_1 M_2}=(x_2-x_1,y_2-y_1,z_2-z_1)$,由点向式方程立即得到所求直线的方程

$$
\frac{x-x_1}{x_2-x_1} = \frac{y-y_1}{y_2-y_1} = \frac{z-z_1}{z_2-z_1}.
\tag{9}
$$

直线的一般方程、参数方程、点向式方程在不同情况下,各有其便利之处.我们应该掌握它们之间的转换.

【**例 5-17**】　已知直线的一般方程为

$$
\begin{cases}
2x-3y-z+3 = 0, \\
4x-6y+5z-1 = 0,
\end{cases}
$$

求它的点向式方程和参数方程.

解　方程组中两个方程所表示的平面的法向量分别是

$$
\boldsymbol{n}_1 = (2,-3,-1), \quad \boldsymbol{n}_2 = (4,-6,5).
$$

取直线的方向向量

$$s = n_1 \times n_2 = \begin{vmatrix} i & j & k \\ 2 & -3 & -1 \\ 4 & -6 & 5 \end{vmatrix} = -21i - 14j,$$

再取直线上一点 M_0，令 $y_0 = 0$，解

$$\begin{cases} 2x_0 - z_0 = -3 \\ 4x_0 + 5z_0 = 1 \end{cases},$$

得 $x_0 = -1, z_0 = 1$，有 $M_0(-1, 0, 1)$. 故直线的点向式方程为

$$\frac{x+1}{3} = \frac{y}{2} = \frac{z-1}{0};$$

参数方程为

$$\begin{cases} x = -1 + 3t \\ y = 2t \\ z = 1 \end{cases}.$$

【例 5-18】 求直线 $\dfrac{x-2}{5} = \dfrac{y-1}{2} = \dfrac{z+5}{-3}$ 与平面 $2x - y + 3z + 6 = 0$ 的交点.

解 将直线的点向式方程化为参数式，得

$$\begin{cases} x = 2 + 5t \\ y = 1 + 2t \\ z = -5 - 3t \end{cases},$$

代入平面方程，有

$$2(2+5t) - (1+2t) + 3(-5-3t) + 6 = 0,$$

得

$$t = -6,$$

代入直线的参数式方程，得交点 $(-28, -11, 13)$.

5.3.3 点、平面、直线的位置关系

现在我们利用点的坐标、平面和直线方程，来讨论点到平面和点到直线的距离，两平面的夹角，两直线的夹角以及平面与直线的夹角等.

1.点到平面的距离

设 $M_0(x_0, y_0, z_0)$ 是空间一点，平面 Π 的方程是 $Ax + By + Cz + D = 0$. 在 Π 上任取一点 $M_1(x_1, y_1, z_1)$，则点 M_0 到平面 Π 的距离 d 等于 $\boldsymbol{M_1 M_0}$ 在法向量 $\boldsymbol{n} = (A, B, C)$ 上的投影的绝对值（图 5-27），于是

$$d = |\mathrm{Prj}_{\boldsymbol{n}} \boldsymbol{M_1 M_0}| = \frac{|\boldsymbol{n} \cdot \boldsymbol{M_1 M_0}|}{|\boldsymbol{n}|}$$

$$= \frac{|A(x_0 - x_1) + B(y_0 - y_1) + C(z_0 - z_1)|}{\sqrt{A^2 + B^2 + C^2}},$$

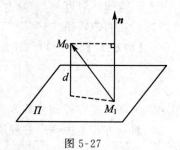

图 5-27

注意到 $M_1(x_1,y_1,z_1)$ 在平面 Π 上，满足 $Ax_1+By_1+Cz_1=-D$，代入上式得

点 $M_0(x_0,y_0,z_0)$ 到平面 $Ax+By+Cz+D=0$ 的距离为

$$d=\frac{|Ax_0+By_0+Cz_0+D|}{\sqrt{A^2+B^2+C^2}}.$$ (10)

【例 5-19】 求两个平行平面 $\Pi_1:z=2x-2y+1$，$\Pi_2:4x-4y-2z+3=0$ 之间的距离.

解　在平面 Π_1 上取一点 $M(0,0,1)$，则两平面间的距离 d 就是点 M 到平面 Π_2 的距离，于是

$$d=\frac{|4\times0-4\times0-2\times1+3|}{\sqrt{4^2+(-4)^2+(-2)^2}}=\frac{1}{6}.$$

2. 点到直线的距离

设直线 L 的方程为 $\frac{x-x_0}{m}=\frac{y-y_0}{n}=\frac{z-z_0}{p}$，$M_1(x_1,y_1,z_1)$ 是空间一点，则 $M_0(x_0,y_0,z_0)$ 在直线 L 上，且 L 的方向向量 $\boldsymbol{s}=(m,n,p)$. 过点 M_0 作一向量 $\boldsymbol{M_0M}$，使 $\boldsymbol{M_0M}=\boldsymbol{s}=(m,n,p)$，以 $\boldsymbol{M_0M_1}$ 和 $\boldsymbol{M_0M}$ 为邻边作一平行四边形(图 5-28)，不难看出 M_1 到 L 的距离 d 等于这个平行四边形底边上的高.

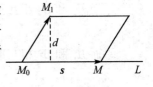

图 5-28

由向量积的定义知，该平行四边形的面积

$$S=|\boldsymbol{M_0M_1}\times\boldsymbol{M_0M}|=|\boldsymbol{M_0M_1}\times\boldsymbol{s}|,$$

又

$$S=|\boldsymbol{M_0M}|\cdot d=|\boldsymbol{s}|\cdot d,$$

于是点 M_1 到直线 L 的距离为

$$d=\frac{|\boldsymbol{M_0M_1}\times\boldsymbol{s}|}{|\boldsymbol{s}|}.$$ (11)

【例 5-20】 求点 $M(1,2,3)$ 到直线 $L:x-2=\frac{y-2}{-3}=\frac{z}{5}$ 的距离.

解　由直线方程知点 $M_0(2,2,0)$ 在直线 L 上，且 L 的方向向量 $\boldsymbol{s}=(1,-3,5)$. 从而

$$\boldsymbol{M_0M}=(-1,0,3),$$

$$\boldsymbol{M_0M}\times\boldsymbol{s}=\begin{vmatrix} \boldsymbol{i} & \boldsymbol{j} & \boldsymbol{k} \\ -1 & 0 & 3 \\ 1 & -3 & 5 \end{vmatrix}=9\boldsymbol{i}+8\boldsymbol{j}+3\boldsymbol{k}.$$

代入式(11)，得点 M 到直线 L 的距离为

$$d=\frac{|\boldsymbol{M_0M}\times\boldsymbol{s}|}{|\boldsymbol{s}|}=\frac{\sqrt{9^2+8^2+3^2}}{\sqrt{1^2+(-3)^2+5^2}}=\sqrt{\frac{22}{5}}.$$

3. 两平面的夹角

设有两个平面

$$\Pi_1:A_1x+B_1y+C_1z+D_1=0,$$

$$\Pi_2 : A_2 x + B_2 y + C_2 z + D_2 = 0.$$

其法向量分别是 $\boldsymbol{n}_1$ 和 $\boldsymbol{n}_2$，则称其法向量的夹角（或它的补角）为**两平面的夹角**（通常不取钝角）（图 5-29），即两平面的夹角

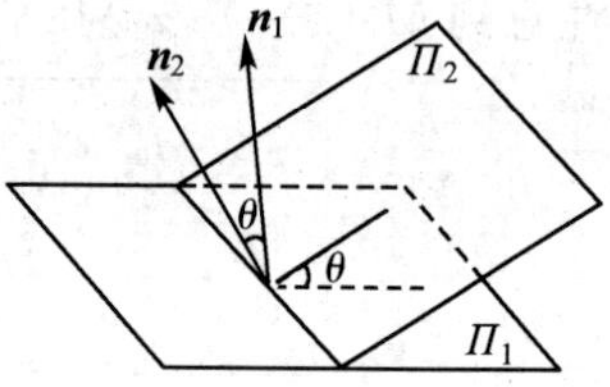

$$\theta = \min\{(\widehat{\boldsymbol{n}_1, \boldsymbol{n}_2}), \pi - (\widehat{\boldsymbol{n}_1, \boldsymbol{n}_2})\},$$

故有

图 5-29

$$\cos \theta = \frac{|\boldsymbol{n}_1 \cdot \boldsymbol{n}_2|}{|\boldsymbol{n}_1||\boldsymbol{n}_2|}, \tag{12}$$

$$\theta = \arccos \frac{|A_1 A_2 + B_1 B_2 + C_1 C_2|}{\sqrt{A_1^2 + B_1^2 + C_1^2}\ \sqrt{A_2^2 + B_2^2 + C_2^2}}. \tag{13}$$

由于两个平面相互垂直或平行相当于它们的法向量相互垂直或平行，故由向量垂直或平行的充分必要条件立即推得：

平面 Π_1 和 Π_2 相互垂直的充分必要条件是

$$A_1 A_2 + B_1 B_2 + C_1 C_2 = 0;$$

平面 Π_1 和 Π_2 相互平行的充分必要条件是

$$\frac{A_1}{A_2} = \frac{B_1}{B_2} = \frac{C_1}{C_2}.$$

【**例 5-21**】 求两平面 $2x + y - z - 8 = 0$ 和 $x + y + z - 5 = 0$ 的夹角。

解 两平面法向量分别为

$$\boldsymbol{n}_1 = (2, 1, -1), \boldsymbol{n}_2 = (1, 1, 1),$$

则两平面的夹角 θ 满足

$$\cos \theta = \frac{|\boldsymbol{n}_1 \cdot \boldsymbol{n}_2|}{|\boldsymbol{n}_1||\boldsymbol{n}_2|} = \frac{|2 \cdot 1 + 1 \cdot 1 + (-1) \cdot 1|}{\sqrt{2^2 + 1^2 + (-1)^2} \cdot \sqrt{1^2 + 1^2 + 1^2}} = \frac{\sqrt{2}}{3},$$

因此，两平面夹角为

$$\theta = \arccos \frac{\sqrt{2}}{3}.$$

【**例 5-22**】 设平面 Π 通过原点 O 及点 $M(6, 3, 2)$，且与平面 $\Pi_1 : 2x + 5y + 2z - 7 = 0$ 相互垂直，求此平面方程。

解 设所求平面 Π 的方程为 $Ax + By + Cz + D = 0$，由于平面 Π 与平面 Π_1 相互垂直，故

$$2A + 5B + 2C = 0.$$

又平面 Π 经过原点及点 $M(6, 3, 2)$，因而

$$D = 0, \quad 6A + 3B + 2C = 0.$$

由此解得 $A = \frac{B}{2}, C = -3B.$ 代入 Π 的方程并化简，则得所求平面方程为

$$x + 2y - 6z = 0.$$

4. 两直线的夹角

设有直线 L_1 与 L_2，其方向向量分别为 $\boldsymbol{s}_1=(m_1,n_1,p_1)$ 与 $\boldsymbol{s}_2=(m_2,n_2,p_2)$，则称它们方向向量的夹角（或补角）为**两直线的夹角**（通常不取钝角），即两直线的夹角

$$\varphi=\min\{(\hat{\boldsymbol{s}_1,\boldsymbol{s}_2}),\pi-(\hat{\boldsymbol{s}_1,\boldsymbol{s}_2})\}.$$

从而有

$$\cos\varphi=\frac{|\boldsymbol{s}_1\cdot\boldsymbol{s}_2|}{|\boldsymbol{s}_1||\boldsymbol{s}_2|}, \tag{14}$$

$$\varphi=\arccos\frac{|m_1m_2+n_1n_2+p_1p_2|}{\sqrt{m_1^2+n_1^2+p_1^2}\sqrt{m_2^2+n_2^2+p_2^2}}. \tag{15}$$

另外，容易推出：

直线 L_1 和 L_2 相互垂直的充分必要条件是

$$m_1m_2+n_1n_2+p_1p_2=0;$$

直线 L_1 和 L_2 相互平行的充分必要条件是

$$\frac{m_1}{m_2}=\frac{n_1}{n_2}=\frac{p_1}{p_2}.$$

【例 5-23】 求两直线 $\dfrac{x-2}{-1}=\dfrac{y}{4}=\dfrac{z-3}{-1}$ 和 $\dfrac{x+2}{-2}=\dfrac{y+2}{2}=\dfrac{z}{1}$ 的夹角.

解 两直线的方向向量分别为

$$\boldsymbol{s}_1=(-1,4,-1),\boldsymbol{s}_2=(-2,2,1),$$

故两直线的夹角 φ 满足

$$\cos\varphi=\frac{|\boldsymbol{s}_1\cdot\boldsymbol{s}_2|}{|\boldsymbol{s}_1||\boldsymbol{s}_2|}=\frac{|(-1)\cdot(-2)+4\cdot2+(-1)\cdot1|}{\sqrt{(-1)^2+4^2+(-1)^2}\cdot\sqrt{(-2)^2+2^2+1^2}}=\frac{\sqrt{2}}{2},$$

因此，两直线的夹角 $\varphi=\dfrac{\pi}{4}$.

5. 平面与直线的夹角

空间直线 L 和平面 Π 之间存在着平行、垂直、斜交等关系，这些位置关系取决于直线 L 的方向向量 $\boldsymbol{s}$ 与平面 Π 的法向量 $\boldsymbol{n}$ 之间的夹角，可用坐标的方法给出判定条件.

设直线 L 的方向向量为 $\boldsymbol{s}=(m,n,p)$，平面 Π 的法向量为 $\boldsymbol{n}=(A,B,C)$，不难看出，直线 L 和平面 Π 平行的充分必要条件是 $\boldsymbol{s}\perp\boldsymbol{n}$，即

$$\boldsymbol{s}\cdot\boldsymbol{n}=Am+Bn+Cp=0.$$

特别地，直线 L 与平面 Π 重合的条件，除 $\boldsymbol{s}\cdot\boldsymbol{n}=0$ 之外，还要在直线 L 上任取一点 $M_0(x_0,y_0,z_0)$，使其坐标满足平面方程.

直线 L 与平面 Π 垂直的充要条件是 $\boldsymbol{s}\,/\!/\,\boldsymbol{n}$，即

$$\frac{A}{m}=\frac{B}{n}=\frac{C}{p}.$$

如果 L 和平面 Π 相交,设其夹角为 φ,并规定 $0<\varphi\leqslant\dfrac{\pi}{2}$,

则 s 与 n 的夹角 $\theta=\dfrac{\pi}{2}-\varphi$ 或 $\theta=\dfrac{\pi}{2}+\varphi$(图 5-30),于是有

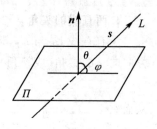

$$\sin\varphi=|\cos\theta|=\frac{|n\cdot s|}{|n||s|},$$

因而直线 L 与平面 Π 的夹角 φ 满足关系式

图 5-30

$$\sin\varphi=\frac{|n\cdot s|}{|n||s|}=\frac{|Am+Bn+Cp|}{\sqrt{A^2+B^2+C^2}\ \sqrt{m^2+n^2+p^2}}. \tag{16}$$

【例 5-24】 已知直线 $L:\begin{cases}x+y-5=0\\2x-z+8=0\end{cases}$ 和平面 $\Pi:2x+y+z-3=0$,求 L 与 Π 的

夹角.

解 先求出 L 的方向向量 s:

$$s=(1,1,0)\times(2,0,-1)=\begin{vmatrix}i&j&k\\1&1&0\\2&0&-1\end{vmatrix}=(-1,1,-2).$$

平面 Π 的法向量 $n=(2,1,1)$.

由式(16)知,L 和 Π 的夹角 φ 满足

$$\sin\varphi=\frac{|n\cdot s|}{|n||s|}=\frac{|2\times(-1)+1\times1+1\times(-2)|}{\sqrt{2^2+1^2+1^2}\ \sqrt{(-1)^2+1^2+(-2)^2}}=\frac{1}{2},$$

可见 L 与 Π 的夹角为 $\varphi=\dfrac{\pi}{6}$.

习题 5-3

1. 求过已知点 M_0 且以 n 为法向量的平面方程:

(1)$M_0(1,3,-2)$, $n=(4,-3,1)$;

(2)$M_0(-1,-6,-4)$,$n=-5i+2j-2k$;

(3)$M_0(2,3,4)$, $n=OM_0$.

2. 求经过已知点 M_0,且平行已知平面 Π 的平面方程:

(1)$M_0(-1,3,-8)$,$\Pi:3x-4y-6z+1=0$;

(2)$M_0(2,-4,5)$,$\Pi:z=2x+3y$;

(3)$M_0(3,2,-7)$,Π 是 yOz 面.

3. 求经过点 A、B、C 的平面方程:

(1)$A(-1,1,2)$,$B(2,0,3)$,$C(5,1,-2)$;

(2)$A(0,2,-5)$,$B(-1,-2,1)$,$C(4,2,1)$.

4. 求满足下列条件的平面方程:

(1)平行于平面 $x+2y-4z-6=0$,且经过原点;

(2)过点 $(3,5,-2)$ 及 z 轴;

(3)过点 $(1,2,3)$ 及 $(3,-1,0)$ 且平行于 y 轴;

(4)过点 $(-1,-1,4)$ 且垂直于 x 轴.

5. 求满足下列条件的直线方程:

(1)过点 $M(0,1,2)$ 且以 $\boldsymbol{s}=(3,-1,2)$ 为方向向量;

(2)过点 $(2,3,-4)$ 且垂直于平面 $4x-2y+z=5$;

(3)过点 $M_1(-1,0,5)$ 和 $M_2(4,-3,3)$;

(4)过点 $M(3,0,-1)$ 且平行于直线

$$\begin{cases} x+y+z-4=0 \\ 2y-z+1=0 \end{cases}.$$

6. 求点 $M(4,2,1)$ 到平面 $x+2y+2z-16=0$ 的距离.

7. 在 y 轴上求一点,使它到两平面 $2x+3y+6z-6=0$ 与 $3x+6y-2z-18=0$ 有相等的距离.

8. 求点 $(5,4,2)$ 到直线 $L:\dfrac{x+1}{2}=\dfrac{y-3}{3}=\dfrac{z-1}{-1}$ 的距离和垂足的坐标.

9. 求平行于平面 $x+2y-2z=1$ 且与其距离为 2 的平面方程.

10. 求满足下列条件的平面方程:

(1)过点 $(0,4,0)$ 和 $(0,0,-1)$ 且与平面 $y+z-2=0$ 的夹角为 $\dfrac{\pi}{3}$;

(2)过点 $(-1,-2,3)$ 且与直线 $\dfrac{x-2}{3}=\dfrac{y}{-4}=\dfrac{z-5}{6}$ 和 $\dfrac{x}{1}=\dfrac{y+2}{2}=\dfrac{z-1}{2}$ 平行;

(3)通过两条平行线 $\dfrac{x-3}{2}=\dfrac{y}{1}=\dfrac{z-1}{2}$,$\dfrac{x+1}{2}=\dfrac{y-1}{1}=\dfrac{z}{2}$;

(4)过 z 轴且与平面 $2x+y-\sqrt{5}z=0$ 垂直.

11. 求过点 $(0,1,2)$ 且平行于平面 $x+y+z=2$,垂直于直线

$$\begin{cases} x=1+t \\ y=1-t \\ z=2t \end{cases}$$

的直线方程(用参数方程表示).

12. 求直线 $\begin{cases} x+y+3z=0 \\ x-y-z=0 \end{cases}$ 和平面 $x-y-z+1=0$ 之间的夹角.

13. 求两直线 $\begin{cases} x+y+z=5 \\ x-y+z=2 \end{cases}$ 与 $\begin{cases} y+3z=4 \\ 3y-5z=1 \end{cases}$ 的夹角.

14. 求直线 $\dfrac{x+2}{3}=\dfrac{2-y}{1}=\dfrac{z+1}{2}$ 与平面 $2x+3y+3z-8=0$ 的交点和夹角.

15. 证明直线 $L_1:\dfrac{x+3}{3}=\dfrac{y-1}{4}=\dfrac{z-5}{5}$ 与 $L_2:\dfrac{x+1}{1}=\dfrac{y-2}{3}=\dfrac{z-5}{5}$ 相交,求其交点坐标以及经过 L_1 和 L_2 的平面方程.

5.4 曲面与曲线

5.4.1 曲面、曲线的方程

对曲面和曲线的研究是对平面和直线研究的继续. 在空间解析几何中,一个曲面可以看成是具有某种几何性质的点的轨迹. 在空间直角坐标系中,如果曲面 S 和三元方程 $F(x,y,z)=0$ 满足下列条件:

(1)曲面 S 上任一点的坐标都满足 $F(x,y,z)=0$;

(2)不在 S 上的点的坐标都不满足 $F(x,y,z)=0$,即满足 $F(x,y,z)=0$ 的点 (x,y,z) 都在 S 上. 我们称 $F(x,y,z)=0$ 是**曲面 S 的方程**,曲面 S 是方程 $F(x,y,z)=0$ 的**图形**.

【例 5-25】 给定两点 $A(0,-2,4)$、$B(2,1,3)$,求线段 AB 的垂直平分面的方程.

解 所求平面就是到点 A 与点 B 等距离的点的轨迹. 设点 $M(x,y,z)$ 是所求平面上的任一点,则

$$|MA|=|MB|,$$

即

$$\sqrt{x^2+(y+2)^2+(z-4)^2}=\sqrt{(x-2)^2+(y-1)^2+(z-3)^2}.$$

两边平方,化简得

$$2x+3y-z+3=0.$$

反之,不在线段 AB 垂直平分面上的点不满足该方程,所以它就是所求的平面方程.

【例 5-26】 求以点 $M_0(x_0,y_0,z_0)$ 为球心,以 R 为半径的球面方程.

解 在球面上任取一点 $M(x,y,z)$,则点 M 到球心 M_0 的距离 $|MM_0|=R$,即

$$\sqrt{(x-x_0)^2+(y-y_0)^2+(z-z_0)^2}=R,$$

两边平方,得

$$(x-x_0)^2+(y-y_0)^2+(z-z_0)^2=R^2. \tag{1}$$

这就是球面上的点满足的方程. 反之,若有点 $M(x,y,z)$ 满足方程(1),立即可推得 $|MM_0|=R$,即点 M 必在球面上. 所以方程(1)就是所求的球面方程.

特别地,以坐标原点为球心,以 R 为半径的球面方程为

$$x^2+y^2+z^2=R^2.$$

通过以上两例,我们看到作为点的轨迹的曲面可以用含有点的坐标的方程来表示;反之,含有 x、y、z 的方程通常表示一个曲面. 建立了曲面与其方程的联系后,就可以用方程的解析性质来研究曲面的几何性质.

【例 5-27】 方程 $x^2+y^2+z^2-2x+4y-4=0$ 表示怎样的曲面?

解 将方程变形为

$$(x-1)^2+(y+2)^2+z^2=3^2.$$

对照例 5-26,可知该曲面是以点 $(1,-2,0)$ 为球心,以 3 为半径的球面.

　　在 5.3 节中, 我们可以把直线看作是两个平面的交线, 从而得到了直线的一般方程. 类似地, 一条空间曲线也可以看作是两个曲面的交线. 如图 5-31 所示, 曲线 Γ 可以看作是曲面 $\Sigma_1 : F(x,y,z)=0$ 与曲面 $\Sigma_2 : G(x,y,z)=0$ 的交线. 这两个曲面方程联立起来就表示曲线 Γ, 称方程组

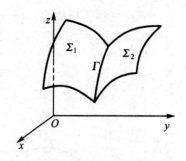

图 5-31

$$\begin{cases} F(x,y,z)=0 \\ G(x,y,z)=0 \end{cases}$$

为曲线 Γ 的**一般方程**.

　　特别地, 曲面 $F(x,y,z)=0$ 与三个坐标平面的交线(如果有)方程为

$$\begin{cases} F(x,y,z)=0 \\ z=0 \end{cases}, \quad \begin{cases} F(x,y,z)=0 \\ x=0 \end{cases} \quad 和 \quad \begin{cases} F(x,y,z)=0 \\ y=0 \end{cases}.$$

　　【例 5-28】　曲线 $\Gamma : \begin{cases} x^2+y^2+z^2=4 \\ z=1 \end{cases}$ 表示球心在原点, 半径为 2 的球面与平面 $z=1$ 的交线, 是一个在平面 $z=1$ 上的圆(图 5-32).

　　空间曲线也常用另一种形式——参数方程表示, 即把曲线上动点的坐标 x,y,z 分别表示成参数 t 的函数

$$\begin{cases} x=x(t) \\ y=y(t). \\ z=z(t) \end{cases} \tag{2}$$

当给定 $t=t_0$ 时, 由方程(2)得到曲线上的一个定点 $(x(t_0),y(t_0),z(t_0))$, 当 t 变化时, 对应的 $(x(t),y(t),z(t))$ 就成了动点, 它的轨迹就是一条曲线. 方程(2)称为曲线 Γ 的**参数方程**.

　　参数方程中的参数往往具有某种几何或物理意义, 它刻画了曲线的形成过程.

　　【例 5-29】　一动点 M 开始位于 xOy 面的 $(a,0,0)$ 点, 它以角速度 ω 绕 z 轴旋转, 并始终与 z 轴的距离为 a, 同时又以线速率 v 沿 z 轴正方向上升(其中 ω、v 均为常数), 试建立其轨迹曲线的方程.

　　解　取时间 t 为参数, 当 $t=0$ 时, 动点位于 x 轴上的 $(a,0,0)$ 点. 经过时间 t, 动点转过的角度为 ωt, 而在 z 方向上移动的距离为 vt (图 5-33), 于是得到此动点轨迹曲线的参数方程

$$\begin{cases} x=a\cos \omega t \\ y=a\sin \omega t. \\ z=vt \end{cases}$$

若引入参数 $\theta=\omega t$, 并记 $b=\dfrac{v}{\omega}$, 则曲线方程为

$$\begin{cases} x=a\cos \theta \\ y=a\sin \theta. \\ z=b\theta \end{cases}$$

此曲线称为**螺旋线**. 这是一种常见的曲线,如各种螺丝凸起的轮廓线就是螺旋线. 当 θ 从 θ_0 变到 $\theta_0+2\pi$ 时,点 M 沿螺旋线上升的高度 $h=2\pi b$,称为**螺距**.

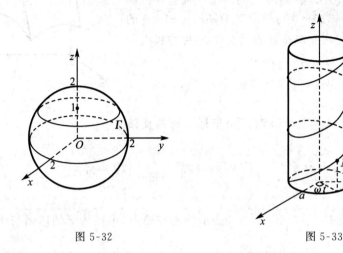

图 5-32   图 5-33

5.4.2 柱面、旋转面和锥面

柱面、旋转面和锥面都是常见的曲面,它们有着显著的几何特征,我们从这些曲面的形成方式来建立它们的方程.

1. 柱面

设 l 是一条确定的直线,C 是一条确定的曲线,动直线 L 与 C 相交但不重合. 当 L 与 C 的交点沿曲线 C 运动时,L 始终平行于直线 l,则称动直线 L 形成的曲面为**柱面**(cylinder),L 称为柱面的**母线**(generator),C 称为柱面的**准线**(ruling).

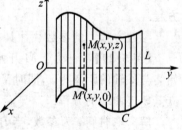

如果柱面的准线 C 取在 xOy 面上,其方程为

$$\begin{cases} F(x,y)=0 \\ z=0 \end{cases},$$

而母线 L 平行于 z 轴(图 5-34),则这个柱面的方程就是

图 5-34

$$F(x,y)=0. \tag{3}$$

这是因为对柱面上的任一点 $M(x,y,z)$,过 M 作直线平行于 z 轴,与 xOy 面的交点 $M'(x,y,0)$ 必落在准线 C 上,即直线上任一点的 x、y 都相同,只有坐标 z 不同. M' 的 x、y 坐标满足 $F(x,y)=0$,也就是 $M(x,y,z)$ 满足 $F(x,y)=0$. 反之,满足 $F(x,y)=0$ 的点 $M(x,y,z)$ 一定在过 $M'(x,y,0)$ 的母线上,即 M 在柱面上.

一般地讲,与"若平面方程中不出现某变元,该平面就平行于某轴"的结论一样,若三元方程中只含有 x、y 而缺 z,即 $F(x,y)=0$,它表示一个母线平行于 z 轴的柱面,其准线

为 xOy 面上的曲线 $\begin{cases} F(x,y)=0 \\ z=0 \end{cases}$；只含 x、z 而缺 y 的方程 $G(x,z)=0$ 与只含 y、z 而缺 x 的方程 $H(y,z)=0$ 则分别表示母线平行于 y 轴和 x 轴的柱面.

下面给出几个母线平行于 z 轴的柱面方程及其图形.

(1) $\dfrac{x^2}{a^2} + \dfrac{y^2}{b^2} = 1$　椭圆柱面

它是以 xOy 面上的椭圆 $\dfrac{x^2}{a^2} + \dfrac{y^2}{b^2} = 1$ 为准线,母线平行于 z 轴的柱面(图 5-35).特别地,当 $a=b$ 时,表示圆柱面.

(2) $y^2 = 2px$　抛物柱面

它是以 xOy 面上的抛物线 $y^2 = 2px$ 为准线,母线平行于 z 轴的柱面(图 5-36).

(3) $\dfrac{x^2}{a^2} - \dfrac{y^2}{b^2} = 1$　双曲柱面

它是以 xOy 面上的双曲线 $\dfrac{x^2}{a^2} - \dfrac{y^2}{b^2} = 1$ 为准线.母线平行于 z 轴的柱面(图 5-37).

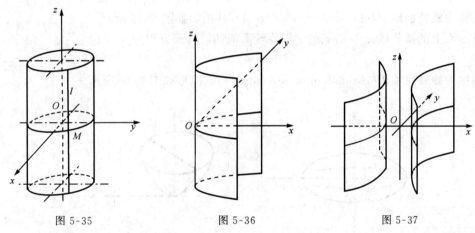

图 5-35　　　　　　　　图 5-36　　　　　　　　图 5-37

2. 旋转面

设 L 是平面 $\varPi$ 上的一条曲线,L 绕 $\varPi$ 上的定直线 l 旋转一周所生成的曲面称为**旋转面**(surface of revolution),直线 l 称为旋转面的**对称轴**,L 称为旋转面的**母线**.

旋转曲面

如图 5-38 所示,L 是 yOz 面上的一条曲线,它的方程是

$$\begin{cases} F(y,z)=0 \\ x=0 \end{cases}.$$

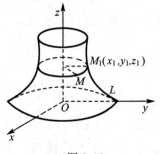

图 5-38

这条曲线绕 z 轴旋转一周就得到一个旋转面,下面来推导旋转面的方程.

在旋转面上任取一点 $M(x,y,z)$,过 M 作一平面与 z 轴垂直,该平面与 L 交于点 $M_1(x_1,y_1,z_1)$,则有

$$x_1 = 0,\quad z_1 = z,\quad F(y_1,z_1) = 0.$$

又 M 与 M_1 到 z 轴的距离相等,因而 $|y_1| =$

$\sqrt{x^2+y^2}$，即

$$y_1 = \pm\sqrt{x^2+y^2},$$

从而 $\qquad F(\pm\sqrt{x^2+y^2},z)=0.$ （4）

反之，若 $M(x,y,z)$ 不在此旋转面上，容易看出其坐标 x、y、z 不满足式（4），所以式（4）就是此旋转面的方程.

同理可知，在 $F(y,z)=0$ 中，若 y 保持不变，将 z 改写成 $\pm\sqrt{x^2+z^2}$，就得曲线 L 绕 y 轴旋转而成的旋转面方程

$$F(y,\pm\sqrt{x^2+z^2})=0.$$ （5）

xOy 面上的曲线绕 x 轴或 y 轴旋转，zOx 面上的曲线绕 x 轴或 z 轴旋转，由此而生成的旋转面的情形，都可用类似的方法讨论，读者可自行推导出相应的旋转面方程.

例如，xOy 平面上的椭圆 $\dfrac{x^2}{a^2}+\dfrac{y^2}{b^2}=1$ 绕 y 轴旋转而成的旋转面方程为

$$\frac{x^2+z^2}{a^2}+\frac{y^2}{b^2}=1,$$

此曲面称为**旋转椭球面**（ellipsoid of revolution），其图形如图 5-39 所示.

xOz 面上的抛物线 $x^2=2pz$ 绕 z 轴旋转而成的旋转面方程为

$$x^2+y^2=2pz,$$

此曲面称为**旋转抛物面**（paraboloid of revolution），其图形如图 5-40 所示.

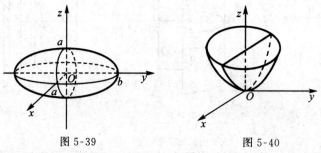

图 5-39 图 5-40

【**例 5-30**】 写出适合下列条件的旋转面方程.

(1) xOy 面上椭圆 $4x^2+9y^2=36$ 绕 x 轴旋转一周；

(2) zOx 面上抛物线 $x^2=5z$ 绕 z 轴旋转一周.

解 （1）x 保持不变，将 y 换成 $\pm\sqrt{y^2+z^2}$，则得旋转面方程为

$$4x^2+9y^2+9z^2=36$$

（2）z 保持不变，将 x 换成 $\pm\sqrt{x^2+y^2}$，则得旋转面方程为

$$x^2+y^2=5z$$

【**例 5-31**】 说明下列旋转面是如何形成的.

(1) $\dfrac{x^2}{4}+\dfrac{y^2}{9}+\dfrac{z^2}{9}=1$；　　　　(2) $z-2=x^2+y^2$.

解 （1）由于曲面中 y^2，z^2 系数相同，故可知该旋转面是由 xOy 面上的椭圆 $\dfrac{x^2}{4}+$

$\dfrac{y^2}{9}=1$ 绕 x 轴转一周得到或 zOx 面上椭圆 $\dfrac{x^2}{4}+\dfrac{z^2}{9}=1$ 绕 x 轴旋转一周得到.

（2）由于曲面中 x^2,y^2 系数相同,故可知该旋转面是由 yOz 面上的抛物线 $z-2=y^2$ 绕 z 轴旋转一周得到或 zOx 面上抛物线 $z-2=x^2$ 绕 z 轴旋转一周得到.

3. 锥面

设有一条空间曲线 L 以及 L 外的一点 M_0,由 M_0 和 L 上全体点所连直线构成的曲面称为**锥面**(cone),M_0 称为该锥面的**顶点**(vertex),L 称为该锥面的**准线**(图 5-41).

【例 5-32】 求顶点在原点,准线为

$$\begin{cases} \dfrac{x^2}{a^2}+\dfrac{y^2}{b^2}=1 \\ z=c \qquad (c\neq 0) \end{cases}$$

的锥面方程.

解 设 $M(x,y,z)$ 为锥面上任一点,过原点与 M 的直线与平面 $z=c$ 交于点 $M_1(x_1,y_1,c)$(图 5-42),则有

$$\dfrac{x_1^2}{a^2}+\dfrac{y_1^2}{b^2}=1.$$

由于 $\boldsymbol{OM}$ 与 $\boldsymbol{OM}_1$ 共线,故

$$\dfrac{x}{x_1}=\dfrac{y}{y_1}=\dfrac{z}{c},$$

即有 $x_1=\dfrac{cx}{z}$,$y_1=\dfrac{cy}{z}$,代入 $\dfrac{x_1^2}{a^2}+\dfrac{y_1^2}{b^2}=1$,整理得

$$\dfrac{x^2}{a^2}+\dfrac{y^2}{b^2}=\dfrac{z^2}{c^2}, \tag{6}$$

这就是所求锥面的方程,该锥面称为**椭圆锥面**(elliptic cone).

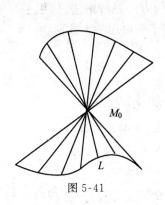

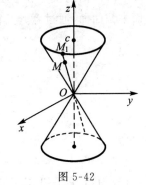

图 5-41   图 5-42

当 $a=b$ 时,式(6)相应变为

$$\dfrac{x^2}{a^2}+\dfrac{y^2}{a^2}=\dfrac{z^2}{c^2},$$

此时锥面称为**圆锥面**(right cone),若记 $k=\dfrac{c}{a}$,则圆锥面的方程为

$$z^2=k^2(x^2+y^2). \tag{7}$$

圆锥面也可认为是 yOz 面上经过原点的直线 $L:z=ky(k>0)$ 绕 z 轴旋转一周而成的曲面. 只需将 $z=ky$ 中的 y 换成 $\pm\sqrt{x^2+y^2}$，即得圆锥面的方程

$$z=\pm k\sqrt{x^2+y^2},$$

即

$$z^2=k^2(x^2+y^2).$$

如图 5-43 所示的 $\alpha=\arctan\dfrac{1}{k}$ 称为圆锥面的 **半顶角**.

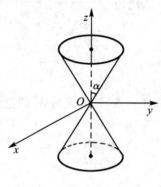

图 5-43

5.4.3 二次曲面

二次曲面

三元二次方程表示的曲面称为 **二次曲面**（quadric surface），前面出现的球面、椭圆柱面、抛物柱面、旋转椭球面、旋转抛物面、圆锥面等均属于二次曲面. 二次曲面的应用非常广泛，下面我们将通过二次曲面的标准方程来了解曲面的特点和形状，采用的方法是 **截痕法**，即用平行于坐标面的平面去截曲面，通过考查其截痕，来了解曲面的大致形状.

1. 椭球面

方程

$$\frac{x^2}{a^2}+\frac{y^2}{b^2}+\frac{z^2}{c^2}=1 \quad (a>0,b>0,c>0) \tag{8}$$

所表示的二次曲面称为 **椭球面**（ellipsoid），a、b、c 称为椭球的 **半轴**.

由上面方程可知

$$|x|\leqslant a,\quad |y|\leqslant b,\quad |z|\leqslant c,$$

这说明椭球面是有界的，它包含在由平面 $x=\pm a,y=\pm b,z=\pm c$ 所围成的长方体内.

又若点 (x_0,y_0,z_0) 的坐标满足方程（8），则点 $(x_0,y_0,-z_0)$ 的坐标也满足方程（8），这说明椭球面关于 xOy 面对称. 同理可知，椭球面关于 yOz 及 zOx 面也是对称的.

若用平行于 xOy 面的平面 $z=h(0\leqslant|h|\leqslant c)$ 去截椭球面，其截痕为

$$\begin{cases}\dfrac{x^2}{a^2}+\dfrac{y^2}{b^2}=1-\dfrac{h^2}{c^2},\\ z=h\end{cases}$$

这些截痕都是椭圆. 不难看出, 当 $|h|$ 从 0 增大到 c 时, 椭圆由大变小, 最后收缩为一点 $(0,0,c)$ 或 $(0,0,-c)$.

若用平行于 yOz 和 zOx 面的平面去截椭球面, 也有类似结论. 综合这些截痕, 便可得知椭球面的形状, 如图 5-44 所示.

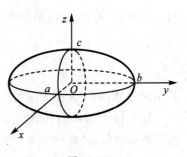

图 5-44

特别地, 当 $a=b=c=R$ 时, 就得到球心在原点, 半径为 R 的**球面方程**.

$$x^2+y^2+z^2=R^2. \tag{9}$$

2. 双曲面

用方程

$$\frac{x^2}{a^2}+\frac{y^2}{b^2}-\frac{z^2}{c^2}=1 \quad (a>0,b>0,c>0) \tag{10}$$

或

$$\frac{x^2}{a^2}+\frac{y^2}{b^2}-\frac{z^2}{c^2}=-1 \tag{11}$$

表示的二次曲面称为**双曲面**(hyperboloid). 其中式(10)表示的双曲面称为**单叶双曲面** (hyperboloid of one sheet); 式(11)表示的双曲面称为**双叶双曲面**(hyperboloid of two sheets).

对于单叶双曲面 $\dfrac{x^2}{a^2}+\dfrac{y^2}{b^2}-\dfrac{z^2}{c^2}=1$, 用平行于 xOy 面的平面 $z=h$ 去截, 所得截痕为椭圆

$$\begin{cases} \dfrac{x^2}{a^2}+\dfrac{y^2}{b^2}=1+\dfrac{h^2}{c^2}, \\ z=h \end{cases}$$

随着 $|h|$ 的增长, 椭圆也相应增大.

用平行于 xOz 面的平面 $y=k$ 去截此曲面, 所得截痕为双曲线

$$\begin{cases} \dfrac{x^2}{a^2}-\dfrac{z^2}{c^2}=1-\dfrac{k^2}{b^2}. \\ y=k \end{cases}$$

当 $|k|<b$ 时, 双曲线的实轴平行于 x 轴, 虚轴平行于 z 轴; 当 $|k|>b$ 时, 双曲线的实轴平行于 z 轴, 虚轴平行于 x 轴; 当 $|k|=b$ 时, 双曲线退化为两条相交的直线.

用平行于 yOz 面的平面 $x=k$ 去截此曲面, 所得截痕也是类似的双曲线.

另外, 从方程(10)可以看出, 单叶双曲面关于坐标平面和坐标轴是对称的. 由此可得出单叶双曲面的图形(图 5-45).

对于双叶双曲面 $\dfrac{x^2}{a^2}+\dfrac{y^2}{b^2}-\dfrac{z^2}{c^2}=-1$, 从方程中可以看出, 其图形关于坐标平面和坐标轴对称. 因为

$$\frac{x^2}{a^2}+\frac{y^2}{b^2}=\frac{z^2}{c^2}-1\geqslant 0,$$

所以用平面 $z=h$ 去截此曲面时, 若 $|h|<c$, 则截痕不存在, 这是双叶双曲面与单叶双曲面

的主要区别. 若 $|h| \geqslant c$, 则截痕为椭圆

$$\begin{cases} \dfrac{x^2}{a^2} + \dfrac{y^2}{b^2} = \dfrac{h^2}{c^2} - 1, \\ z = h \end{cases}$$

其半轴随 $|h|$ 的增大而无限增大.

用平行于 yOz 面和 zOx 面的平面去截双叶双曲面, 所得截痕均为双曲线, 读者不难自己做出分析. 由此可得双叶双曲面的形状如图 5-46 所示.

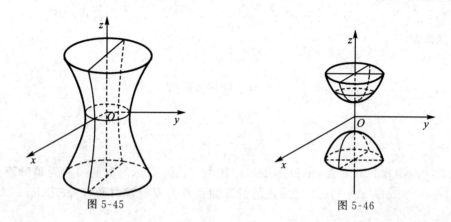

图 5-45   图 5-46

3. 抛物面
由方程

$$\frac{x^2}{a^2} + \frac{y^2}{b^2} = z \quad (a>0, b>0) \tag{12}$$

所表示的曲面称为**椭圆抛物面**(elliptic paraboloid), 由方程可知 $z \geqslant 0$, 即曲面位于 xOy 面上方, 且关于 yOz 和 zOx 面对称. 利用截痕法, 容易得出其形状(图 5-47). $(0,0,0)$ 是椭圆抛物面的顶点.

由方程

$$\frac{x^2}{a^2} - \frac{y^2}{b^2} = z \quad (a>0, b>0) \tag{13}$$

所表示的曲面称为**双曲抛物面**(hyperbolic paraboloid), 它是一个**鞍状面**(saddle-shaped surface). 用平面 $z = h$ 去截此曲面, 截痕为

$$\begin{cases} \dfrac{x^2}{a^2} - \dfrac{y^2}{b^2} = h, \\ z = h \end{cases}.$$

当 $h>0$ 时, 截痕为实轴平行于 x 轴的双曲线; 当 $h<0$ 时, 截痕为实轴平行于 y 轴的双曲线; 当 $h=0$ 时, 截痕为 xOy 面上的两条直线

$$\begin{cases} \dfrac{x}{a} \pm \dfrac{y}{b} = 0, \\ z = 0 \end{cases}.$$

用平面 $x = k$ 去截此曲面, 所得截痕

$$\begin{cases} \dfrac{y^2}{b^2} = \dfrac{k^2}{a^2} - z \\ x = k \end{cases}$$

是开口朝下的抛物线；用平面 $y = k$ 去截此曲面，所得截痕

$$\begin{cases} \dfrac{x^2}{a^2} = z + \dfrac{k^2}{b^2} \\ y = k \end{cases}$$

是开口朝上的抛物线.

双曲抛物面的大致形状如图 5-48 所示.

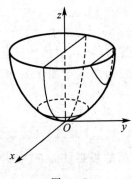 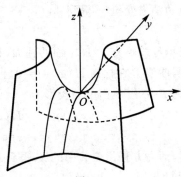

图 5-47　　　　　　　　　　图 5-48

应用截痕法，我们还可以对 5.4.2 节中出现的二次曲面作更为细致的讨论. 如对于椭圆锥面

$$\frac{x^2}{a^2} + \frac{y^2}{b^2} = \frac{z^2}{c^2},$$

由方程可知，其顶点在坐标原点处，在 yOz 面和 zOx 面上是两条相交的直线. 用平面 $z = h\,(h \neq 0)$ 去与椭圆锥面相截，所得的截痕是椭圆；用 $x = k$ 或 $y = k\,(k \neq 0)$ 去与曲面相截，所得的截痕是双曲线，曲面形状如图 5-49 所示.

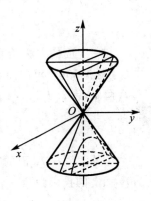

图 5-49

以上所讨论的三元二次方程是一些常见二次曲面的**标准方程**. 对于非标准方程，可通过坐标轴的平移或旋转使之化为标准方程，从而了解该二次曲面的形状. 例如，设有方程

$$9x^2 + 18x - 36z + 4y^2 + 45 = 0,$$

经配方可得

$$\frac{(x+1)^2}{4} + \frac{y^2}{9} = z - 1,$$

作坐标平移，令

$$X = x + 1, \quad Y = y, \quad Z = z - 1,$$

则有

$$\frac{1}{4}X^2 + \frac{1}{9}Y^2 = Z.$$

可知此方程表示开口朝上的椭圆抛物面,在坐标系 $Oxyz$ 中,它的顶点坐标为 $(-1,0,1)$.

5.4.4 空间几何图形举例

设 Γ 是一空间曲线,Π 是一平面,则称以 Γ 为准线,母线垂直于 Π 的柱面为曲线 Γ 对平面 Π 的**投影柱面**,称投影柱面与 Π 的交线为 Γ 在 Π 上的**投影曲线**或**投影**.

设空间曲线 Γ 的一般方程是

$$\begin{cases} F(x,y,z)=0 \\ G(x,y,z)=0 \end{cases},$$

(14)

由方程组(14)消去变量 z,得到

$$H(x,y)=0.$$

(15)

方程(15)表示母线垂直于 xOy 面的柱面,显然 Γ 上任一点 $M(x,y,z)$ 的坐标必满足方程(15),即表明曲线 Γ 在柱面 $H(x,y)=0$ 上,故称方程(15)为曲线 Γ 对 xOy 面的投影柱面,进而得到 Γ 在 xOy 面上的投影为

$$\begin{cases} H(x,y)=0 \\ z=0 \end{cases}.$$

(16)

类似地,消去方程组(14)中的 x,得到曲线 Γ 对 yOz 面的投影柱面 $R(y,z)=0$,及 Γ 在 yOz 面上的投影

$$\begin{cases} R(y,z)=0 \\ x=0 \end{cases}.$$

(17)

利用上面的方法还可以得到 Γ 对 zOx 面的投影柱面及 Γ 在 zOx 面上的投影.

【例 5-33】 求曲面 $z=x^2+2y^2$ 与 $z=6-2x^2-y^2$ 的交线 Γ 在 xOy 面上的投影.

解 $z=x^2+2y^2$ 与 $z=6-2x^2-y^2$ 分别是开口朝上和开口朝下的椭圆抛物面,将它们联立并消去 z 得

$$x^2+y^2=2.$$

可见 Γ 对 xOy 面的投影柱面是一个以 z 轴为对称轴,半径为 $\sqrt{2}$ 的圆柱面. 故 Γ 在 xOy 面上的投影为圆

$$\begin{cases} x^2+y^2=2 \\ z=0 \end{cases}.$$

空间几何图形一般由若干个曲面围成. 正确地把握图形的特点,并描绘其草图,对后面学习多元函数微积分非常必要. 下面结合前面学习的有关内容,以举例的方式略加说明.

【例 5-34】 试确定由曲面 $z=\sqrt{2-x^2-y^2}$ 与 $z=\sqrt{x^2+y^2}$ 所围成的立体 Ω.

解 曲面 $z=\sqrt{2-x^2-y^2}$ 是球面 $x^2+y^2+z^2=2$ 的上半部分,即上半球面;$z=\sqrt{x^2+y^2}$ 是圆锥面 $x^2+y^2=z^2$ 在 xOy 面上方的部分. 它们的交线 Γ 的方程为

$$\begin{cases} z=\sqrt{2-x^2-y^2} \\ z=\sqrt{x^2+y^2} \end{cases},$$

消去 z,得到投影柱面

$$x^2+y^2=1$$

为一圆柱面,Γ 在 xOy 面上的投影为圆

$$\begin{cases} x^2+y^2=1 \\ z=0 \end{cases}.$$

在 Γ 的方程中消去 x、y,则得 $z=1$.这说明 Γ 在平面 $z=1$ 上.

由此可画出 Ω 的草图,如图 5-50 所示.

【例 5-35】 试确定由曲面 $x^2+y^2=2x$,$z=\sqrt{4-x^2-y^2}$,$z=0$,$y=0$ 在第一卦限所围成的立体 Ω.

解 曲面 $x^2+y^2=2x$ 的方程即 $(x-1)^2+y^2=1$,是一母线平行于 z 轴,对称轴经过 $(1,0,0)$ 点的圆柱面.$z=\sqrt{4-x^2-y^2}$ 是上半球面,$z=0$,$y=0$ 分别是 xOy 和 zOx 面,由题意可画出立体 Ω 的图形,如图 5-51 所示.

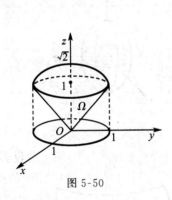

图 5-50

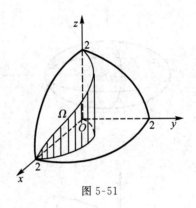

图 5-51

习题 5-4

1. 求以点 $(1,-2,3)$ 为球心,且通过坐标原点的球面方程.

2. 求下列球面方程的球心坐标与半径:

(1) $x^2+y^2+z^2-4x-2y+6z=0$;　　(2) $x^2+y^2+z^2+4x-5=0$.

3. 求满足下列条件的动点的轨迹方程,它们分别表示什么曲面?

(1) 动点到坐标原点与点 $A(2,3,4)$ 的距离之比是 $1:2$;

(2) 动点到点 $A(1,2,3)$ 和点 $B(2,-1,4)$ 的距离相等;

(3) 动点到 $(0,0,2)$ 的距离等于它到 x 轴的距离;

(4) 动点到 y 轴的距离等于它到 zOx 面距离的 2 倍.

4. 写出下列旋转曲面的方程:

(1) 曲线 $\begin{cases} x^2+z^2=1 \\ y=0 \end{cases}$ 绕 z 轴旋转一周;　　(2) 曲线 $\begin{cases} y^2+\dfrac{z^2}{4}=1 \\ x=0 \end{cases}$ 绕 z 轴旋转一周;

(3) 曲线 $\begin{cases} z^2=2x \\ y=0 \end{cases}$ 绕 x 轴旋转一周;　　(4) 曲线 $\begin{cases} 1-y^2+z^2=0 \\ x=0 \end{cases}$ 绕 y 轴旋转一周.

5. 把下列曲面方程与图 5-52 中二次曲面对应起来:

$(1) x^2 + 4y^2 + 9z^2 = 1$;

$(2) 3x^2 + 3y^2 + z^2 = 1$;

$(3) 3x^2 + 2z^2 = 1$;

$(4) y = 2x^2 + z^2$;

$(5) x^2 - y^2 + z^2 + 1 = 0$;

$(6) y^2 = x^2 + 2z^2$;

$(7) y = x^2 - z^2$;

$(8) x^2 - y^2 + z^2 = 1$.

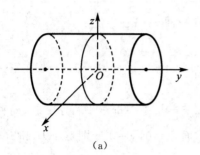

(a)

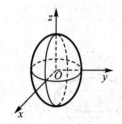

(b)

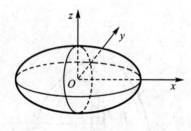

(c)

(d)

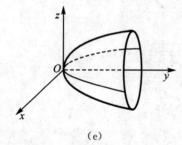

(e)

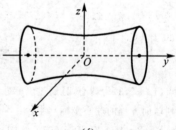

(f)

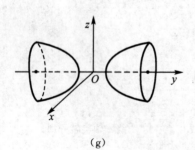

(g)

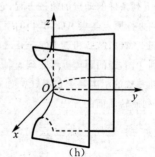

(h)

图 5-52

6. 把下列曲线的一般方程转化为参数方程:

(1) $\begin{cases} z = \sqrt{5-x^2-y^2}, \\ x^2+y^2=1 \end{cases}$;   (2) $\begin{cases} x^2+y^2+z^2=1, \\ x-y=0 \end{cases}$;   (3) $\begin{cases} \dfrac{x^2}{4}+\dfrac{y^2}{9}=1 \\ x+y-z=0 \end{cases}$;   (4) $\begin{cases} z = \sqrt{4-x^2-y^2}, \\ (x-1)^2+y^2=1 \end{cases}$.

7. 求下列曲线对各坐标面上的投影柱面方程:

(1) $\begin{cases} x^2+y^2+z^2=10, \\ x^2+4y^2+z^2=36 \end{cases}$;   (2) $\begin{cases} x^2+y^2=1, \\ y^2+z^2=1 \end{cases}$.

8. 求下列曲线在 xOy 平面上的投影曲线方程:

(1) $\begin{cases} x^2+2y^2+z^2=8, \\ z=2 \end{cases}$;   (2) $\begin{cases} z=x^2+y^2, \\ x+y+z=1 \end{cases}$;   (3) $\begin{cases} x^2+y^2+z^2=2, \\ z=x^2+y^2 \end{cases}$.

9. 画出下列各组曲面所围成的立体的草图:

(1) $x=0, y=0, z=0, x+2y+3z=6$;

(2) $z=\sqrt{x^2+y^2}, x^2+y^2+z^2=4$;

(3) $(x-1)^2+y^2=1, z=0, z=2$;

(4) $x=0, y=0, z=0, x+y=1, z=x^2+y^2$.

5.5　应用实例阅读

【实例 5-1】　星形线的形成

如图 5-53 所示是一轴承剖面的示意图. 小圆表示滚珠,半径为 a. 大圆表示轴瓦,半径 $R=4a$. 在理想状态下,大圆固定,小圆沿大圆相切滚动,其上任一点 M 所形成的轨迹就是星形线.

解　建立如图 5-53 所示的坐标系,设开始时点 M 位于点 A 处,取大圆的圆心为原点,OA 方向为 x 轴正向. 依题意有

$$\overset{\frown}{BM} = \overset{\frown}{BA},$$

即

$$a \cdot \angle BCM = R \cdot \theta,$$

其中 $\theta = \angle BOA$. 由于 $R=4a$, 故 $\angle BCM=4\theta$. 作 $CD \parallel x$ 轴,则 $\angle BCD = \angle BOA = \theta$, 从而

$$\angle DCM = \angle BCM - \angle BCD = 4\theta - \theta = 3\theta.$$

下面利用向量代数的方法. 由向量的标准分解式,有

$$\boldsymbol{OC} = 3a\cos\theta\mathbf{i} + 3a\sin\theta\mathbf{j},$$

$$\boldsymbol{CM} = a\cos(-3\theta)\mathbf{i} + a\sin(-3\theta)\mathbf{j}$$

$$= a\cos 3\theta\mathbf{i} - a\sin 3\theta\mathbf{j}.$$

由向量加法,以及三角公式

$$3\cos\theta + \cos 3\theta = 4\cos^3\theta,$$

$$3\sin\theta - \sin 3\theta = 4\sin^3\theta,$$

得

$$\boldsymbol{OM} = \boldsymbol{OC} + \boldsymbol{CM}$$

$$= (3a\cos\theta + a\cos3\theta)\mathbf{i} + (3a\sin\theta - a\sin3\theta)\mathbf{j}$$
$$= 4a\cos^3\theta\,\mathbf{i} + 4a\sin^3\theta\,\mathbf{j}$$
$$= R\cos^3\theta\,\mathbf{i} + R\sin^3\theta\,\mathbf{j}.$$

由此得到点 M 轨迹的参数方程

$$x = R\cos^3\theta, \qquad y = R\sin^3\theta,$$

其轨迹就是星形线(图 5-54),化为直角坐标的形式即

$$x^{\frac{2}{3}} + y^{\frac{2}{3}} = R^{\frac{2}{3}}.$$

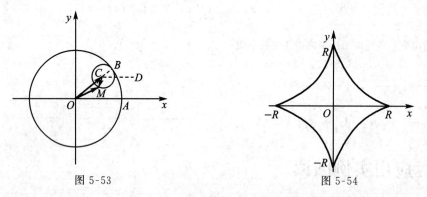

图 5-53   图 5-54

星形线是一种内摆线,我们在前几章接触过的摆线还有两种:旋轮线和心脏线.

旋轮线的方程为 $x = a(t - \sin t), y = a(1 - \cos t)$,它是半径为 a 的动圆在 x 轴上无滑动地滚动时,圆周上一定点的轨迹(图 5-55).

心脏线的极坐标方程为 $r = a(1 - \cos\theta)$,直角坐标方程为 $x^2 + y^2 + ax = a\sqrt{x^2 + y^2}$. 它是由两个直径都是 a 的圆,其中一个固定,另一个动圆与定圆相切,并沿圆周无滑动地滚动,动圆上一定点的运动轨迹(图 5-56),因而心脏线是外摆线的一种.

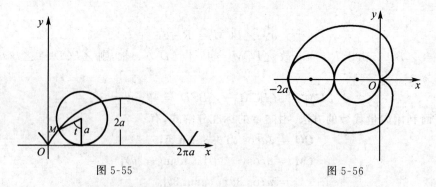

图 5-55   图 5-56

【实例 5-2】 欧拉的四面体问题

瑞士数学家欧拉曾提出过这样一个问题:如何用四面体的棱长去表示它的体积?这个问题可用本章学过的向量代数知识加以解决.

解 建立如图 5-57 所示的坐标系,四面体 $O\text{-}ABC$ 的六条棱长分别为 l、m、n、p、q、r,点 A、B、C 的坐标依次是 (a_1, b_1, c_1),(a_2, b_2, c_2),(a_3, b_3, c_3).

由立体几何知，该四面体的体积 V 是以向量 OA、OB 和 OC 为棱的平行六面体的体积（记作 V_6）的 $\frac{1}{6}$。当 OA、OB、OC 组成右手系时，平行六面体的体积恰为向量 OA、OB、OC 的混合积，即

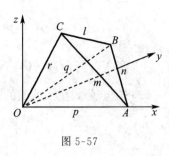

图 5-57

$$V_6 = [OA\ OB\ OC] = \begin{vmatrix} a_1 & b_1 & c_1 \\ a_2 & b_2 & c_2 \\ a_3 & b_3 & c_3 \end{vmatrix},$$

于是得

$$6V = \begin{vmatrix} a_1 & b_1 & c_1 \\ a_2 & b_2 & c_2 \\ a_3 & b_3 & c_3 \end{vmatrix},$$

将上式平方，有

$$36V^2 = \begin{vmatrix} a_1 & b_1 & c_1 \\ a_2 & b_2 & c_2 \\ a_3 & b_3 & c_3 \end{vmatrix} \begin{vmatrix} a_1 & b_1 & c_1 \\ a_2 & b_2 & c_2 \\ a_3 & b_3 & c_3 \end{vmatrix}.$$

根据行列式的性质知，行列式转置后其值不变，因此将上式第二个行列式转置后再相乘，可得到

$$36V^2 = \begin{vmatrix} a_1 & b_1 & c_1 \\ a_2 & b_2 & c_2 \\ a_3 & b_3 & c_3 \end{vmatrix} \begin{vmatrix} a_1 & a_2 & a_3 \\ b_1 & b_2 & b_3 \\ c_1 & c_2 & c_3 \end{vmatrix}$$

$$= \begin{vmatrix} a_1^2 + b_1^2 + c_1^2 & a_1 a_2 + b_1 b_2 + c_1 c_2 & a_1 a_3 + b_1 b_3 + c_1 c_3 \\ a_1 a_2 + b_1 b_2 + c_1 c_2 & a_2^2 + b_2^2 + c_2^2 & a_2 a_3 + b_2 b_3 + c_2 c_3 \\ a_1 a_3 + b_1 b_3 + c_1 c_3 & a_2 a_3 + b_2 b_3 + c_2 c_3 & a_3^2 + b_3^2 + c_3^2 \end{vmatrix}.$$

根据向量数量积的坐标表示式，有

$$OA \cdot OA = a_1^2 + b_1^2 + c_1^2, \quad OA \cdot OB = a_1 a_2 + b_1 b_2 + c_1 c_2,$$
$$OA \cdot OC = a_1 a_3 + b_1 b_3 + c_1 c_3, \quad OB \cdot OB = a_2^2 + b_2^2 + c_2^2,$$
$$OB \cdot OC = a_2 a_3 + b_2 b_3 + c_2 c_3, \quad OC \cdot OC = a_3^2 + b_3^2 + c_3^2.$$

于是

$$36V^2 = \begin{vmatrix} OA \cdot OA & OA \cdot OB & OA \cdot OC \\ OA \cdot OB & OB \cdot OB & OB \cdot OC \\ OA \cdot OC & OB \cdot OC & OC \cdot OC \end{vmatrix}.$$

再由向量数量积的定义，知

$$OA \cdot OA = |OA|^2 \cos 0 = p^2,$$

同理

$$OB \cdot OB = q^2, \quad OC \cdot OC = r^2.$$

再由余弦定理，有

$$OA \cdot OB = pq\cos(O\hat{A},OB) = \frac{p^2 + q^2 - n^2}{2},$$

同理

$$OA \cdot OC = \frac{p^2 + r^2 - m^2}{2}, \quad OB \cdot OC = \frac{q^2 + r^2 - l^2}{2}.$$

将以上各式代入前面的行列式,得

$$36V^2 = \begin{vmatrix} p^2 & \dfrac{p^2+q^2-n^2}{2} & \dfrac{p^2+r^2-m^2}{2} \\ \dfrac{p^2+q^2-n^2}{2} & q^2 & \dfrac{q^2+r^2-l^2}{2} \\ \dfrac{p^2+r^2-m^2}{2} & \dfrac{q^2+r^2-l^2}{2} & r^2 \end{vmatrix},$$

这就是欧拉的四面体求体积公式.

例如,一块形状为四面体的花岗岩巨石,测得六条棱分别为 $l=10, m=15, n=12, p=14, q=13, r=11$(单位:m),则有

$$36V^2 = \begin{vmatrix} 196 & 110.5 & 46 \\ 110.5 & 169 & 95 \\ 46 & 95 & 121 \end{vmatrix} = 1\,369\,829.75,$$

于是得到巨石体积为

$$V^2 \approx 38\,050.826\,39, \quad V \approx 195 \text{ m}^3.$$

古埃及的金字塔形状为四面体,因而可通过测量其六条棱长去计算金字塔的体积.

【实例 5-3】 超音速飞机与"马赫锥"

当一架超音速飞机在高空飞行时,由于飞机的速度比声音传播的速度快,所以人们往往是先看到飞机从天空掠过,稍后才能听到隆隆的轰鸣声.那么在看到飞机同一时刻,你知道在什么区域内可以听到飞机的声音吗?这个问题的答案十分有趣:能听到飞机声的区域恰好是一个以飞机为顶点的圆锥体,这就是著名的"马赫锥".在马赫锥之外,无论离飞机多么近,也不会听到飞机的轰鸣声.

解 设声音在空气中的传播速度是 v_0,并假定飞机沿水平方向做匀速直线运动,飞行速度是 $v(v > v_0)$,我们来推导出马赫锥所满足的锥面方程.

首先了解一下声音传播的特性.设在空中有一个点声源,它在 $t=0$ 时,发出的声音以速度 v_0 向四面八方传播,经过时间 t 后能达到的最大传播范围是一个球面,该球面的球心位于声源,半径为 $v_0 t$.因此人们称声波为球面波,把上述球面称为 t 时刻的"波前".显然,波前是 t 时刻声音达到的最远范围,在波前之外,即球面之外,就听不到声源发出的声音.

现在回到我们的问题.以 $t=0$ 时飞机的位置作为坐标原点,以飞机飞行的方向作为 x 轴,建立空间直角坐标系(图 5-58),为便于观察,图中未标出 z 轴,取 z 轴垂直于纸面向外.设 $t=a$ 时,飞机位于点 $A(va,0,0)$ 处,考虑此时能听到飞机声的范围.

在时间间隔 $[0,a]$ 内的任意时刻 t,飞机作为一个点声源都在发出球面波,这个球面波到达 $t=a$ 时刻的波前半径为 $v_0(a-t)$,球心位于 $A'(vt,0,0)$,波前方程为

$$(x-vt)^2 + y^2 + z^2 = v_0^2(a-t)^2 \quad (0 \leqslant t \leqslant a).$$

当时间 t 从 0 变到 a 时,这是一个球面族.由于在 $t=a$ 时,声音不会超出任何一个球

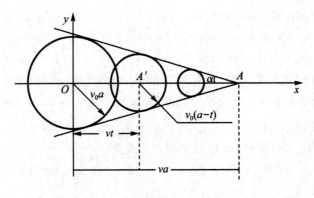

图 5-58

面,所以该球面族所充斥的区域就是能听到飞机声音的区域,而在球面族之外则听不到飞机的声音.

在波前方程两端对 t 求导,得

$$-2v(x-vt) = -2v_0^2(a-t),$$

由此解出

$$t = \frac{vx - v_0^2 a}{v^2 - v_0^2},$$

$$x - vt = \frac{v_0^2(va - x)}{v^2 - v_0^2},$$

$$a - t = \frac{v(va - x)}{v^2 - v_0^2}.$$

将以上结果代入波前方程,得

$$y^2 + z^2 = \frac{v_0^2}{v^2 - v_0^2}(va - x)^2,$$

这是一个以 $A(va,0,0)$ 为顶点、x 轴为对称轴的圆锥面,也就是马赫锥的锥面方程.

如果选点 A 为坐标原点,则马赫锥的锥面方程就化为

$$y^2 + z^2 = \frac{v_0^2}{v^2 - v_0^2}x^2.$$

设马赫锥的半顶角为 α,则 $\sin\alpha = \frac{v_0 a}{va} = \frac{v_0}{v}$,称 $M = \frac{v}{v_0}$,即飞机速度与声音速度之比为马赫数,于是半顶角 $a = \arcsin\frac{1}{M}$.

当飞机以马赫数 2 飞行时,此时的锥面方程为

$$y^2 + z^2 = \frac{1}{3}x^2.$$

复习题 5

1. 判断下列命题是否正确:

(1) 非零向量 a 满足 $|a| \cdot a = a^2$;

(2) 非零向量 a、b 满足 $(a \cdot b)^2 = a^2 \cdot b^2$；

(3) 非零向量 a、b、c 满足 $(a \cdot b)c = a(b \cdot c)$；

(4) 若 $a \cdot b = a \cdot c$，且 $a \ne 0$，则 $b = c$；

(5) $a \times b$ 的几何意义是：以 a、b 为两邻边的平行四边形的面积；

(6) 若非零向量 a、b 的方向余弦分别为 $\cos \alpha_1$、$\cos \beta_1$、$\cos \gamma_1$ 和 $\cos \alpha_2$、$\cos \beta_2$、$\cos \gamma_2$，

则 a、b 夹角的余弦 $\cos (\widehat{a,b}) = \cos \alpha_1 \cos \alpha_2 + \cos \beta_1 \cos \beta_2 + \cos \gamma_1 \cos \gamma_2$.

2. 向量 a、b 满足什么条件，才能使下列等式成立：

(1) $|a+b| = |a-b|$；　(2) $|a+b| = |a|+|b|$；　(3) $|a+b| = |a|-|b|$.

3. 选择题

(1) 设有直线 $L_1: x-1 = \dfrac{y-5}{-2} = z+8$ 和 $L_2: \begin{cases} x-y=6 \\ 2y+z=3 \end{cases}$，则 L_1 与 L_2 的夹角

为(　　).

A. $\dfrac{\pi}{6}$ 　　　　　　 B. $\dfrac{\pi}{4}$ 　　　　　　 C. $\dfrac{\pi}{3}$ 　　　　　　 D. $\dfrac{\pi}{2}$

(2) 设有直线 $L: \begin{cases} x+3y+2z+1=0 \\ 2x-y-10z+3=0 \end{cases}$，及平面 $\Pi: 4x-2y+z-2=0$，则直

线 L(　　).

A. 平行于 Π 　　　　 B. 在 Π 上 　　　　 C. 垂直于 Π 　　　　 D. 与 Π 斜交

(3) 参数方程 $\begin{cases} x=3\sin t \\ y=4\sin t \\ z=5\cos t \end{cases}(0 \leqslant t \leqslant 2\pi)$ 表示的是(　　).

A. 球面 $x^2+y^2+z^2=25$ 　　　　 B. 圆 $\begin{cases} x^2+y^2+z^2=25 \\ 4x-3y=0 \end{cases}$

C. 椭球面 $\dfrac{x^2}{3^2}+\dfrac{y^2}{4^2}+\dfrac{z^2}{5^2}=1$ 　　 D. 柱面 $\dfrac{y^2}{4^2}+\dfrac{z^2}{5^2}=1$

(4) 曲面 $x^2+4y^2+z^2=4$ 与平面 $x+z=a$ 的交线在 xOy 平面上的投影方程

是(　　).

A. $\begin{cases} (a-z)^2+4y^2+z^2=4 \\ x=0 \end{cases}$ 　　　　 B. $\begin{cases} x^2+4y^2+(a-x)^2=4 \\ z=0 \end{cases}$

C. $\begin{cases} x^2+4y^2+(a-x)^2=4 \\ x=0 \end{cases}$ 　　　　 D. $(a-z)^2+4y^2+z^2=4$

4. 用向量代数的方法证明：菱形的对角线互相垂直.

5. 已知点 $A(1,0,0)$ 和 $B(0,2,1)$，试在 z 轴上求一点 C，使 $\triangle ABC$ 的面积最小.

6. 求平行于平面 $2x+y+2z+5=0$ 且与三个坐标面所构成的四面体的体积为 1 的平面方程.

7. 求原点关于平面 $6x+2y-9z+121=0$ 的对称点.

8. 求点 $M_0(2,2,2)$ 关于直线 $L: \dfrac{x-1}{3} = \dfrac{y+4}{2} = \dfrac{z-3}{1}$ 的对称点 M 的坐标.

9. 求点 $(1,2,3)$ 到直线 $\begin{cases} x+y-z=1 \\ 2x+z=3 \end{cases}$ 的最短距离.

10. 在求直线 L 与平面 Π 交点时,可将 L 的参数方程 $x=x_0+mt$, $y=y_0+nt$, $z=z_0+pt$ 代入 Π 的方程 $Ax+By+Cz+D=0$,求出相应的 t 值. 试问在什么条件下,t 有唯一解、无穷多解或无解?并从几何上对所得结果加以说明.

11. 求椭圆抛物面 $y^2+z^2=x$ 与平面 $x+2y-z=0$ 的交线在三个坐标平面上的投影曲线方程.

参考答案与提示

习题 5-1

1. $(1) \mathbf{0}$; $(2)\ \dfrac{1}{2}(\boldsymbol{b}-\boldsymbol{a})$, $-\dfrac{1}{2}(\boldsymbol{a}+\boldsymbol{b})$

2. $5\boldsymbol{a}+11\boldsymbol{b}-7\boldsymbol{c}$　**5.** $(1)-6$;　$(2)-61$　**6.** 2　**7.** $(1)-9$; $(2)-3\sqrt{3}$　**9.** ±30　**10.** 16

习题 5-2

3. $(0,1,-2)$　**6.** $(0,4,-3)$　**7.** $(3,1,-2)$　**8.** $\mu=15$, $\lambda=-\dfrac{1}{5}$

9. $(-1,2,-2)$, $\cos\alpha=-\dfrac{1}{3}$, $\cos\beta=\dfrac{2}{3}$, $\cos\gamma=-\dfrac{2}{3}$

10. $(1)-6$; $(2)0$; $(3)-\dfrac{6}{13}$; $(4)-\dfrac{6}{\sqrt{13}}$; $(5)-\dfrac{12}{\sqrt{13}}$

11. 38 J　**12.** $(1)\ \dfrac{2}{3}\boldsymbol{i}+\dfrac{2}{3}\boldsymbol{j}+\dfrac{1}{3}\boldsymbol{k}$; $(2)\pm\dfrac{1}{3}(1,-2,2)$

13. $(1)(0,3,-3)$; $(2)(-6,6,6)$; $(3)0$; $(4)(0,-3,3)$; $(5)(-6,-3,-3)$

14. $\dfrac{\sqrt{3}}{2}$　**15.** $\dfrac{6}{7}$　**16.** $(1)84$;　$(2)14$

习题 5-3

1. $(1)4x-3y+z+7=0$; $(2)5x-2y+2z+1=0$; $(3)2x+3y+4z-29=0$

2. $(1)3x-4y-6z-33=0$; $(2)2x+3y-z+13=0$; $(3)x=3$

3. $(1)2x+9y+3z-13=0$; $(2)12x-15y-8z-10=0$

4. $(1)x+2y-4z=0$; $(2)5x-3y=0$; $(3)3x+2z-9=0$; $(4)x=-1$.

5. $(1)\ \dfrac{x}{3}=\dfrac{y-1}{-1}=\dfrac{z-2}{2}$; $(2)\ \dfrac{x-2}{4}=\dfrac{y-3}{-2}=\dfrac{z+4}{1}$; $(3)\ \dfrac{x+1}{5}=\dfrac{y}{-3}=\dfrac{z-5}{-2}$;

$(4)\ \dfrac{x-3}{-3}=\dfrac{y}{1}=\dfrac{z+1}{2}$

6. 2　**7.** $(0,4,0)$, $(0,\dfrac{8}{3},0)$　**8.** $2\sqrt{6}$, $(1,6,0)$　**9.** $x+2y-2z=7$, $x+2y-2z=-5$

10. $(1)\ \dfrac{x}{\pm4}+\dfrac{y}{4}-z=1$; $(2)2x-z+5=0$; $(3)x+2y-2z-1=0$; $(4)x-2y=0$

11. $\begin{cases} x=3t \\ y=1-t \\ z=2-2t \end{cases}$　**12.** $\theta=0$　**13.** $\dfrac{\pi}{4}$　**14.** $(1,1,1)$, $\arcsin\left(\dfrac{9\sqrt{77}}{154}\right)$

15. $(0,5,10)$, $x-2y+z=0$

习题 5-4

1. $(x-1)^2 + (y+2)^2 + (z-3)^2 = 14$

2. $(1)(2,1,-3),\sqrt{14}$;　$(2)(-2,0,0),3$

3. $(1)(x+\frac{2}{3})^2 + (y+1)^2 + (z+\frac{4}{3})^2 = \frac{116}{9}$,球心在点$(-\frac{2}{3},-1,-\frac{4}{3})$半径为$\frac{2}{3}\sqrt{29}$的球面;

(2) 平面 $2x-6y+2z-7=0$;(3)柱面 $4(z-1)=x^2$;(4)圆锥面 $4y^2=x^2+z^2$

4. $(1)x^2+y^2+z^2=1$;$(2)x^2+y^2+\frac{z^2}{4}=1$;$(3)y^2+z^2=2x$;$(4)y^2-x^2-z^2=1$

5. $(1)(c)$;$(2)(d)$;$(3)(a)$;$(4)(e)$;$(5)(g)$;$(6)(b)$;$(7)(h)$;$(8)(f)$

6. (1) $\begin{cases} x=\cos t \\ y=\sin t \ (0 \leqslant t \leqslant 2\pi) \\ z=2 \end{cases}$　　　　(2) $\begin{cases} x=\frac{\sqrt{2}}{2}\cos t \\ y=\frac{\sqrt{2}}{2}\cos t \quad (0 \leqslant t \leqslant 2\pi) \\ z=\sin t \end{cases}$

(3) $\begin{cases} x=2\cos t \\ y=3\sin t \qquad (0 \leqslant t \leqslant 2\pi) \\ z=2\cos t+3\sin t \end{cases}$　　(4) $\begin{cases} x=1+\cos t \\ y=\sin t \qquad (0 \leqslant t \leqslant 2\pi) \\ z=2\sin \frac{t}{2} \end{cases}$

8. (1) $\begin{cases} x^2+2y^2=4 \\ z=0 \end{cases}$　　(2) $\begin{cases} x^2+y^2+x+y=1 \\ z=0 \end{cases}$　　(3) $\begin{cases} x^2+y^2+(x^2+y^2)^2=2 \\ z=0 \end{cases}$

复习题 5

1. (1) 错;(2) 错;(3) 错;(4) 错;(5) 错;(6) 对

2. (1)$a \perp b$　(2)a、b同向　(3)$|a| \geqslant |b|$,且a、b反向

3. (1)C;(2)C;(3)B;(4)B　**5.** $(0,0,\frac{1}{5})$

6. $2x+y+2z \pm 2\sqrt[3]{3}=0$　**7.** $(-12,-4,18)$

8. $(6,-6,6)$　**9.** $\frac{\sqrt{6}}{2}$　**10.** 当$Am+Bn+Cp=0$时,若$Ax_0+By_0+Cz_0+D=0$,t有无穷多个解,否则无解;当$Am+Bn+Cp \neq 0$时,t有唯一解.

11. $\begin{cases} x^2+5y^2+4xy=x \\ z=0 \end{cases}$　$\begin{cases} 5z^2+x^2-2xz=4x \\ y=0 \end{cases}$　$\begin{cases} y^2+z^2=z-2y \\ x=0 \end{cases}$

第6章

多元函数微分学及其应用

在上册中,我们讨论了一元函数微积分,其研究对象只依赖于一个变量.然而,在自然科学与工程技术中,往往涉及许多方面的因素,反映到数量关系上,需要研究一个变量与多个变量之间的依赖关系,即多元函数.

多元函数微分学是一元函数微分学的推广与发展,其概念、理论、方法与一元函数既有类似之处,也有许多本质差异.

本章首先介绍多元函数的基本概念,包括多元函数的定义、极限与连续.正是由于极限概念中,动点趋于定点方式的任意性,产生了多元函数微分学与一元函数微分学在许多方面的本质不同.

接着重点介绍多元函数的偏导数、全微分以及复合函数的微分法、隐函数的微分法.

在多元函数微分学的应用方面,主要介绍空间曲线的切线方程、曲面的切平面方程以及多元函数的极值问题.还介绍多元函数微分学在研究数量场的方向导数及梯度方面的应用.

本章重点放在对二元函数的研究上,相应的结果可以类推至二元以上的多元函数中.

6.1 多元函数的基本概念

6.1.1 多元函数的定义

自然科学与工程技术的许多问题,往往与多种因素有关,反映在数学上,就是一个变量依赖于多个变量的关系.例如灼热的铸件在冷却过程中,它的温度 τ 与铸件内部点的位置 x、y、z 和时间 t,以及外界环境温度 τ_0,空气流动的速度 v 等 6 个变量有关.因此需要研究多个变量之间的依赖关系.先看下面的例子.

【例 6-1】 一定量的理想气体的压强 p、体积 V 和热力学温度 T 之间具有关系 $p = \dfrac{RT}{V}$,其中 R 为常数.这里,当 V、T 在集合 $\{(V, T) \mid V > 0, T > T_0\}$ 内取定一对值 (V, T) 时,p 的对应值就随之确定.

【例 6-2】 平行四边形的面积 S 由它的相邻两边的长 a, b 与夹角 θ 所决定,即
$$S = ab\sin\theta \quad (a>0,\ b>0,\ 0<\theta<\pi),$$
这个关系式反映了对每一个三元有序数组 (a,b,θ),变量 S 有确定的值与之对应.

抽去上面两个例子的具体意义,保留其数量上的共同特征,就可得出多元函数的定义.

定义 6-1 设有变量 x, y, z, D 是由二元有序数组 (x,y) 构成的集合,$\mathbf{R}$ 为实数集. 如果按照某一确定的对应法则 f,对于每个 $(x,y) \in D$,均有唯一的实数 z 与之对应,则称 f 是定义在 D 上的**二元函数**,它在 (x,y) 处的函数值是 z,并记
$$z = f(x,y), \quad (x,y) \in D,$$
其中 x, y 称为**自变量**,z 称为**因变量**,D 为**定义域**. 函数值 $f(x,y)$ 的全体称为**值域**,记作 $f(D)$,即
$$f(D) = \{z \mid z = f(x,y),(x,y) \in D\}.$$

和一元函数相仿,习惯上我们也称 $f(x,y)$ 为二元函数.

从几何上看,(x,y) 是 xOy 平面上的点,二元函数的定义域 D 表现为平面上的点集. 因此,二元函数也可以这样定义:设 D 是 xOy 平面上的一个点集,对于 D 中的每一个点 $P(x,y)$,如果按照某一确定的对应法则 f,均有唯一确定的实数 z 与之对应,则称 f 是定义在平面点集 D 上的**二元函数**,记作 $z = f(x,y)$,或 $z = f(P)$.

类似地,可定义 n 元函数,例如 $n=3$ 时为**三元函数**,一般记作 $u = f(x,y,z)$. 二元及二元以上的函数统称为**多元函数**(function of several variables). 与一元函数相同,多元函数的概念中也有两个要素:定义域和对应法则.

下面介绍和平面点集 D 有关的几个概念.

一元函数的定义域一般是一个或几个区间. 二元函数的定义域通常是由平面上一条或几条曲线所围成的部分平面. 我们称这样的部分平面为**区域**. 围成区域的曲线称为区域的**边界**. 边界上的点称为**边界点**. 包括边界在内的区域称为**闭区域**. 不包括边界在内的区域称为**开区域**. 如果一个区域 D 内任意两点距离都不超过某一正常数 M,则称 D 为**有界区域**,否则称 D 为**无界区域**.

例如,函数 $z = \sqrt{1-(x^2+y^2)}$ 的定义域为 $D = \{(x,y) \mid 1-x^2-y^2 \geqslant 0\}$,如图 6-1 所示,是一个有界闭区域.

又如函数 $z = \ln(x+y-1)$ 的定义域为 $D = \{(x,y) \mid x+y>1\}$,如图 6-2 所示,是由 $x+y=1$ 界定的无界开区域.

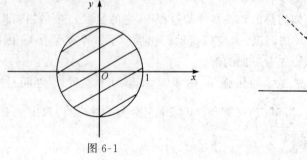

图 6-1

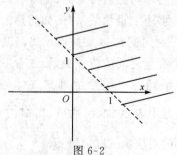

图 6-2

设 $P_0(x_0,y_0)$ 为 xOy 平面上一点,δ 是某一正数,与点 $P_0(x_0,y_0)$ 距离小于 δ 的点 $P(x,y)$ 的全体,称为 P_0 的 δ **邻域**,记作 $U(P_0,\delta)$,即

$$U(P_0,\delta)=\{P\mid|PP_0|<\delta\} \text{ 或 } U(P_0,\delta)=\{(x,y)\mid\sqrt{(x-x_0)^2+(y-y_0)^2}<\delta\}.$$

若点 P_0 不包括在该邻域内,则称该邻域为点 P_0 的**去心 δ 邻域**,记作 $\mathring{U}(P_0,\delta)$.

设 E 为平面点集,如果对于任意给定的 $\delta>0$,点 P 的去心邻域 $\mathring{U}(P,\delta)$ 内总有 E 中的点,则称 P 是 E 的**聚点**.

以上关于平面点集的一系列概念,可以自然地推广到空间点集上.例如,空间邻域的概念可以表述为:与空间点 $P_0(x_0,y_0,z_0)$ 距离小于 δ 的点 $P(x,y,z)$ 的全体.

设有二元函数 $z=f(x,y)$,它的定义域为 D.则称空间点集

$$\{(x,y,z)\mid z=f(x,y),(x,y)\in D\}$$

为二元函数 $z=f(x,y)$ 的**图形**(图 6-3).

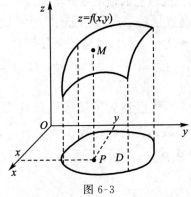

图 6-3

通常二元函数的图形是一张曲面.曲面在 xOy 平面的投影区域对应的就是函数 $z=f(x,y)$ 的定义域 D.

例如,线性函数 $z=3x+5y-6$ 的图形是一张平面,函数 $z=2x^2+y^2$ 的图形是椭圆抛物面.

又如函数 $z=1-\sqrt{1-x^2-y^2}$,由 $1-x^2-y^2\geqslant0$ 可知,它的定义域是 xOy 平面上的闭圆域 $\{(x,y)\mid x^2+y^2\leqslant1\}$(图 6-4),它的图形是球心在 $(0,0,1)$,半径为 1 的下半球面(图 6-5).

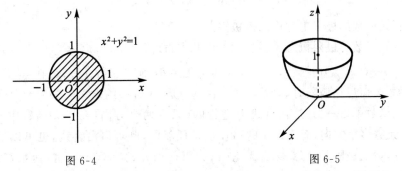

图 6-4　　　　　　　　　　　　　　图 6-5

与一元初等函数类似,也可以定义**多元初等函数**,它是指能用一个算式表示的多元函

数,这个算式由不同变量的一元基本初等函数与常数经过有限次四则运算和复合而得到的,例如 $\dfrac{x+y^2-1}{1+x^2}$、$\sin(2x+y)$、$e^{x^2+y^2+z^2}$ 等,都是多元初等函数.

6.1.2 二元函数的极限

在一元函数中,我们曾讨论过自变量 x 趋于定值 x_0 时的极限.对于二元函数 $z=f(x,y)$,同样可以讨论当自变量 x 与 y 趋向于定值 x_0 与 y_0 时,函数 $f(x,y)$ 的变化状态,换言之,即研究当动点 $P(x,y)$ 趋于定点 $P_0(x_0,y_0)$ 时,函数 $z=f(x,y)$ 的变化趋势.

由于 (x,y) 趋于 (x_0,y_0) 的变化情况要比一元函数中 x 趋于 x_0 的变化情况复杂得多,因此从一元函数推广到二元函数,虽有一些共性之处,但也会出现某些实质性的差异.但是从二元函数推广至三元或更多元,只是形式和技巧上的差别,而并无本质上的不同,因此我们重点讨论二元函数,二元以上的情况依此类推.

设有定点 $P_0(x_0,y_0)$ 和动点 $P(x,y)$,如果无论点 P 以任何方式趋于点 P_0,记作 $(x,y)\to(x_0,y_0)$,或 $P(x,y)\to P_0(x_0,y_0)$,对应的函数值 $f(x,y)$ 都和一个确定的常数值 A 无限接近,则称 A 是函数 $f(x,y)$ 当 $(x,y)\to(x_0,y_0)$ 时的极限.下面用"ε-δ"语言描述这个极限概念.

定义 6-2 设二元函数 $f(P)=f(x,y)$ 的定义域为 D,$P_0(x_0,y_0)$ 是 D 的聚点,如果存在常数 A,对于任意给定的正数 ε,总存在正数 δ,使得当点 $P(x,y)\in D\bigcap \mathring{U}(P_0,\delta)$,即

$$0<|P_0P|=\sqrt{(x-x_0)^2+(y-y_0)^2}<\delta$$

时,都有

$$|f(P)-A|=|f(x,y)-A|<\varepsilon$$

成立,那么就称常数 A 为函数 $f(x,y)$ 当 $(x,y)\to(x_0,y_0)$ 时的**极限**,记作

$$\lim_{(x,y)\to(x_0,y_0)}f(x,y)=A \quad \text{或} \quad f(x,y)\to A((x,y)\to(x_0,y_0)),$$

或记作

$$\lim_{\substack{x\to x_0\\y\to y_0}}f(x,y)=A,$$

也记作

$$\lim_{P\to P_0}f(P)=A \quad \text{或} \quad f(P)\to A(P\to P_0).$$

上述二元函数的极限也称作**二重极限**.

有关二元函数的极限概念需要注意下面几点:极限 $\lim\limits_{(x,y)\to(0,0)}f(x,y)=A$ 是否成立,取决于当 $(x,y)\to(x_0,y_0)$ 时 $f(x,y)-A$ 是否为无穷小,而与函数 $f(x,y)$ 在点 (x_0,y_0) 是否有定义无关,因而讨论极限时,只要求 $P_0(x_0,y_0)$ 是 $f(x,y)$ 的定义域的聚点即可.

在一元函数中,$x\to x_0$ 是在直线上进行的,只有两个方向.在二元函数中,$(x,y)\to(x_0,y_0)$ 有无穷多个方向,而且采用的路径也是任意的,既可以沿直线,也可以沿曲线.二元函数 $f(x,y)$ 的极限是 A,意味着无论 (x,y) 以何种方式趋于 (x_0,y_0),函数都无限趋近于常数 A.如果当 (x,y) 沿某一路径趋于 (x_0,y_0) 时,$f(x,y)$ 无极限,或 (x,y) 以不同方式

趋于 (x_0, y_0) 时, $f(x,y)$ 趋于不同的值, 那么就可以断定这函数的极限不存在.

【例 6-3】 设 $f(x,y) = \dfrac{xy}{x^2 + y^2}$, 讨论当 $(x,y) \to (0,0)$ 时, $f(x,y)$ 的极限是否存在?

解 当动点 (x,y) 沿 x 轴, 即沿直线 $y = 0$ 趋于点 $(0,0)$ 时, 有

$$\lim_{\substack{x \to 0 \\ y=0}} f(x,y) = \lim_{x \to 0} f(x,0) = \lim_{x \to 0} \frac{0}{x^2 + 0} = 0.$$

又当动点 (x,y) 沿 y 轴, 即沿直线 $x = 0$ 趋于点 $(0,0)$ 时, 有

$$\lim_{\substack{x=0 \\ y \to 0}} f(x,y) = \lim_{\substack{x=0 \\ y \to 0}} f(0,y) = \lim_{y \to 0} \frac{0}{0 + y^2} = 0.$$

虽然动点 (x,y) 以上述两种特殊方式趋于点 $(0,0)$ 时, 函数的极限存在并且相等, 但是这并不能说明 $\lim\limits_{(x,y) \to (0,0)} f(x,y)$ 存在.

令 $y = kx$, 则当 $x \to 0$ 时, $y \to 0$, 从而

$$\lim_{\substack{(x,y) \to (0,0) \\ y=kx}} \frac{xy}{x^2 + y^2} = \lim_{x \to 0} \frac{kx^2}{x^2 + k^2 x^2} = \frac{k}{1 + k^2}.$$

这意味着 (x,y) 沿直线 $y = kx$ 趋于点 $(0,0)$ 时, $f(x,y)$ 趋于 $\dfrac{k}{1+k^2}$ 即当 (x,y) 沿不同斜率的直线趋于点 $(0,0)$ 时, $f(x,y)$ 趋于不同的值, 可见 $\lim\limits_{(x,y) \to (0,0)} f(x,y)$ 并不存在.

上面的两个例子说明了二重极限要比一元函数的极限复杂得多, 其主要原因是 $(x, y) \to (x_0, y_0)$ 方式的任意性所导致.

由于多元函数极限定义与一元函数极限的定义在形式上和内容上完全类似, 因此一元函数极限的性质, 如唯一性、局部有界性、局部保号性和夹逼法则, 以及运算法则都可以对应地移至多元函数, 这里不再一一赘述.

【例 6-4】 求 $\lim\limits_{(x,y) \to (0,2)} \dfrac{\sin(xy)}{x}$.

解 这里函数 $\dfrac{\sin(xy)}{x}$ 的定义域为 $D = \{(x,y) \mid x \neq 0, y \in \mathbf{R}\}$, $P_0(0,2)$ 为 D 的聚点.

由极限运算法则, 得

$$\lim_{(x,y) \to (0,2)} \frac{\sin(xy)}{x} = \lim_{(x,y) \to (0,2)} \left[\frac{\sin(xy)}{xy} \cdot y \right] = \lim_{xy \to 0} \frac{\sin(xy)}{xy} \cdot \lim_{y \to 2} y = 1 \cdot 2 = 2.$$

式中 $\lim\limits_{xy \to 0} \dfrac{\sin(xy)}{xy} = 1$, 这是因为令 $t = xy$, 即得 $\lim\limits_{t \to 0} \dfrac{\sin t}{t} = 1$.

【例 6-5】 求 $\lim\limits_{(x,y) \to (0,0)} \dfrac{xy}{\sqrt{x^2 + y^2}}$.

解 对任意的 $x \neq 0, y \neq 0$, 有

$$\left| \frac{y}{\sqrt{x^2 + y^2}} \right| \leqslant 1,$$

故 $x \to 0, y \to 0$ 时, $\dfrac{y}{\sqrt{x^2 + y^2}}$ 为有界变量.

又因

$$\lim_{(x,y)\to(0,0)} x = 0,$$

故由无穷小与有界变量之积仍为无穷小,得

$$\lim_{(x,y)\to(0,0)} \frac{xy}{\sqrt{x^2+y^2}} = 0.$$

6.1.3 二元函数的连续性

有了多元函数极限的概念,与讨论一元函数的连续性相仿,可以讨论多元函数的连续性.

定义 6-3 设二元函数 $f(P)=f(x,y)$ 的定义域为 D, $P_0(x_0,y_0)$ 为 D 的聚点,且 $P_0 \in D$, 如果

$$\lim_{(x,y)\to(x_0,y_0)} f(x,y) = f(x_0,y_0), \tag{1}$$

则称函数 $f(x,y)$ 在点 $P_0(x_0,y_0)$ **连续**,并称 $P_0(x_0,y_0)$ 为 $f(x,y)$ 的**连续点**.

上面关于连续性的定义也可以使用增量的说法来表达. 记 $\Delta x = x-x_0$, $\Delta y = y-y_0$, 分别称为变量 x、y 在 x_0 与 y_0 处的**增量**,相应地,称 $\Delta z = f(x,y)-f(x_0,y_0)$ 为函数 $z=f(x,y)$ 在点 $P_0(x_0,y_0)$ 的**全增量**. 于是

$$\Delta z = f(x_0+\Delta x, y_0+\Delta y) - f(x_0,y_0).$$

与一元函数一样,可用增量的形式来描述极限(1),则有

$$\lim_{(\Delta x,\Delta y)\to(0,0)} \Delta z = 0.$$

如果函数 $f(x,y)$ 在 D 的每一点都连续,那么就称函数 $f(x,y)$ 在 D 上连续,或者称 $f(x,y)$ 是 D 上的连续函数,二元连续函数的图形是一个无洞无缝的连续曲面.

设函数 $f(x,y)$ 的定义域为 D, $P_0(x_0,y_0)$ 是 D 的聚点,如果函数 $f(x,y)$ 在点 $P_0(x_0,y_0)$ 不连续,那么称 $P_0(x_0,y_0)$ 为函数 $f(x,y)$ 的**间断点**,与一元函数不同,二元函数的间断点不一定是孤立的点的集合,可能是一条或几条曲线.

例如函数 $\sin\left(\dfrac{x+y}{x-y}\right)$,其定义域为

$$D = \{(x,y) \mid y \neq x\},$$

$y=x$ 的点都是 D 的聚点,而函数 $f(x,y)$ 在 $y=x$ 处没定义,当然在 $y=x$ 上各点都不连续,所以直线 $y=x$ 上各点都是该函数的间断点.

多元连续函数的性质与一元连续函数性质完全类似,证明也大体相同. 可以证明**多元连续函数的和、差、积仍为连续函数;连续函数的商在分母不为零处仍连续;多元连续函数的复合函数也是连续函数**. 进一步可以得出如下结论:**一切多元初等函数在其定义区域内是连续的**. 所谓定义区域是指包含在定义域内的开区域或闭区域.

借助于连续性,可以方便地求出多元函数在连续点处的极限.

【例 6-6】 求 $\displaystyle\lim_{(x,y)\to(2,1)} \sin\left(\dfrac{x+y}{x-y}\right)$.

解 函数 $f(x,y)=\sin\left(\dfrac{x+y}{x-y}\right)$ 是初等函数,它的定义域为

$$D=\{(x,y)\mid x\neq y\}.$$

显然,点(2,1)在此函数的定义域内,因此

$$\lim_{(x,y)\to(2,1)}\sin\left(\frac{x+y}{x-y}\right)=f(2,1)=\sin 3.$$

【例 6-7】　求 $\lim\limits_{(x,y)\to(0,0)}\dfrac{2-\sqrt{xy+4}}{xy}$.

解

$$\begin{aligned}
\lim_{(x,y)\to(0,0)}\frac{2-\sqrt{xy+4}}{xy}&=\lim_{(x,y)\to(0,0)}\frac{(2-\sqrt{xy+4})(2+\sqrt{xy+4})}{xy(2+\sqrt{xy+4})}\\
&=\lim_{(x,y)\to(0,0)}\frac{-xy}{xy(2+\sqrt{xy+4})}\\
&=\lim_{(x,y)\to(0,0)}\frac{-1}{2+\sqrt{xy+4}}\\
&=-\frac{1}{4}.
\end{aligned}$$

上面运算的最后一步用到了函数 $\dfrac{-1}{2+\sqrt{xy+4}}$ 在点(0,0)的连续性.

在有界闭区域上连续的多元函数,与在闭区间上连续的一元函数有类似的性质.

有界性与最大值最小值定理　在有界闭区域 D 上的多元连续函数,必定在 D 上有界,且能取得它的最大值和最小值.

介值定理　在连通的有界闭区域 D 上的多元连续函数必取得介于最大值和最小值之间的任何值.

习题 6-1

1. 求下列各函数的定义域:

(1)$z=\ln(y^2-2x)$;　　　　(2)$z=\dfrac{1}{\sqrt{x+y}}+\dfrac{1}{\sqrt{x-y}}$;

(3)$u=\arcsin\dfrac{z}{\sqrt{x^2+y^2}}$;　　　(4)$z=\sqrt{x-\sqrt{y}}$.

2. 下列各组函数中哪些相等,哪些不相等?

(1)$z=\ln(x+y)^2$, $z=2\ln(x+y)$;

(2)$z=\dfrac{x^2-4}{x-2}+\dfrac{y^2-1}{x+y}$, $z=x+y+1$;

(3)$z=\sin^2(xy)+\cos^2(xy)$, $z=1$;

(4)$z=\dfrac{\pi}{2}(x^2+y^2)$, $z=(x^2+y^2)(\arcsin x+\arccos x)$.

3. 若函数 $f(x,y)=\ln(xy+y-1)$,求

(1)$f(1,1)$;　　(2)$f(e,1)$;　　(3)$f(x,1)$;　　(4)$f(x+h,y)$.

4. 已知函数 $f(x,y)=x^2+y^2-xy\tan\dfrac{x}{y}$,试求 $f(tx,ty)$.

5. 若 $f\left(x+y,\dfrac{y}{x}\right)=x^2-y^2$，求 $f(x,y)$.

6. 求下列各极限：

(1) $\lim\limits_{(x,y)\to(1,2)}\dfrac{x-y}{x^2+2y^2}$；　　(2) $\lim\limits_{(x,y)\to(1,0)}\dfrac{\ln(x+\mathrm{e}^y)}{\sqrt{x^2+y^2}}$；　　(3) $\lim\limits_{(x,y)\to(1,0)}\dfrac{1+2x-xy}{x^2+y^3}$；

(4) $\lim\limits_{(x,y)\to(0,0)}\dfrac{\arctan(x^2+y^2)}{\ln(1+x^2+y^2)}$；(5) $\lim\limits_{(x,y)\to(0,0)}\dfrac{1-\cos(xy)}{x^2y^2}$；　　(6) $\lim\limits_{(x,y)\to(0,0)}\dfrac{\sin(xy)}{\sqrt{xy+1}-1}$.

7. 证明下列极限不存在：

(1) $\lim\limits_{(x,y)\to(0,0)}\dfrac{x-y}{x+y}$；　　(2) $\lim\limits_{(x,y)\to(0,0)}\dfrac{x^2-y^2}{x^2+y^2}$；　　(3) $\lim\limits_{(x,y)\to(0,0)}\dfrac{xy^2}{x^2+y^4}$.

8. 求下列函数间断点：

(1) $u=\dfrac{1}{\sqrt{x^2+y^2}}$；　　(2) $u=\dfrac{x+y}{x^3+y^3}$；

(3) $u=\sin\dfrac{1}{xy}$；　　(4) $u=\ln\dfrac{1}{\sqrt{(x-a)^2+(y-b)^2+(z-c)^2}}$.

6.2　偏导数与高阶偏导数

6.2.1　偏导数

1. 偏导数的定义

我们已经知道，一元函数的导数刻画了函数对于自变量的变化率，在研究函数性态中具有极为重要的作用. 对于多元函数同样需要讨论它的变化率，由于多元函数的自变量不止一个，因此因变量与自变量的关系要比一元函数复杂得多. 在实际问题中，经常需要了解一个受多种因素制约的量，在其他因素固定不变的情况下，随一种因素变化的变化率问题. 例如，由物理学知，一定量理想气体的体积 V、压强 p 与热力学温度 T 之间存在着函数关系

$$V=R\,\frac{T}{p},$$

其中 R 为常数. 我们可以讨论在等温条件下（视 T 为常数），体积 V 对于压强 p 的变化率，也可以分析在等压过程中（视 p 为常数）体积 V 对于温度 T 的变化率.

像这样，在多元函数中只对某一个变量求变化率，而将其他变量视为常数的运算就是多元函数的求偏导数问题. 下面我们以二元函数 $z=f(x,y)$ 为例，给出偏导数的概念.

定义 6-4　设函数 $z=f(x,y)$ 在点 (x_0,y_0) 的某一邻域内有定义，当 y 固定在 y_0，而 x 在 x_0 处有增量 Δx 时，相应地函数有增量

$$f(x_0+\Delta x,y_0)-f(x_0,y_0).$$

如果

$$\lim_{\Delta x\to0}\frac{f(x_0+\Delta x,y_0)-f(x_0,y_0)}{\Delta x} \tag{1}$$

存在,则称此极限为函数 $z=f(x,y)$ 在点 (x_0,y_0) 处对 **x** 的偏导数(partial derivative),记作

$$\frac{\partial z}{\partial x}\Big|_{\substack{x=x_0\\y=y_0}},\frac{\partial f}{\partial x}\Big|_{\substack{x=x_0\\y=y_0}},z_x\Big|_{(x_0,y_0)}\quad \text{或}\quad f_x(x_0,y_0),f'_x(x_0,y_0)\text{等},$$

称 $f(x_0+\Delta x,y_0)-f(x_0,y_0)$ 为函数 $z=f(x,y)$**关于 x 的偏增量**.

类似地,如果固定 $x=x_0$,极限

$$\lim_{\Delta y\to 0}\frac{f(x_0,y_0+\Delta y)-f(x_0,y_0)}{\Delta y} \tag{2}$$

存在,则称此极限为函数 $z=f(x,y)$ 在点 (x_0,y_0) 处对 **y** 的偏导数,记作

$$\frac{\partial z}{\partial y}\Big|_{\substack{x=x_0\\y=y_0}},\frac{\partial f}{\partial y}\Big|_{\substack{x=x_0\\y=y_0}},z_y\Big|_{(x_0,y_0)}\quad \text{或}\quad f_y(x_0,y_0),f'_y(x_0,y_0)\text{等},$$

称 $f(x_0,y_0+\Delta y)-f(x_0,y_0)$ 为函数 $z=f(x,y)$**关于 y 的偏增量**.

当函数 $z=f(x,y)$ 在点 (x_0,y_0) 处同时存在对 x 及对 y 的偏导数时,可简称 $f(x,y)$ 在 (x_0,y_0) 处**可偏导**.如果函数 $z=f(x,y)$ 在区域 D 内每一点 (x,y) 处都存在偏导数,那么这些偏导数就是 (x,y) 的函数,我们称之为函数 $z=f(x,y)$**的偏导函数**,在不至于混淆的情况下简称为**偏导数**,记作

$$\frac{\partial z}{\partial x},\frac{\partial f}{\partial x},z_x\quad \text{或}\quad f_x(x,y),f'_x(x,y),$$

$$\frac{\partial z}{\partial y},\frac{\partial f}{\partial y},z_y\quad \text{或}\quad f_y(x,y),f'_y(x,y).$$

偏导数的概念还可推广到二元以上的函数,例如三元函数 $u=f(x,y,z)$ 在点 (x,y,z) 处对 x 的偏导数定义为

$$f_x(x,y,z)=\lim_{\Delta x\to 0}\frac{f(x+\Delta x,y,z)-f(x,y,z)}{\Delta x}.$$

2. 偏导数的计算法

由偏导数的定义可知,求二元函数 $z=f(x,y)$ 在点 (x_0,y_0) 处对 x 的偏导数,实际上就是把 y 固定在 y_0 时,一元函数 $f(x,y_0)$ 在 x_0 处的导数;同理偏导数 $f_y(x_0,y_0)$ 实际上是一元函数 $f(x_0,y)$ 在 y_0 处的导数.所以利用一元函数的导数公式及求导法则,就可以计算偏导数了.

【**例 6-8**】 设 $z=x^2+xy+y^3$,求 $\dfrac{\partial z}{\partial x}\Big|_{(0,1)}$ 和 $\dfrac{\partial z}{\partial y}\Big|_{(0,1)}$.

解 将 y 看作常量,对 x 求导,得

$$\frac{\partial z}{\partial x}=2x+y,\frac{\partial z}{\partial x}\Big|_{(0,1)}=1.$$

将 x 看作常量,对 y 求导,得

$$\frac{\partial z}{\partial y}=x+3y^2,\frac{\partial z}{\partial y}\Big|_{(0,1)}=3.$$

【**例 6-9**】 设 $z=\dfrac{1}{2}\ln(x^2+y^2)+\arctan\dfrac{y}{x}$,求 z_x 和 z_y.

解
$$z_x = \frac{1}{2(x^2+y^2)}\frac{\partial}{\partial x}(x^2+y^2)+\frac{1}{1+\left(\frac{y}{x}\right)^2}\frac{\partial}{\partial x}\left(\frac{y}{x}\right)$$

$$=\frac{x}{x^2+y^2}+\frac{x^2}{x^2+y^2}\left(-\frac{y}{x^2}\right)=\frac{x-y}{x^2+y^2},$$

$$z_y = \frac{1}{2(x^2+y^2)}\frac{\partial}{\partial y}(x^2+y^2)+\frac{1}{1+\left(\frac{y}{x}\right)^2}\frac{\partial}{\partial y}\left(\frac{y}{x}\right)$$

$$=\frac{y}{x^2+y^2}+\frac{x^2}{x^2+y^2}\left(\frac{1}{x}\right)=\frac{x+y}{x^2+y^2}.$$

【例 6-10】 设 $u=x^{\frac{z}{y}}(x>0,x\neq1,y\neq0)$,求证:$\frac{yx}{z}u_x+yu_y+zu_z=u.$

解 因为将 y 和 z 视为常量,对 x 求导,得

$$\frac{\partial u}{\partial x}=\frac{z}{y}x^{\frac{z}{y}-1};$$

将 x 和 z 视为常量,对 y 求导,得

$$\frac{\partial u}{\partial y}=x^{\frac{z}{y}}\ln x\frac{\partial}{\partial y}\left(\frac{z}{y}\right)=-\frac{z}{y^2}x^{\frac{z}{y}}\ln x;$$

将 x 和 y 视为常量,对 z 求导,得

$$\frac{\partial u}{\partial z}=x^{\frac{z}{y}}\ln x\frac{\partial}{\partial z}\left(\frac{z}{y}\right)=\frac{1}{y}x^{\frac{z}{y}}\ln x.$$

故

$$\frac{yx}{z}u_x+yu_y+zu_z=\frac{yx}{z}\cdot\frac{z}{y}x^{\frac{z}{y}-1}+y\cdot\left(-\frac{z}{y^2}x^{\frac{z}{y}}\ln x\right)+z\cdot\frac{1}{y}x^{\frac{z}{y}}\ln x=x^{\frac{z}{y}}=u.$$

【例 6-11】 已知一定量的理想气体的状态方程 $pV=RT(R$ 为常量$)$,推证热力学中的公式

$$\frac{\partial p}{\partial V}\cdot\frac{\partial V}{\partial T}\cdot\frac{\partial T}{\partial p}=-1.$$

证明 因为

$$p=\frac{RT}{V},\frac{\partial p}{\partial V}=-\frac{RT}{V^2}; \quad V=\frac{RT}{p},\frac{\partial V}{\partial T}=\frac{R}{p}; \quad T=\frac{pV}{R},\frac{\partial T}{\partial p}=\frac{V}{R},$$

所以

$$\frac{\partial p}{\partial V}\cdot\frac{\partial V}{\partial T}\cdot\frac{\partial T}{\partial p}=-\frac{RT}{V^2}\cdot\frac{R}{p}\cdot\frac{V}{R}=-1.$$

在一元函数中,$\frac{\mathrm{d}y}{\mathrm{d}x}$ 可看作函数的微分 $\mathrm{d}y$ 与自变量的微分 $\mathrm{d}x$ 之商. 而例 6-8 表明,在多元函数中,偏导数的记号 $\frac{\partial z}{\partial x},\frac{\partial z}{\partial y}$ 都是整体记号,不能看作分子与分母之商,单独的分子与分母并没有赋予独立的含义.

我们知道,在一元函数中,连续是可导的必要条件,即若函数 $f(x)$ 在 $x=x_0$ 处可导,则 $f(x)$ 必在 $x=x_0$ 处连续. 但在多元函数中,连续并不是可偏导的必要条件. 例如函数

$$f(x,y)=\begin{cases}\dfrac{x^2y}{x^4+y^2} & (x^2+y^2\neq0)\\[2mm]0 & (x^2+y^2=0)\end{cases}$$

在点$(0,0)$处的两个偏导数都存在

$$f_x(0,0)=\lim_{\Delta x\to 0}\frac{f(0+\Delta x,0)-f(0,0)}{\Delta x}=\lim_{\Delta x\to 0}\frac{0-0}{\Delta x}=0,$$

$$f_y(0,0)=\lim_{\Delta y\to 0}\frac{f(0,0+\Delta y)-f(0,0)}{\Delta y}=\lim_{\Delta y\to 0}\frac{0-0}{\Delta y}=0.$$

但是 $f(x,y)$ 在点$(0,0)$却不连续,事实上,令点(x,y)沿 $y=x^2$ 趋向点$(0,0)$,有

$$\lim_{\substack{x\to 0\\y=x^2}}f(x,y)=\lim_{x\to 0}\frac{x^4}{x^4+x^4}=\frac{1}{2}\neq f(0,0).$$

再如函数 $f(x,y)=x+|y|$,显然

$$\lim_{(x,y)\to(0,0)}f(x,y)=0=f(0,0),$$

故 $f(x,y)$ 在点$(0,0)$处连续. 而由

$$f(0,y)=|y|$$

知 $f_y(0,0)$不存在,所以 $f(x,y)$ 在点$(0,0)$处不是可偏导的.

以上两例说明,二元函数 $f(x,y)$ 在点(x_0,y_0)连续与它在(x_0,y_0)处可偏导并无联系. $f(x,y)$ 在(x_0,y_0)处可偏导,并不能保证函数在该点连续,这是因为偏导数仅与 $f(x,y)$ 在直线 $x=x_0$ 和 $y=y_0$ 上的值有关,$f_x(x_0,y_0),f_y(x_0,y_0)$存在只能说明 $f(x,y)$ 在点(x_0,y_0)处沿平行于坐标轴方向作为一元函数连续,而不能说明 $f(x,y)$ 沿任意其他路径和任何方式趋于(x_0,y_0)时 $f(x,y)$都能趋于 $f(x_0,y_0)$.

3. 偏导数的几何意义

在 $z=f(x,y)$ 中,固定 $y=y_0$,$z=f(x,y_0)$就是一个变量 x 的函数. 偏导数 $f_x(x_0,y_0)$就是一元函数 $z=f(x,y_0)$ 在 $x=x_0$ 处的导数,所以几何上偏导数 $f_x(x_0,y_0)$就是曲面 $z=f(x,y)$ 与平面 $y=y_0$ 的交线在点 M_0 处的切线 M_0T_x 对 x 轴的斜率(图 6-6),同样,偏导数 $f_y(x_0,y_0)$的几何意义是曲面 $z=f(x,y)$ 与平面 $x=x_0$ 的交线在点 M_0 处的切线 M_0T_y 对 y 轴的斜率.

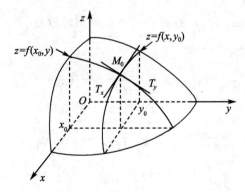

图 6-6

【例 6-12】 求曲线 $\begin{cases}z=\sqrt{5-x^2-y^2}\\y=1\end{cases}$ 在点$(-1,1,\sqrt{3})$处的切线与 Ox 轴正向所成的角度.

解 $\left.\dfrac{\partial z}{\partial x}\right|_{(-1,1)}=\left.\dfrac{-2x}{2\sqrt{5-x^2-y^2}}\right|_{(-1,1)}=\dfrac{\sqrt{3}}{3}$,即曲线在点$(-1,1,\sqrt{3})$处的切线对 x 轴

的斜率为 $\dfrac{\sqrt{3}}{3}$.

由此可知该切线与 Ox 轴正向所成的角度为 $\dfrac{\pi}{6}$.

6.2.2 高阶偏导数

设函数 $z=f(x,y)$ 在区域 D 内具有偏导数

$$\frac{\partial z}{\partial x}=f_x(x,y),\quad \frac{\partial z}{\partial y}=f_y(x,y).$$

显然它们仍然是 x,y 的函数. 如果这两个函数的偏导数也存在,那么称它们是函数 $z=f(x,y)$ 的**二阶偏导数**. 下面按照对变量求导次序的不同,给出 $f(x,y)$ 的四个二阶偏导数(包括记号):

$$\frac{\partial}{\partial x}\left(\frac{\partial z}{\partial x}\right)=\frac{\partial^2 z}{\partial x^2}=f_{xx}(x,y),\quad \frac{\partial}{\partial y}\left(\frac{\partial z}{\partial x}\right)=\frac{\partial^2 z}{\partial x\partial y}=f_{xy}(x,y),$$

$$\frac{\partial}{\partial x}\left(\frac{\partial z}{\partial y}\right)=\frac{\partial^2 z}{\partial y\partial x}=f_{yx}(x,y),\quad \frac{\partial}{\partial y}\left(\frac{\partial z}{\partial y}\right)=\frac{\partial^2 z}{\partial y^2}=f_{yy}(x,y),$$

其中第二、三两个偏导数称为**混合二阶偏导数**. 类似地,二阶偏导数的偏导数称作三阶偏导数. 例如

$$\frac{\partial}{\partial y}\left(\frac{\partial^2 z}{\partial x\partial y}\right)=\frac{\partial^3 z}{\partial x\partial y^2}=f_{xy^2}(x,y)$$

就是 $f(x,y)$ 的三阶偏导数之一.

一般地,$n-1$ 阶偏导数的偏导数称作 n 阶偏导数,并仿照上面二阶偏导数的记号,引入相应的记号. 二阶及二阶以上的偏导数统称为**高阶偏导数**. 相应地,把偏导数 $f_x(x,y)$、$f_y(x,y)$ 称为**一阶偏导数**.

【例 6-13】 求函数 $z=x^4 y-3xy^2-y^3$ 的二阶偏导数及 $\dfrac{\partial^3 z}{\partial x^3}$.

解 先求一阶偏导数:

$$\frac{\partial z}{\partial x}=4x^3 y-3y^2;\quad \frac{\partial z}{\partial y}=x^4-6xy-3y^2,$$

再求二阶偏导数:

$$\frac{\partial^2 z}{\partial x^2}=12x^2 y,\quad \frac{\partial^2 z}{\partial x\partial y}=4x^3-6y,$$

$$\frac{\partial^2 z}{\partial y\partial x}=4x^3-6y,\quad \frac{\partial^2 z}{\partial y^2}=-6x-6y,$$

从而

$$\frac{\partial^3 z}{\partial x^3}=24xy.$$

在此例中两个二阶混合偏导数相等,$\dfrac{\partial^2 z}{\partial y\partial x}=\dfrac{\partial^2 z}{\partial x\partial y}$,即混合偏导数与求导的先后次序无关. 那么是否多元函数的混合偏导数总是与求导的先后次序无关呢? 下面的定理就回

答了这一问题.

定理 6-1 如果函数 $z=f(x,y)$ 的两个二阶混合偏导数 $\dfrac{\partial^2 z}{\partial y \partial x}$ 及 $\dfrac{\partial^2 z}{\partial x \partial y}$ 在区域 D 内连续,那么在该区域内这两个二阶混合偏导数必相等.

该定理的证明从略.

对于二元以上的函数,高阶混合偏导数在偏导数连续的条件下也与求导的次序无关.

【例 6-14】 验证函数 $z=\ln \sqrt{x^2+y^2}$ 满足方程

$$\frac{\partial^2 z}{\partial x^2}+\frac{\partial^2 z}{\partial y^2}=0.$$

证明 因为

$$z=\ln \sqrt{x^2+y^2}=\frac{1}{2}\ln(x^2+y^2),$$

所以

$$\frac{\partial z}{\partial x}=\frac{x}{x^2+y^2}, \quad \frac{\partial z}{\partial y}=\frac{y}{x^2+y^2},$$

$$\frac{\partial^2 z}{\partial x^2}=\frac{x^2+y^2-2x^2}{(x^2+y^2)^2}=\frac{y^2-x^2}{(x^2+y^2)^2}, \quad \frac{\partial^2 z}{\partial y^2}=\frac{x^2+y^2-2y^2}{(x^2+y^2)^2}=\frac{x^2-y^2}{(x^2+y^2)^2},$$

因此

$$\frac{\partial^2 z}{\partial x^2}+\frac{\partial^2 z}{\partial y^2}=\frac{y^2-x^2}{(x^2+y^2)^2}+\frac{x^2-y^2}{(x^2+y^2)^2}=0.$$

【例 6-15】 验证函数 $u=\dfrac{1}{\sqrt{x^2+y^2+z^2}}$ 满足方程

$$\frac{\partial^2 u}{\partial x^2}+\frac{\partial^2 u}{\partial y^2}+\frac{\partial^2 u}{\partial z^2}=0.$$

证明 由于

$$\frac{\partial u}{\partial x}=-x(x^2+y^2+z^2)^{-\frac{3}{2}},$$

于是

$$\frac{\partial^2 u}{\partial x^2}=-(x^2+y^2+z^2)^{-\frac{3}{2}}+3x^2(x^2+y^2+z^2)^{-\frac{5}{2}}$$

$$=(2x^2-y^2-z^2)(x^2+y^2+z^2)^{-\frac{5}{2}}.$$

由函数对自变量的对称性,可得

$$\frac{\partial^2 u}{\partial y^2}=(2y^2-z^2-x^2)(x^2+y^2+z^2)^{-\frac{5}{2}},$$

$$\frac{\partial^2 u}{\partial z^2}=(2z^2-x^2-y^2)(x^2+y^2+z^2)^{-\frac{5}{2}}.$$

从而有

$$\frac{\partial^2 u}{\partial x^2}+\frac{\partial^2 u}{\partial y^2}+\frac{\partial^2 u}{\partial z^2}=0.$$

例 6-14 和例 6-15 中的两个方程都称为**拉普拉斯方程**(Laplace,法国,1749—1827)，它们在数学物理方程中有着很重要的应用.

习题 6-2

1. 设函数 $f(x,y)$ 在点 (x_0,y_0) 偏导数存在，试求：

(1) $\lim\limits_{\Delta x \to 0} \dfrac{f(x_0 - \Delta x, y_0) - f(x_0, y_0)}{\Delta x}$；

(2) $\lim\limits_{\Delta y \to 0} \dfrac{f(x_0, y_0 + 2\Delta y) - f(x_0, y_0)}{\Delta y}$；

(3) $\lim\limits_{x \to 0} \dfrac{f(x_0 + x, y_0) - f(x_0 - x, y_0)}{x}$；

(4) $\lim\limits_{h \to 0} \dfrac{f(x_0 + h, y_0) - f(x_0, y_0 - h)}{h}$.

2. 用偏导数定义求下列函数在点 $(0,0)$ 的偏导数：

(1) $z = \sqrt{x^2 + y^2}$；

(2) $z = \sqrt{x^4 + y^4}$.

3. 求下列函数的偏导数：

(1) $f(x,y) = x^3 y - y^3 x$；

(2) $f(x,y) = x^y$；

(3) $f(x,y) = \dfrac{x}{y+1}$；

(4) $f(x,y) = \arctan \dfrac{y}{x}$；

(5) $f(x,y) = \sqrt{\ln(xy)}$；

(6) $f(x,y) = \ln(x + \sqrt{x^2 + y^2})$；

(7) $f(x,y) = \arctan \dfrac{x}{y}$；

(8) $f(x,y) = e^x(\cos y + x \sin y)$；

(9) $f(x,y,z) = x^4 y + 2x^2 y^2 + z^3 + z$；

(10) $f(x,y,z) = e^{-x^3 y - z}$；

(11) $f(x,y) = \displaystyle\int_x^y e^{t^2} \, dt$；

(12) $f(x,y) = \displaystyle\int_0^{x+y^2} \sin^2 t \, dt$.

4. 求下列函数的偏导数：

(1) $z = \ln(x + \ln y)$，求 $\dfrac{\partial z}{\partial x}\Big|_{(1,e)}$，$\dfrac{\partial z}{\partial y}\Big|_{(1,e)}$；

(2) $z = \sin^2\left(\dfrac{y}{x}\right)$，求 $\dfrac{\partial z}{\partial x}\Big|_{(2,\pi)}$，$\dfrac{\partial z}{\partial y}\Big|_{(2,\pi)}$；

(3) $z = x + (y-1)\arcsin \dfrac{x}{y}$，求 $\dfrac{\partial z}{\partial x}\Big|_{(x,1)}$.

5. $z = f(x,y) = \begin{cases} (x^2 + y^2)\sin \dfrac{1}{\sqrt{x^2 + y^2}} & (x^2 + y^2 \neq 0) \\ 0 & (x^2 + y^2 = 0) \end{cases}$.

(1) 在 $(0,0)$ 处是否连续；

(2) $f_x(0,0)$，$f_y(0,0)$ 是否存在.

6. 求曲线 $\begin{cases} z = \dfrac{1}{4}(x^2 + y) \\ y = 4 \end{cases}$ 在点 $M_0(2,4,2)$ 处的切线与 Ox 轴正向所成的角度.

7. 求曲线 $\begin{cases} z = \sqrt{1 + x^2 + y^2} \\ x = 1 \end{cases}$ 在点 $M_0(1,1,\sqrt{3})$ 处的切线与 Oy 轴正向所成的角度.

8. 设一金属平板在点 (x,y) 处的温度由 $T(x,y) = \dfrac{60}{1 + x^2 + y^2}$ 确定，其中 T 的单位是

°C，x、y 的单位是 m. 求 T 在点 $(2,1)$ 处沿 x 方向和 y 方向的变化率.

9. 求下列函数的二阶偏导数：

(1) $f(x,y)=x^4+y^4-3x^2y^4$；

(2) $f(x,y)=\arctan\dfrac{x}{y}$；

(3) $f(x,y)=y\cos(x+y)$；

(4) $f(x,y)=\dfrac{y}{x}e^{\frac{x}{2}}$；

(5) $f(x,y)=\ln(x+y^2)$；

(6) $f(x,y)=x^y$.

10. 三个电阻 R_1、R_2、R_3 并联后的总电阻 R 由公式

$$\frac{1}{R}=\frac{1}{R_1}+\frac{1}{R_2}+\frac{1}{R_3}$$

确定，求 $\dfrac{\partial R}{\partial R_1}$.

11. 设 $T=2\pi\sqrt{\dfrac{l}{g}}$，验证：$l\dfrac{\partial T}{\partial l}+g\dfrac{\partial T}{\partial g}=0$.

12. 设 $r=\sqrt{x^2+y^2+z^2}$，验证：$\dfrac{\partial^2 r}{\partial x^2}+\dfrac{\partial^2 r}{\partial y^2}+\dfrac{\partial^2 r}{\partial z^2}=\dfrac{2}{r}$.

6.3　全微分及其应用

6.3.1　全微分的概念

通过前面的讨论，我们知道，二元函数的偏导数表示当一个自变量固定时，因变量相对另一个自变量的变化率，根据一元函数微分学中增量与微分的关系，可得

$$f(x+\Delta x,y)-f(x,y)=f_x(x,y)\Delta x+o(\Delta x),$$
$$f(x,y+\Delta y)-f(x,y)=f_y(x,y)\Delta y+o(\Delta y),$$

这里 $f(x+\Delta x,y)-f(x,y)$ 与 $f(x,y+\Delta y)-f(x,y)$ 分别称为函数 $z=f(x,y)$ 在点 (x,y) 处对 x 与对 y 的**偏增量**，$f_x(x,y)\Delta x$ 与 $f_y(x,y)\Delta y$ 分别称为函数 $z=f(x,y)$ 在点 (x,y) 处对 x 与对 y 的**偏微分**.

在实际问题中，有时需要研究多元函数中各个自变量都取得增量时，因变量所获得的增量

$$\Delta z=f(x+\Delta x,y+\Delta y)-f(x,y),$$

即所谓**全增量**的问题.

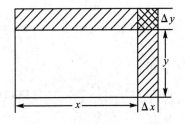

图 6-7

例如，设如图 6-7 所示矩形的边长分别为 x、y，当边长分别增加 Δx、Δy 时，面积 S 的增量为

$$\Delta S=(x+\Delta x)(y+\Delta y)-xy=y\Delta x+x\Delta y+\Delta x\Delta y.$$

上式右边第一部分 $y\Delta x+x\Delta y$ 表示图 6-7 中带有斜线的两块小长方形面积之和，它与 ΔS 的差仅为 $\Delta x\Delta y$，即右上角带有双斜线的小矩形面积，当 $\Delta x\Delta y$ 很小时，就有

$$\Delta S\approx y\Delta x+x\Delta y,$$

注意到当 $\Delta x \to 0, \Delta y \to 0$ 时,$\Delta x \Delta y$ 是比 $\rho = \sqrt{(\Delta x)^2 + (\Delta y)^2}$ 高阶的无穷小,即

$$\lim_{\rho \to 0} \frac{\Delta x \Delta y}{\sqrt{(\Delta x)^2 + (\Delta y)^2}} = 0,$$

因此,若记 $y = A, x = B$,则矩形面积的改变量可表示为

$$\Delta S = A \Delta x + B \Delta y + o(\rho).$$

我们知道,一元函数 $y = f(x)$ 的微分 $dA = A \Delta x$ 具有这样的特征:dA 是 Δx 的线性函数,并且 Δy 与 dy 之差,当 $\Delta x \to 0$ 时,是比 Δx 高阶的无穷小. 对于二元函数 $z = f(x, y)$,全增量 Δz 的计算一般来说比较复杂. 自然我们就希望,类似一元函数能用自变量的增量 Δx、Δy 的线性函数来近似地代替 Δz,从而引入如下定义.

定义 6-5 如果函数 $z = f(x, y)$ 在点 (x, y) 处的全增量

$$\Delta z = f(x + \Delta x, y + \Delta y) - f(x, y)$$

可表示为

$$\Delta z = A \Delta x + B \Delta y + o(\rho),$$

其中 A、B 不依赖于 Δx、Δy 而仅与 x、y 有关,$\rho = \sqrt{(\Delta x)^2 + (\Delta y)^2}$,则称函数 $z = f(x, y)$ 在点 (x, y) **可微**,而 $A \Delta x + B \Delta y$ 称为函数 $z = f(x, y)$ 在点 (x, y) 的**全微分**(total differential),记作 dz,即

$$dz = A \Delta x + B \Delta y.$$

如果函数在区域 D 内各点处都可微,那么称函数 $z = f(x, y)$ 为 D 内的**可微函数**.

6.3.2 可微与可偏导的关系

根据多元函数可微的定义,不难得到下面结果.

定理 6-2 **(可微的必要条件)**如果函数 $z = f(x, y)$ 在点 (x, y) 可微,则有

(1) $f(x, y)$ 在点 (x, y) 处连续;

(2) $f(x, y)$ 在点 (x, y) 处可偏导,且有 $A = \dfrac{\partial z}{\partial x}, B = \dfrac{\partial z}{\partial y}$,即 $z = f(x, y)$ 在 (x, y) 处的全微分为

$$dz = \frac{\partial z}{\partial x} \Delta x + \frac{\partial z}{\partial y} \Delta y.$$

证明 (1)由于 $z = f(x, y)$ 在点 (x, y) 处可微,即有

$$\Delta z = A \Delta x + B \Delta y + o(\rho),$$

于是

$$\lim_{\rho \to 0} \Delta z = 0,$$

即有

$$\lim_{(\Delta x, \Delta y) \to (0,0)} [f(x + \Delta x, y + \Delta y) - f(x, y)] = 0,$$

从而

$$\lim_{(\Delta x, \Delta y) \to (0,0)} f(x + \Delta x, y + \Delta y) = f(x, y).$$

即 $f(x, y)$ 在点 (x, y) 处连续.

(2)由于 $z = f(x, y)$ 在点 (x, y) 可微,于是在点 (x, y) 的某一邻域内有

$$f(x + \Delta x, y + \Delta y) - f(x, y) = A \Delta x + B \Delta y + o(\rho),$$

特别地,当 $\Delta y=0$ 时,上式变为

$$f(x+\Delta x,y)-f(x,y)=A\Delta x+o(|\Delta x|).$$

在该式两端各除以 Δx,再令 $\Delta x\to 0$,则得

$$\lim_{\Delta x\to 0}\frac{f(x+\Delta x,y)-f(x,y)}{\Delta x}=A,$$

从而偏导数 $\dfrac{\partial z}{\partial x}$ 存在,且 $\dfrac{\partial z}{\partial x}=A$;同样可证 $\dfrac{\partial z}{\partial y}$ 存在,且 $\dfrac{\partial z}{\partial y}=B$,所以有

$$dz=\frac{\partial z}{\partial x}\Delta x+\frac{\partial z}{\partial y}\Delta y.$$

在一元函数中,函数可导必可微,可微必可导,但对于多元函数来说,情况就不一样了.因为当函数可偏导时,虽然能形式地写出 $\dfrac{\partial z}{\partial x}\Delta x+\dfrac{\partial z}{\partial y}\Delta y$,但它与 Δz 之差并不一定是比 ρ 高阶的无穷小,因此它不一定是函数的全微分.换言之,可偏导只是全微分存在的必要条件而不是充分条件.

那么什么情况下,才能保证函数可微呢? 定理 6-3 给出了一个充分条件.

定理 6-3　(充分条件) 如果函数 $z=f(x,y)$ 的偏导数 $\dfrac{\partial z}{\partial x}$、$\dfrac{\partial z}{\partial y}$ 在点 (x,y) 连续,则函数在该点可微.

以上关于二元函数全微分的定义及可微的必要条件和充分条件,可以完全类似地推广到二元以上的多元函数.

习惯上,我们将自变量的增量 Δx、Δy 分别记作 dx、dy,并分别称为自变量 x、y 的微分.这样,函数 $z=f(x,y)$ 的全微分就可写为

$$dz=\frac{\partial z}{\partial x}dx+\frac{\partial z}{\partial y}dy.$$

对于三元函数 $u=f(x,y,z)$,如果可微,那么它的全微分就为

$$du=\frac{\partial u}{\partial x}dx+\frac{\partial u}{\partial y}dy+\frac{\partial u}{\partial z}dz.$$

综上可知,多元函数在一点连续与偏导数存在都是函数在该点可微的必要条件;函数在一点连续与偏导数存在彼此没有蕴含关系;偏导数在一点连续是函数在该点可微的充分条件.将这些关系图示如下,其中"$\longrightarrow$"表示可推得,"$\longmapsto\!\!\!\times$"表示不可推得.

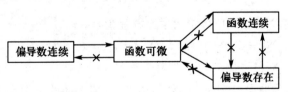

【例 6-16】 计算 $z=e^{xy}$ 在点 $(2,1)$ 处的全微分.

解 因为

$$\frac{\partial z}{\partial x}=ye^{xy},\quad \frac{\partial z}{\partial y}=xe^{xy},$$

因而

$$\frac{\partial z}{\partial x}\Big|_{(2,1)}=e^2, \quad \frac{\partial z}{\partial y}\Big|_{(2,1)}=2e^2,$$

所以

$$dz|_{(2,1)}=e^2 dx+2e^2 dy.$$

【例 6-17】 计算函数 $u=xy^z (y>0)$ 的全微分.

解 因为

$$\frac{\partial u}{\partial x}=y^z, \quad \frac{\partial u}{\partial y}=xzy^{z-1}, \quad \frac{\partial u}{\partial z}=xy^z \ln y,$$

所以

$$du=y^z dx+xzy^{z-1}dy+xy^z \ln y dz.$$

6.3.3 全微分的几何意义

我们知道,在一元函数中,对于可微函数 $y=f(x)$,当 Δy 是曲线 $y=f(x)$ 上某点的纵坐标的增量时,微分 dy 就是曲线的切线在该点纵坐标的相应增量.由于 $\Delta y \approx dy$,因而在该点附近,可用切线段来近似地代替曲线段.对于二元函数来说,全微分则反映了曲面与通过某点的切平面之间的类似关系.

设二元函数 $z=f(x,y)$ 在点 (x_0,y_0) 处可微,则在 (x_0,y_0) 的附近有

$$f(x,y)\approx f(x_0,y_0)+f_x(x_0,y_0)(x-x_0)+f_y(x_0,y_0)(y-y_0).$$

记

$$z=f(x_0,y_0)+f_x(x_0,y_0)(x-x_0)+f_y(x_0,y_0)(y-y_0).$$

在几何上,它表示经过曲面 S:$z=f(x,y)$ 上的点 $M_0(x_0,y_0,f(x_0,y_0))$ 并以 $(f_x(x_0,y_0),f_y(x_0,y_0),-1)$ 为法向量的平面,记其为 Π.

由偏导数的几何意义可知,曲面 S 与平面 $y=y_0$ 的交线在点 M_0 的切线方程为

$$\begin{cases} z-f(x_0,y_0)=f_x(x_0,y_0)(x-x_0), \\ y=y_0 \end{cases},$$

而曲面 S 与平面 $x=x_0$ 的交线在点 M_0 的切线方程为

$$\begin{cases} z-f(x_0,y_0)=f_y(x_0,y_0)(y-y_0), \\ x=x_0 \end{cases},$$

由此可推知,这两条相交的切线所确定的平面方程为

$$f_x(x_0,y_0)(x-x_0)+f_y(x_0,y_0)(y-y_0)-(z-f(x_0,y_0))=0,$$

这正是平面 Π.

我们把平面 Π 称为曲面 S 在点 M_0 处的切平面(切平面的确切定义将在 6.5.2 节中给出).

这说明如果 $z=f(x,y)$ 在点 (x_0,y_0) 可微,则曲面 $z=f(x,y)$ 在点 $(x_0,y_0,f(x_0,y_0))$ 存在切平面,并且在 $(x_0,y_0,f(x_0,y_0))$ 附近可用切平面近似代替曲面(图 6-8).

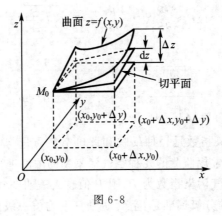

图 6-8

6.3.4　全微分的应用

由全微分的定义可知,当二元函数 $z=f(x,y)$ 在点 (x,y) 处可微,并且 $|\Delta x|$、$|\Delta y|$ 都较小时,就有近似公式

$$\Delta z \approx \mathrm{d}z = f_x(x,y)\Delta x + f_y(x,y)\Delta y,$$

即

$$f(x+\Delta x, y+\Delta y) \approx f(x,y) + f_x(x,y)\Delta x + f_y(x,y)\Delta y.$$

这表明,点 (x,y) 的附近 $(x+\Delta x, y+\Delta y)$ 处的函数值 $f(x+\Delta x, y+\Delta y)$ 可由 Δx 和 Δy 的线性函数来近似,这正是二元函数全微分的实质,利用它可以对二元函数作近似计算和误差估计.

【例 6-18】　求 $\sqrt{(1.97)^3 + (1.01)^3}$ 的近似值.

解　令 $f(x,y)=\sqrt{x^3+y^3}$,显然要计算的值是 $f(1.97, 1.01)$. 取 $x=2, y=1, \Delta x = -0.03, \Delta y = 0.01$,则

$$f_x(2,1) = \frac{3x^2}{2\sqrt{x^3+y^3}}\bigg|_{(2,1)} = 2, \quad f_y(2,1) = \frac{3y^2}{2\sqrt{x^3+y^3}}\bigg|_{(2,1)} = \frac{1}{2},$$

所以应用公式 $f(x+\Delta x, y+\Delta y) \approx f(x,y) + f_x(x,y)\Delta x + f_y(x,y)\Delta y$,有

$$\sqrt{(1.97)^3 + (1.01)^3} = f(1.97, 1.01) \approx f(2,1) + f_x(2,1)\Delta x + f_y(2,1)\Delta y$$

$$= 3 + 2 \times (-0.03) + \frac{1}{2} \times 0.01 = 2.945.$$

【例 6-19】　扇形的中心角 $\alpha = 60°$,半径 $R=20$ m,如果将中心角增加 $1°$,为了使扇形面积不变,应该把扇形半径 R 减少多少?

解　由扇形面积 $S = \frac{1}{2}R^2\alpha$,得

$$R = \sqrt{\frac{2S}{\alpha}}$$

由题可知 $\alpha = \frac{\pi}{3}, S = \frac{1}{2} \cdot (20)^2 \cdot \frac{\pi}{3} = \frac{200}{3}\pi, \Delta\alpha = \frac{\pi}{180}, \Delta S = 0$,则有

$$\Delta R \approx \frac{\partial R}{\partial S} \Delta S + \frac{\partial R}{\partial \alpha} \Delta \alpha = 0 - \sqrt{\frac{S}{2\alpha^3}} \Delta \alpha$$

故所求 R 的减少量约为

$$\sqrt{\frac{\frac{200}{3}\pi}{2\left(\frac{\pi}{3}\right)^3}} \cdot \frac{\pi}{180} = \frac{1}{6} \approx 0.167(\text{m})$$

【例 6-20】 空气污染指数是一种反映和评价空气质量与空气污染程度的一种数量指标,这个指标通常是对常规监测的几种空气污染物的浓度进行分析,并简化成单一的数值形式来近似表示.设空气污染指数为 P,则 P 值越大表明空气污染程度越严重,目前我国所采用空气污染指数的分级标准是:空气质量日平均值一级标准为 $0<P\leqslant50$;二级标准为 $50<P\leqslant100$;三级标准为 $100<P\leqslant200$;当 $P>200$ 时,空气质量为重度污染.设某城市的大气污染指数 P 取决于两个因素,即空气中固体废物的数量 x 和空气中有害气体的数量 y,它们之间的关系可表示成

$$P(x,y)=x^2+2xy+4xy^2 \qquad (0\leqslant x,y\leqslant+\infty).$$

(1)计算 $P'_x(10,5)$ 和 $P'_y(10,5)$,并说明它们的实际意义;

(2)当 x 增长 10%、$y=5$ 不变,或 $x=10$ 不变、y 增长 10%,该城市的空气污染的情况怎样?

(3)当 x 增长 10%、y 减少 10%,该城市的空气污染是否有所改善?

解 (1)由 $P'_x(x,y)=2x+2y+4y^2, P'_y(x,y)=2x+8xy$,得

$$P'_x(10,5)=130, \quad P'_y(10,5)=420.$$

根据偏导数定义,$P'_x(10,5)$ 表示当空气中有害气体 $y=5$,且固定不变,空气中的固体废物量 $x=10$ 时,P 对 x 的变化率,也就是说 $y=5$ 是常量,x 是变量,且 x 自 10 发生一个单位的改变时,大气污染指数 P 大约改变 $P'_x(10,5)$ 个单位.

同理,$P'_y(10,5)$ 表示当空气中固体废物 $x=10$ 不变时,P 对 y(当 $y=5$)的变化率,或者说,当 $x=10$ 不变,y 自 5 发生一个单位的改变时,大气污染指数 P 大约改变 $P'_y(10,5)$ 个单位.

(2)显然 $P'_x(x,y)$、$P'_y(x,y)$ 在点 $(10,5)$ 处连续,根据增量公式,有

$$\Delta P = P(10+\Delta x,5+\Delta y) - P(10,5) = P'_x(10,5)\Delta x + P'_y(10,5)\Delta y + o(\rho)$$
$$= 130\Delta x + 420\Delta y + o(\rho) \approx 130\Delta x + 420\Delta y,$$

其中 $\rho = \sqrt{(\Delta x)^2 + (\Delta y)^2}$.

当 $y=5$,x 增长 10% 时,$\Delta x = 10\times10\% = 1$,$\Delta y = 0$,则有

$$\Delta P = P'_x(10,5)\Delta x + o(|\Delta x|) \approx P'_x(10,5) = 130;$$

当 $x=10$,y 增长 10% 时,$\Delta y = 5\times10\% = 0.5$,$\Delta x = 0$,则有

$$\Delta P = P'_y(10,5)\Delta y + o(|\Delta y|) \approx 420\times0.5 = 210.$$

由此可见,当自变量 x、y 在点 $(10,5)$ 处一个保持不变、另一个增加 10% 时,引起大气污染的程度不同,有害气体对大气污染的程度较严重.

(3)由于 $x=10$,$y=5$,x 增长 10%,即 $\Delta x=1$;y 减少 10%,即 $\Delta y=-0.5$,此时大气

污染指数的增量为

$$\Delta P = P(10+1,5-0.5) - P(10,5) \approx P'_x(10,5)\Delta x + P'_y(10,5)\Delta y = -80,$$

即大气污染得到一定的治理,空气状况有所改变.

习题 6-3

1. 求下列函数的全微分:

(1) $z = y\ln(xy)$；　　　　　　　(2) $z = \mathrm{e}^{-\left(\frac{x}{x}+\frac{x}{y}\right)}$；　　　　　　(3) $z = \dfrac{x^2-y^2}{x^2+y^2}$；

(4) $z = \tan(x+y)$；　　　　　　(5) $u = x^3y + y^3x + z^3y$；　　　(6) $u = xy\mathrm{e}^{xz}$.

2. 求下列函数在指定点处的全微分:

(1) 设 $z = \ln(1+x^2+y^2)$, 求 $\mathrm{d}z\big|_{(1,1)}$；

(2) 设 $f(x,y,z) = z^2\arctan\dfrac{y}{x}$, 求 $\mathrm{d}f(1,1,1)$；

(3) 设 $f(x,y,z) = \dfrac{z}{\sqrt{x^2+y^2}}$, 求 $\mathrm{d}f(3,4,5)$；

(4) 设 $u = z\sqrt{\dfrac{x}{y}}$, 求 $\mathrm{d}u\big|_{(1,1,1)}$.

3. 设 $z = 5x^2+y^2$, (x,y) 从 $(1,2)$ 变到 $(1.05,2.1)$, 试比较 Δz 和 $\mathrm{d}z$ 的值.

4. 求函数 $z = \mathrm{e}^{xy}$ 在 $x=1$、$y=1$、$\Delta x = 0.15$、$\Delta y = 0.1$ 的全微分.

5. 用全微分代替函数的增量,近似计算:

(1) $\tan 46° \sin 29°$；　　　　　　　　(2) $1.002 \times 2.003^2 \times 3.004^3$.

6. 有半径 $R = 5$ cm,高 $H = 20$ cm 的金属圆柱体 100 个,现需在圆柱体表面镀一层厚度为 0.05 cm 的镍,估计约需要多少镍？（镍的密度约为 8.8 g/cm^3）

7. 设矩形的边长分别为 $x = 6$ m,$y = 8$ m,如果边 x 增加 5 cm,边 y 缩短 10 cm,求此矩形的对角线变化的近似值.

6.4 多元复合函数的微分法

6.4.1 链式法则

在一元函数微分学中,链式法则是最重要的求导法则之一.现将这一重要求导法则推广到多元复合函数的情形.

和一元复合函数相比较,多元复合函数的结构更为多样.下面按照多元复合函数不同的复合情形,给出有代表性的三种基本形式.掌握了这些基本形式的求导法则,更为复杂的复合函数求导也就容易掌握了.本节讨论的多元函数仍以二元函数为主.

基本形式一　两个中间变量,两个自变量

定理 6-4　如果函数 $u = \varphi(x,y)$ 及 $v = \psi(x,y)$ 都在点 (x,y) 具有对 x 及 y 的偏导

数,函数 $z=f(u,v)$ 在对应点 (u,v) 处可微,则复合函数 $z=f(\varphi(x,y),\psi(x,y))$ 在点 (x,y) 的两个偏导数存在,且有

$$\frac{\partial z}{\partial x}=\frac{\partial z}{\partial u}\frac{\partial u}{\partial x}+\frac{\partial z}{\partial v}\frac{\partial v}{\partial x}, \tag{1}$$

$$\frac{\partial z}{\partial y}=\frac{\partial z}{\partial u}\frac{\partial u}{\partial y}+\frac{\partial z}{\partial v}\frac{\partial v}{\partial y}. \tag{2}$$

其变量关系图如图 6-9 所示.

证明 给 x 以增量 Δx,相应地函数 $u=\varphi(x,y)$ 及函数 $v=\psi(x,y)$ 得到增量 $\Delta u,\Delta v$,进而使函数 $z=f(u,v)$ 获得增量 Δz,根据假设,函数 $z=f(u,v)$ 在点 (u,v) 处可微,于是有

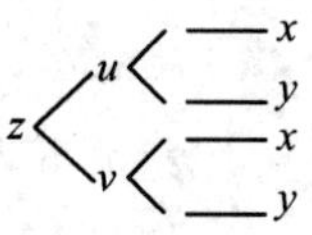

图 6-9

$$\Delta z=\frac{\partial z}{\partial u}\Delta u+\frac{\partial z}{\partial v}\Delta v+o(\rho)$$

这里 $\rho=\sqrt{(\Delta u)^2+(\Delta v)^2}$,将上式两边同除以 Δx,得

$$\frac{\Delta z}{\Delta x}=\frac{\partial z}{\partial u}\frac{\Delta u}{\Delta x}+\frac{\partial z}{\partial v}\frac{\Delta v}{\Delta x}+\frac{o(\rho)}{\rho}\cdot\sqrt{\left(\frac{\Delta u}{\Delta x}\right)^2+\left(\frac{\Delta v}{\Delta x}\right)^2}\cdot\frac{|\Delta x|}{\Delta x}. \tag{3}$$

由于 $u=\varphi(x,y)$ 及函数 $v=\psi(x,y)$ 在点 (x,y) 偏导数存在,所以当自变量 y 不变时,u,v 均是 x 的连续函数,从而当 $\Delta x\to 0$ 时,有 $\Delta u\to 0,\Delta v\to 0$,从而 $\rho\to 0$,于是 $\lim\limits_{\Delta x\to 0}\dfrac{o(\rho)}{\rho}=0$.

且 $\sqrt{\left(\dfrac{\Delta u}{\Delta x}\right)^2+\left(\dfrac{\Delta v}{\Delta x}\right)^2}\cdot\dfrac{|\Delta x|}{\Delta x}$ 为有界变量,这样(3)式的第三项极限为 0.

又因为当 $\Delta x\to 0$ 时,

$$\frac{\Delta u}{\Delta x}=\frac{\partial u}{\partial x},\quad \frac{\Delta v}{\Delta x}=\frac{\partial v}{\partial x},$$

所以

$$\lim\limits_{\Delta x\to 0}\frac{\Delta z}{\Delta x}=\frac{\partial z}{\partial u}\cdot\frac{\partial u}{\partial x}+\frac{\partial z}{\partial v}\cdot\frac{\partial v}{\partial x}.$$

这就证明了复合函数 $z=f(\varphi(x,y),\psi(x,y))$ 在点 (x,y) 对 x 的偏导存在,且偏导数可用公式(1)计算.

该复合函数对变量 y 的偏导数的计算方法推导,完全与上面的情况相仿,其计算公式由(2)给出.

类似地,设 $u=\varphi(x,y),v=\psi(x,y)$ 及 $w=\omega(x,y)$ 都在点 (x,y) 具有对 x 及对 y 的偏导数,函数 $z=f(u,v,w)$ 在对应点 (u,v,w) 处可微,则复合函数

$$z=f[\varphi(x,y),\psi(x,y),\omega(x,y)]$$

在点 (x,y) 的两个偏导数都存在,且可用下列公式计算:

$$\frac{\partial z}{\partial x}=\frac{\partial z}{\partial u}\frac{\partial u}{\partial x}+\frac{\partial z}{\partial v}\frac{\partial v}{\partial x}+\frac{\partial z}{\partial w}\frac{\partial w}{\partial x}, \tag{4}$$

$$\frac{\partial z}{\partial y}=\frac{\partial z}{\partial u}\frac{\partial u}{\partial y}+\frac{\partial z}{\partial v}\frac{\partial v}{\partial y}+\frac{\partial z}{\partial w}\frac{\partial w}{\partial y}. \tag{5}$$

其变量关系如图 6-10 所示.

基本形式二　两个中间变量,一个自变量

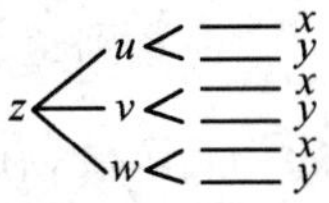

定理 6-5　如果函数 $u=\varphi(t)$ 及 $v=\psi(t)$ 都在点 t 可导,函数 $z=f(u,v)$ 在对应点 (u,v) 处可微,则复合函数 $z=f(\varphi(t),\psi(t))$ 在点 t 可导,且有

图 6-10

$$\frac{\mathrm{d}z}{\mathrm{d}t}=\frac{\partial z}{\partial u}\frac{\mathrm{d}u}{\mathrm{d}t}+\frac{\partial z}{\partial v}\frac{\mathrm{d}v}{\mathrm{d}t}. \tag{6}$$

其变量关系如图 6-11 所示.

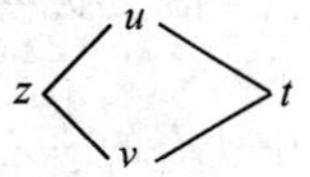

这是上面链式法则的一个特例,即函数有两个中间变量,只有一个自变量的情形,复合函数 $z=f(\varphi(t),\psi(t))$ 是 t 的一元函数. 即由链式法则立刻可推出公式(6).

图 6-11

再如 $z=f(u,v,w),u=\varphi(t),v=\psi(t),w=w(t)$ 构成复合函数 $z=f(\varphi(t),\psi(t),w(t))$,在与定理 6-5 类似地条件下,这个复合函数在点 t 处可导且其导数可用下列公式计算:

$$\frac{\mathrm{d}z}{\mathrm{d}t}=\frac{\partial z}{\partial u}\frac{\mathrm{d}u}{\mathrm{d}t}+\frac{\partial z}{\partial v}\frac{\mathrm{d}v}{\mathrm{d}t}+\frac{\partial z}{\partial w}\frac{\mathrm{d}w}{\mathrm{d}t}, \tag{7}$$

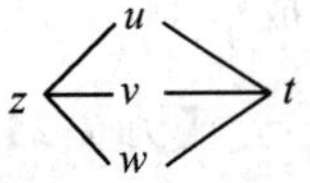

图 6-12

其变量关系如图 6-12 所示,在公式(6)及公式(7)中的导数 $\dfrac{\mathrm{d}z}{\mathrm{d}t}$ 称为**全导数**.

基本形式三　一个中间变量,两个自变量

定理 6-6　如果函数 $u=\varphi(x,y)$ 在点 (x,y) 具有对 x 及对 y 的偏导数,函数 $z=f(u)$ 在对应点 u 处可导,则复合函数 $z=f(\varphi(x,y))$ 在点 (x,y) 处的两个偏导数存在,且有

$$\frac{\partial z}{\partial x}=\frac{\mathrm{d}z}{\mathrm{d}u}\frac{\partial u}{\partial x}, \tag{8}$$

$$\frac{\partial z}{\partial y}=\frac{\mathrm{d}z}{\mathrm{d}u}\frac{\partial u}{\partial y}. \tag{9}$$

这实际是基本形式一的特例,可视为 $v=0$.利用基本形式一的结果直接得到上面的结论,只是将(1)(2)中的 $\dfrac{\partial z}{\partial u}$ 换成 $\dfrac{\mathrm{d}z}{\mathrm{d}u}$,而 $\dfrac{\partial z}{\partial v}=0$.

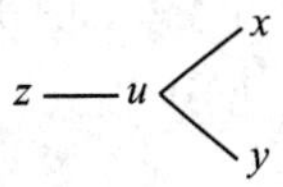

图 6-13

其变量关系如图 6-13 所示.

从以上这些计算公式可以看出,多元复合函数对某个自变量的偏导数等于若干项之和,其中每一项都是函数对中间变量的偏导数与该中间变量对自变量的偏导数之积.有几个中间变量,复合函数的偏导数中就有几项(可能有些项等于零);有几个自变量,函数就有几个偏导数公式.这就是计算多元复合函数偏导数的链式法则.

多元复合函数的结构是多种多样的,但掌握了链式法则求偏导的特点,对于其他情况就不难解决了.例如下面这种较复杂的情况.

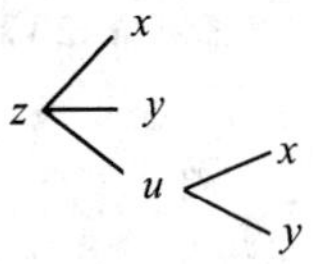

设 $z=f(x,y,u),u=u(x,y)$,复合关系如图 6-14 所示.则其偏导数

$$\frac{\partial z}{\partial x}=\frac{\partial f}{\partial x}\frac{\mathrm{d}x}{\mathrm{d}x}+\frac{\partial f}{\partial y}\frac{\partial y}{\partial x}+\frac{\partial f}{\partial u}\frac{\partial u}{\partial x}=\frac{\partial f}{\partial x}+\frac{\partial f}{\partial u}\frac{\partial u}{\partial x}.$$

图 6-14

注意到这个复合函数的自变量是 x,y,中间变量是 x,y,u. 作为中间变量的 x 仅是 x 的一元函数,有 $\dfrac{\mathrm{d}x}{\mathrm{d}x}=1$,而 y 相对于 x 而言是常数,故有 $\dfrac{\partial y}{\partial x}=0$.

同理

$$\frac{\partial z}{\partial y}=\frac{\partial f}{\partial y}+\frac{\partial f}{\partial u}\frac{\partial u}{\partial y}.$$

需要说明的是,这里 $\dfrac{\partial z}{\partial x}$ 与 $\dfrac{\partial f}{\partial x}$ 是两个不同的概念,其中 $\dfrac{\partial z}{\partial x}$ 是把复合函数 $z=f(x,y,u)$ 中所有的 y 看作不变而对 x 的偏导数,而 $\dfrac{\partial f}{\partial x}$ 则是把 $f(x,y,u)$ 中的 y 及 u(尽管 u 中也包含 x)看作不变而对其余 x 的偏导数. $\dfrac{\partial z}{\partial y}$ 与 $\dfrac{\partial f}{\partial y}$ 也有类似的区别. 因此右边的 $\dfrac{\partial f}{\partial x},\dfrac{\partial f}{\partial y}$ 不要写成 $\dfrac{\partial z}{\partial x},\dfrac{\partial z}{\partial y}$,以免引起混淆.

【例 6-21】 求函数 $z=(1+xy)^{x^2y}$ 的偏导数.

解 引入中间变量 $u=1+xy$,$v=x^2y$,则 $z=u^v$,而

$$\frac{\partial u}{\partial x}=y,\quad \frac{\partial u}{\partial y}=x,\quad \frac{\partial v}{\partial x}=2xy,\quad \frac{\partial v}{\partial y}=x^2.$$

于是,有

$$\begin{aligned}
\frac{\partial z}{\partial x}&=\frac{\partial z}{\partial u}\frac{\partial u}{\partial x}+\frac{\partial z}{\partial v}\frac{\partial v}{\partial x}=vu^{v-1}\cdot y+(u^v\ln u)\cdot 2xy\\
&=x^2y^2(1+xy)^{x^2y-1}+2xy(1+xy)^{x^2y}\ln(1+xy),\\
\frac{\partial z}{\partial y}&=\frac{\partial z}{\partial u}\frac{\partial u}{\partial y}+\frac{\partial z}{\partial v}\frac{\partial v}{\partial y}=vu^{v-1}\cdot x+(u^v\ln u)\cdot x^2\\
&=x^3y(1+xy)^{x^2y-1}+x^2(1+xy)^{x^2y}\ln(1+xy).
\end{aligned}$$

【例 6-22】 设 $z=\dfrac{1}{y}\sin x$,而 $x=\mathrm{e}^t$,$y=t^2$,求全导数 $\dfrac{\mathrm{d}z}{\mathrm{d}t}$.

解 因为

$$\frac{\partial z}{\partial x}=\frac{1}{y}\cos x,\quad \frac{\partial z}{\partial y}=-\frac{1}{y^2}\sin x,$$

$$\frac{\mathrm{d}x}{\mathrm{d}t}=\mathrm{e}^t,\quad \frac{\mathrm{d}y}{\mathrm{d}t}=2t,$$

所以

$$\frac{\mathrm{d}z}{\mathrm{d}t}=\left(\frac{1}{y}\cos x\right)\mathrm{e}^t-\left(\frac{1}{y^2}\sin x\right)(2t)=\frac{\mathrm{e}^t}{t^2}\cos \mathrm{e}^t-\frac{2}{t^3}\sin \mathrm{e}^t.$$

【例 6-23】 设 $z=f(u(x,y),v(x,y),x)=\mathrm{e}^u\sin v+x^2$,$u=x+y$,$v=xy$. 求 $\dfrac{\partial z}{\partial x}$ 和 $\dfrac{\partial z}{\partial y}$.

解
$$\begin{aligned}
\frac{\partial z}{\partial x}&=\frac{\partial f}{\partial u}\frac{\partial u}{\partial x}+\frac{\partial f}{\partial v}\frac{\partial v}{\partial x}+\frac{\partial f}{\partial x}=\mathrm{e}^u\sin v+y\mathrm{e}^u\cos v+2x\\
&=\mathrm{e}^{x+y}[\sin(xy)+y\cos(xy)]+2x,\\
\frac{\partial z}{\partial y}&=\frac{\partial f}{\partial u}\frac{\partial u}{\partial y}+\frac{\partial f}{\partial v}\frac{\partial v}{\partial y}=\mathrm{e}^u\sin v+x\mathrm{e}^u\cos v=\mathrm{e}^{x+y}[\sin(xy)+x\cos(xy)].
\end{aligned}$$

计算复合函数高阶偏导数时,只要重复前面的运算法则即可. 例如 $z=f(u,v)$, f 具有二阶连续偏导数, $u=\varphi(x,y)$, $v=\psi(x,y)$ 的偏导数存在,则

$$\frac{\partial z}{\partial x}=\frac{\partial z}{\partial u}\frac{\partial u}{\partial x}+\frac{\partial z}{\partial v}\frac{\partial v}{\partial x},$$

$$\frac{\partial^2 z}{\partial x\partial y}=\frac{\partial}{\partial y}\left(\frac{\partial z}{\partial x}\right)=\frac{\partial}{\partial y}\left(\frac{\partial z}{\partial u}\frac{\partial u}{\partial x}+\frac{\partial z}{\partial v}\frac{\partial v}{\partial x}\right)$$

$$=\frac{\partial}{\partial y}\left(\frac{\partial z}{\partial u}\right)\frac{\partial u}{\partial x}+\frac{\partial z}{\partial u}\frac{\partial^2 u}{\partial x\partial y}+\frac{\partial}{\partial y}\left(\frac{\partial z}{\partial v}\right)\frac{\partial v}{\partial x}+\frac{\partial z}{\partial v}\frac{\partial^2 v}{\partial x\partial y}.$$

这里要特别注意 $\dfrac{\partial u}{\partial x}$ 与 $\dfrac{\partial v}{\partial x}$ 仍是 x,y 的函数, $\dfrac{\partial z}{\partial u}$ 与 $\dfrac{\partial z}{\partial v}$ 仍是以 u,v 为中间变量的 x,y 的复合函数. 因此有

$$\frac{\partial}{\partial y}\left(\frac{\partial z}{\partial u}\right)=\frac{\partial^2 z}{\partial u^2}\frac{\partial u}{\partial y}+\frac{\partial^2 z}{\partial u\partial v}\frac{\partial v}{\partial y},$$

$$\frac{\partial}{\partial y}\left(\frac{\partial z}{\partial v}\right)=\frac{\partial^2 z}{\partial v\partial u}\frac{\partial u}{\partial y}+\frac{\partial^2 z}{\partial v^2}\frac{\partial v}{\partial y}.$$

为了表述简便,引入下面记号

$$f_1'=\frac{\partial f(u,v)}{\partial u},\quad f_{12}''=\frac{\partial^2 f(u,v)}{\partial u\partial v}.$$

这里,下标 1 表示对第一个变量求偏导数,下标 2 表示对第二个变量求偏导数,同理有 f_2', f_{11}'', f_{21}'', f_{22}'' 等.

【例 6-24】 设 $z=xf\left(x,\dfrac{y}{x}\right)$ 具有一阶连续偏导数,求 $\dfrac{\partial z}{\partial x}$, $\dfrac{\partial z}{\partial y}$.

解　采用上面引入的简单记号,有

$$\frac{\partial z}{\partial x}=f\left(x,\frac{y}{x}\right)+x\frac{\partial f\left(x,\frac{y}{x}\right)}{\partial x}$$

$$=f\left(x,\frac{y}{x}\right)+x\left[f_1'\cdot 1+f_2'\left(-\frac{y}{x^2}\right)\right]$$

$$=f+xf_1'-\frac{y}{x}f_2',$$

$$\frac{\partial z}{\partial y}=x\frac{\partial f\left(x,\frac{y}{x}\right)}{\partial y}=x\left(f_1'\cdot 0+f_2'\frac{1}{x}\right)=f_2'.$$

【例 6-25】 设 $z=f\left(xy,\dfrac{y}{x}\right)$ 具有二阶连续偏导数,求 $\dfrac{\partial z}{\partial x}$ 和 $\dfrac{\partial^2 z}{\partial x^2}$.

解　先求一阶偏导数,

$$\frac{\partial z}{\partial x}=yf_1'-\frac{y}{x^2}f_2'.$$

再求二阶偏导数

$$\frac{\partial^2 z}{\partial x^2}=y\left[f_{11}''\cdot y+f_{12}''\cdot\left(-\frac{y}{x^2}\right)\right]+\frac{2y}{x^3}f_2'-\frac{y}{x^2}\left[f_{21}''\cdot y+f_{22}''\cdot\left(-\frac{y}{x^2}\right)\right]$$

$$=y^2 f_{11}''-2\frac{y^2}{x^2}f_{12}''+\frac{y^2}{x^4}f_{22}''+\frac{2y}{x^3}f_2'.$$

【例 6-26】 设 $u=\varphi(x-at)+\psi(x+at)$，其中 φ,ψ 均有二阶导数，证明 $\dfrac{\partial^2 u}{\partial t^2}=a^2\dfrac{\partial^2 u}{\partial x^2}$.

证明
$$\frac{\partial u}{\partial t}=-a\varphi'+a\psi',\quad \frac{\partial^2 u}{\partial t^2}=a^2\varphi''+a^2\psi'',$$

$$\frac{\partial u}{\partial x}=\varphi'+\psi',\quad \frac{\partial^2 u}{\partial x^2}=\varphi''+\psi''.$$

从而有

$$\frac{\partial^2 u}{\partial t^2}=a^2\frac{\partial^2 u}{\partial x^2}.$$

这里,记号 φ'、ψ' 与 φ''、ψ'' 分别表示函数 φ、ψ 对中间变量的一阶与二阶导数.

【例 6-27】 1 mol 理想气体的压强 p(单位:kPa)、体积 V(单位:L)、温度 T(单位:K)满足方程 $pV=8.31T$. 当温度为 300 K,温度的增加率为 0.1 K/s,体积为 100 L 以及体积的增加率为 0.2 L/s 时,求压强的变化率.

解 依题意即求压强 p 对时间 t 的变化率 $\dfrac{\mathrm{d}p}{\mathrm{d}t}$. 由已知

$$p=8.31\frac{T}{V},\quad T=300,\quad \frac{\mathrm{d}T}{\mathrm{d}t}=0.1,\quad V=100,\quad \frac{\mathrm{d}V}{\mathrm{d}t}=0.2.$$

利用链式法则有

$$\frac{\mathrm{d}p}{\mathrm{d}t}=\frac{\partial p}{\partial T}\cdot\frac{\mathrm{d}T}{\mathrm{d}t}+\frac{\partial p}{\partial V}\cdot\frac{\mathrm{d}V}{\mathrm{d}t}=8.31\left(\frac{1}{V}\frac{\mathrm{d}T}{\mathrm{d}t}-\frac{T}{V^2}\frac{\mathrm{d}V}{\mathrm{d}t}\right)$$

$$=8.31\left(\frac{1}{100}\times0.1-\frac{300}{100^2}\times0.2\right)=-0.041\,55.$$

即压强的变化率为 0.041 55 kPa/s.

从以上各例可看出,求多元复合函数偏导数的关键是分清函数的复合结构:哪些变量是自变量,哪些变量是中间变量,以及它们之间的关系(是一元函数,还是多元函数,从而用不同的记号). 在求高阶偏导数时要注意的是,偏导函数仍是多元复合函数.

6.4.2　全微分形式不变性

与一元函数微分的形式不变性类似,多元函数也有全微分形式的不变性. 下面我们总假设讨论的函数满足相应的可微条件. 以二元函数 $z=f(u,v)$ 为例,当 u,v 为自变量时,则有全微分

$$\mathrm{d}z=\frac{\partial z}{\partial u}\mathrm{d}u+\frac{\partial z}{\partial v}\mathrm{d}v.$$

如果 u、v 又是 x、y 的函数 $u=\varphi(x,y)$，$v=\psi(x,y)$，则复合函数

$$z=f(\varphi(x,y),\psi(x,y))$$

的全微分为

$$\mathrm{d}z=\frac{\partial z}{\partial x}\mathrm{d}x+\frac{\partial z}{\partial y}\mathrm{d}y.$$

而 $\dfrac{\partial z}{\partial x}=\dfrac{\partial z}{\partial u}\dfrac{\partial u}{\partial x}+\dfrac{\partial z}{\partial v}\dfrac{\partial v}{\partial x}$, $\dfrac{\partial z}{\partial y}=\dfrac{\partial z}{\partial u}\dfrac{\partial u}{\partial y}+\dfrac{\partial z}{\partial v}\dfrac{\partial v}{\partial y}$,代入上式得

$$dz = \left(\frac{\partial z}{\partial u}\frac{\partial u}{\partial x} + \frac{\partial z}{\partial v}\frac{\partial v}{\partial x}\right)dx + \left(\frac{\partial z}{\partial u}\frac{\partial u}{\partial y} + \frac{\partial z}{\partial v}\frac{\partial v}{\partial y}\right)dy$$

$$= \frac{\partial z}{\partial u}\left(\frac{\partial u}{\partial x}dx + \frac{\partial u}{\partial y}dy\right) + \frac{\partial z}{\partial v}\left(\frac{\partial v}{\partial x}dx + \frac{\partial v}{\partial y}dy\right)$$

$$= \frac{\partial z}{\partial u}du + \frac{\partial z}{\partial v}dv.$$

这表明,在二元函数 $z = f(u,v)$ 中,无论 u,v 是中间变量,还是自变量,它的全微分形式是一样的.这个性质叫作**全微分形式的不变性**.

利用这一性质,可得到多元函数全微分与一元函数微分相同的运算法则:

(1) $d(u \pm v) = du \pm dv$;

(2) $d(uv) = udv + vdu$;

(3) $d\left(\dfrac{u}{v}\right) = \dfrac{vdu - udv}{v^2}(v \neq 0)$.

恰当地利用这些结果,常会取得很好的效果.

从全微分的表达式 $dz = \dfrac{\partial z}{\partial x}dx + \dfrac{\partial z}{\partial y}dy$ 即可知,dx、dy 前面的系数分别是函数 $z = f(x,y)$ 对 x、y 的偏导数.利用全微分形式的不变性和微分的运算法则,可以同时求出 $f(x,y)$ 的两个偏导数.

【例 6-28】　设 $z = \arctan\dfrac{y}{x}$,求 $\dfrac{\partial z}{\partial x},\dfrac{\partial z}{\partial y}$.

解　设 $u = \dfrac{y}{x}$,则 $z = \arctan u$,于是

$$dz = \frac{1}{1+u^2}du = \frac{1}{1+\left(\frac{y}{x}\right)^2} \cdot \frac{xdy - ydx}{x^2} = \frac{1}{x^2+y^2}(xdy - ydx),$$

所以

$$\frac{\partial z}{\partial x} = -\frac{y}{x^2+y^2}, \qquad \frac{\partial z}{\partial y} = \frac{x}{x^2+y^2}.$$

6.4.3　隐函数的求导法则

1. 由一个方程确定的隐函数的求导法则

在一元函数微分学中,我们对具体的由方程 $F(x,y) = 0$ 确定的隐函数 $y = y(x)$,用链式法则求导的方法做过介绍,下面利用多元复合函数的链式法则推导隐函数求导公式.

假设方程 $F(x,y) = 0$ 确定了一个可导的隐函数 $y = f(x)$.

将 $y = f(x)$ 代入方程 $F(x,y) = 0$,得恒等式

$$F(x, f(x)) \equiv 0.$$

将上式两端对 x 求导,利用复合函数的链式法则,即得

$$F_x + F_y\frac{dy}{dx} = 0.$$

于是当 $F_y \neq 0$ 时,有

$$\frac{\mathrm{d}y}{\mathrm{d}x} = -\frac{F_x}{F_y}.$$

这样就得到了一元隐函数的求导公式.

【例 6-29】 设 $y=y(x)$ 是由方程 $\sin xy+\mathrm{e}^x-y^2=0$ 所确定的隐函数,求 $\frac{\mathrm{d}y}{\mathrm{d}x}$.

解 设 $F(x,y)=\sin xy+\mathrm{e}^x-y^2$,则

$$F_x=y\cos xy+\mathrm{e}^x, \quad F_y=x\cos xy-2y,$$

所以

$$\frac{\mathrm{d}y}{\mathrm{d}x} = -\frac{F_x}{F_y} = -\frac{y\cos xy+\mathrm{e}^x}{x\cos xy-2y}.$$

如果三元方程 $F(x,y,z)=0$ 确定了一个可导的二元隐函数 $z=f(x,y)$.使用同样的方法可以得出求这个二元隐函数的偏导数的公式.把 $z=f(x,y)$ 代入方程 $F(x,y,z)=0$,得恒等式

$$F[x,y,f(x,y)]\equiv 0,$$

将上式两端分别对 x,y 求偏导,应用复合函数求导法则得

$$F_x+F_z\frac{\partial z}{\partial x}=0, \quad F_y+F_z\frac{\partial z}{\partial y}=0.$$

当 $F_z\neq 0$ 时,有

$$\frac{\partial z}{\partial x}=-\frac{F_x}{F_z}, \frac{\partial z}{\partial y}=-\frac{F_y}{F_z}.$$

值得注意的是,计算公式中 F_x,F_y,F_z 是将 x,y,z 看作独立变量时,F 的偏导数.求多元隐函数的偏导数时,除可利用上述公式外,也可用求复合函数偏导数的链式法则.对于隐函数的高阶偏导数,可对一阶偏导数继续使用复合函数求导法则.

【例 6-30】 设 $z=f(x,y)$ 是由方程 $\mathrm{e}^{-xy}-2z+\mathrm{e}^z=0$ 所确定的隐函数,试求 $\frac{\partial z}{\partial x},\frac{\partial z}{\partial y}$ 及 $\frac{\partial^2 z}{\partial x\partial y}$.

解 设 $F(x,y,z)=\mathrm{e}^{-xy}-2z+\mathrm{e}^z$,则

$$F_x=-y\mathrm{e}^{-xy}, \quad F_y=-x\mathrm{e}^{-xy}, \quad F_z=\mathrm{e}^z-2.$$

当 $z\neq\ln 2$ 时,

$$\frac{\partial z}{\partial x}=\frac{y\mathrm{e}^{-xy}}{\mathrm{e}^z-2}, \quad \frac{\partial z}{\partial y}=\frac{x\mathrm{e}^{-xy}}{\mathrm{e}^z-2}.$$

再一次由 $\frac{\partial z}{\partial x}$ 对 y 求偏导数,得

$$\frac{\partial^2 z}{\partial x\partial y}=\frac{(\mathrm{e}^{-xy}-xy\mathrm{e}^{-xy})(\mathrm{e}^z-2)-y\mathrm{e}^{-xy}\mathrm{e}^z\dfrac{\partial z}{\partial y}}{(\mathrm{e}^z-2)^2}$$

$$=\frac{(\mathrm{e}^{-xy}-xy\mathrm{e}^{-xy})(\mathrm{e}^z-2)-y\mathrm{e}^{-xy}\mathrm{e}^z\dfrac{x\mathrm{e}^{-xy}}{\mathrm{e}^z-2}}{(\mathrm{e}^z-2)^2}$$

$$=\frac{(\mathrm{e}^{-xy}-xy\mathrm{e}^{-xy})(\mathrm{e}^z-2)^2-y\mathrm{e}^{-xy}\mathrm{e}^z x\mathrm{e}^{-xy}}{(\mathrm{e}^z-2)^3}$$

$$= \frac{e^{-xy}\left[(1-xy)(e^z-2)^2-xye^{z-xy}\right]}{(e^z-2)^3}.$$

【例 6-31】 设函数 $z=z(x,y)$ 是由方程 $F(cx-az,cy-bz)=0$ 所确定的隐函数,其中 F 有连续的偏导数,且 $aF_1+bF_2\neq0$,证明

$$a\frac{\partial z}{\partial x}+b\frac{\partial z}{\partial y}=c.$$

证明 利用隐函数求导公式,求出 $\dfrac{\partial z}{\partial x}$ 与 $\dfrac{\partial z}{\partial y}$.

$$\frac{\partial z}{\partial x}=-\frac{F_x}{F_z}=-\frac{F_1\cdot c}{F_1\cdot(-a)+F_2\cdot(-b)}=\frac{cF_1}{aF_1+bF_2},$$

$$\frac{\partial z}{\partial y}=-\frac{F_y}{F_z}=-\frac{F_2\cdot c}{F_1\cdot(-a)+F_2\cdot(-b)}=\frac{cF_2}{aF_1+bF_2}.$$

于是

$$a\frac{\partial z}{\partial x}+b\frac{\partial z}{\partial y}=c.$$

本题也可以这样做:利用链式法则,在方程 $F(cx-az,cy-bz)=0$ 两边分别对 x 与 y 求偏导数,注意此时 z 是 x,y 的函数,则得

$$F_1\cdot\left(c-a\frac{\partial z}{\partial x}\right)+F_2\cdot\left(-b\frac{\partial z}{\partial x}\right)=0,$$

$$F_1\cdot\left(-a\frac{\partial z}{\partial y}\right)+F_2\cdot\left(c-b\frac{\partial z}{\partial y}\right)=0.$$

解得

$$\frac{\partial z}{\partial x}=\frac{cF_1}{aF_1+bF_2},\qquad \frac{\partial z}{\partial y}=\frac{cF_2}{aF_1+bF_2}.$$

从而

$$a\frac{\partial z}{\partial x}+b\frac{\partial z}{\partial y}=c.$$

2. 由方程组确定的隐函数的求导法则

下面我们将前面的结果推广到由方程组确定的隐函数的情形. 在这里不仅自变量是多个的,函数也是多个的. 例如,考虑方程组

$$\begin{cases}F(x,y,u,v)=0\\ G(x,y,u,v)=0\end{cases}. \tag{1}$$

设 $u=u(x,y),v=v(x,y)$ 是方程组(1)所确定的可导的两个二元函数. 把 $u=u(x,y),v=v(x,y)$ 代入方程组(1)中,得恒等方程组

$$\begin{cases}F[x,y,u(x,y),v(x,y)]\equiv0\\ G[x,y,u(x,y),v(x,y)]\equiv0\end{cases},$$

将两式两端分别对 x 求偏导,得

$$\begin{cases}F_x+F_u\dfrac{\partial u}{\partial x}+F_v\dfrac{\partial v}{\partial x}=0\\ G_x+G_u\dfrac{\partial u}{\partial x}+G_v\dfrac{\partial v}{\partial x}=0\end{cases}.$$

这是一个关于 $\dfrac{\partial u}{\partial x}, \dfrac{\partial v}{\partial x}$ 的线性方程组,当它的系数行列式

$$\begin{vmatrix} F_u & F_v \\ G_u & G_v \end{vmatrix} \neq 0$$

时,可用克莱姆法则(Cramer's Rule)表示出它的解

$$\frac{\partial u}{\partial x} = -\frac{\begin{vmatrix} F_x & F_v \\ G_x & G_v \end{vmatrix}}{\begin{vmatrix} F_u & F_v \\ G_u & G_v \end{vmatrix}}, \quad \frac{\partial v}{\partial x} = -\frac{\begin{vmatrix} F_u & F_x \\ G_u & G_x \end{vmatrix}}{\begin{vmatrix} F_u & F_v \\ G_u & G_v \end{vmatrix}}.$$

同理可求得

$$\frac{\partial u}{\partial y} = -\frac{\begin{vmatrix} F_y & F_v \\ G_y & G_v \end{vmatrix}}{\begin{vmatrix} F_u & F_v \\ G_u & G_v \end{vmatrix}}, \quad \frac{\partial v}{\partial y} = -\frac{\begin{vmatrix} F_u & F_y \\ G_u & G_y \end{vmatrix}}{\begin{vmatrix} F_u & F_v \\ G_u & G_v \end{vmatrix}}.$$

在求这类偏导数问题时,可直接使用上面的公式,但一般情况下,用推导该公式的方法,即用复合函数的链式法则较为方便.

【例 6-32】 设 $\begin{cases} u^3 + xv = y \\ v^3 + yu = x \end{cases}$,求 $\dfrac{\partial u}{\partial x}$、$\dfrac{\partial u}{\partial y}$、$\dfrac{\partial v}{\partial x}$ 及 $\dfrac{\partial v}{\partial y}$.

解 由题设知,u、v 为 x、y 的二元函数,将方程组两边对 x 求偏导数,得

$$\begin{cases} 3u^2 \dfrac{\partial u}{\partial x} + v + x\dfrac{\partial v}{\partial x} = 0 \\[2mm] 3v^2 \dfrac{\partial v}{\partial x} + y\dfrac{\partial u}{\partial x} = 1 \end{cases},$$

解得

$$\frac{\partial u}{\partial x} = -\frac{3v^3 + x}{9u^2 v^2 - xy}, \quad \frac{\partial v}{\partial x} = \frac{3u^2 + vy}{9u^2 v^2 - xy}.$$

同理可得

$$\frac{\partial u}{\partial y} = \frac{3v^2 + ux}{9u^2 v^2 - xy}, \quad \frac{\partial v}{\partial y} = -\frac{3u^3 + y}{9u^2 v^2 - xy}.$$

本题也可用全微分形式的不变性求解. 在方程组的两端求全微分,得

$$\begin{cases} 3u^2 du + xdv + vdx = dy \\ 3v^2 dv + ydu + udy = dx \end{cases},$$

解出

$$du = -\frac{3v^3 + x}{9u^2 v^2 - xy}dx + \frac{3v^2 + ux}{9u^2 v^2 - xy}dy,$$

$$dv = \frac{3u^2 + vy}{9u^2 v^2 - xy}dx - \frac{3u^3 + y}{9u^2 v^2 - xy}dy.$$

于是立即得出所求的偏导数,其结果与前面用链式法则所得结果相同.

习题 6-4

1. 用链式法则求下列函数的各偏导数:

(1) 设 $z = u^2 \ln v$, 而 $u = \dfrac{x}{y}$, $v = 3x - 2y$, 求 $\dfrac{\partial z}{\partial x}$, $\dfrac{\partial z}{\partial y}$;

(2) 设 $z = \mathrm{e}^u \sin v$, $u = xy$, $v = x + y$, 求 $\dfrac{\partial z}{\partial x}$, $\dfrac{\partial z}{\partial y}$;

(3) 设 $z = x^2 y - xy^2$, $x = r\cos \theta$, $y = r\sin \theta$, 求 $\dfrac{\partial z}{\partial r}$, $\dfrac{\partial z}{\partial \theta}$.

2. 求下列函数的全导数:

(1) $z = \cos(x + 4y)$, $x = 5t^4$, $y = \dfrac{1}{t}$, 求全导数 $\dfrac{\mathrm{d}z}{\mathrm{d}t}$;

(2) 设 $z = \mathrm{e}^{x-2y}$, 而 $x = \sin t$, $y = t^3$, 求全导数 $\dfrac{\mathrm{d}z}{\mathrm{d}t}$;

(3) $z = \displaystyle\int_2^{v^2+u} \mathrm{e}^{-t^2}\,\mathrm{d}t$, $u = \sin x$, $v = \mathrm{e}^x$, 求全导数 $\dfrac{\mathrm{d}z}{\mathrm{d}x}$;

(4) 设 $u = f(x, y, z)$, 其中 f 具有一阶连续偏导数, 且 $x = t$, $y = t^2$, $z = t^3$, 求全导数 $\dfrac{\mathrm{d}u}{\mathrm{d}t}$.

3. 求下列函数在指定点处的偏导数:

(1) $z = \arctan \dfrac{x}{1+y^2}$, 求 $\dfrac{\partial z}{\partial x}\Big|_{(1,1)}$, $\dfrac{\partial z}{\partial y}\Big|_{(1,1)}$;

(2) $z = xy\ln(x - y^2)$, 求 $\dfrac{\partial z}{\partial x}\Big|_{(1,0)}$, $\dfrac{\partial z}{\partial y}\Big|_{(1,0)}$;

(3) $u = (x + y)\sin(x^2 + y^2 + z^2)$, 求 $\dfrac{\partial u}{\partial x}\Big|_{(0,0,\sqrt{\frac{\pi}{2}})}$, $\dfrac{\partial u}{\partial y}\Big|_{(0,0,\sqrt{\frac{\pi}{2}})}$, $\dfrac{\partial u}{\partial z}\Big|_{(0,0,\sqrt{\frac{\pi}{2}})}$.

4. 求下列函数的偏导数:

(1) $z = f(x^2 + y)$, 其中 f 可微, 求 $\dfrac{\partial z}{\partial x}$, $\dfrac{\partial z}{\partial y}$;

(2) $z = f(x^2 - y^2, \cos(xy))$, 其中 f 具有一阶连续偏导数, 求 $\dfrac{\partial z}{\partial x}$, $\dfrac{\partial z}{\partial y}$;

(3) $z = f(\mathrm{e}^y, x^2 - y)$, 其中 f 具有一阶连续偏导数, 求 $\dfrac{\partial z}{\partial x}$, $\dfrac{\partial z}{\partial y}$;

(4) $z = f(\sin x, \cos y, \mathrm{e}^{x+y})$, 其中 f 具有一阶连续偏导数, 求 $\dfrac{\partial z}{\partial x}$, $\dfrac{\partial z}{\partial y}$.

5. 分别用 a、b、c 表示一长方体的三条边长, 若 a、b 均以 2 cm/s 的速率增加, c 以 3 cm/s 的速率减少. 当 $a = 1$ cm, $b = c = 2$ cm 时, 求下列量的变化率:

(1) 体积; 　　(2) 表面积; 　　(3) 对角线长度.

6. 设 φ 可微, 验证:

(1) $\dfrac{1}{x}\dfrac{\partial z}{\partial x} + \dfrac{1}{y}\dfrac{\partial z}{\partial y} = \dfrac{z}{y^2}$, 其中 $z = y\varphi(x^2 - y^2)$;

(2)$x\dfrac{\partial z}{\partial x}-y\dfrac{\partial z}{\partial y}=x$,其中 $z=x+\varphi(xy)$;

(3)$x\dfrac{\partial z}{\partial x}+y\dfrac{\partial z}{\partial y}=2xy$,其中 $z=xy+\varphi\left(\dfrac{x}{y}\right)$.

7. 求由下列方程确定的隐函数的偏导数 $\dfrac{\partial z}{\partial x}$ 与 $\dfrac{\partial z}{\partial y}$:

(1)$x^2-2y^2+z^2-4x+2z-5=0$;   (2)$xy+yz-xz=0$;

(3)$xe^y+yz+ze^x=0$;   (4)$e^{xy}\sin(x+z)=1$.

8. 设函数 $z=z(x,y)$ 是由方程 $xe^{x-y-z}=x-y+2z$ 所确定的函数,求 $\dfrac{\partial z}{\partial x}\bigg|_{(0,2,1)}$.

9. 求下列函数的混合二阶偏导数 $\dfrac{\partial^2 u}{\partial x\partial y}$,其中 φ 有二阶连续偏导数:

(1)$u=\varphi(\xi,\eta),\xi=x+y,\eta=x-y$;

(2)$u=\varphi(\xi,\eta),\xi=\dfrac{x}{y},\eta=\dfrac{y}{x}$;

(3)$u=\varphi(\xi,\eta),\xi=x^2+y^2+z^2,\eta=xyz$.

10. 求下列隐函数 $z=z(x,y)$ 的二阶偏导数 $\dfrac{\partial^2 z}{\partial x^2}$:

(1)$z^2+xy+y^2=3$;   (2)$z^3-3xyz=a^3$.

11. 若 $F(x-y,y-z,z-x)=0$,求 $\dfrac{\partial z}{\partial x},\dfrac{\partial z}{\partial y}$,其中 F 有连续的偏导数.

12. 求由下列方程组确定的隐函数的导数或偏导数:

(1)$\begin{cases} xu-yv=0 \\ yu+xv=1 \end{cases}$,求 $\dfrac{\partial u}{\partial x},\dfrac{\partial u}{\partial y},\dfrac{\partial v}{\partial x},\dfrac{\partial v}{\partial y}$;   (2)$\begin{cases} x+y+z=0 \\ x^2+y^2+z^2=1 \end{cases}$,求 $\dfrac{dy}{dx},\dfrac{dz}{dx}$.

13. 验证下列各式

(1)$z=f(x+at,y+bt)$,f 具有一阶连续偏导数,则有

$$\frac{\partial z}{\partial t}=a\frac{\partial z}{\partial x}+b\frac{\partial z}{\partial y} \quad (a,b \text{ 为常数}).$$

(2)$z=F(x,y),x=r\cos\theta,y=r\sin\theta$,$F$ 具有一阶连续偏导数,则

$$\left(\frac{\partial z}{\partial r}\right)^2+\frac{1}{r^2}\left(\frac{\partial z}{\partial \theta}\right)^2=\left(\frac{\partial z}{\partial x}\right)^2+\left(\frac{\partial z}{\partial y}\right)^2.$$

6.5 偏导数的几何应用

6.5.1 空间曲线的切线与法平面

首先将平面曲线的切线概念推广到空间曲线,并给出空间曲线的法平面概念.

设 M_0 是空间曲线 Γ 上的一定点,在 Γ 上 M_0 的附近任取一点 M,过 M_0、M 两点的直线称为 Γ 的**割线**.

如果当点 M 沿曲线 Γ 趋于 M_0 时,割线 M_0M 存在极限位置 M_0T,则称直线 M_0T 为曲线 Γ 在点 M_0 的**切线**(tangent line).过点 M_0 且与切线 M_0T 垂直的平面 Π 称为曲线 Γ 在点 M_0 的**法平面**(normal plane)(图 6-15).

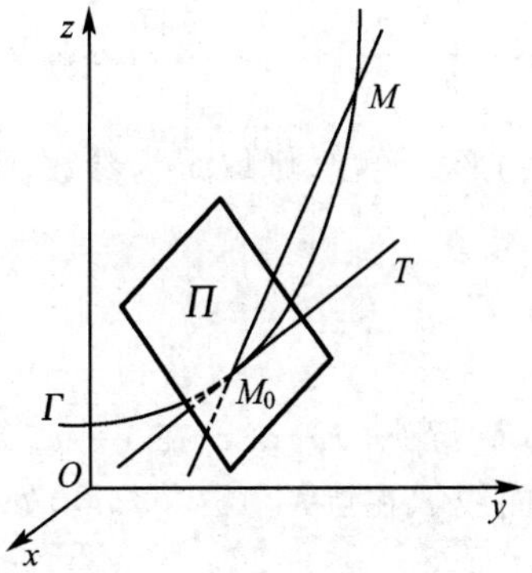

现在来建立 Γ 在点 M_0 的切线与法平面方程.

设空间曲线 Γ 的参数方程为

$$x=\varphi(t), \quad y=\psi(t), \quad z=\omega(t) \quad (\alpha\leqslant t\leqslant\beta),$$

其中 $\varphi(t),\psi(t),\omega(t)$ 可导,并且 $\varphi'(t),\psi'(t),\omega'(t)$ 不全为零.

在曲线 Γ 上取对应于 $t=t_0$ 的一点 $M_0(x_0,y_0,z_0)$ 及对应于 $t=t_0+\Delta t$ 的邻近一点 $M(x_0+\Delta x,y_0+\Delta y,z_0+\Delta z)$,根据解析几何可知,曲线 Γ 的割线 M_0M 的方向向量为

$$(\Delta x,\Delta y,\Delta z) \quad \text{或} \quad \left(\frac{\Delta x}{\Delta t},\frac{\Delta y}{\Delta t},\frac{\Delta z}{\Delta t}\right),$$

由此得到割线 M_0M 的方程

$$\frac{x-x_0}{\dfrac{\Delta x}{\Delta t}}=\frac{y-y_0}{\dfrac{\Delta y}{\Delta t}}=\frac{z-z_0}{\dfrac{\Delta z}{\Delta t}}.$$

令 $M\to M_0$(这时 $\Delta t\to 0$),即得曲线 Γ 在点 M_0 处的切线方程为

$$\boxed{\frac{x-x_0}{\varphi'(t_0)}=\frac{y-y_0}{\psi'(t_0)}=\frac{z-z_0}{\omega'(t_0)}.}$$

切线的方向向量称为曲线的**切向量**(tangent vector),记作 s,则

$$s=(\varphi'(t_0),\psi'(t_0),\omega'(t_0)).$$

s 是曲线 Γ 在点 M_0 处的切线的一个方向向量,可以证明它的指向与参数 t 增大时点 M 移动的方向一致.进而得到曲线 Γ 在点 M_0 处的法平面方程为

$$\boxed{\varphi'(t_0)(x-x_0)+\psi'(t_0)(y-y_0)+\omega'(t_0)(z-z_0)=0.}$$

【例 6-33】 求曲线 $x=t,y=t^2,z=\mathrm{e}^t$ 在点 $(1,1,\mathrm{e})$ 处的切线方程及法平面方程.

解 点 $(1,1,\mathrm{e})$ 所对应的参数为 $t=1$,又

$$\frac{\mathrm{d}x}{\mathrm{d}t}=1, \quad \frac{\mathrm{d}y}{\mathrm{d}t}=2t, \quad \frac{\mathrm{d}z}{\mathrm{d}t}=\mathrm{e}^t,$$

当 $t=1$ 时,切向量为 $s=(1,2,\mathrm{e})$,故切线方程为

$$\frac{x-1}{1}=\frac{y-1}{2}=\frac{z-\mathrm{e}}{\mathrm{e}};$$

法平面方程为

$$(x-1)+2(y-1)+\mathrm{e}(z-\mathrm{e})=0,$$

即

$$x+2y+\mathrm{e}z-3-\mathrm{e}^2=0.$$

如果空间曲线 Γ 的方程以

图 6-15

$$\begin{cases} y=y(x) \\ z=z(x) \end{cases}$$

的形式给出,则取 x 为参数,可将其表示为参数方程的形式

$$\begin{cases} x=x \\ y=y(x). \\ z=z(x) \end{cases}$$

若 $y(x)$、$z(x)$ 在 $x=x_0$ 处均可导,切向量 $\boldsymbol{s}=(1,y'(x_0),z'(x_0))$,于是曲线 Γ 在点 $M_0(x_0,y_0,z_0)$ 处的切线方程为

$$\frac{x-x_0}{1}=\frac{y-y_0}{y'(x_0)}=\frac{z-z_0}{z'(x_0)};$$

曲线 Γ 在点 $M_0(x_0,y_0,z_0)$ 处的法平面方程为

$$(x-x_0)+y'(x_0)(y-y_0)+z'(x_0)(z-z_0)=0.$$

若空间曲线 Γ 是以一般方程

$$\begin{cases} F(x,y,z)=0 \\ G(x,y,z)=0 \end{cases}$$

给出,可以利用隐函数求导法求出曲线在 M_0 处的切向量 $(1,y'(x_0),z'(x_0))$,进而可得切线方程与法平面方程.

【例 6-34】 求球面 $x^2+y^2+z^2-4=0$ 与圆柱面 $x^2+y^2-2x=0$ 的交线 Γ 在点 $P_0(1,1,\sqrt{2})$ 处的切线方程与法平面方程.

解 在两个曲面方程式两端对 x 求导,得

$$2x+2y\frac{\mathrm{d}y}{\mathrm{d}x}+2z\frac{\mathrm{d}z}{\mathrm{d}x}=0,\quad 2x+2y\frac{\mathrm{d}y}{\mathrm{d}x}-2=0.$$

在点 $P_0(1,1,\sqrt{2})$ 处,有

$$2+2\frac{\mathrm{d}y}{\mathrm{d}x}+2\sqrt{2}\frac{\mathrm{d}z}{\mathrm{d}x}=0,\quad 2+2\frac{\mathrm{d}y}{\mathrm{d}x}-2=0,$$

解得

$$\frac{\mathrm{d}y}{\mathrm{d}x}=0,\quad \frac{\mathrm{d}z}{\mathrm{d}x}=-\frac{1}{\sqrt{2}}.$$

于是 Γ 在点 P_0 处的切向量为

$$\boldsymbol{s}=\left(1,0,-\frac{1}{\sqrt{2}}\right),$$

从而求得切线方程为

$$\frac{x-1}{1}=\frac{y-1}{0}=\frac{z-\sqrt{2}}{-\dfrac{1}{\sqrt{2}}},$$

即

$$\begin{cases} \dfrac{x-1}{-\sqrt{2}}=z-\sqrt{2} \\ y=1 \end{cases};$$

法平面方程为

$$(x-1)-\frac{1}{\sqrt{2}}(z-\sqrt{2})=0,$$

即
$$\sqrt{2}\,x-z=0.$$

以后各节中经常出现"光滑曲线"的说法. 从几何上看, 光滑曲线上每一点都有切线, 并且随着切点的移动而连续变动. 即对于空间曲线 Γ:

$$x=x(t),\quad y=y(t),\quad z=z(t),$$

若 $x(t)$、$y(t)$、$z(t)$ 有连续的导数, 且 $x'(t)$、$y'(t)$、$z'(t)$ 不同时为零, 则曲线上每一点的切向量 $s=(x'(t),y'(t),z'(t))$ 是连续变化的, 我们称这样的曲线为**光滑曲线**.

6.5.2　曲面的切平面与法线

在 6.3.3 节讨论全微分的几何意义时, 曾提及曲面上某一点切平面的说法, 下面给出曲面的切平面的概念及其求法.

设曲面 S 的方程为

$$F(x,y,z)=0,$$

曲面的切
平面与法线

点 $M_0(x_0,y_0,z_0)$ 是曲面 S 上的一点, 并设函数 $F(x,y,z)$ 的偏导数在该点连续且不同时为零. 在曲面 S 上, 通过点 M_0 任意引一条曲线 Γ(图 6-16), 其参数方程为

$$x=\varphi(t),\quad y=\psi(t),\quad z=\omega(t)\quad(\alpha\leqslant t\leqslant\beta),$$

$t=t_0$ 对应于点 $M_0(x_0,y_0,z_0)$, 且 $\varphi'(t_0),\psi'(t_0),\omega'(t_0)$ 不同时为零, 则 Γ 在点 M_0 处的切向量为

$$s=(\varphi'(t_0),\psi'(t_0),\omega'(t_0)).$$

因为曲线 Γ 完全在曲面 S 上, 所以有恒等式

$$F[\varphi(t),\psi(t),\omega(t)]\equiv0,$$

在此等式两边对 t 求导, 并令 $t=t_0$, 则有

$$\frac{\mathrm{d}}{\mathrm{d}t}F[\varphi(t),\psi(t),\omega(t)]\big|_{t=t_0}=0,$$

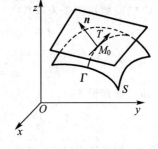

图 6-16

即
$$F_x(x_0,y_0,z_0)\varphi'(t_0)+F_y(x_0,y_0,z_0)\psi'(t_0)+F_z(x_0,y_0,z_0)\omega'(t_0)=0.$$

记向量

$$\boldsymbol{n}=(F_x(x_0,y_0,z_0),F_y(x_0,y_0,z_0),F_z(x_0,y_0,z_0)),$$

则上式又可写作

$$\boldsymbol{n}\cdot\boldsymbol{s}=0.$$

这表明曲面 S 上过点 M_0 的任一条曲线在这一点的切向量

$$\boldsymbol{s}=(\varphi'(t_0),\psi'(t_0),\omega'(t_0))$$

都与同一个向量 $\boldsymbol{n}$ 垂直, 所以曲面上通过点 M_0 处的一切曲线在点 M_0 处的切线都在同一个平面上(图 6-16), 这个平面称为曲面 S 在点 M_0 处的**切平面**(tangent plane). 而 $\boldsymbol{n}$ 就是切平面的一个**法向量**(normal vector), 于是切平面方程为

$$F_x(x_0,y_0,z_0)(x-x_0)+F_y(x_0,y_0,z_0)(y-y_0)+F_z(x_0,y_0,z_0)(z-z_0)=0.$$

通过点 M_0 且垂直于切平面的直线称为曲面在该点的**法线**(normal line),它以法向量 $\boldsymbol{n}$ 作为方向向量,因此其方程为

$$\frac{x-x_0}{F_x(x_0,y_0,z_0)}=\frac{y-y_0}{F_y(x_0,y_0,z_0)}=\frac{z-z_0}{F_z(x_0,y_0,z_0)}.$$

曲面 S 在点 M_0 处切平面的法向量 $\boldsymbol{n}$,也称为曲面 S 在点 M_0 处的**法向量**. 特别地,若曲面 S 的方程为

$$z=f(x,y),$$

令

$$F(x,y,z)=f(x,y)-z,$$

则

$$F_x(x,y,z)=f_x(x,y),\quad F_y(x,y,z)=f_y(x,y),\quad F_z(x,y,z)=-1.$$

于是,当 $f_x(x,y)$、$f_y(x,y)$ 在点 (x_0,y_0) 处连续时,曲面 $z=f(x,y)$ 在点 $M_0(x_0,y_0,z_0)$ 处的法向量为

$$\boldsymbol{n}=(f_x(x_0,y_0),\ f_y(x_0,y_0),\ -1),$$

于是得到其切平面方程为

$$f_x(x_0,y_0)(x-x_0)+f_y(x_0,y_0)(y-y_0)-(z-z_0)=0$$

或

$$z-z_0=f_x(x_0,y_0)(x-x_0)+f_y(x_0,y_0)(y-y_0);$$

其法线方程为

$$\frac{x-x_0}{f_x(x_0,y_0)}=\frac{y-y_0}{f_y(x_0,y_0)}=\frac{z-z_0}{-1}.$$

值得指出的是,切平面方程中 $f_x(x_0,y_0)(x-x_0)+f_y(x_0,y_0)(y-y_0)$ 恰好是函数 $z=f(x,y)$ 在点 (x_0,y_0) 处的全微分 $\mathrm{d}z$,而 $z-z_0$ 是切平面在点 $M_0(x_0,y_0,z_0)$ 处竖坐标的增量 Δz,因此,函数 $z=f(x,y)$ 在点 (x_0,y_0) 处的全微分,在几何上表示曲面 $z=f(x,y)$ 在点 (x_0,y_0,z_0) 处的切平面上点的竖坐标的增量.

【例 6-35】 求椭球面 $x^2+2y^2+3z^2=6$ 在点 $(1,1,1)$ 处的切平面方程及法线方程.

解 设 $F(x,y,z)=x^2+2y^2+3z^2-6$,则

$$\boldsymbol{n}=(F_x,F_y,F_z)=(2x,4y,6z),$$
$$\boldsymbol{n}|_{(1,1,1)}=(2,4,6),$$

所以在点 $(1,1,1)$ 处此曲面的切平面方程为

$$2(x-1)+4(y-1)+6(z-1)=0,$$

即

$$x+2y+3z-6=0;$$

法线方程为

$$\frac{x-1}{1}=\frac{y-1}{2}=\frac{z-1}{3}.$$

【例 6-36】 已知旋转抛物面 $z = 4 - x^2 - y^2$ 上点 P 处的切平面平行于平面 $2x + 2y + z - 1 = 0$,求点 P 的坐标以及曲面在点 P 处的切平面方程和法线方程.

解　设点 P 的坐标为 (x_0, y_0, z_0),由 $f(x,y) = 4 - x^2 - y^2$ 知,法向量为

$$\boldsymbol{n} = (f_x, f_y, -1) = (-2x, -2y, -1),$$
$$\boldsymbol{n}|_{(x_0, y_0, z_0)} = (-2x_0, -2y_0, -1).$$

由于切平面与平面 $2x + 2y + z - 1 = 0$ 平行,故有

$$\frac{-2x_0}{2} = \frac{-2y_0}{2} = \frac{-1}{1},$$

解得 $x_0 = 1, y_0 = 1$,从而 $z_0 = 4 - 1 - 1 = 2$,点 P 的坐标为 $(1,1,2)$.所以切平面方程为

$$2(x-1) + 2(y-1) + (z-2) = 0,$$

即

$$2x + 2y + z - 6 = 0;$$

法线方程为

$$\frac{x-1}{2} = \frac{y-1}{2} = \frac{z-2}{1}.$$

【例 6-37】 证明曲面 $\sqrt{x} + \sqrt{y} + \sqrt{z} = a (a > 0)$ 上任一点处的切平面在三个坐标轴上截距之和为一个常数.

证明　设 $F(x,y,z) = \sqrt{x} + \sqrt{y} + \sqrt{z} - a$,点 $M_0(x_0, y_0, z_0)$ 为曲面上任一点,则

$$(F_x, F_y, F_z) = \left(\frac{1}{2\sqrt{x}}, \frac{1}{2\sqrt{y}}, \frac{1}{2\sqrt{z}} \right).$$

取

$$\boldsymbol{n}|_{(x_0, y_0, z_0)} = \left(\frac{1}{\sqrt{x_0}}, \frac{1}{\sqrt{y_0}}, \frac{1}{\sqrt{z_0}} \right),$$

从而切平面方程为

$$\frac{1}{\sqrt{x_0}}(x - x_0) + \frac{1}{\sqrt{y_0}}(y - y_0) + \frac{1}{\sqrt{z_0}}(z - z_0) = 0,$$

即

$$\frac{x}{\sqrt{x_0}} + \frac{y}{\sqrt{y_0}} + \frac{z}{\sqrt{z_0}} = \sqrt{x_0} + \sqrt{y_0} + \sqrt{z_0}.$$

由于点 M_0 在曲面上,所以

$$\sqrt{x_0} + \sqrt{y_0} + \sqrt{z_0} = a,$$

于是切平面在 x、y、z 轴上的截距分别为 $a\sqrt{x_0}$、$a\sqrt{y_0}$、$a\sqrt{z_0}$,其和为

$$a\sqrt{x_0} + a\sqrt{y_0} + a\sqrt{z_0} = a^2.$$

类似于光滑曲线,对曲面 S

$$F(x,y,z) = 0,$$

若偏导数 F_x、F_y、F_z 连续且不同时为零,则称 S 为 **光滑曲面**.从几何上看,光滑曲面上每点处都存在着切平面和法线,并且法向量

$$\boldsymbol{n}=(F_x,F_y,F_z)$$

随着切点的移动而连续变动.

习题 6-5

1. 求下列曲线在给定点处的切线方程与法平面方程：

(1)曲线 $x=\dfrac{t}{1+t}$，$y=\dfrac{1+t}{t}$，$z=t^2$ 在对应于 $t=1$ 点处；

(2)曲线 $\begin{cases} x=a\sin^2 t \\ y=b\sin t\cos t \\ z=c\cos^2 t \end{cases}$ 在对应于 $t=\dfrac{\pi}{6}$ 点处；

(3)曲线 $x=t-\sin t,y=1-\cos t,z=4\sin\dfrac{t}{2}$ 在对应于 $t=\dfrac{\pi}{2}$ 点处；

(4)空间曲线 $\begin{cases} x^2+y^2=10 \\ x^2+z^2=10 \end{cases}$ 在点 $M_0(3,1,1)$ 处；

(5) $\begin{cases} x^2+y^2+z^2-3x=0 \\ 2x-3y+5z-4=0 \end{cases}$ 在点 $M_0(1,1,1)$ 处.

2. 求曲线 $x=t,y=t^2,z=t^3$ 上平行于平面 $x+2y+z=4$ 的切线方程.

3. 求下列曲面在给定点处的切平面方程及法线方程：

(1)曲面 $z=\arctan\dfrac{y}{x}$ 在点 $M_0\left(1,1,\dfrac{\pi}{4}\right)$ 处；

(2)曲面 $z=x^2+3y^2$ 在点 $M_0(1,1,4)$ 处；

(3)曲面 $xy+yz+zx-1=0$ 在点 $M_0(3,-1,2)$ 处.

4. 证明曲面 $F(nx-lz,ny-mz)=0$ 在任一点处的切平面都平行于直线 $\dfrac{x-1}{l}=\dfrac{y-2}{m}=\dfrac{z-3}{n}$，其中 F 为可导函数.

5. 证明曲面 $x^{\frac{2}{3}}+y^{\frac{2}{3}}+z^{\frac{2}{3}}=a^{\frac{2}{3}}$ 上任意点处的切平面与坐标轴的截距的平方和恒为常数.

6. 当 $t(0<t<2\pi)$ 为何值时,曲线 Γ：

$$\begin{cases} x=t-\sin t \\ y=1-\cos t \\ z=4\sin\dfrac{t}{2} \end{cases}$$

在相应点的切线垂直于平面 $x+y+\sqrt{2}z=0$,并写出相应的切线方程和法平面方程.

7. 求旋转椭球面 $3x^2+y^2+z^2=16$ 在点 $(-1,-2,3)$ 处的切平面与 xOy 平面的夹角的余弦.

8. 证明曲面 $xyz=a^3(a>0)$ 的切平面与坐标面围成的四面体体积为一常数.

6.6 多元函数的极值

6.6.1 多元函数的极值及最大值、最小值

寻求多元函数的极值以及最大值、最小值,是多元函数微分学的一个重要应用.下面以二元函数为例来讨论这个问题.

定义 6-6 设二元函数 $z=f(x,y)$ 在点 $P_0(x_0,y_0)$ 的某邻域 $U(P_0)$ 内有定义,若在此邻域内,对于异于 (x_0,y_0) 的任何点 (x,y),都有

$$f(x,y)<f(x_0,y_0) \quad [\text{或 } f(x,y)>f(x_0,y_0)],$$

则称函数 $f(x,y)$ 在点 (x_0,y_0) 处取得**极大值(极小值)** $f(x_0,y_0)$;点 (x_0,y_0) 称为函数 $f(x,y)$ 的**极大值点(极小值点)**;极大值、极小值统称为**极值**.使得函数取得极值的点称为**极值点**.

与一元函数类似,多元函数的极值是一个局部的概念.如果和 $z=f(x,y)$ 的图形联系起来,则函数的极大值和极小值分别对应着曲面的"高峰"和"低谷".

例如,函数 $z=\sqrt{x^2+y^2}$ 在点 $(0,0)$ 处取得极小值 0,点 $(0,0,0)$ 处于曲面的"低谷"(图 6-17),而函数 $z=1-x^2-y^2$ 在点 $(0,0)$ 处取得极大值 1,点 $(0,0,1)$ 处于曲面的"高峰"(图 6-18).

以上关于二元函数的极值概念,很容易推广到 n 元函数.

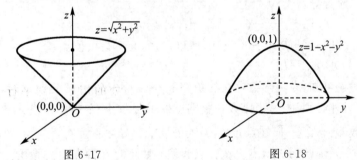

图 6-17   图 6-18

与导数在一元函数极值研究中的作用一样,偏导数是研究多元函数极值的主要手段.下面两个定理就是关于这个问题的结论.

定理 6-7 (**二元函数极值的必要条件**)设函数 $z=f(x,y)$ 在点 (x_0,y_0) 处具有偏导数,且在点 (x_0,y_0) 处取得极值,则有

$$f_x(x_0,y_0)=0, \quad f_y(x_0,y_0)=0.$$

该定理可以推广至 $n(n>2)$ 元函数,例如,如果三元函数 $u=f(x,y,z)$ 在点 (x_0,y_0,z_0) 处具有偏导数,则它在点 (x_0,y_0,z_0) 处具有极值的必要条件为

$$f_x(x_0,y_0,z_0)=0, \quad f_y(x_0,y_0,z_0)=0, \quad f_z(x_0,y_0,z_0)=0.$$

通常称使 $f_x(x_0,y_0)=0$、$f_y(x_0,y_0)=0$ 同时成立的点 (x_0,y_0) 为函数 $z=f(x,y)$ 的**驻点**.定理 6-7 表明,具有偏导数的函数的极值点必定是驻点.但函数的驻点不一定是极值点.

例如,对于函数 $f(x,y)=xy$,有 $f_x(0,0)=0,f_y(0,0)=0$,即 $(0,0)$ 是该函数的驻点,但 $f(x,y)$ 在点 $(0,0)$ 却不取得极值.这是因为在点 $(0,0)$ 的任何一个邻域内,当 (x,y) 位于一、三象限时,$f(x,y)>0$;当 (x,y) 位于二、四象限时,$f(x,y)<0$,因此 $f(0,0)=0$ 不是极值.

如何寻找函数的极值点呢? 定理 6-8 部分地回答了这个问题.

定理 6-8 (二元函数极值的充分条件)设二元函数 $z=f(x,y)$ 在点 $P_0(x_0,y_0)$ 的某邻域内有连续的二阶偏导数,且点 $P_0(x_0,y_0)$ 是函数 $f(x,y)$ 的驻点,记

$$f_{xx}(x_0,y_0)=A,\quad f_{xy}(x_0,y_0)=B,\quad f_{yy}(x_0,y_0)=C,$$

则

(1)当 $AC-B^2>0$ 时,$f(x_0,y_0)$ 是极值,且当 $A<0$ 时为极大值,当 $A>0$ 时为极小值;

(2)当 $AC-B^2<0$ 时,$f(x_0,y_0)$ 不是极值;

(3)当 $AC-B^2=0$ 时,$f(x_0,y_0)$ 是否为极值,还需另作讨论.

定理的证明从略.下面举例说明求二元函数极值的步骤.

【例 6-38】 求函数 $f(x,y)=3axy-x^3-y^3$ 的极值($a>0$).

解 先解方程组

$$\begin{cases} f_x(x,y)=3ay-3x^2=0 \\ f_y(x,y)=3ax-3y^2=0 \end{cases},$$

求得驻点为 $(0,0)$、(a,a).

再求出二阶偏导数

$$f_{xx}(x,y)=-6x,\quad f_{xy}(x,y)=3a,\quad f_{yy}(x,y)=-6y.$$

在点 $(0,0)$ 处,$AC-B^2=-9a^2<0$,所以点 $(0,0)$ 不是极值点;

在点 (a,a) 处,$AC-B^2=27a^2>0$,又 $A<0$,因此 $f(a,a)=a^3$ 为极大值.

由上面讨论可知,在偏导数存在的条件下,函数的极值点必定是驻点;但是驻点不一定是极值点.另外必须注意,当函数在个别点处偏导数不存在时,这些点也有可能是极值点.例如,函数 $z=\sqrt{x^2+y^2}$ 在点 $O(0,0)$ 处的一阶偏导数不存在,但点 $O(0,0)$ 却是它的极小值点.因此多元函数的极值点应从驻点和偏导数不存在的点中去寻找.

我们知道,如果 $z=f(x,y)$ 在有界闭区域 D 上连续,则 $f(x,y)$ 必定能在 D 上取得最大值和最小值.假设 $f(x,y)$ 在 D 内只有有限个驻点和偏导数不存在的点,为求函数的最大值和最小值,通常先求出这些函数在 D 内的极值"可疑点",然后计算这些点的函数值,再将这些值与函数在 D 边界上的最大值与最小值加以比较,即可得到 $f(x,y)$ 在 D 上的最大值和最小值.注意到与闭区间只有两个端点不同的是,闭区域 D 的边界点有无穷多个,这样讨论 $f(x,y)$ 在 D 边界上的最大值和最小值往往比较麻烦.在应用问题中,如果由实际背景能够断定所讨论的函数在所考察的区域内部必有最大值或最小值,且函数仅有唯一驻点,那么该驻点就是最大值点或最小值点.

【例 6-39】 一厂商通过电视和报纸两种方式做销售某种产品的广告.据统计资料,销售收入 R(万元)与电视广告费用 x(万元)及报纸广告费用 y(万元)之间,有如下的经验公式:

$$R = 15 + 14x + 32y - 8xy - 2x^2 - 10y^2,$$

试在广告费用不限的前提下,求最优广告策略.

解　所谓最优广告策略,是指如何分配两种不同传媒方式的广告费用,使产品的销售利润达到最大.设利润函数为 $f(x,y)$,则

$$f(x,y) = R - (x+y) = 15 + 13x + 31y - 8xy - 2x^2 - 10y^2, (x,y) \in \mathbf{R}^2,$$

由

$$\begin{cases} f_x = 13 - 8y - 4x = 0 \\ f_y = 31 - 8x - 20y = 0 \end{cases}$$

解得唯一驻点 $(0.75, 1.25)$,根据实际意义知,利润 $f(x,y)$ 一定有最大值,且在定义域内有唯一的驻点,因此可以断定,该点就是利润的最大值点.因此当 $x = 0.75$(万元),$y = 1.25$(万元)时,厂商获得最大利润 $f(0.75, 1.25) = 39.25$(万元).

【**例 6-40**】　求 $x^2 + y^2 + z^2 - 2x + 4y - 6z - 11 = 0$ 所确定的隐函数 $z = z(x,y)$ 的极值.

解　先求驻点

$$\begin{cases} 2x + 2z \cdot z_x - 6z_x = 2 \\ 2y + 2z \cdot z_y - 6z_y = -4 \end{cases}$$

因为 $z_x = z_y = 0$,所以 $x = 1, y = -2$.代入原方程,解得 $z = 8, z = -2$.

对方程组再次求偏导

$$\begin{cases} z_x^2 + z \cdot z_{xx} - 3z_{xx} = -1 \\ z_y \cdot z_x + z \cdot z_{xy} - 3z_{xy} = 0 \\ z_y^2 + zz_{yy} - 3z_{yy} = -1 \end{cases}$$

得

$$A = z_{xx} = -\frac{1}{z-3}, B = 0, C = -\frac{1}{z-3}$$

$$AC - B^2 = \frac{1}{(z-3)^2} > 0$$

所以当 $z = 8$ 时,$A < 0$,$x = 1, y = -2$ 是极大值点;

当 $z = -2$ 时,$A > 0$,$x = 1, y = -2$ 是极小值点;

6.6.2　条件极值与拉格朗日乘数法

前面所讨论的函数极值问题,除要求自变量在定义域内变化以外,没有附加其他条件,所以有时称为**无条件极值**或**自由极值**.然而在许多实际问题中往往对自变量提出一些约束条件.

例如,在椭球面 $x^2 + \frac{y^2}{4} + \frac{z^2}{9} = 1$ 上求一点,使该点到点 $M_0(7,8,9)$ 的距离最近.我们知道,空间任一点 $M(x,y,z)$ 到点 M_0 的距离为 $\sqrt{(x-7)^2 + (y-8)^2 + (z-9)^2}$,若点 M 在椭球面上,则还应满足 $x^2 + \frac{y^2}{4} + \frac{z^2}{9} - 1 = 0$.这样问题就变为求函数 $f(x,y,z) =$

$\sqrt{(x-7)^2+(y-8)^2+(z-9)^2}$ 在条件 $\varphi(x,y,z)=x^2+\dfrac{y^2}{4}+\dfrac{z^2}{9}-1=0$ 下的极值问题.

像这样对自变量附加条件的极值称为**条件极值**(constrained extreme value).通常将 $f(x,y,z)$ 称为**目标函数**,$\varphi(x,y,z)=0$ 称为**约束条件**.

若能从约束条件 $\varphi(x,y,z)=0$ 解出 $z=z(x,y)$,代入目标函数 $f(x,y,z)$,就变成了一个求 $f(x,y,z(x,y))$ 的无条件极值问题.在有的情况下,这不失为一种可行的方法,但需要解方程和代入的过程.在许多情况下,将条件极值化为无条件极值并不容易,甚至行不通.下面介绍一种直接寻求条件极值的方法,即**拉格朗日乘数法**.

拉格朗日乘数法 要求函数 $u=f(x,y,z)$ 在约束条件 $\varphi(x,y,z)=0$ 下的可能极值点,可以先作拉格朗日函数

$$L(x,y,z,\lambda)=f(x,y,z)+\lambda\varphi(x,y,z),$$

其中 λ 为参数,称为拉格朗日乘子(Lagrange multiplier).求其对 x、y、z 及 λ 的一阶偏导数,并使之为零,得到

$$\begin{cases} f_x(x,y,z)+\lambda\varphi_x(x,y,z)=0 \\ f_y(x,y,z)+\lambda\varphi_y(x,y,z)=0 \\ f_z(x,y,z)+\lambda\varphi_z(x,y,z)=0 \\ \varphi(x,y,z)=0 \end{cases}.$$

由此方程组解出 x、y、z 及 λ,这样得到的 (x,y,z) 就是函数 $f(x,y,z)$ 在约束条件 $\varphi(x,y,z)=0$ 下的可能极值点.

当 f 和 φ 为二元函数时,相应的拉格朗日函数为

$$L(x,y,\lambda)=f(x,y)+\lambda\varphi(x,y).$$

这一方法还可以推广到更多自变量以及约束条件多于一个的情形.例如,求目标函数

$$u=f(x,y,z,t)$$

在约束条件

$$\varphi(x,y,z,t)=0 \quad 及 \quad \psi(x,y,z,t)=0$$

下的极值,可以先作拉格朗日函数

$$L(x,y,z,t,\lambda,\mu)=f(x,y,z,t)+\lambda\varphi(x,y,z,t)+\mu\psi(x,y,z,t),$$

求其所有的偏导数,并使之为零,这样得出的 (x,y,z,t) 就是函数 $f(x,y,z,t)$ 在约束条件下的可能极值点.

至于所求得的点是否是极值点,在通常情况下,可借助实际问题本身的性质来判定.

【例 6-41】 求原点到曲线 $x^2+xy+y^2=16$ 的最长距离和最短距离.

解 此问题是在约束条件 $\varphi(x,y)=x^2+y^2+xy-16=0$ 下,求函数 $g(x,y)=\sqrt{x^2+y^2}$ 的最大值.为计算简便也可设目标函数为 $f(x,y)=x^2+y^2$.

构造拉格朗日函数

$$L(x,y,\lambda)=x^2+y^2+\lambda(x^2+y^2+xy-16)$$

求其对 x,y 及 λ 的偏导数,并使之为零,得到

$$\begin{cases} 2x+\lambda(2x+y)=0 \\ 2y+\lambda(2y+x)=0 \\ x^2+y^2+xy-16=0 \end{cases},$$

解得可能极值点 $(4,-4),(-4,4),\left(\dfrac{4}{\sqrt 3},\dfrac{4}{\sqrt 3}\right),\left(-\dfrac{4}{\sqrt 3},-\dfrac{4}{\sqrt 3}\right)$.

由问题本身可知最大值和最小值一定存在,将 $x=4,y=-4$ 和 $x=-4,y=4$ 代入,函数 $f(x,y)=x^2+y^2$ 在这两点处取得最大值为 32. 将 $x=\dfrac{4}{\sqrt 3},y=\dfrac{4}{\sqrt 3}$ 和 $x=-\dfrac{4}{\sqrt 3},y=$
$-\dfrac{4}{\sqrt 3}$ 代入,函数 $f(x,y)=x^2+y^2$ 在这两点处取得最小值为 $\dfrac{32}{3}$. 从而原点到曲线 x^2+
$xy+y^2=16$ 的最长距离为 $\sqrt{32}=4\sqrt 2$,最短距离为 $\sqrt{\dfrac{32}{3}}=\dfrac{4}{3}\sqrt 6$.

【例 6-42】 制作一个体积为 V 的无盖长方体容器,问如何制造才能使用料最省?

解 设长方体的长、宽、高分别为 x、y、z,则问题就是在条件
$$\varphi(x,y,z)=xyz-V=0$$
下,求函数
$$S=xy+2xz+2yz \quad (x>0,y>0,z>0)$$
的最小值. 作拉格朗日函数
$$L(x,y,z,\lambda)=xy+2z(x+y)+\lambda(xyz-V),$$
求其对 x、y、z 及 λ 的偏导数,并使之为零,得到
$$\begin{cases} y+2z+\lambda yz=0 \\ x+2z+\lambda xz=0 \\ 2(x+y)+\lambda xy=0 \\ xyz-V=0 \end{cases},$$
由前 3 个方程可得
$$x=y=2z,$$
将此代入第 4 个方程,得
$$x=y=\sqrt[3]{2V},z=\dfrac{1}{2}\sqrt[3]{2V}.$$

这是唯一可能的极值点. 由问题本身可知,最小值一定存在,故当长方体的长、宽、高比例为 2∶2∶1 时用料最省.

【例 6-43】 求函数 $f(x,y)=2x^2+6xy+y^2$ 在闭区域 $x^2+2y^2\leqslant 3$ 上的最大值和最小值.

解 由于 $f(x,y)$ 是连续函数,因此它在有界闭区域 $x^2+2y^2\leqslant 3$ 上一定有最大值和最小值。最大值、最小值可能出现在区域 $x^2+2y^2<3$ 内部,也可能出现在区域边界 x^2+
$2y^2=3$ 上。在区域 $x^2+2y^2<3$ 内,由
$$\begin{cases} f_x=4x+6y=0 \\ f_y=6x+2y=0 \end{cases}$$

解得唯一驻点$(0,0)$,此时$f(0,0)=0$.

在区域边界$x^2+2y^2=3$上,作拉格朗日函数
$$L(x,y,\lambda)=2x^2+6xy+y^2+\lambda(x^2+2y^2-3),$$
由
$$\begin{cases}L_x=4x+6y+2\lambda x=0\\L_y=6x+2y+4\lambda y=0\\L_\lambda=x^2+2y^2-3=0\end{cases}$$

解得可能极值点$(1,-1)$,$(-1,1)$,$\left(\sqrt{2},\dfrac{\sqrt{2}}{2}\right)$,$\left(-\sqrt{2},-\dfrac{\sqrt{2}}{2}\right)$.由此得
$$f(1,-1)=f(-1,1)=-3,\quad f\left(\sqrt{2},\frac{\sqrt{2}}{2}\right)=f\left(-\sqrt{2},-\frac{\sqrt{2}}{2}\right)=\frac{21}{2}.$$

可知$f(x,y)$在$x^2+2y^2\leqslant3$上的最大值为$\dfrac{21}{2}$,最小值为-3.

习题 6-6

1. 求下列函数的极值:

(1) $f(x,y)=4(x-y)-x^2-y^2$;　　　　(2) $f(x,y)=x^3+y^3-3xy$;

(3) $f(x,y)=x^2+(y-1)^2$;　　　　(4) $f(x,y)=y^3-x^2+6x-12y+10$.

2. 求由方程$2x^2+2y^2+z^2-8xy-z-6=0$所确定的隐函数$z=z(x,y)$的极值;

3. 求表面积为a^2而体积最大的长方体的体积$(a>0)$.

4. 在平面$3x-2z=0$上求一点,使它与点$A(1,0,1)$、$B(2,2,3)$的距离平方和最小.

5. 在曲面$z=\sqrt{x^2+y^2}$上找一点,使它与点$(1,\sqrt{2},3\sqrt{3})$的距离最短.

6. 在椭球面$x^2+y^2+\dfrac{z^2}{4}=1$的第一卦限部分上求一点,使椭球面在该点的切平面在三个坐标轴上截距的平方和最小.

7. 求下列函数在有界闭区域D上的最大值与最小值:

(1) $f(x,y)=1+x+2y,D=\{(x,y)|x\geqslant0,y\geqslant0,x+y\leqslant1\}$;

(2) $f(x,y)=2x^2+y^2+x-2,D=\{(x,y)|x^2+y^2\leqslant4\}$.

6.7　方向导数与梯度

在物理学中,某一物理量随着它在空间或空间中的部分区域的分布情况不同,所产生的物理现象也不尽相同.为了研究某一物理现象,就必须了解产生这个物理现象的各种物理量的分布情况.例如,要预报某一地区在某一时间段内的天气,就必须掌握附近各地区的气压、气温等分布情况以及该时间段内的变化规律.要研究电场的变化就必须知道电位、电场的强度等分布情况及变化规律.我们把分布着某种物理量的空间或局部空间称为该物理量的**场**(field).物理量为数量的场称为**数量场**(scalar field),物理量为向量的场称

为**向量场**(vector field). 例如, 密度、温度、电位形成的场都是数量场; 速度、电场强度、力形成的场则是向量场. 如果场中的物理量仅与位置有关, 而不随着时间变化, 则称这种场为**稳定场**, 否则称为**不稳定场**.

在稳定的数量场中, 物理量 u 的分布是点 P 的数量值函数 $u = f(P)$. 而从数学的角度看, 给出了一个数量值函数, 就相当于确定了一个数量场, 例如, 用三元函数 $u = f(x,y,z)$ 表示位于某空间区域的一个数量场, 用二元函数 $z = f(x,y)$ 表示位于某平面区域的一个数量场.

本节将介绍稳定的数量场的两个重要概念——方向导数与梯度.

6.7.1 方向导数

无论导数还是偏导数, 都是函数对自变量的变化率. 偏导数反映的是函数沿坐标轴方向的变化率, 但在许多工程技术问题中, 需要考虑函数在某一点沿某一方向或任意方向的变化率问题. 例如, 用混凝土浇注水坝时, 由于水坝各点的温度不同, 在热胀冷缩的作用下, 会产生温度应力, 以致水坝出现裂缝. 在某点处, 如果温度沿某一方向变化得太大, 那么裂缝可能在这个方向发生, 因此需研究温度在各个方向上的变化率. 再如, 要进行气象预报, 就要确定大气温度、气压沿着某些方向的变化率.

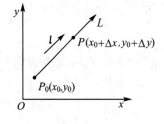

图 6-19

设函数 $z = f(x,y)$ 在点 $P_0(x_0,y_0)$ 的某一邻域 $U(P_0)$ 内有定义, 自点 $P_0(x_0,y_0)$ 出发沿向量 l 方向引射线 L. $P(x_0 + \Delta x, y_0 + \Delta y)$ 为 L 上另一点 (图 6-20) 且 $P \in U(P_0)$, P_0 与 P 两点间距离 $\rho = \sqrt{\Delta x^2 + \Delta y^2}$. 当点 P 沿着 L 趋向于 P_0 时, 若 $\lim\limits_{\rho \to 0} \dfrac{\Delta z}{\rho} = \lim\limits_{\rho \to 0} \dfrac{f(x_0 + \Delta x, y_0 + \Delta y) - f(x_0, y_0)}{\rho}$ 存在, 则称此极限为函数 $f(x,y)$ 在点 P_0 **沿方向 l 的方向导数**(directional derivative), 记为 $\left. \dfrac{\partial f}{\partial l} \right|_{(x_0, y_0)}$, 即

$$\left. \frac{\partial f}{\partial l} \right|_{(x_0, y_0)} = \lim_{\rho \to 0} \frac{f(x_0 + \Delta x, y_0 + \Delta y) - f(x_0, y_0)}{\rho}$$

由方向导数的定义可知, 方向导数 $\left. \dfrac{\partial f}{\partial l} \right|_{(x_0, y_0)}$ 就是函数 $f(x,y)$ 在点 $P_0(x_0, y_0)$ 处沿方向 l 的变化率.

需要注意的是, 方向导数 $\dfrac{\partial f}{\partial l}$ 与偏导数 $\dfrac{\partial f}{\partial x}$、$\dfrac{\partial f}{\partial y}$ 是两个不同的概念. 偏导数

$$\left. \frac{\partial f}{\partial x} \right|_{(x_0, y_0)} = \lim_{\Delta x \to 0} \frac{f(x_0 + \Delta x, y_0) - f(x_0, y_0)}{\Delta x} = f_x(x_0, y_0),$$

$$\left. \frac{\partial f}{\partial y} \right|_{(x_0, y_0)} = \lim_{\Delta y \to 0} \frac{f(x_0, y_0 + \Delta y) - f(x_0, y_0)}{\Delta y} = f_y(x_0, y_0)$$

分别是函数在某点沿平行于坐标轴的直线的变化率, 其中 Δx、Δy 可正可负, 而方向导数

定义中,则要求 $\rho \geqslant 0$,即方向导数是沿一个方向的变化率.因而,即使函数在某点方向导数存在,也不能保证偏导数一定存在.例如,函数 $z = \sqrt{x^2 + y^2}$ 在点 $O(0,0)$ 处沿任何方向的方向导数都存在,且有

$$\frac{\partial f}{\partial l}\bigg|_{(0,0)} = \lim_{\rho \to 0} \frac{\sqrt{(0+\Delta x)^2 + (0+\Delta y)^2} - 0}{\rho} = \lim_{\rho \to 0} \frac{\rho}{\rho} = 1,$$

但在点 $(0,0)$ 的两个偏导数都不存在,如

$$\lim_{\Delta x \to 0} \frac{\sqrt{(0+\Delta x)^2 + 0} - 0}{\Delta x} = \lim_{\Delta x \to 0} \frac{|\Delta x|}{\Delta x},$$

故 $\dfrac{\partial f}{\partial x}\bigg|_{(0,0)}$ 不存在.

关于方向导数的存在及计算,有定理 6-9.

定理 6-9 如果函数 $z = f(x,y)$ 在点 $P_0(x_0,y_0)$ 可微,那么函数在该点沿任一方向 l 的方向导数存在,且有

$$\boxed{\frac{\partial f}{\partial l}\bigg|_{(x_0,y_0)} = f_x(x_0,y_0)\cos\alpha + f_y(x_0,y_0)\cos\beta,}$$

其中,$\cos\alpha$、$\cos\beta$ 是方向 l 的方向余弦.

证明 由于 $z = f(x,y)$ 在点 (x_0,y_0) 可微,故

$$\Delta z = f(x_0+\Delta x, y_0+\Delta y) - f(x_0,y_0)$$
$$= f_x(x_0,y_0)\Delta x + f_y(x_0,y_0)\Delta y + o(\rho), \rho = \sqrt{(\Delta x)^2 + (\Delta y)^2}.$$

这里,点 $(x_0+\Delta x, y_0+\Delta y)$ 位于以点 (x_0,y_0) 为始点且平行于向量 l 的射线 L 上,故有

$$\frac{\Delta x}{\rho} = \cos\alpha, \qquad \frac{\Delta y}{\rho} = \cos\beta,$$

于是

$$\lim_{\rho \to 0} \frac{\Delta z}{\rho} = \lim_{\rho \to 0} \frac{f(x_0+\Delta x, y_0+\Delta y) - f(x_0,y_0)}{\rho}$$
$$= \lim_{\rho \to 0} \left[f_x(x_0,y_0)\frac{\Delta x}{\rho} + f_y(x_0,y_0)\frac{\Delta y}{\rho} + \frac{o(\rho)}{\rho} \right]$$
$$= f_x(x_0,y_0)\cos\alpha + f_y(x_0,y_0)\cos\beta,$$

即方向导数存在,且其值为

$$\frac{\partial f}{\partial l}\bigg|_{(x_0,y_0)} = f_x(x_0,y_0)\cos\alpha + f_y(x_0,y_0)\cos\beta.$$

类似地,如果函数 $f(x,y,z)$ 在点 (x_0,y_0,z_0) 可微,那么函数在该点沿着方向 $e_l = (\cos\alpha, \cos\beta, \cos\gamma)$ 的方向导数为

$$\frac{\partial f}{\partial l}\bigg|_{(x_0,y_0,z_0)} = f_x(x_0,y_0,z_0)\cos\alpha + f_y(x_0,y_0,z_0)\cos\beta + f_z(x_0,y_0,z_0)\cos\gamma.$$

【例 6-44】 求函数 $z = xy^2 + ye^{2x}$ 在点 $P(0,1)$ 处沿着从点 $P(0,1)$ 到点 $Q(-1,2)$ 的方向的方向导数.

解 $\dfrac{\partial z}{\partial x}\bigg|_{(0,1)} = y^2 + 2ye^{2x}\big|_{(0,1)} = 3, \qquad \dfrac{\partial z}{\partial y}\bigg|_{(0,1)} = 2xy + e^{2x}\big|_{(0,1)} = 1.$

所求方向导数的方向即向量 $\boldsymbol{PQ}=(-1,1)$ 的方向,其方向余弦为

$$\cos \alpha=\frac{-1}{\sqrt{2}}, \quad \cos \beta=\frac{1}{\sqrt{2}}.$$

于是

$$\left.\frac{\partial z}{\partial l}\right|_{(0,1)}=3\times\frac{-1}{\sqrt{2}}+1\times\frac{1}{\sqrt{2}}=-\sqrt{2}.$$

【例 6-45】 设曲面 $2x^2+2y^2+z^2=5$ 在点 $P(1,1,1)$ 处指向外侧的法向量为 $\boldsymbol{n}$,求函数 $u=xy+yz+zx$ 在点 P 处沿方向 $\boldsymbol{n}$ 的方向导数.

解 令 $F(x,y,z)=2x^2+2y^2+z^2-5$,则 $\boldsymbol{n}=(4x,4y,2z)|_{(1,1,1)}=(4,4,2)$,故 $\boldsymbol{n}$ 的方向余弦为

$$\cos \alpha=\frac{2}{3}, \quad \cos \beta=\frac{2}{3}, \quad \cos \gamma=\frac{1}{3}.$$

u 在点 P 的偏导数为

$$\left.\frac{\partial u}{\partial x}\right|_P=(y+z)|_{(1,1,1)}=2, \left.\frac{\partial u}{\partial y}\right|_P=(x+z)|_{(1,1,1)}=2, \left.\frac{\partial u}{\partial z}\right|_P=(x+y)|_{(1,1,1)}=2,$$

所以

$$\left.\frac{\partial u}{\partial n}\right|_P=\left.\frac{\partial u}{\partial x}\right|_P\cos \alpha+\left.\frac{\partial u}{\partial y}\right|_P\cos \beta+\left.\frac{\partial u}{\partial z}\right|_P\cos \gamma=2\times\frac{2}{3}+2\times\frac{2}{3}+2\times\frac{1}{3}=\frac{10}{3}.$$

6.7.2 梯 度

多元函数在一点的方向导数依赖于方向.一般来说,沿不同的方向其方向导数不尽相同.这就很自然地提出一个问题:沿哪一个方向其方向导数最大? 其最大值是多少? 为解决这一问题,我们引入梯度的概念.

在二元函数的情形,设函数 $f(x,y)$ 在平面区域 D 内具有一阶连续偏导数,则对于每点 $P_0(x_0,y_0)\in D$,都可确定一个向量

$$f_x(x_0,y_0)\boldsymbol{i}+f_y(x_0,y_0)\boldsymbol{j},$$

这向量称为函数 $f(x,y)$ 在点 $P_0(x_0,y_0)$ 的**梯度**(gradient),记作 $\boldsymbol{\mathrm{grad}}f(x_0,y_0)$,即

$$\boxed{\boldsymbol{\mathrm{grad}}f(x_0,y_0)=f_x(x_0,y_0)\boldsymbol{i}+f_y(x_0,y_0)\boldsymbol{j}.}$$

有了梯度概念,就可将方向导数写成向量的数量积形式

$$\left.\frac{\partial f}{\partial l}\right|_{(x_0,y_0)}=f_x(x_0,y_0)\cos \alpha+f_y(x_0,y_0)\cos \beta=\boldsymbol{\mathrm{grad}}f(x_0,y_0)\cdot\boldsymbol{e}_l,$$

这里 $\boldsymbol{e}_l=(\cos \alpha,\cos \beta)$ 是与 l 同方向的单位向量,故又有

$$\left.\frac{\partial f}{\partial l}\right|_{(x_0,y_0)}=|\boldsymbol{\mathrm{grad}}f(x_0,y_0)|\,|\boldsymbol{e}_l|\cos \theta=|\boldsymbol{\mathrm{grad}}f(x_0,y_0)|\cos \theta,$$

其中 θ 为 $\boldsymbol{e}_l$ 和 $\boldsymbol{\mathrm{grad}}f(x_0,y_0)$ 的夹角.

这一关系式表明了函数在某点的沿 l 方向的方向导数,等于梯度在 l 方向上的投影. 特别是当向量 $\boldsymbol{e}_l$ 与 $\boldsymbol{\mathrm{grad}}f(x_0,y_0)$ 的夹角 $\theta=0$,即 l 与梯度方向一致时,方向导数

$\dfrac{\partial f}{\partial l}\Big|_{(x_0,y_0)}$ 取得最大值,这个最大值就是梯度的模 $|\operatorname{grad}f(x_0,y_0)|$.由此可知

> 函数在一点的梯度是个向量,它的方向是函数在这点的方
> 向导数取最大值的方向,它的模就等于方向导数的最大值.

梯度的概念也可以推广到二元以上的多元函数.如三元函数 $u=f(x,y,z)$ 在点 $P(x_0,y_0,z_0)$ 具有连续的偏导数,则向量

$$f_x(x_0,y_0,z_0)\boldsymbol{i}+f_y(x_0,y_0,z_0)\boldsymbol{j}+f_z(x_0,y_0,z_0)\boldsymbol{k}$$

即函数 $f(x,y,z)$ 在点 $P(x_0,y_0,z_0)$ 处的梯度 $\operatorname{grad}f(x_0,y_0,z_0)$.

【例 6-46】 求函数 $u=3x^2+2y^2-z^2$ 在点 $P(1,2,-1)$ 处,分别沿什么方向时方向导数取得最大值和最小值?并求出其最大值和最小值.

解 该函数在点 P 处的梯度

$$\operatorname{grad}u|_P=(6x\boldsymbol{i}+4y\boldsymbol{j}-2z\boldsymbol{k})|_P=6\boldsymbol{i}+8\boldsymbol{j}+2\boldsymbol{k},$$

由梯度的定义可知,函数沿向量 $(6,8,2)$ 的方向,方向导数取得最大值:

$$|\operatorname{grad}u|_P=\sqrt{6^2+8^2+2^2}=2\sqrt{26}.$$

而沿梯度 $\operatorname{grad}u|_P$ 的反方向 $(-6,-8,-2)$,方向导数取得最小值:

$$-|\operatorname{grad}u|_P=-2\sqrt{26}.$$

【例 6-47】 由物理学知,位于原点处的点电荷电量为 q,则在它周围任一点 (x,y,z) 处的电位为

$$U=\frac{q}{4\pi\varepsilon r},$$

其中,ε 为介电常数,r 是定位向量 $\boldsymbol{r}=(x,y,z)$ 的模,即 $r=\sqrt{x^2+y^2+z^2}$,求 $\operatorname{grad}U$.

解
$$\frac{\partial U}{\partial x}=\frac{q}{4\pi\varepsilon}\frac{\partial}{\partial x}\left(\frac{1}{r}\right)=-\frac{q}{4\pi\varepsilon}\frac{1}{r^2}\frac{\partial r}{\partial x}=-\frac{q}{4\pi\varepsilon}\cdot\frac{x}{r^3}.$$

同理

$$\frac{\partial U}{\partial y}=-\frac{q}{4\pi\varepsilon}\cdot\frac{y}{r^3},\qquad \frac{\partial U}{\partial z}=-\frac{q}{4\pi\varepsilon}\cdot\frac{z}{r^3},$$

故

$$\operatorname{grad}U=\frac{\partial U}{\partial x}\boldsymbol{i}+\frac{\partial U}{\partial y}\boldsymbol{j}+\frac{\partial U}{\partial z}\boldsymbol{k}=-\frac{q}{4\pi\varepsilon r^3}(x\boldsymbol{i}+y\boldsymbol{j}+z\boldsymbol{k})=-\frac{q}{4\pi\varepsilon r^3}\boldsymbol{r},$$

其中 $\boldsymbol{r}=x\boldsymbol{i}+y\boldsymbol{j}+z\boldsymbol{k}$,而 $\dfrac{q}{4\pi\varepsilon r^3}\boldsymbol{r}$ 正是点 (x,y,z) 处的电场强度 $\boldsymbol{E}$,于是 $\boldsymbol{E}$ 和电位 U 之间的关系是

$$\boldsymbol{E}=-\operatorname{grad}U.$$

这说明电位在电场强度相反的方向增加得最快.

前面已经指出,在稳定的数量场中,物理量的分布可以用数量值函数 $u=f(P)$ 表示.在对数量场的研究中,我们经常需要考查在场中具有相同物理量的点,即使函数 $u=f(P)$ 取相同数值的各点

$$f(P)=C,$$

其中 C 为常数. 例如,在一个空间的数量场 $u=f(x,y,z)$ 中, $f(x,y,z)=C$ 表示一个曲面,其上各点的函数值均相等,我们称该曲面为**等值面**,如气象学中的等温面、等压面,电学中的等位面等. 而对于平面上的数量场 $z=f(x,y)$, 则称曲线 $f(x,y)=C$ 为**等值线**,如地图中的等高线等.

为了进一步说明梯度的意义,我们结合等值面(线)从几何上来看梯度的方向.

由于等值线 $f(x,y)=C$ 上任一点 $P(x,y)$ 的法线斜率为

$$K_{法}=-\frac{1}{\dfrac{\mathrm{d}y}{\mathrm{d}x}}=-\frac{1}{-\dfrac{f_x}{f_y}}=\frac{f_y}{f_x},$$

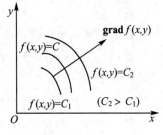

图 6-20

可见法线与向量 (f_x,f_y) 平行. 因而梯度 $\mathbf{grad}f(x,y)=(f_x,f_y)$ 就是等值线上点 P 处的法线的方向向量. 所以 $z=f(x,y)$ 在点 P 处的梯度方向与过点 P 的等值线在该点的法线方向相同,并且从数值较低的等值线指向数值较高的等值线,如图 6-21 所示.

【例 6-48】 某处地下埋有物品 E, 以该处为坐标原点建立平面直角坐标系. 已知 E 在大气中散发着特有气味,设气味浓度在地表 xOy 平面上的分布为

$$v=\mathrm{e}^{-k(x^2+2y^2)} \quad (k \text{ 为正的常数}),$$

一条警犬在点 (x_0,y_0) 处嗅到气味后,沿着气味最浓的方向搜索,求警犬搜索的路线.

解 设警犬搜索的路线为 $y=y(x)$, 在点 (x,y) 处前进的方向为曲线 $y=y(x)$ 的切向量 $\mathbf{s}=\left(1,\dfrac{\mathrm{d}y}{\mathrm{d}x}\right)$ 方向. 而气味最浓的方向是 v 的梯度方向. 解得

$$\mathbf{grad}\,v=\mathrm{e}^{-k(x^2+2y^2)}(-k)(2x\boldsymbol{i}+4y\boldsymbol{j}),$$

因为 $\mathbf{s}\parallel\mathbf{grad}\,v$, 于是

$$\frac{1}{2x}=\frac{1}{4y}\cdot\frac{\mathrm{d}y}{\mathrm{d}x}.$$

解初值问题

$$\begin{cases}\dfrac{\mathrm{d}y}{\mathrm{d}x}=\dfrac{2y}{x}, \\[2mm] y\big|_{x=x_0}=y_0\end{cases}$$

得搜索路线

$$y=\frac{y_0}{x_0^2}x^2 \quad (x_0\neq 0).$$

若 $x_0=0$, 搜索路线为 $x=0$.

本题也可按下列方法求解:

气味的等值线为 $x^2+2y^2=C$, 两边求导,得等值线满足的微分方程

$$x+2yy'=0, \quad 即 \quad y'=-\frac{x}{2y}.$$

因为警犬沿气味的梯度方向搜索,所以搜索路线与气味等值线正交,即搜索路线切线的斜率与等值线切线的斜率为负倒数关系,故搜索路线满足初值问题

$$\begin{cases} y' = \dfrac{2y}{x} \\ y\big|_{x=x_0} = y_0 \end{cases}.$$

求解此初值问题即可得到搜索路线.

习题 6-7

1. 求下列函数在指定点 M 处,沿方向 l 的方向导数:

(1) 求 $f(x,y,z)=xy+yz+zx$ 在点 $(1,1,2)$ 沿方向 l 的方向导数,其中 l 的方向角分别为 $60°,45°,60°$;

(2) $z=x^2+y^2$, $M(1,2)$, $l=(1,\sqrt{3})$;

(3) $z=x\mathrm{e}^{xy}$, $M(-3,0)$, l 为从点 $(-3,0)$ 到点 $(-1,3)$ 的方向;

(4) $u=x^2+y^2+z^4-3xy$, $M(1,1,1)$, $l=(1,2,2)$.

2. 设 $f(x,y)=x^2-xy+y^2$,求 $f(x,y)$ 在点 $(1,1)$ 处,沿 $l=(\cos\alpha,\cos\beta)$ 方向的方向导数 $\dfrac{\partial f}{\partial l}\Big|_{(1,1)}$.问在怎样的方向上此方向导数:

(1) 有最大值;　　(2) 有最小值;　　(3) 等于 0.

3. 求函数 $u=\dfrac{x}{\sqrt{x^2+y^2+z^2}}$ 在点 $M(1,2,-2)$ 处,沿曲线 $x=t$, $y=2t^2$, $z=-2t^4$ 在此点的切向量方向上的方向导数.

4. 求函数 $z=1-\left(\dfrac{x^2}{a^2}+\dfrac{y^2}{b^2}\right)$ 在点 $\left(\dfrac{a}{\sqrt{2}},\dfrac{b}{\sqrt{2}}\right)$ 处,沿曲线 $\dfrac{x^2}{a^2}+\dfrac{y^2}{b^2}=1$ 在此点的内法线的方向导数.

5. 求下列函数在指定点处的梯度:

(1) $f(x,y)=\dfrac{x}{y}$, $M(6,-2)$;　　　　　　(2) $f(x,y,z)=\sqrt{xyz}$, $M(2,4,2)$.

6. 设 $\boldsymbol{r}=(x,y,z)$, $f(\boldsymbol{r})=\ln|\boldsymbol{r}|$,证明: $\mathbf{grad}\, f=\dfrac{\boldsymbol{r}}{|\boldsymbol{r}|^2}$.

7. 设 $u=\dfrac{z^2}{c^2}-\dfrac{x^2}{a^2}-\dfrac{y^2}{b^2}$,问:$u$ 在点 (a,b,c) 处沿哪个方向增大最快? 沿哪个方向减小最快? 沿哪个方向变化率为零?

6.8　应用实例阅读

【实例 6-1】　蜂房问题

蜂房有着独特的形状特征.从外表看,许许多多正六边形的洞完全铺满了一个平面区域.每一个洞是一个六面柱形状的巢的入口.在这些六面柱的背面,有许多同样形状的洞.如果一组洞开口朝南,则另一组洞开口就朝北.这两组洞彼此不相通,中间是用蜡板隔开的.奇特的是,这些隔板都是由大小相同的菱形组成的.

图 6-21 是洞口正面,图 6-22 是一个蜂房的形状. 图 6-23 中正六边形 $ABCDEF$ 是入口,底是三个菱形 $A_1B_1GF_1$、$GB_1C_1D_1$ 和 $D_1E_1F_1G$. 这些菱形蜡板同时又是另一组六面柱的底,三个菱形分属于三个相邻的六面柱.

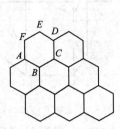

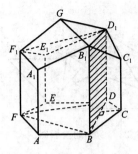

图 6-21 蜂房正面图　　　　图 6-22 蜂房形状图

历史上最早注意蜂房的这一特征并加以研究的是古希腊数学家帕普斯(Pappus). 后来又有天文学家开普勒(Kepler)、马拉尔第(Maraldi)等人. 马拉尔第甚至揭示了作为蜂房底的三个菱形,其钝角等于 $109°28'$,锐角等于 $70°32'$! 马拉尔第的观察引起了法国物理学家雷奥姆(Reaumur)的兴趣,雷奥姆大胆断言:"用这样的角度来建造蜂房,在相同的容积下材料最省."这个猜测被瑞士数学家柯尼格(Koenig)(他的计算结果与实测值仅差两分)和后来的英国数学家麦克劳林(Maclaurin)从理论上做了证明. 下面是这个问题的提法和其中的一个解答.

问题的提法:在相同的容积下,一个六面柱由怎样三个全等的菱形作底,其表面积才能最小?

解 如图 6-22 所示,设正六边形的边长为 $2a$,则对角线
$$BD = BF = DF = 2\sqrt{3}a.$$

因为底的三个菱形全等,且菱形 $B_1C_1D_1G$ 的对角线 B_1D_1 平行于底面,即 BB_1D_1D 为矩形,故
$$B_1D_1 = B_1F_1 = D_1F_1 = 2\sqrt{3}a.$$

设 G 到平面 $B_1D_1F_1$ 的距离为 x,
$$GC_1 = GE_1 = GA_1 = 2y,$$
则 GC_1 在柱体中心轴上的投影为 $2x$,在平面 $A_1C_1E_1$ 上的投影为 $2a$(图 6-23). 由勾股定理得
$$(2x)^2 + (2a)^2 = (2y)^2,$$
即
$$x^2 + a^2 = y^2.$$

将侧棱 AA_1、CC_1 和 EE_1 延长,与平面 $B_1D_1F_1$ 分别相交于 A_0、C_0 和 E_0(图 6-24),则补上三个棱锥后的六棱柱之体积与蜂房容积相等(因补上的三个小棱锥体积之和正好等于 G-$B_1D_1F_1$ 的体积),但是面积却有变化:原蜂房表面积减少了 $6\sqrt{3}a^2 + 6ax$(一个六边形 $A_0B_1C_0D_1E_0F_1$ 与 $A_1B_1A_0$ 等六个直角三角形面积之和),而只增加了 $6\sqrt{3}ay$($A_1B_1GF_1$ 等三个菱形面积之和),于是蜂房的表面积比六棱柱的表面积节省了

$$6\sqrt{3}\,a^2+6ax-6\sqrt{3}\,ay.$$

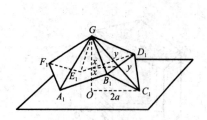 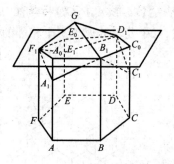

图 6-23　GC_1 的投影图　　　　　图 6-24　补上棱锥后的六棱柱
　　　　　　　　　　　　　　　　　　　　　与蜂房形状关系图

　　问题归结为在条件 $x^2+a^2-y^2=0$ 下，求函数 $f(x,y)=6\sqrt{3}\,a^2+6ax-6\sqrt{3}\,ay$ 的最大值.

　　构造拉格朗日函数

$$F(x,y,\lambda)=6\sqrt{3}\,a^2+6ax-6\sqrt{3}\,ay+\lambda(x^2+a^2-y^2),$$

求其对 x、y、λ 的偏导数，并使之为零，得

$$\begin{cases} 6a+2\lambda x=0 \\ -6\sqrt{3}\,a-2\lambda y=0, \\ x^2+a^2-y^2=0 \end{cases}$$

解此方程组，得

$$x=\frac{a}{\sqrt{2}},\quad y=\frac{\sqrt{3}\,a}{\sqrt{2}}.$$

这里舍去了 x、y 均取负值的另一组解. 由问题本身知 $f(x,y)$ 的最大值一定存在，且必在点 $\left(\dfrac{a}{\sqrt{2}},\dfrac{\sqrt{3}\,a}{\sqrt{2}}\right)$ 取得.

　　由 $GC_1=2y=\sqrt{6}\,a$，$B_1D_1=2\sqrt{3}\,a$，知

$$\tan\angle D_1B_1C_1=\frac{y}{\sqrt{3}\,a}=\frac{\sqrt{2}}{2},$$

$$\tan\angle GB_1C_1=\tan2\angle D_1B_1C_1=\frac{2\tan\angle D_1B_1C_1}{1-\tan^2\angle D_1B_1C_1}=2\sqrt{2},$$

所以　　　　　　　　　　$\angle GB_1C_1=70.528\ 779\ 37°\approx70°32'$，

于是　　　　　　　　　　$\angle B_1GD_1\approx180°-70°32'=109°28'.$

　　谁能想到小小蜜蜂竟是如此卓越的建筑师！

　　蜂房的奇妙结构不仅引起了数学家的注意，也使材料工艺师，特别是飞机结构工艺师得到启发. 为了节省材料，减轻飞机重量，他们设计了"蜂窝式夹层"结构. 这种结构的中间充满了孔洞，在两端面上有两层金属板固定，这样的结构要比实心的强度高，隔音隔热性能好，而重量只有实心的几分之一. 当然，在其他工程应用中，蜂窝式夹层也同样表现出了

巨大的优越性.

【实例 6-2】　雨水的流向与路径

有意义的人生总是追求更高的目标,希望不断进步;春回大地,高山积雪融化,雪水流向山下峡谷——这就是俗语常说的"人往高处走,水往低处流".确切地讲,水总是向着高度下降最快的方向流动.设函数 $f(x,y)>0$,将曲面 $z=f(x,y)$ 想象成一座山,则 $f(x,y)$ 表示点 (x,y) 的高度,而梯度 $\mathbf{grad}f(x,y)$ 指向高度上升最快的方向,于是 $-\mathbf{grad}f(x,y)$ 指向的是高度下降最快的方向,即雪水的流向.

设一礼堂的顶部是一个半椭球面,求下雨时通过房顶任一点处的雨水向下流的路径方程(不考虑摩擦).

解　设半椭球面的方程是

$$z=c\sqrt{1-\frac{x^2}{a^2}-\frac{y^2}{b^2}},$$

雨水沿 z 下降最快的方向往下流,也就是沿 z 的负梯度 $-\mathbf{grad}\,z$ 的方向流动.

设雨水向下流动的路径在 xOy 平面上的投影为方程为 $g(x,y)=0$,由以上分析知,其上任一点处的切线向量 $(\mathrm{d}x,\mathrm{d}y)$ 应与 $\mathbf{grad}\,z$ 平行.由于 $\mathbf{grad}\,z=\frac{\partial z}{\partial x}\boldsymbol{i}+\frac{\partial z}{\partial y}\boldsymbol{j}$,所以有

$$(\mathrm{d}x,\mathrm{d}y)\,/\!/\left(\frac{\partial z}{\partial x},\frac{\partial z}{\partial y}\right)=\left(-\frac{c}{a^2}\cdot\frac{x}{\sqrt{1-\frac{x^2}{a^2}-\frac{y^2}{b^2}}},-\frac{c}{b^2}\cdot\frac{y}{\sqrt{1-\frac{x^2}{a^2}-\frac{y^2}{b^2}}}\right),$$

即有

$$\frac{\mathrm{d}y}{\mathrm{d}x}=\frac{a^2y}{b^2x}\quad(x\neq0),$$

这是投影曲线应满足的微分方程.解之得

$$y=kx^{a^2/b^2},$$

这里 k 是任一实数.以它为准线,母线平行于 z 轴的柱面方程为 $y=kx^{a^2/b^2}$,于是得到通过房顶上任一点处雨水向下流的路径方程为

$$\begin{cases}z=c\sqrt{1-\frac{x^2}{a^2}-\frac{y^2}{b^2}}.\\y=kx^{a^2/b^2}\end{cases}$$

【实例 6-3】　用最小二乘法建立经验公式

在工程实际和科学实验中,经常需要通过两个变量的测量或实验数据,来找出这两个变量函数关系的近似表达式——**经验公式**.例如,对于变量 x 与 y 得到一组数据 (x_1,y_1),$(x_2,y_2),\cdots,(x_n,y_n)$,要寻找一个适当类型的函数 $y=f(x)$,如线性函数、多项式函数、指数函数、对数函数等,使它在观测点 $x_1,x_2,\cdots,x_n$ 处所取得的函数值 $f(x_1),f(x_2),\cdots,f(x_n)$ 与观测值 $y_1,y_2,\cdots,y_n$ 在某种意义下最接近.常用的方法是建立函数

$$Q=\sum_{i=1}^{n}\left[f(x_i)-y_i\right]^2,$$

然后令 Q 取最小值,用偏差平方和为最小的条件来确定 $f(x)$ 表达式中的未知参数,进而确定出经验公式.这种方法称为**最小二乘法**.

例如,已知某工厂过去几年的产量与利润的数据(表 6-1):

表 6-1

产量 x/千件	利润 y/千元	产量 x/千件	利润 y/千元
40	32	70	54
47	34	90	72
55	43	100	85

通过把这些数据 $(x_i,y_i)(i=1,2,\cdots,6)$ 所对应的点描在坐标纸上,可以看出这些点的连线接近于一条直线,因而可以认为利润 y 与产量 x 的函数关系是线性关系.下面用最小二乘法求出这个线性函数,并估计当产量达到 120 千件时,该工厂的利润是多少.

解 设 x 与 y 之间的函数关系是 $y=ax+b$,其中常数 a,b 待定.由最小二乘法知,问题变为求二元函数

$$Q(a,b)=\sum_{i=1}^{6}(ax_i+b-y_i)^2$$

的最小值.

利用多元函数极值的必要条件,得

$$\begin{cases} \dfrac{\partial Q}{\partial a}=2\sum_{i=1}^{6}(ax_i+b-y_i)\cdot x_i=0 \\ \dfrac{\partial Q}{\partial b}=2\sum_{i=1}^{6}(ax_i+b-y_i)=0 \end{cases},$$

整理化简,得

$$\begin{cases} a\sum_{i=1}^{6}x_i^2+b\sum_{i=1}^{6}x_i=\sum_{i=1}^{6}x_iy_i \\ a\sum_{i=1}^{6}x_i+6b=\sum_{i=1}^{6}y_i \end{cases}.$$

将所给数据代入方程组,得

$$\begin{cases} 29\ 834a+402b=24\ 003 \\ 402a+6b=320 \end{cases},$$

解此方程得 $Q(a,b)$ 唯一驻点

$$a=0.883\ 8,\ b=-5.880\ 8.$$

依据问题的实际意义,$Q(a,b)$ 一定有最小值,且驻点唯一,所以 $(0.883\ 8,-5.880\ 8)$ 为 $Q(a,b)$ 的最小值点,所求的经验公式为

$$y=0.883\ 8x-5.880\ 8.$$

于是当 $x=120$ 千件时,$y=0.883\ 8\times120-5.880\ 8=100.175$ 千元,此即所估计的利润值.

复习题 6

1. 单项选择题：

(1) 设 k 为常数，极限 $\lim\limits_{(x,y)\to(0,0)} \dfrac{x^2 \sin ky}{x^2+y^4}$ (　　).

　　A. 等于 0 　　　　　　　　　　B. 等于 $\dfrac{1}{2}$

　　C. 不存在 　　　　　　　　　　D. 存在与否与 k 的值有关

(2) $f(x,y)$ 在 (x_0,y_0) 处两个偏导数 $f_x(x_0,y_0)$、$f_y(x_0,y_0)$ 存在是 $f(x,y)$ 在该点连续的 (　　).

　　A. 充分非必要条件 　　　　　　B. 必要非充分条件

　　C. 充分且必要条件 　　　　　　D. 既非充分亦非必要条件

(3) 函数 $f(x,y)=\sqrt{|xy|}$ 在点 $(0,0)$ (　　).

　　A. 连续，但偏导数不存在 　　　 B. 偏导数存在，但不可微

　　C. 可微 　　　　　　　　　　　D. 偏导数存在且连续

(4) 设函数 $z=f(x,y)$ 在点 (x_0,y_0) 可微，且 $f_x(x_0,y_0)=0$，$f_y(x_0,y_0)=0$，则 $f(x,y)$ 在 (x_0,y_0) 处 (　　).

　　A. 必有极值，可能是极大值，也可能是极小值 B. 必有极大值

　　C. 必有极小值 　　　　　　　　D. 可能有极值，也可能没有极值

(5) 在曲线 $x=t$，$y=-t^2$，$z=t^3$ 的所有切线中，与平面 $x+2y+z=4$ 平行的切线 (　　).

　　A. 只有 1 条　　B. 只有 2 条　　C. 至少 3 条　　D. 不存在

2. 计算下列极限：

(1) $\lim\limits_{(x,y)\to(0,0)} \dfrac{1-\cos(x^2+y^2)}{(x^2+y^2)(\mathrm{e}^{x^2+y^2}-1)}$；　　　(2) $\lim\limits_{\substack{x\to\infty\\y\to1}} (1+\dfrac{1}{xy})^{\frac{x^3 y}{x^2+y^2}}$.

3. 设 $z=F(u,v,w)$，$v=f(u,x)$，$x=g(u,w)$，其中 F、f、g 具有连续偏导数，求 $\dfrac{\partial z}{\partial u}$.

4. 设 $u(x,t)=\displaystyle\int_{x-t}^{x+t} f(z)\mathrm{d}z$，其中 $f(z)$ 是连续函数，求 u_x 和 u_t.

5. 设 $f(x,y)=|x-y|\varphi(x,y)$，其中 $\varphi(x,y)$ 在点 $(0,0)$ 连续，问 $\varphi(x,y)$ 在什么条件下偏导数 $f_x(0,0)$ 和 $f_y(0,0)$ 存在？

6. 设 u 是 x、y、z 的函数，由方程 $u^2+z^2+y^2-x=0$ 决定，其中 $z=xy^2+y\ln y-y$，求 $\dfrac{\partial u}{\partial x}$、$\dfrac{\partial^2 u}{\partial x^2}$.

7. 设 $f(x,y)=\displaystyle\int_0^{xy} \mathrm{e}^{-t^2}\mathrm{d}t$，求 $\dfrac{x}{y}\dfrac{\partial^2 f}{\partial x^2}-2\dfrac{\partial^2 f}{\partial x\partial y}+\dfrac{y}{x}\dfrac{\partial^2 f}{\partial y^2}$.

8. 设 $y=y(x)$，$z=z(x)$ 是由方程 $z=xf(x+y)$ 和 $F(x,y,z)=0$ 所确定的函数，其中 f 和 F 分别具有一阶连续导数和一阶连续偏导数. 证明

$$\frac{\mathrm{d}z}{\mathrm{d}x}=\frac{(f+xf')F_y-xf'F_x}{F_y+xf'F_z}\quad (F_y+xf'F_z\neq0).$$

9. 求曲线 $\begin{cases} x = \int_0^t e^u \cos u\, du \\ y = 2\sin t + \cos t \\ z = 1 + e^{3t} \end{cases}$ 在 $t = 0$ 对应点处的切线与法平面方程.

10. 已知 x、y、z 为实数,且 $e^x + y^2 + |z| = 3$,求证 $e^x y^2 |z| \leqslant 1$.

11. 求曲面 $x^2 + y^2 + z^2 = 4$ 过直线

$$\begin{cases} 4x + 2y + 3z = 6 \\ 2x + y = 0 \end{cases}$$

的切平面方程.

12. 设 $F(u,v)$ 具有一阶连续偏导数,试证:曲面 $F(nx - lz, ny - mz) = 0$ 上任一点的切平面都平行于直线 $\dfrac{x}{l} = \dfrac{y}{m} = \dfrac{z}{n}$.

13. 求函数 $u = \ln x + \ln y + 3\ln z$ 在球面 $x^2 + y^2 + z^2 = 5r^2 (x > 0, y > 0, z > 0)$ 上的最大值,并证明:对任何正数 a、b、c 有

$$abc^3 \leqslant 27\left(\frac{a+b+c}{5}\right)^5.$$

14. 在椭球面 $2x^2 + 2y^2 + z^2 = 1$ 上求一点,使 $f(x,y,z) = x^2 + y^2 + z^2$ 在该点沿 $l = (1, -1, 0)$ 方向的方向导数最大.

参考答案与提示

习题 6-1

1. (1) $\{(x,y) \mid y^2 > 2x\}$;　(2) $\{(x,y) \mid x+y > 0, x-y > 0\}$;

(3) $\{(x,y,z) \mid -\sqrt{x^2+y^2} \leqslant z \leqslant \sqrt{x^2+y^2}, x^2+y^2 \neq 0\}$;　(4) $\{(x,y) \mid x \geqslant \sqrt{y}, y \geqslant 0\}$

2. (1)不相等;　(2)不相等;　(3)相等;　(4)不相等

3. (1)0;　(2)1;　(3)$\ln x$;　(4)$\ln(xy + hy + y - 1)$

4. $t^2\left(x^2 + y^2 - xy\tan\dfrac{x}{y}\right) = t^2 f(x,y)$　　5. $\dfrac{x^2(1-y)}{1+y}$

6. (1)$-\dfrac{1}{9}$;　(2)$\ln 2$;　(3)3;　(4)1;　(5)$\dfrac{1}{2}$;　(6)2

8. (1)$(0,0)$;(2)$x^3 + y^3 = 0$;(3)x 轴和 y 轴上的点;(4)(a,b,c)

习题 6-2

1. (1)$-f_x(x_0,y_0)$;(2)$2f_y(x_0,y_0)$;(3)$2f_x(x_0,y_0)$;(4)$f_x(x_0,y_0) + f_y(x_0,y_0)$

2. (1)不存在;　(2)$\dfrac{\partial z}{\partial x}\Big|_{(0,0)} = 0$, $\dfrac{\partial z}{\partial y}\Big|_{(0,0)} = 0$

4. (1)$\dfrac{1}{2}$, $\dfrac{1}{2e}$;　(2)0,0;　(3)1

5. (1)连续;　(2)$f_x(0,0) = f_y(0,0) = 0$　　6. $\dfrac{\pi}{4}$　　7. $\dfrac{\pi}{6}$

8. 沿 x 方向减少率为 $\dfrac{20}{3}$ ℃/m,沿 y 方向减少率为 $\dfrac{10}{3}$ ℃/m　　10. $\dfrac{R^2}{R_1^2}$

习题 6-3

1. (1)$dz = \dfrac{y}{x}dx + [\ln(xy) + 1]dy$;　　(2)$dz = e^{-\left(\frac{x}{y} + \frac{z}{x}\right)}\left[\left(\dfrac{y}{x^2} - \dfrac{1}{y}\right)dx + \left(\dfrac{x}{y^2} - \dfrac{1}{x}\right)dy\right]$;

$(3) dz = \dfrac{4xy}{(x^2+y^2)^2}(y dx - x dy);$ $\qquad (4) dz = \sec^2(x+y)(dx+dy);$

$(5) dz = (3x^2 y + y^3) dx + (x^3 + 3xy^2 + z^3) dy + 3yz^2 dz;$

$(6) du = (y+xyz)e^{xz} dx + xe^{xz} dy + x^2 ye^{xz} dz$

2. $(1) \dfrac{2}{3} dx + \dfrac{2}{3} dy;$ $\qquad (2) -\dfrac{1}{2} dx + \dfrac{1}{2} dy + \dfrac{\pi}{2} dz;$

$(3) \dfrac{1}{25}(5 dz - 4 dy - 3 dx);$ $\qquad (4) \dfrac{1}{2} dx - \dfrac{1}{2} dy + dz$

3. $\Delta z = 0.922\,5$，$dz = 0.9$ **4.** $0.25e$ **5.** $(1) 0.502\,3;(2) 108.972$

6. $34\,557.6$ g **7.** 约 -5 cm

习题 6-4

1. $(1) \dfrac{\partial z}{\partial x} = \dfrac{2x}{y^2}\ln(3x-2y) + \dfrac{3x^2}{y^2(3x-2y)}$，$\dfrac{\partial z}{\partial y} = -\dfrac{2x^2}{y^3}\ln(3x-2y) - \dfrac{2x^2}{y^2(3x-2y)};$

$(2) \dfrac{\partial z}{\partial x} = ye^{xy}\sin(x+y) + e^{xy}\cos(x+y)$，$\dfrac{\partial z}{\partial y} = xe^{xy}\sin(x+y) + e^{xy}\cos(x+y);$

$(3) \dfrac{\partial z}{\partial r} = 3r^2\cos\theta\sin\theta(\cos\theta-\sin\theta)$，$\dfrac{\partial z}{\partial\theta} = r^3(\sin\theta+\cos\theta)(1-3\sin\theta\cos\theta)$

2. $(1) -4(5t^3 - \dfrac{1}{t^2})\sin(5t^4 + \dfrac{4}{t});$ $\qquad (2) e^{\sin t - 2t^3}\cos t - 6t^2 e^{\sin t - 2t^3};$

$(3) (\cos x + 2e^{2x})e^{-(e^{2x}+\sin x)^2};$ $\qquad (4) f'_x + 2t f'_y + 3t^2 f'_z$

3. $(1) \dfrac{2}{5}, -\dfrac{2}{5};$ $\quad (2) 0, 0;$ $\quad (3) 1, 1, 0$

4. $(1) \dfrac{\partial z}{\partial x} = 2x f'(x^2+y)$，$\dfrac{\partial z}{\partial y} = f'(x^2+y);$

$(2) \dfrac{\partial z}{\partial x} = 2x f'_1 - y\sin(xy) f'_2$，$\dfrac{\partial z}{\partial y} = -2y f'_1 - x\sin(xy) f'_2;$

$(3) \dfrac{\partial z}{\partial x} = 2x f'_2$，$\dfrac{\partial z}{\partial y} = e^y f'_1 - f'_2;$

$(4) \dfrac{\partial z}{\partial x} = f'_1 \cdot \cos x + f'_3 \cdot e^{x+y}$，$\dfrac{\partial z}{\partial y} = -f'_2 \cdot \sin y + f'_3 \cdot e^{x+y}$

5. $6, 10, 0$

7. $(1) \dfrac{\partial z}{\partial x} = \dfrac{2-x}{z+1}, \dfrac{\partial z}{\partial y} = \dfrac{2y}{z+1};$ $\qquad (2) \dfrac{\partial z}{\partial x} = \dfrac{z-y}{y-x}, \dfrac{\partial z}{\partial y} = \dfrac{x+z}{x-y};$

$(3) \dfrac{\partial z}{\partial x} = -\dfrac{e^y + ze^x}{y+e^x}, \dfrac{\partial z}{\partial y} = -\dfrac{xe^y + z}{y+e^x};$ $\qquad (4) \dfrac{\partial z}{\partial x} = -\dfrac{y\sin(x+z)+\cos(x+z)}{\cos(x+z)}, \dfrac{\partial z}{\partial y} = -x\tan(x+z)$

8. $\dfrac{1}{2}(e^{-3}-1)$

9. $(1) \dfrac{\partial^2 u}{\partial x\partial y} = \varphi_{11} - \varphi_{22};$

$(2) \dfrac{\partial^2 u}{\partial x\partial y} = -\dfrac{1}{y^2}\varphi_1 - \dfrac{1}{x^2}\varphi_2 - \dfrac{x}{y^3}\varphi_{11} + \left(\dfrac{1}{xy} + \dfrac{y}{x}\right)\varphi_{12} - \dfrac{y}{x^3}\varphi_{22};$

$(3) \dfrac{\partial^2 u}{\partial x\partial y} = z\varphi_2 + 4xy\varphi_{11} + 2z(x^2+y^2)\varphi_{21} + xyz^2\varphi_{22}$

10. $(1) \dfrac{\partial^2 z}{\partial x^2} = -\dfrac{y^2}{4z^3};$ $\qquad (2) \dfrac{\partial^2 z}{\partial x^2} = \dfrac{-2xy^3 z}{(z^2-xy)^3}$

11. $z_x = \dfrac{F_3 - F_1}{F_3 - F_2}$，$z_y = \dfrac{F_1 - F_2}{F_3 - F_2}$

12. (1) $\begin{cases} u_x = -\dfrac{xu+yv}{x^2+y^2}, \\ v_x = \dfrac{yu-xv}{x^2+y^2} \end{cases}$ $\begin{cases} u_y = \dfrac{xv-yu}{x^2+y^2} \\ v_y = -\dfrac{ux+yv}{x^2+y^2} \end{cases}$

习题 6-5

1. (1) $\dfrac{x-\frac{1}{2}}{\frac{1}{4}} = \dfrac{y-2}{-1} = \dfrac{z-1}{2}$, $\dfrac{1}{4}\left(x-\dfrac{1}{2}\right)-(y-2)+2(z-1)=0$;

(2) $\dfrac{x-\frac{a}{4}}{\frac{\sqrt{3}}{2}a} = \dfrac{y-\frac{\sqrt{3}}{4}b}{\frac{b}{2}} = \dfrac{z-\frac{3}{4}c}{-\frac{\sqrt{3}}{2}c}$, $\dfrac{\sqrt{3}}{2}a\left(x-\dfrac{a}{4}\right)+\dfrac{b}{2}\left(y-\dfrac{\sqrt{3}}{4}b\right)-\dfrac{\sqrt{3}}{2}c\left(z-\dfrac{3}{4}c\right)=0$;

(3) $\dfrac{x-\frac{\pi}{2}+1}{1} = \dfrac{y-1}{1} = \dfrac{z-2\sqrt{2}}{\sqrt{2}}$, $x+y+\sqrt{2}z-\dfrac{\pi}{2}-4=0$;

(4) $\dfrac{x-3}{1} = \dfrac{y-1}{-3} = \dfrac{z-1}{-3}$, $x-3y-3z+3=0$;

(5) $\dfrac{x-1}{16} = \dfrac{y-1}{9} = \dfrac{z-1}{-1}$, $16(x-1)+9(y-1)-(z-1)=0$

2. $\dfrac{x+\frac{1}{3}}{1} = \dfrac{y-\frac{1}{9}}{-\frac{2}{3}} = \dfrac{\left(z+\frac{1}{27}\right)}{\frac{1}{3}}$, $\dfrac{x+1}{1} = \dfrac{y-1}{-2} = \dfrac{z+1}{3}$

3. (1) $x-y+2z-\dfrac{\pi}{2}=0$, $\dfrac{x-1}{-\frac{1}{2}} = \dfrac{y-1}{\frac{1}{2}} = \dfrac{z-\frac{\pi}{4}}{-1}$;

(2) $z-4=2(x-1)+6(y-1)$, $\dfrac{x-1}{2} = \dfrac{y-1}{6} = \dfrac{z-4}{-1}$;

(3) $(x-3)+5(y+1)+2(z-2)=0$, $\dfrac{x-3}{1} = \dfrac{y+1}{5} = \dfrac{z-2}{2}$

6. $t=\dfrac{\pi}{2}$, $\dfrac{x-\frac{\pi}{2}+1}{1} = \dfrac{y-1}{1} = \dfrac{z-2\sqrt{2}}{\sqrt{2}}$, $x+y+\sqrt{2}z-\left(4+\dfrac{\pi}{2}\right)=0$

7. $\dfrac{3}{\sqrt{22}}$

习题 6-6

1. (1) $f_{\max}(2,-2)=8$; (2) $f_{\min}(1,1)=-1$;

(3) $f_{\min}(0,1)=0$; (4) $f_{\max}(3,-2)=35$

2. (1) $f_{\min}=-2$, $f_{\max}=8$; (2) 无极值.

3. $V_{\max}=\dfrac{\sqrt{6}}{36}a^3$.

4. $\left(\dfrac{18}{13},1,\dfrac{27}{13}\right)$ **5.** $(2,2\sqrt{2},2\sqrt{3})$ **6.** $\left(\dfrac{1}{2},\dfrac{1}{2},\sqrt{2}\right)$

7. (1) $f_{\max}(0,1)=3$, $f_{\min}(0,0)=1$; (2) $f_{\max}(2,0)=8$, $f_{\min}\left(-\dfrac{1}{4},0\right)=-\dfrac{17}{8}$

习题 6-7

1.(1)$\dfrac{1}{2}(5+3\sqrt{2})$；　(2)$1+2\sqrt{3}$；　(3)$\dfrac{29}{\sqrt{13}}$；　(4)$\dfrac{5}{3}$

2.$\cos\alpha+\cos\beta$,(1)$i+j$；(2)$-i-j$；(3)$i-j$, $-i+j$

3.$-\dfrac{16}{243}$　**4.**$\dfrac{1}{ab}\sqrt{2(a^2+b^2)}$

7.$l=\left(-\dfrac{2}{a},-\dfrac{2}{b},\dfrac{2}{c}\right)$,$l=\left(\dfrac{2}{a},\dfrac{2}{b},-\dfrac{2}{c}\right)$,$l$ 与梯度垂直的方向

复习题 6

1.(1)A；　(2)D；　(3)B；　(4)D；　(5)B　　**2.**(1)$\dfrac{1}{2}$；　(2)e

3.$\dfrac{\partial z}{\partial u}=\dfrac{\partial F}{\partial u}+\dfrac{\partial F}{\partial v}\cdot\dfrac{\partial f}{\partial u}+\dfrac{\partial F}{\partial v}\cdot\dfrac{\partial f}{\partial x}\cdot\dfrac{\partial g}{\partial u}$　　　　**4.**$u_x=f(x+t)-f(x-t)$,$u_t=f(x+t)+f(x-t)$

6.$\dfrac{\partial u}{\partial x}=\dfrac{1-2y^2z}{2u}$,$\dfrac{\partial^2 u}{\partial x^2}=-\dfrac{y^4}{u}-\dfrac{(1-2y^2z)^2}{4u^3}$

7.$-2\mathrm{e}^{-x^2y^2}$　　　**9.**$\dfrac{x}{1}=\dfrac{y-1}{2}=\dfrac{z-2}{3}$,$x+2y+3z-8=0$

10.只需证函数 $f(x,y)=\mathrm{e}^x y^2(3-\mathrm{e}^x-y^2)$ 在区域 $D=\{(x,y)\mid \mathrm{e}^x+y^2\leqslant 3\}$ 上的最大值为 1

11.$z=2$　　**12.**提示：证明任意切平面的法向量与向量 (l,m,n) 垂直

14.$\left(\dfrac{1}{2},-\dfrac{1}{2},0\right)$

第7章

多元数量值函数积分学

定积分是某种确定形式的和的极限,本章要学习的多元数量值函数积分是定积分的推广.这里的推广包含两个方面:一是被积函数由一元函数推广至二元函数和三元函数;二是积分变量取值范围从数轴上的区间,推广至平面或空间区域,平面曲线或空间曲线以及空间的曲面.多元数量值函数积分的多样性,使得多元积分学较定积分有着更丰富的内容.

本章先从解决非均匀分布的几何形体的质量问题入手,抽象出其数学结构的共性,揭示解决这一类问题的数学方法,从中引出几何形体上多元数量值函数积分的概念,并与定积分类比,给出此类积分的性质.然后按照不同几何形体对应的不同积分,分别讨论二重积分、三重积分、对弧长的曲线积分及对面积的曲面积分的计算方法.

计算二重积分与三重积分的基本途径是把它们化作二次或三次定积分.除介绍在直角坐标系下重积分的计算方法外,还介绍在平面极坐标系、空间柱面坐标系、球面坐标系下的计算方法,并给出重积分的一般换元积分公式.曲线积分与曲面积分计算的基本途径,是把它们分别化为定积分与二重积分的计算.

在本章最后,介绍数量值函数在物理、力学等方面的应用.

7.1 多元数量值函数积分的概念与性质

7.1.1 非均匀分布的几何形体的质量问题

在一元函数定积分中,我们通过"分划、代替、求和、取极限"四个步骤,把区间 $[a,b]$ 上线密度为 $\rho(x)$ 的非均匀细棒的质量 m 归结为下述和式的极限,即定积分

$$m = \lim_{\lambda \to 0} \sum_{i=1}^{n} \rho(\xi_i) \Delta x_i = \int_a^b \rho(x) \mathrm{d}x.$$

现在运用这种方法来讨论在平面或空间非均匀分布的物体的质量问题.

【例 7-1】（平面薄板的质量问题）设有一质量非均匀分布的薄板,将其置于 xOy 平面上,它所占有的区域为 D（图 7-1）,在 D 上任一点 $M(x,y)$ 处的面密度为 $\mu(M) =$

$\mu(x,y)$，这里 $\mu(x,y) > 0$ 且在 D 上连续.

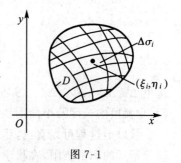

把区域 D 任意分划为 n 个小区域 $\Delta\sigma_i(i=1,2,\cdots,n)$，$\Delta\sigma_i$ 同时表示该小区域的面积. 由于 $\mu(x,y)$ 连续，因此薄板在每个小区域上的质量可以近似看作是均匀分布. 在每个 $\Delta\sigma_i$ 上任取一点 $\mu(\xi_i,\eta_i)$，则该小区域质量的近似值为

$$\Delta m_i \approx \mu(\xi_i,\eta_i)\Delta\sigma_i \quad (i=1,2,\cdots,n).$$

从而整个薄板质量 m 的近似值为

$$m \approx \sum_{i=1}^{n}\mu(\xi_i,\eta_i)\Delta\sigma_i.$$

图 7-1

记 $d=\max_{1\leqslant i\leqslant n}\{\Delta\sigma_i \text{ 的直径}\}$. 所谓 $\Delta\sigma_i$ 的直径指的是 $\Delta\sigma_i$ 上任意两点间距离的最大值. 当 $d\to 0$ 时，每个小 $\Delta\sigma_i$ 的面积将趋于零，并且小区域的数目无限增大. 这样，上述近似值就无限接近薄板的实际质量，因此可把上面和式的极限规定为该薄板的质量，即

$$m = \lim_{d\to 0}\sum_{i=1}^{n}\mu(\xi_i,\eta_i)\Delta\sigma_i.$$

由完全类似的方法，我们可以讨论非均匀分布的一般几何形体的质量问题. 这里的**几何形体**是直线段、平面或空间的曲线弧、平面或空间区域、空间曲面的统称，并将长度、面积、体积统称为相应几何形体的**度量**，将几何形体上任意两点间距离的最大值称为该几何体的**直径**.

设有一几何形体 Ω，其质量分布是非均匀的，即密度 $\mu=\mu(M)$ 是 Ω 上点 M 的函数，并假设 $\mu(M)$ 在 Ω 上连续. 下面来求其质量.

将 Ω 用任意的方法分划成 n 个小几何形体 $\Delta\Omega_i(i=1,2,\cdots,n)$，$\Delta\Omega_i$ 同时表示其度量. 在 $\Delta\Omega_i$ 上任取一点 M_i，则 $\Delta\Omega_i$ 的质量 $\Delta m_i \approx \mu(M_i)\Delta\Omega_i$. 于是 Ω 的质量

$$m \approx \sum_{i=1}^{n}\mu(M_i)\Delta\Omega_i.$$

显然，把 Ω 分得越细密，近似程度越好. 记 $d=\max_{1\leqslant i\leqslant n}\{\Delta\Omega_i \text{ 的直径}\}$，于是规定所求质量

$$m = \lim_{d\to 0}\sum_{i=1}^{n}\mu(M_i)\Delta\Omega_i. \tag{1}$$

当 Ω 分别为区间 $[a,b]$、平面区域 D、空间区域 V、平面曲线弧 l、空间曲线弧 L 及曲面 S 时，$\mu(M_i)$ 分别为 $\mu(\xi_i)$、$\mu(\xi_i,\eta_i)$、$\mu(\xi_i,\eta_i,\zeta_i)$、$\mu(\xi_i,\eta_i)$、$\mu(\xi_i,\eta_i,\zeta_i)$、$\mu(\xi_i,\eta_i,\zeta_i)$，这时，式(1) 就分别表示 $[a,b]$、D、V、l、L 及 S 上的质量：

$$m = \lim_{d\to 0}\sum_{i=1}^{n}\mu(\xi_i)\Delta x_i.$$

$$m = \lim_{d\to 0}\sum_{i=1}^{n}\mu(\xi_i,\eta_i)\Delta\sigma_i.$$

$$m = \lim_{d\to 0}\sum_{i=1}^{n}\mu(\xi_i,\eta_i,\zeta_i)\Delta V_i.$$

$$m = \lim_{d\to 0}\sum_{i=1}^{n}\mu(\xi_i,\eta_i)\Delta s_i.$$

$$m = \lim_{d \to 0} \sum_{i=1}^{n} \mu(\xi_i, \eta_i, \zeta_i) \Delta s_i.$$

$$m = \lim_{d \to 0} \sum_{i=1}^{n} \mu(\xi_i, \eta_i, \zeta_i) \Delta S_i.$$

这里 Δx_i、$\Delta \sigma_i$、ΔV_i、Δs_i、ΔS_i 分别表示小区间的长度、小平面区域的面积、小空间区域的体积、小弧段的长度及小曲面块的面积.

从以上过程可以看出,尽管质量分布的几何形体不尽相同,但求质量问题都可归结为同一形式的和的极限,在科学技术中还有大量类似的问题都可归结为此种类型的极限.抽象出其数学结构的特征,便得出了几何形体上数量值函数积分的概念.这里所谓的数量值函数就是前面定义过的一元函数或多元函数,之所以冠以"数量值"是为了区别下一章出现的向量值函数.

7.1.2 多元数量值函数积分的概念

定义 7-1 设 Ω 是可度量(可求长度、面积或体积)的有界闭几何形体,$f(M)$ 是定义在 Ω 上的数量值函数.将 Ω 任意分划为 n 个小几何形体 $\Delta \Omega_i (i = 1, 2, \cdots, n)$,$\Delta \Omega_i$ 同时表示其度量.在 $\Delta \Omega_i$ 上任取一点 M_i,作乘积 $f(M_i) \Delta \Omega_i$,并作和式

$$\sum_{i=1}^{n} f(M_i) \Delta \Omega_i.$$

记 $d = \max\limits_{1 \leqslant i \leqslant n} \{\Delta \Omega_i \text{ 的直径}\}$.如果不论对 Ω 怎样分划,也不论点 M_i 在 $\Delta \Omega_i$ 上怎样选取,只要 $d \to 0$,上述和式都趋于同一常数 I,则称 $f(M)$ 在 Ω 上**可积**,并把 I 称为函数 $f(M)$ 在 Ω 上的**积分**,记作 $\int_{\Omega} f(M) \mathrm{d}\Omega$,即

$$\int_{\Omega} f(M) \mathrm{d}\Omega = I = \lim_{d \to 0} \sum_{i=1}^{n} f(M_i) \Delta \Omega_i.$$

其中,称 $f(M)$ 为**被积函数**,Ω 为**积分区域**,$\mathrm{d}\Omega$ 为**积分元素**,$f(M)\mathrm{d}\Omega$ 为**被积表达式**,$\int$ 为**积分号**,$\sum\limits_{i=1}^{n} f(M_i) \Delta \Omega_i$ 为**积分和**.

关于 $f(M)$ 的可积性问题,与定积分有着类似的结果.

定理 7-1 (可积的必要条件)若函数 $f(M)$ 在几何形体 Ω 上可积,则 $f(M)$ 在 Ω 上必有界.

定理 7-2 (可积的充分条件)若函数 $f(M)$ 在有界闭几何形体 Ω 上连续,则 $f(M)$ 在 Ω 上必可积.

7.1.3 多元数量值函数积分的性质

下面假设被积函数都是可积的.由多元数量值函数积分的定义和极限的运算法则,不难得出它与定积分类似的如下性质:

(1) 当 $f(M) \equiv 1$ 时,它在 Ω 上的积分等于 Ω 的度量,即

$$\int_{\Omega} 1 \mathrm{d}\Omega = \int_{\Omega} \mathrm{d}\Omega = \Omega.$$

这里借用记号 Ω 表示几何形体 Ω 的度量.

(2) 线性性质 设 α、β 是常数,则

$$\int_{\Omega} \left[\alpha f(M) + \beta g(M) \right] \mathrm{d}\Omega = \alpha \int_{\Omega} f(M) \mathrm{d}\Omega + \beta \int_{\Omega} g(M) \mathrm{d}\Omega.$$

(3) 对积分区域的可加性质 若将 Ω 分为两部分 Ω_1、Ω_2,则

$$\int_{\Omega} f(M) \mathrm{d}\Omega = \int_{\Omega_1} f(M) \mathrm{d}\Omega + \int_{\Omega_2} f(M) \mathrm{d}\Omega.$$

(4) 比较性质 若在 Ω 上满足 $f(M) \leqslant g(M)$,则

$$\int_{\Omega} f(M) \mathrm{d}\Omega \leqslant \int_{\Omega} g(M) \mathrm{d}\Omega.$$

$$\left| \int_{\Omega} f(M) \mathrm{d}\Omega \right| \leqslant \int_{\Omega} | f(M) | \mathrm{d}\Omega.$$

(5) 估值性质 设 m 和 M 分别是 $f(M)$ 在闭几何形体 Ω 上的最小值和最大值,则

$$m\Omega \leqslant \int_{\Omega} f(M) \mathrm{d}\Omega \leqslant M\Omega.$$

(6) 积分中值定理 设 $f(M)$ 在闭几何形体 Ω 上连续,则在 Ω 上至少存在一点 M_0,使得

$$\int_{\Omega} f(M) \mathrm{d}\Omega = f(M_0)\Omega.$$

7.1.4 多元数量值函数积分的分类

按几何形体 Ω 的类型,多元数量值函数积分可以分为以下四种类型:

1. 二重积分

当几何形体 Ω 为 xOy 平面上的区域 D 时,则 f 就是定义在 D 上的二元函数 $f(x,y)$,$\Delta\Omega_i$ 就是小区域的面积 $\Delta\sigma_i$,这时称 $\int_{\Omega} f(M) \mathrm{d}\Omega$ 为函数 $f(x,y)$ 在平面区域 D 上的**二重积分**(double integral),记作 $\iint\limits_{D} f(x,y) \mathrm{d}\sigma$,即

$$\iint\limits_{D} f(x,y) \mathrm{d}\sigma = \lim_{d \to 0} \sum_{i=1}^{n} f(\xi_i, \eta_i) \Delta\sigma_i.$$

这里 $\mathrm{d}\sigma$ 是**面积微元**.

在前面例 7-1 中,我们已经求得平面薄板的质量为 $m = \lim\limits_{d \to 0} \sum\limits_{i=1}^{n} \mu(\xi_i, \eta_i) \Delta\sigma_i$.

根据二重积分的定义,有 $m = \iint\limits_{D} \mu(x,y) \mathrm{d}\sigma$. 即二重积分可以用来计算质量分布不均匀的平面薄板的质量.

【例 7-2】 试估计二重积分 $I = \iint\limits_{D} \dfrac{1}{100 + \cos^2 x + \cos^2 y} \mathrm{d}\sigma$ 的取值范围,其中 $D = \{(x,y) \mid |x| + |y| \leqslant 10\}$.

解 因为 $f(x,y) = \dfrac{1}{100 + \cos^2 x + \cos^2 y}$ 在 D 上连续,则由积分中值定理知,存在 $(\xi, \eta) \in D$,使

$$I = \iint\limits_{D} \dfrac{1}{100 + \cos^2 x + \cos^2 y} \mathrm{d}\sigma = \dfrac{1}{100 + \cos^2 \xi + \cos^2 \eta} \cdot S(D).$$

这里 $S(D)$ 表示区域 D 的面积,易知 $S(D) = 200$. 又

$$\dfrac{1}{102} \leqslant \dfrac{1}{100 + \cos^2 \xi + \cos^2 \eta} \leqslant \dfrac{1}{100},$$

故

$$\dfrac{200}{102} \leqslant I \leqslant \dfrac{200}{100}, \quad 即 \dfrac{100}{51} \leqslant I \leqslant 2.$$

2. 三重积分

当几何形体 Ω 为空间区域 V 时,则 $f(\Omega)$ 是 V 上的三元函数 $f(x,y,z)$,$\Delta\Omega_i$ 是小立体区域的体积 ΔV_i,这时称 $\int\limits_{\Omega} f(\Omega) \mathrm{d}\Omega$ 为函数 $f(x,y,z)$ 在空间区域 V 上的**三重积分** (triple integral),记作 $\iiint\limits_{V} f(x,y,z) \mathrm{d}V$,即

$$\iiint\limits_{V} f(x,y,z) \mathrm{d}V = \lim_{d \to 0} \sum_{i=1}^{n} f(\xi_i, \eta_i, \zeta_i) \Delta V_i.$$

这里 $\mathrm{d}V$ 是**体积微元**.

3. 对弧长的曲线积分

当几何形体 Ω 为平面或空间的曲线弧段 L 时,则 $f(\Omega)$ 是定义在 L 上的二元或三元函数 $f(x,y)$ 或 $f(x,y,z)$,$\Delta\Omega_i$ 是小弧段的弧长 Δs_i,这时称 $\int\limits_{\Omega} f(\Omega) \mathrm{d}\Omega$ 为函数 $f(x,y)$ 或 $f(x,y,z)$ 在曲线 L 上**对弧长的曲线积分** (line integral),或称**第一型曲线积分**,记作 $\int\limits_{L} f(x,y) \mathrm{d}s$ 或 $\int\limits_{L} f(x,y,z) \mathrm{d}s$,即

$$\int\limits_{L} f(x,y) \mathrm{d}s = \lim_{d \to 0} \sum_{i=1}^{n} f(\xi_i, \eta_i) \Delta s_i$$

或

$$\int\limits_{L} f(x,y,z) \mathrm{d}s = \lim_{d \to 0} \sum_{i=1}^{n} f(\xi_i, \eta_i, \zeta_i) \Delta s_i.$$

这里 $\mathrm{d}s$ 是**弧长微元**.

4. 对面积的曲面积分

当几何形体 Ω 为空间曲面块 S 时,则 $f(\Omega)$ 是定义在 S 上的三元函数 $f(x,y,z)$,$\Delta\Omega_i$ 是小曲面块的面积 ΔS_i,这时称 $\int\limits_{\Omega} f(\Omega) \mathrm{d}\Omega$ 为 $f(x,y,z)$ 在曲面 S 上的**对面积的曲面积分**

(surface integral),或称**第一型曲面积分**,记作 $\iint\limits_{S} f(x,y,z)\mathrm{d}S$,即

$$\iint\limits_{S} f(x,y,z)\mathrm{d}S = \lim_{d \to 0}\sum_{i=1}^{n} f(\xi_i,\eta_i,\zeta_i)\Delta S_i.$$

这里 $\mathrm{d}S$ 为曲面的**面积微元**.

【**例 7-3**】 已知曲面块 S 上带静电,电荷分布面密度 $\mu = \mu(x,y,z)$,求曲面块 S 上的静电总量.

解 由于电荷密度在曲面上分布不均匀,所以先将曲面块 S 任意分划为 n 个小区域 $\Delta S_i(i = ,1,2,\cdots,n)$,$\Delta S_i$ 同时表示该小区域的面积.将每个小区域上的电荷分布近似看作是均匀分布.在每个 ΔS_i 上任取一点 (ξ_i,η_i,ζ_i)(图 7-2),则该小区域静电总量的近似值为

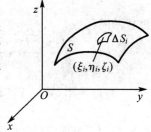

图 7-2

$$\Delta q_i \approx \mu(\xi_i,\eta_i,\zeta_i)\Delta S_i \quad (i = 1,2,\cdots,n),$$

从而整个曲面块上的静电总量 q 的近似值为

$$q \approx \sum_{i=1}^{n}\mu(\xi_i,\eta_i,\zeta_i)\Delta S_i.$$

记 $d = \max\limits_{1\leqslant i \leqslant n}\{\Delta S_i$ 的直径$\}$.当 $d \to 0$ 时,每个小曲面块 ΔS_i 的面积趋于零,并且小区域的数目无限增加,这样上述的近似值就无限接近曲面块上的静电总量,因此曲面块上静电总量为

$$q = \lim_{d \to 0}\sum_{i=1}^{n}\mu(\xi_i,\eta_i,\zeta_i)\Delta S_i.$$

即

$$q = \iint\limits_{S}\mu(x,y,z)\mathrm{d}S.$$

习题 7-1

1. 几何形体积分定义中 "$d \to 0$" ① 可否用 "小几何形体数量趋于无穷" 代替?② 可否用 "各小几何形体 $\Delta\Omega_i$ 的度量的最大值趋于零" 代替?说明理由.

2. 利用几何形体上积分的定义证明:

(1) $\int\limits_{\Omega}\mathrm{d}\Omega = \Omega$,其中 Ω 表示有界闭几何形体 Ω 的度量;

(2) $\int\limits_{\Omega}kf(M)\mathrm{d}\Omega = k\int\limits_{\Omega}f(M)\mathrm{d}\Omega$(其中 k 为常数).

3. 设质量分布均匀(密度 $\rho = 1$)的一薄板位于 xOy 平面上,占有闭区域 D,薄板的比热容为 $c = c(x,y)$,且 $c(x,y)$ 在 D 上连续,试求当薄板上的温度从 t_1 变到 t_2 时,薄板所得热量 Q 的表达式.

4. 设有一太阳灶,其聚光镜是旋转抛物面 S,设旋转轴为 z 轴,顶点在原点处. 已知聚光镜的口径是 4,深为 1,聚光镜将太阳能汇聚在灶上,已知聚光镜的能流(单位面积传播的能量)是 z 的函数 $p = \dfrac{1}{\sqrt{1+z}}$,试用第一型曲面积分表示聚光镜汇聚的总能量 W.

5. 比较下列各对积分的大小:

(1)$I_1 = \iint\limits_{D} (x+y)^2 \mathrm{d}\sigma$,$I_2 = \iint\limits_{D} (x+y)^3 \mathrm{d}\sigma$,其中 D 是由 x 轴、y 轴和直线 $x+y=1$ 所围成的闭区域;

(2)$I_1 = \iint\limits_{D} (x+y)^2 \mathrm{d}\sigma$,$I_2 = 2\iint\limits_{D} (x^2+y^2) \mathrm{d}\sigma$,其中 D 是圆域 $x^2+y^2 \leqslant R^2$;

(3)$I_1 = \iint\limits_{D} (y^2-x^2) \mathrm{d}\sigma$,$I_2 = \iint\limits_{D} \sqrt{y^2-x^2} \mathrm{d}\sigma$,其中 D 是圆域 $x^2+(y-2)^2 \leqslant 1$;

(4)$I_1 = \iiint\limits_{V_1} (x^2+2y^2+3z^2) \mathrm{d}V$,$I_2 = \iiint\limits_{V_2} (x^2+2y^2+3z^2) \mathrm{d}V$,其中 $V_1 = \{(x,y,z) \mid x^2+y^2+z^2 \leqslant R^2\}$,$V_2 = \{(x,y,z) \mid x^2+y^2+z^2 \leqslant R^2, z \geqslant 0\}$.

6. 利用积分性质,估计下列积分值:

(1)$\iint\limits_{D} (1+x+y) \mathrm{d}\sigma$,其中 D 是由 x 轴、y 轴及 $x+y=1$ 所围成的闭区域;

(2)$\iint\limits_{D} xy(x+y) \mathrm{d}x\mathrm{d}y$,其中 $D = \{(x,y) \mid 0 \leqslant x \leqslant 1, 0 \leqslant y \leqslant 1\}$;

(3)$\iint\limits_{D} \sin^2 x \sin^2 y \mathrm{d}\sigma$,其中 $D = \{(x,y) \mid 0 \leqslant x \leqslant \pi, 0 \leqslant y \leqslant \pi\}$;

(4)$\iiint\limits_{V} \ln(1+x^2+y^2+z^2) \mathrm{d}V$,其中 V 是球体 $x^2+y^2+z^2 \leqslant 1$ 部分;

(5)$\int_{L} (x+y) \mathrm{d}s$,其中 L 是圆周 $x^2+y^2=1$ 位于第一象限的部分;

(6)$\iint\limits_{S} \dfrac{1}{x^2+y^2+z^2} \mathrm{d}S$,其中 S 为柱面 $x^2+y^2=1$ 被平面 $z=0, z=1$ 所截下的部分.

7. 指出下列积分值:

(1)$\int_{L} (x^2+y^2) \mathrm{d}s$,曲线 L 是下半圆周 $y = -\sqrt{1-x^2}$;

(2)$\iint\limits_{S} (x^2+y^2+z^2) \mathrm{d}S$,曲面 S 是球面 $x^2+y^2+z^2 = R^2$.

8. 设 Ω 是有界闭几何形体且是可度量的. f 在 Ω 上连续,且 $f \geqslant 0$ 但 $f \not\equiv 0$,证明

$$\int_{\Omega} f \mathrm{d}\Omega > 0.$$

9. 设 $f(x,y)$ 是 $\mathbf{R}^2$ 上的连续函数,求

$$\lim_{\rho \to 0^+} \frac{1}{\pi\rho^2} \iint\limits_{(x-x_0)^2+(y-y_0)^2 \leqslant \rho^2} f(x,y) \mathrm{d}\sigma.$$

7.2　二重积分的计算

本节从二重积分的物理意义出发,给出二重积分的计算公式,包括直角坐标系下、极坐标系下的公式,最后再介绍二重积分的几何意义及换元法.

7.2.1　直角坐标系下二重积分的计算

在二重积分 $\iint\limits_D f(x,y)\mathrm{d}\sigma$ 中,面积元素 $\mathrm{d}\sigma$ 对应着积分和中的 $\Delta\sigma_i$. 根据二重积分的定义,对闭区域 D 的划分是任意的. 现在 xOy 平面上,用两组平行于坐标轴的直线划分 D,则除了包含边界点的一些小闭区域外,其余小闭区域都是矩形. 设矩形闭区域 $\Delta\sigma_i$ 的边长为 Δx_i 和 Δy_i,则其面积 $\Delta\sigma_i = \Delta x_i \cdot \Delta y_i$(图 7-3),因而在直角坐标系下,常把面积微元 $\mathrm{d}\sigma$ 写成 $\mathrm{d}x\mathrm{d}y$,而把二重积分 $\iint\limits_D f(x,y)\mathrm{d}\sigma$ 记作 $\iint\limits_D f(x,y)\mathrm{d}x\mathrm{d}y$.

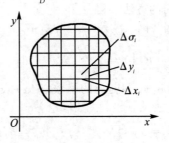

图 7-3

为方便起见,不妨设被积函数 $f(x,y) \geqslant 0$. 下面通过计算平面薄板的质量引出二重积分的计算方法.

称形如
$$D = \{(x,y) \mid \varphi_1(x) \leqslant y \leqslant \varphi_2(x), x \in [a,b]\}$$
的区域为 **X- 型域**(图 7-4),其中 $y = \varphi_1(x)$ 和 $y = \varphi_2(x)$ 均为$[a,b]$ 上的连续函数. 其特点是:任何平行于 y 轴且穿过区域 D 内部的直线与 D 的边界相交不多于两点,称形如
$$D = \{(x,y) \mid \psi_1(y) \leqslant x \leqslant \psi_2(y), y \in [c,d]\}$$
的区域为 **Y- 型域**(图 7-5),其中 $\psi_1(y)$、$\psi_2(y)$ 均在$[c,d]$ 上连续. 其特点是:任何平行于 x 轴且穿过区域 D 内部的直线与 D 的边界相交不多于两点.

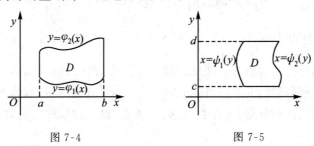

图 7-4　　　　　　　　　　　图 7-5

有些有界闭区域既不是 X-型域,也不是 Y-型域,但可分解成若干个 X-型域和 Y-型域之并集(图 7-6).

设有一平面薄板,将其置于 xOy 面上,如果它所占的区域 D 是 X-型域(图 7-7),其密度函数为 $f(x,y)$,则薄板的质量 $m = \iint\limits_{D} f(x,y)\mathrm{d}x\mathrm{d}y$.

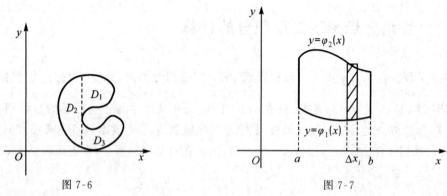

图 7-6   图 7-7

薄板的质量也可以用下面的方法求得.

在区间 $[a,b]$ 内任取 x,将 $f(x,y)$ 在 $[\varphi_1(x),\varphi_2(x)]$ 上做定积分,得

$$F(x) = \int_{\varphi_1(x)}^{\varphi_2(x)} f(x,y)\mathrm{d}y.$$

当 x 固定时,密度函数 $f(x,y)$ 只是 y 的函数. $F(x)$ 表示 D 内由 $\varphi_1(x)$ 到 $\varphi_2(x)$ "有质量的线段" 上分布的质量.

将区间 $[a,b]$ 分成 n 段,$a = x_0 < x_1 < \cdots < x_n = b$,而区域 D 被直线族 $x = x_i(i = 1,2,\cdots,n)$ 分成了 n 部分,每部分近似为矩形. 每个小矩形的质量近似均匀,为

$$\Delta m_i \approx F(x_i)\Delta x_i,$$

那么整个平面薄板的质量 $m \approx \sum_{i=1}^{n} F(x_i)\Delta x_i$. 记 $d = \max\{\Delta x_i\}$,则此平面薄板的质量为

$$m = \lim_{d \to 0} \sum_{i=1}^{n} F(x_i)\Delta x_i = \int_a^b F(x)\mathrm{d}x = \int_a^b \left[\int_{\varphi_1(x)}^{\varphi_2(x)} f(x,y)\mathrm{d}y \right]\mathrm{d}x.$$

右端也可写成 $\int_a^b \mathrm{d}x \int_{\varphi_1(x)}^{\varphi_2(x)} f(x,y)\mathrm{d}y$,这一结果也是所求二重积分 $\iint\limits_{D} f(x,y)\mathrm{d}x\mathrm{d}y$ 的值.

抛开物理意义,即得 X-型域上二重积分的计算公式:

$$\iint\limits_{D} f(x,y)\mathrm{d}x\mathrm{d}y = \int_a^b \mathrm{d}x \int_{\varphi_1(x)}^{\varphi_2(x)} f(x,y)\mathrm{d}y,$$

这里 $D = \{(x,y) \mid \varphi_1(x) \leqslant y \leqslant \varphi_2(x), a \leqslant x \leqslant b\}$.

(1)

从公式中可看出,计算二重积分需要计算两次定积分:先把 x 视为常数,将函数 $f(x,y)$ 看作以 y 为变量的一元函数,并在 $[\varphi_1(x),\varphi_2(x)]$ 上对 y 求定积分,首次积分的结果与 x 有关,记为 $F(x)$;第二次积分是 $F(x)$ 在 $[a,b]$ 上求积. 以上过程称为先对 y 后对 x 的**累次积分**或**二次积分**.

类似地,当 D 为 Y- 型域时,有

$$\iint\limits_{D} f(x,y)\mathrm{d}x\mathrm{d}y = \int_c^d \mathrm{d}y \int_{\psi_1(y)}^{\psi_2(y)} f(x,y)\mathrm{d}x,$$

这里 $D = \{(x,y) \mid \psi_1(y) \leqslant x \leqslant \psi_2(y), c \leqslant y \leqslant d\}$.

(2)

公式(1)和(2)计算二重积分的方法,并不限于 $f(x,y)$ 非负,对一般的可积函数均成立.

当 D 既为 X- 型域,又为 Y- 型域,且 $f(x,y)$ 在 D 上连续时

$$\int_a^b \mathrm{d}x \int_{\varphi_1(x)}^{\varphi_2(x)} f(x,y)\mathrm{d}y = \int_c^d \mathrm{d}y \int_{\psi_1(y)}^{\psi_2(y)} f(x,y)\mathrm{d}x.$$

即累次积分可交换积分顺序.

计算二重积分时,要根据积分区域 D 的形状和被积函数 $f(x,y)$ 的特点选择积分顺序.

当 D 既非 X- 型域,又非 Y- 型域时,可将 D 分解成若干 X- 型域、Y- 型域 $D_1, D_2, \cdots, D_n, f(x,y)$ 在 D 上的积分即 $f(x,y)$ 在各个子域 D_i 上积分之和.

【例 7-4】　计算 $\iint\limits_D xy^2 \mathrm{d}x\mathrm{d}y$,其中 D 由 y 轴、直线 $y=1$ 及抛物线 $y=x^2(x \geqslant 0)$ 围成.

解　积分区域 D 的图形如图 7-8 所示,它既是 X- 型域,也是 Y- 型域.下面用两种不同次序的累次积分计算.

(1) 先对 y,后对 x 积分,此时 D 可表示为

$$D = \{(x,y) \mid x^2 \leqslant y \leqslant 1, x \in [0,1]\}.$$

所以

$$\iint\limits_D xy^2 \mathrm{d}x\mathrm{d}y = \int_0^1 \mathrm{d}x \int_{x^2}^1 xy^2 \mathrm{d}y$$

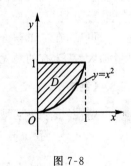

图 7-8

$$= \int_0^1 x\left[\frac{y^3}{3}\right]\Big|_{x^2}^1 \mathrm{d}x = \int_0^1 \frac{1}{3}x(1-x^6)\mathrm{d}x$$

$$= \frac{1}{3}\left[\frac{x^2}{2} - \frac{x^8}{8}\right]\Big|_0^1 = \frac{1}{8}.$$

(2) 换序计算,先对 x,后对 y 积分.将 D 表示为

$$D = \{(x,y) \mid 0 \leqslant x \leqslant \sqrt{y}, y \in [0,1]\}.$$

$$\iint\limits_D xy^2 \mathrm{d}x\mathrm{d}y = \int_0^1 \mathrm{d}y \int_0^{\sqrt{y}} xy^2 \mathrm{d}x = \int_0^1 \left[\frac{x^2}{2}\right]\Big|_0^{\sqrt{y}} y^2 \mathrm{d}y = \int_0^1 \frac{y^3}{2}\mathrm{d}y = \frac{1}{8}.$$

就本题而言,两种累次积分的难易程度和计算量是一样的.

【例 7-5】　计算 $\iint\limits_D x^2 \mathrm{d}x\mathrm{d}y$,其中 D 是由曲线 $y=x^2$ 和 $y=2-x^2$ 所围成的闭区域.

解　由联立方程组

$$\begin{cases} y = x^2 \\ y = 2 - x^2 \end{cases},$$

得两条曲线的交点坐标 $A(-1,1)$、$B(1,1)$,区域 D 如图 7-9 所示.

按先对 y,后对 x 的顺序积分:

$$\iint\limits_{D}x^{2}\mathrm{d}x\mathrm{d}y = \int_{-1}^{1}x^{2}\mathrm{d}x\int_{x^{2}}^{2-x^{2}}\mathrm{d}y = \int_{-1}^{1}x^{2}(2-2x^{2})\mathrm{d}x = \frac{8}{15}.$$

若换序计算,则需将 D 分成两块后再计算:

$$\iint\limits_{D}x^{2}\mathrm{d}x\mathrm{d}y = \int_{0}^{1}\mathrm{d}y\int_{-\sqrt{y}}^{\sqrt{y}}x^{2}\mathrm{d}x + \int_{1}^{2}\mathrm{d}y\int_{-\sqrt{2-y}}^{\sqrt{2-y}}x^{2}\mathrm{d}x.$$

计算量约为前一种方法计算量的 2 倍,由此可见,计算二重积分时应根据积分区域的特点选择累次积分顺序.

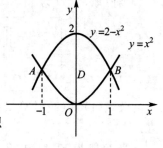

图 7-9

【例 7-6】 计算 $\iint\limits_{D}\mathrm{e}^{-x^{2}}\mathrm{d}x\mathrm{d}y$,其中 D 由 x 轴、直线 $x=1$ 和 $y=x$ 围成(图 7-10).

解 若先对 x 后对 y 积分,则

$$\iint\limits_{D}\mathrm{e}^{-x^{2}}\mathrm{d}x\mathrm{d}y = \int_{0}^{1}\mathrm{d}y\int_{y}^{1}\mathrm{e}^{-x^{2}}\mathrm{d}x.$$

而 $\int\mathrm{e}^{-x^{2}}\mathrm{d}x$ 不是初等函数,故 $\int_{y}^{1}\mathrm{e}^{-x^{2}}\mathrm{d}x$ 无法积出,因此按这种累次积分次序无法算出所求二重积分.若换序计算,则

$$\iint\limits_{D}\mathrm{e}^{-x^{2}}\mathrm{d}x\mathrm{d}y = \int_{0}^{1}\mathrm{d}x\int_{0}^{x}\mathrm{e}^{-x^{2}}\mathrm{d}y = \int_{0}^{1}x\mathrm{e}^{-x^{2}}\mathrm{d}x$$

$$= \left(-\frac{\mathrm{e}^{-x^{2}}}{2}\right)\Big|_{0}^{1} = \frac{1}{2}(1-\mathrm{e}^{-1}).$$

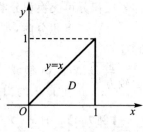

图 7-10

可见,在二重积分计算中,选择恰当的积分次序是很重要的.如果选择不当,会使工作量加大,甚至有的题无法解出.

【例 7-7】 交换二次积分 $\int_{0}^{1}\mathrm{d}x\int_{0}^{x}f(x,y)\mathrm{d}y + \int_{1}^{2}\mathrm{d}x\int_{0}^{2-x}f(x,y)\mathrm{d}y$ 的积分次序.

解 设积分区域 $D=D_{1}+D_{2}$,其中 D_{1} 由直线 $y=0$, $y=x$, $x=0$ 及 $x=1$ 围成,D_{2} 由直线 $y=0$, $y=2-x$, $x=1$ 及 $x=2$ 围成(图 7-11)改变积分次序 $D:\begin{cases} y\leqslant x\leqslant 2-y, \\ 0\leqslant y\leqslant 1 \end{cases}$,于是

$$\int_{0}^{1}\mathrm{d}x\int_{0}^{x}f(x,y)\mathrm{d}y + \int_{1}^{2}\mathrm{d}x\int_{0}^{2-x}f(x,y)\mathrm{d}y$$

$$= \int_{0}^{1}\mathrm{d}y\int_{y}^{2-y}f(x,y)\mathrm{d}x.$$

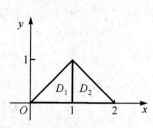

图 7-11

【例 7-8】 计算 $\int_{0}^{\frac{\pi^{2}}{4}}\mathrm{d}x\int_{\sqrt{x}}^{\frac{\pi}{2}}\sin\frac{x}{y}\mathrm{d}y$.

解 由于 $\int_{\sqrt{x}}^{\frac{\pi}{2}}\sin\frac{x}{y}\mathrm{d}y$ 积不出来,因此考虑交换积分次序.由题设的积分次序及积分上、下限,可知积分区域 D 是由曲线 $y=\sqrt{x}$, $y=\frac{\pi}{2}$, $x=0$ 及 $x=\frac{\pi^{2}}{4}$ 所围成(图 7-12).

将 D 表示为

$$D = \left\{ (x,y) \mid 0 \leqslant x \leqslant y^2, 0 \leqslant y \leqslant \frac{\pi}{2} \right\}.$$

则有

$$\int_0^{\frac{\pi^2}{4}} \mathrm{d}x \int_{\sqrt{x}}^{\frac{\pi}{2}} \sin \frac{x}{y} \mathrm{d}y = \int_0^{\frac{\pi}{2}} \mathrm{d}y \int_0^{y^2} \sin \frac{x}{y} \mathrm{d}x$$

$$= \int_0^{\frac{\pi}{2}} \left(-y\cos \frac{x}{y} \right) \Big|_0^{y^2} \mathrm{d}y = \int_0^{\frac{\pi}{2}} (y - y\cos y) \mathrm{d}y$$

$$= \left(\frac{1}{2}y^2 - y\sin y - \cos y \right) \Big|_0^{\frac{\pi}{2}} = \frac{\pi^2}{8} - \frac{\pi}{2} + 1.$$

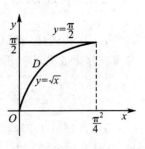

图 7-12

7.2.2　极坐标系下二重积分的计算

　　当积分区域 D 的边界曲线用极坐标方程表示比较方便,或被积函数在极坐标系下的表达式比较简单时,往往利用极坐标系计算二重积分.

　　设函数 $f(x)$ 在有界闭区域 D 上连续,现用两族曲线 $r =$ 常数(一族同心圆)和 $\theta =$ 常数(从原点发出的一族射线)将积分区域 D 分成 n 个小区域 $\Delta\sigma_1, \Delta\sigma_2, \cdots, \Delta\sigma_n$ (图 7-13),则 $\Delta\sigma_i$ 的面积

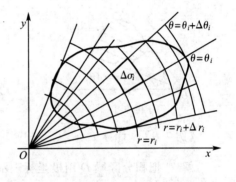

图 7-13

$$\Delta\sigma_i = \frac{1}{2}(r_i + \Delta r_i)^2 \Delta\theta_i - \frac{1}{2}r_i^2 \Delta\theta_i$$

$$= \frac{r_i + (r_i + \Delta r_i)}{2} \Delta r_i \Delta\theta_i \xrightarrow{\text{记}} \bar{r}_i \Delta r_i \Delta\theta_i.$$

其中,$\bar{r}_i = \dfrac{r_i + (r_i + \Delta r_i)}{2}$ 为相邻两圆弧半径的平均值.

　　在 $\Delta\sigma_i$ 内取点 $(\bar{r}_i, \bar{\theta}_i)$,其中 $\theta_i \leqslant \bar{\theta}_i \leqslant \theta_i + \Delta\theta_i$,则点 $(\bar{r}_i, \bar{\theta}_i)$ 的直角坐标为

$$\begin{cases} \xi_i = \bar{r}_i \cos \bar{\theta}_i, \\ \eta_i = \bar{r}_i \sin \bar{\theta}_i, \end{cases}$$

于是,$f(\xi_i, \eta_i) \Delta\sigma_i = f(\bar{r}_i \cos \bar{\theta}_i, \bar{r}_i \sin \bar{\theta}_i) \bar{r}_i \Delta r_i \Delta\theta_i$,从而

$$\lim_{d \to 0} \sum_{i=1}^{n} f(\xi_i, \eta_i) \Delta\sigma_i = \lim_{d \to 0} \sum_{i=1}^{n} f(\bar{r}_i \cos \bar{\theta}_i, \bar{r}_i \sin \bar{\theta}_i) \bar{r}_i \cdot \Delta r_i \cdot \Delta\theta_i$$

$$= \iint_D f(r\cos \theta, r\sin \theta) r \mathrm{d}r \mathrm{d}\theta.$$

这样就得到了二重积分的积分变量从直角坐标变换为极坐标的变换公式

$$\iint_D f(x,y) \mathrm{d}x\mathrm{d}y = \iint_D f(r\cos \theta, r\sin \theta) r\mathrm{d}r\mathrm{d}\theta, \tag{3}$$

即在极坐标系下计算二重积分的公式.

　　极坐标系中的二重积分也要化成二次积分来计算.

设积分区域 D（图 7-14）为
$$r_1(\theta) \leqslant r \leqslant r_2(\theta), \quad \alpha \leqslant \theta \leqslant \beta.$$
其中 $r_1(\theta)$ 和 $r_2(\theta)$ 在区间 $[\alpha,\beta]$ 上连续，则类似直角坐标系下的讨论，可将极坐标系下的二重积分化成先对 r，再对 θ 的二次积分

$$\iint\limits_{D} f(r\cos\theta, r\sin\theta) r \mathrm{d}r \mathrm{d}\theta = \int_{\alpha}^{\beta} \mathrm{d}\theta \int_{r_1(\theta)}^{r_2(\theta)} f(r\cos\theta, r\sin\theta) r \mathrm{d}r. \tag{4}$$

若 $r_1(\theta) = 0$，即曲线 $r = r_1(\theta)$ 退缩为一点，记 $r_2(\theta) = r(\theta)$，则对应图形如图 7-15 所示，这时上述公式写为

$$\iint\limits_{D} f(r\cos\theta, r\sin\theta) r \mathrm{d}r \mathrm{d}\theta = \int_{\alpha}^{\beta} \mathrm{d}\theta \int_{0}^{r(\theta)} f(r\cos\theta, r\sin\theta) r \mathrm{d}r. \tag{5}$$

特别地，当极点位于 D 内，D 的边界曲线为 $r = r(\theta)$（图 7-16），则上述公式写为

$$\iint\limits_{D} f(r\cos\theta, r\sin\theta) r \mathrm{d}r \mathrm{d}\theta = \int_{0}^{2\pi} \mathrm{d}\theta \int_{0}^{r(\theta)} f(r\cos\theta, r\sin\theta) r \mathrm{d}r. \tag{6}$$

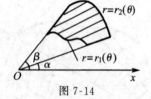
图 7-14

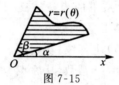
图 7-15

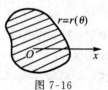
图 7-16

【例 7-9】 计算 $I = \iint\limits_{D}(x^2 + y^2)\mathrm{d}\sigma$，其中 D 是圆环域 $1 \leqslant x^2 + y^2 \leqslant 4$（图 7-17）.

解 把积分区域 D 用极坐标表示，则为不等式组
$$1 \leqslant r \leqslant 2, \quad 0 \leqslant \theta \leqslant 2\pi,$$
于是

$$I = \iint\limits_{D}(x^2 + y^2)\mathrm{d}\sigma = \int_{0}^{2\pi} \mathrm{d}\theta \int_{1}^{2} r^3 \mathrm{d}r = \frac{15\pi}{2}.$$

【例 7-10】 计算 $\iint\limits_{D} y \mathrm{d}x \mathrm{d}y$，其中 D 是由曲线 $x = \sqrt{2y - y^2}$ 与 y 轴所围成的闭区域.

解 将 $x = \sqrt{2y - y^2}$ 转化成极坐标下的方程 $r = 2\sin\theta$，在极坐标系中，区域 D 可以用不等式 $0 \leqslant r \leqslant 2\sin\theta, 0 \leqslant \theta \leqslant \dfrac{\pi}{2}$ 来表示，如图 7-18 所示. 于是有

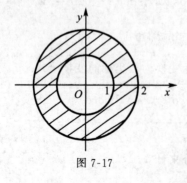
图 7-17

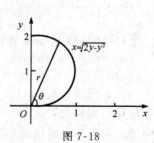
图 7-18

$$\iint\limits_{D} y \, dx \, dy = \iint\limits_{D} r\sin\theta \cdot r \, dr \, d\theta$$

$$= \int_{0}^{\frac{\pi}{2}} \sin\theta \, d\theta \int_{0}^{2\sin\theta} r^2 \, dr$$

$$= \frac{1}{3} \int_{0}^{\frac{\pi}{2}} \sin\theta \cdot r^3 \Big|_{0}^{2\sin\theta} d\theta$$

$$= \frac{8}{3} \int_{0}^{\frac{\pi}{2}} \sin^4\theta \, d\theta$$

$$= \frac{8}{3} \cdot \frac{3}{4} \cdot \frac{1}{2} \cdot \frac{\pi}{2}$$

$$= \frac{\pi}{2}$$

【例 7-11】 把二重积分 $\iint\limits_{D} f(x,y) \, d\sigma$ 化作在极坐标系下的累次积分,其中 D 是由直线 $y = x$, $y = 2x$ 及曲线 $x^2 + y^2 = 4x$, $x^2 + y^2 = 8x$ 所围成的平面区域 (图 7-19).

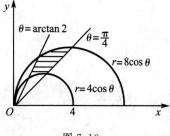

图 7-19

解 在极坐标系下,直线 $y = x$ 及 $y = 2x$ 的方程分别为

$$\theta = \frac{\pi}{4} \quad \text{和} \quad \theta = \arctan 2,$$

$x^2 + y^2 = 4x$ 及 $x^2 + y^2 = 8x$ 的方程分别为

$$r = 4\cos\theta \quad \text{和} \quad r = 8\cos\theta,$$

于是积分区域 D 可表示为

$$D = \left\{ (r,\theta) \mid 4\cos\theta \leqslant r \leqslant 8\cos\theta, \frac{\pi}{4} \leqslant \theta \leqslant \arctan 2 \right\}.$$

所以

$$\iint\limits_{D} f(x,y) \, d\sigma = \int_{\frac{\pi}{4}}^{\arctan 2} d\theta \int_{4\cos\theta}^{8\cos\theta} f(r\cos\theta, r\sin\theta) r \, dr.$$

【例 7-12】 (1) 计算二重积分 $\iint\limits_{D} e^{-(x^2+y^2)} \, dx \, dy$,

① D 是 1/4 圆域 $x^2 + y^2 \leqslant a^2 (a > 0)(x \geqslant 0, y \geqslant 0)$;

② D 是 1/4 圆域 $x^2 + y^2 \leqslant 2a^2 (a > 0)(x \geqslant 0, y \geqslant 0)$.

(2) 利用(1)的结果求反常积分 $\int_{0}^{+\infty} e^{-x^2} \, dx$.

解 (1)① 在极坐标系下,区域 D 可表示为

$$D = \left\{ (r,\theta) \mid 0 \leqslant r \leqslant a, 0 \leqslant \theta \leqslant \frac{\pi}{2} \right\}.$$

于是

$$\iint\limits_{D} e^{-(x^2+y^2)} \, dx \, dy = \int_{0}^{\frac{\pi}{2}} d\theta \int_{0}^{a} e^{-r^2} r \, dr = \frac{\pi}{2} \left(-\frac{1}{2} e^{-r^2} \right) \Big|_{0}^{a}$$

$$= \frac{\pi}{4}(1 - e^{-a^2}).$$

② $D = \left\{ (r,\theta) \middle| 0 \leqslant r \leqslant \sqrt{2}a, 0 \leqslant \theta \leqslant \frac{\pi}{2} \right\}$，于是 $\iint\limits_{D} e^{-(x^2+y^2)} dxdy = \frac{\pi}{4}(1 - e^{-2a^2})$.

（2）构造三个区域

$$D_1 = \{(x,y) \mid x^2 + y^2 \leqslant a^2, x \geqslant 0, y \geqslant 0\},$$
$$D_2 = \{(x,y) \mid x^2 + y^2 \leqslant 2a^2, x \geqslant 0, y \geqslant 0\},$$
$$D_3 = \{(x,y) \mid 0 \leqslant x \leqslant a, 0 \leqslant y \leqslant a\},$$

显然，$D_1 \subset D_3 \subset D_2$（图 7-20）.

由（1）的结果，得

$$\iint\limits_{D_1} e^{-(x^2+y^2)} dxdy = \frac{\pi}{4}(1 - e^{-a^2}),$$
$$\iint\limits_{D_2} e^{-(x^2+y^2)} dxdy = \frac{\pi}{4}(1 - e^{-2a^2}).$$

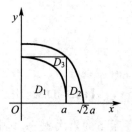

图 7-20

由于

$$\iint\limits_{D_1} e^{-(x^2+y^2)} dxdy < \iint\limits_{D_3} e^{-(x^2+y^2)} dxdy < \iint\limits_{D_2} e^{-(x^2+y^2)} dxdy,$$

而

$$\iint\limits_{D_3} e^{-(x^2+y^2)} dxdy = \int_0^a e^{-x^2} dx \int_0^a e^{-y^2} dy = \left(\int_0^a e^{-x^2} dx \right)^2,$$

所以

$$\frac{\pi}{4}(1 - e^{-a^2}) < \left(\int_0^a e^{-x^2} dx \right)^2 < \frac{\pi}{4}(1 - e^{-2a^2}).$$

令 $a \to +\infty$，上式两端趋于同一极限 $\frac{\pi}{4}$，于是得到

$$\int_0^{+\infty} e^{-x^2} dx = \frac{\sqrt{\pi}}{2}.$$

这个积分称为**概率积分**，它在概率论中有着重要应用.

由以上各例可以看出，二重积分的计算需根据被积函数与积分区域 D 两个因素来选定坐标系. 一般地，当 D 是圆域或圆域的一部分，或被积函数中含有 $x^2 + y^2$、$\frac{y}{x}$ 时，可考虑用极坐标计算.

7.2.3　二重积分的几何意义

设 D 是 xOy 面上的有界闭区域，$f(x,y)$ 在 D 上连续，且 $f(x,y) \geqslant 0$. 以 D 的边界为准线，母线平行于 z 轴的柱面为侧面，以 D 为底，以曲面 $z = f(x,y)$ 为顶的柱体称为**曲顶柱体**（图 7-21）.

在二重积分定义中的 $f(\xi_i, \eta_i)\Delta\sigma_i$ 是以 $\Delta\sigma_i$ 为底，以 $f(\xi_i, \eta_i)$ 为高的平顶柱体的体积.

当 $\Delta\sigma_i$ 的直径很小时，$f(x,y)$ 在 $\Delta\sigma_i$ 上变化很小，因此可将以 $\Delta\sigma_i$ 为底以 $z = f(x,y)$ 为顶的小曲顶柱体近似地看作平顶柱体，其体积的近似值可取为 $f(\xi_i,$ $\eta_i)\Delta\sigma_i$，从而积分和 $\sum\limits_{i=1}^{n} f(\xi_i,\eta_i)\Delta\sigma_i$ 就是整个曲顶柱体体积的近似值. 显然，当 $d \to 0$ 时，积分和以曲顶柱体的体积为极限，即二重积分等于曲顶柱体的体积. 这就是二重积分的几何意义. 如果 $f(x) \leqslant 0$，则曲顶柱体就在 xOy 平面的下方，二重积分的值是负的. 因而曲顶柱体的体积就是二重积分的负值. 如果 $f(x,y)$ 在 D 的某些区域上为正，在某些区域上为负，则二重

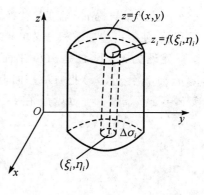

图 7-21

积分 $\iint\limits_{D} f(x,y)\mathrm{d}\sigma$ 就等于这些区域上曲顶柱体体积的代数和.

【例 7-13】　求球体 $x^2 + y^2 + z^2 \leqslant R^2 (R > 0)$ 被圆柱面 $x^2 + y^2 = Rx$ 所截得含在圆柱面内的立体的体积 V.

解　由对称性，只需求得该立体在第一卦限部分的体积，它的 4 倍即所求立体体积（图 7-22）. 在第一卦限内的立体是一曲顶柱体，其底为区域（图 7-23）

$$D = \{(x,y) \mid x^2 + y^2 \leqslant Rx, y \geqslant 0\}.$$

曲顶为球面 $z = \sqrt{R^2 - x^2 - y^2}$，故所求体积为 $V = 4\iint\limits_{D} \sqrt{R^2 - x^2 - y^2}\,\mathrm{d}x\mathrm{d}y$. 在极坐标系下

$$D = \left\{(r,\theta) \mid 0 \leqslant r \leqslant R\cos\theta, 0 \leqslant \theta \leqslant \frac{\pi}{2}\right\}.$$

于是

$$V = 4\int_0^{\frac{\pi}{2}}\mathrm{d}\theta\int_0^{R\cos\theta}\sqrt{R^2 - r^2}\,r\mathrm{d}r = \frac{4}{3}R^3\int_0^{\frac{\pi}{2}}(1 - \sin^3\theta)\mathrm{d}\theta = \frac{4}{3}R^3\left(\frac{\pi}{2} - \frac{2}{3}\right).$$

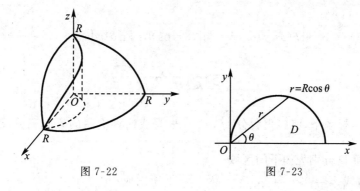

图 7-22　　　　　　　　　　图 7-23

7.2.4　二重积分的换元法

在定积分的计算中，换元法是一种十分有效的方法. 通过前面的例子，我们看到通过

$x = r\cos\theta, y = r\sin\theta$ 的变量代换,可使直角坐标系下的二重积分转化为极坐标系下的二重积分,使得一些二重积分简单易求.事实上,对于一般的二重积分,有如下的换元法则.

定理 7-3 设 D 是 xOy 平面上的有界闭区域,$f(x,y)$ 在 D 上连续,如果变换 $x = x(u,v), y = y(u,v)$ 把 uOv 平面上的闭区域 D' 一对一地变为 xOy 平面上的闭区域 D,函数 $x = x(u,v), y = y(u,v)$ 在 D' 上有连续偏导数,并且**雅可比行列式**(Jacobian)

$$J = \frac{\partial(x,y)}{\partial(u,v)} = \begin{vmatrix} \dfrac{\partial x}{\partial u} & \dfrac{\partial x}{\partial v} \\ \dfrac{\partial y}{\partial u} & \dfrac{\partial y}{\partial v} \end{vmatrix} \neq 0,$$

则有

$$\iint\limits_{D} f(x,y)\mathrm{d}\sigma = \iint\limits_{D'} f(x(u,v),y(u,v)) \mid J \mid \mathrm{d}u\mathrm{d}v. \tag{7}$$

这个公式称为**二重积分的换元公式**.

这个定理的证明较繁,这里从略.还要指出:如果定理中的 $J = \frac{\partial(x,y)}{\partial(u,v)}$ 只在 D' 内个别点上,或一条曲线上为零,换元公式(7)仍成立.还可以证明

$$\frac{\partial(x,y)}{\partial(u,v)} \cdot \frac{\partial(u,v)}{\partial(x,y)} = 1.$$

下面利用换元法验证在极坐标系下二重积分的计算公式.

由直角坐标与极坐标之间的关系:

$$\begin{cases} x = r\cos\theta, & 0 \leqslant r \leqslant +\infty, \\ y = r\sin\theta, & 0 \leqslant \theta \leqslant 2\pi(\text{或} -\pi \leqslant \theta \leqslant \pi) \end{cases}$$

得相应的雅可比行列式

$$J = \frac{\partial(x,y)}{\partial(r,\theta)} = \begin{vmatrix} \cos\theta & -r\sin\theta \\ \sin\theta & r\cos\theta \end{vmatrix} = r.$$

设上述变换将极坐标系中有界闭区域 D' 变换成直角坐标系中的有界闭区域 D,则由式(7)得

$$\iint\limits_{D} f(x,y)\mathrm{d}x\mathrm{d}y = \iint\limits_{D'} f(r\cos\theta, r\sin\theta) r\mathrm{d}r\mathrm{d}\theta.$$

习题 7-2

1. 在直角坐标系下,将二重积分 $\iint\limits_{D} f(x,y)\mathrm{d}\sigma$ 写成两种次序的累次积分,假定 $f(x,y)$ 在 D 上连续,而 D 分别为如下闭区域:

(1)D 由直线 $x = 0, x = 1, y = 0$ 及 $y = 2$ 所围成;

(2)D 由直线 $y = 0, y = x$ 及 $x = 2$ 所围成;

(3)$D = \{(x,y) \mid \mid x \mid + \mid y \mid \leqslant 1\}$;

(4)D 由曲线 $xy = 1, x + y = \dfrac{5}{2}$ 所围成.

2. 画出下列积分的积分区域,并计算其积分值.

$(1)\displaystyle\int_0^1 dx\int_0^{x^2}(x+2y)dy$　　　　$(2)\displaystyle\int_1^2 dy\int_y^2 xy\,dx$　　　　$(3)\displaystyle\int_0^1 dy\int_y^{e^y}\sqrt{x}\,dx$

$(4)\displaystyle\int_0^1 dx\int_x^{2-x}(x^2-y)dy$　　　$(5)\displaystyle\int_0^{\frac{\pi}{2}}dx\int_0^{\cos x}e^{\sin x}dy$　　　$(6)\displaystyle\int_0^1 dx\int_0^x\sqrt{1-x^2}\,dy$

3. 计算下列二重积分:

$(1)\displaystyle\iint\limits_D xe^{xy}d\sigma,D=\{(x,y)\mid 0\leqslant x\leqslant 1,-1\leqslant y\leqslant 0\};$

$(2)\displaystyle\iint\limits_D(3x+2y)d\sigma,$ 其中 D 是由 $x=0,y=0$ 及 $x+y=2$ 围成的闭区域;

$(3)\displaystyle\iint\limits_D\frac{\ln y}{x}d\sigma,$ 其中 D 是由 $y=1,y=x$ 与 $x=2$ 所围的区域;

$(4)\displaystyle\iint\limits_D\frac{x^2}{y^2}d\sigma,$ 其中 D 是由 $xy=1,y=x,x=2$ 围成的闭区域;

$(5)\displaystyle\iint\limits_D\frac{1}{x+y}d\sigma,D=\{(x,y)\mid 0\leqslant x\leqslant 1,1\leqslant x+y\leqslant 2\};$

$(6)\displaystyle\iint\limits_D(x^2+y^2)d\sigma,D$ 是由 $y=2x$ 及 $y=x^2$ 所围成;

$(7)\displaystyle\iint\limits_D x\cos y\,d\sigma,D$ 是顶点分别为 $(0,0)(\pi,0)(\pi,\pi)$ 的三角形闭区域;

$(8)\displaystyle\iint\limits_D e^{x+y}d\sigma,D$ 是由不等式 $\mid x\mid+\mid y\mid\leqslant 1$ 所确定的区域;

$(9)\displaystyle\iint\limits_D\cos x\sqrt{1+\cos^2 x}\,d\sigma,$ 其中 D 由 $y=\sin x\left(0\leqslant x\leqslant\dfrac{\pi}{2}\right),x=\dfrac{\pi}{2}$ 和 $y=0$ 围成.

4. 交换下列二次积分的积分次序:

$(1)\displaystyle\int_1^e dx\int_0^{\ln x}f(x,y)dy;$　　　$(2)\displaystyle\int_0^1 dy\int_{\sqrt{y}}^{\sqrt{2y}}f(x,y)dx;$

$(3)\displaystyle\int_0^1 dy\int_{-\sqrt{1-y^2}}^{\sqrt{1-y^2}}f(x,y)dx;$　$(4)\displaystyle\int_{-1}^0 dx\int_0^{1+x}f(x,y)dy+\int_0^1 dx\int_0^{1-x}f(x,y)dy.$

5. 交换积分次序并计算下列二重积分:

$(1)\displaystyle\int_0^1 dy\int_{\sqrt{y}}^1\sqrt{x^3+1}\,dx;$　　　$(2)\displaystyle\int_0^1 dx\int_{x^2}^1\frac{xy}{\sqrt{1+y^3}}dy;$

$(3)\displaystyle\int_1^3 dx\int_{x-1}^2\sin y^2\,dy;$　　　$(4)\displaystyle\int_0^8 dy\int_{\sqrt[3]{y}}^2 e^{x^4}dx.$

6. 利用极坐标计算下列二重积分:

$(1)\displaystyle\iint\limits_D e^{(x^2+y^2)}d\sigma,D$ 是由圆周 $x^2+y^2=4$ 所围成的闭区域;

$(2)\displaystyle\iint\limits_D\sin(x^2+y^2)d\sigma,D=\{(x,y)\mid\pi\leqslant x^2+y^2\leqslant 2\pi\};$

$(3)\displaystyle\iint\limits_D(x^2+y^2)d\sigma,D=\{(x,y)\mid 2x\leqslant x^2+y^2\leqslant 4,x\geqslant 0,y\geqslant 0\};$

(4) $\iint\limits_{D}\arctan\dfrac{y}{x}\mathrm{d}x\mathrm{d}y$，其中 D 是圆 $x^2+y^2=1, x^2+y^2=4$ 与直线 $y=0, y=x$ 所围成的在第一象限内的闭区域；

(5) $\iint\limits_{D}\dfrac{1-x^2-y^2}{1+x^2+y^2}\mathrm{d}x\mathrm{d}y$，其中 D 是由圆 $x^2+y^2=1$ 与 x 轴和 y 轴所围成的在第一象限内的闭区域；

(6) $\displaystyle\int_{0}^{2}\mathrm{d}x\int_{0}^{\sqrt{2x-x^2}}\sqrt{x^2+y^2}\,\mathrm{d}y$.

7. 设平面薄片所占的闭区域 D 是由直线 $x+y=2, y=x$ 和 x 轴所围成，它的面密度 $\rho(x,y)=x^2+y^2$，求该薄片的质量.

8. 求由双曲线 $xy=a^2$ 与直线 $x+y=\dfrac{5}{2}a(a>0)$ 所围成的图形的面积.

9. 利用二重积分计算下列各立体的体积：

(1) 由平面 $x=0, y=0, z=0, x=1, y=1$ 及 $2x+3y+z=6$ 所围立体；

(2) 由抛物面 $z=10-3x^2-3y^2$ 与平面 $z=4$ 所围立体；

(3) 由旋转抛物面 $z=1-x^2-y^2$ 与 xOy 平面所围立体.

7.3　三重积分的计算

与二重积分计算方法类似，三重积分 $\iiint\limits_{V}f(x,y,z)\mathrm{d}V$ 需要化成三次积分来计算. 本节将分别介绍在直角坐标系、柱面坐标系和球面坐标系下把三重积分化成累次积分的方法.

7.3.1　直角坐标系下三重积分的计算

在直角坐标系中，如果用平行于坐标平面的三组平面去划分积分区域 V，则除去包含 V 边界点的一些不规则小闭区域外，绝大部分是长方体形状的小立体. 设小长方体 ΔV_i 的边长为 Δx_i、Δy_i、Δz_i，则其体积为 $\Delta V_i=\Delta x_i\Delta y_i\Delta z_i$，因而体积微元可表示为

$$\mathrm{d}V=\mathrm{d}x\mathrm{d}y\mathrm{d}z.$$

故三重积分可记作

$$\iiint\limits_{V}f(x,y,z)\mathrm{d}V=\iiint\limits_{V}f(x,y,z)\mathrm{d}x\mathrm{d}y\mathrm{d}z.$$

在下面的讨论中，总假设被积函数 $f(x,y,z)$ 在有界闭区域 V 上连续.

如果 V 在 xOy 面上的投影区域为 D_{xy}，且 V 可表示为

$$V=\{(x,y,z)\mid z_1(x,y)\leqslant z\leqslant z_2(x,y),(x,y)\in D_{xy}\}. \tag{1}$$

这里函数 $z_1(x,y)$ 与 $z_2(x,y)$ 在 D_{xy} 上连续. 即 V 是以曲面 $z=z_1(x,y)$ 为底，以曲面 $z=z_2(x,y)$ 为顶，而侧面是以 D_{xy} 的边界为准线，母线平行于 z 轴的柱面所围的立体，这时称 V 是 **xy 型**空间区域. 其特点是任何一条平行于 z 轴且穿过 V 内部的直线与 V 的边界曲面相交不多于两点（图 7-24）.

下面以三重积分的物理意义推出三重积分的计算方法.

在 D_{xy} 内任取一点 (x,y)，将 $f(x,y,z)$ 在 $[z_1(x,y),$ $z_2(x,y)]$ 上做定积分，得

$$F(x,y) = \int_{z_1(x,y)}^{z_2(x,y)} f(x,y,z)\mathrm{d}z.$$

若 $f(x,y,z)$ 是 V 的密度函数，则当 (x,y) 固定时，$f(x,y,z)$ 只是 z 的函数，此时 $F(x,y)$ 表示 V 内由 $z_1(x,$ $y)$ 到 $z_2(x,y)$ "有质量的线段" 上分布的质量，从而 V 的总质量是

$$\iint_{D_{xy}} F(x,y)\mathrm{d}x\mathrm{d}y.$$

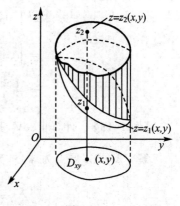

图 7-24

这就得到

$$\iiint_V f(x,y,z)\mathrm{d}x\mathrm{d}y\mathrm{d}z = \iint_{D_{xy}} \left[\int_{z_1(x,y)}^{z_2(x,y)} f(x,y,z)\mathrm{d}z \right]\mathrm{d}x\mathrm{d}y.$$

上式右端常记作

$$\iint_{D_{xy}} \mathrm{d}x\mathrm{d}y \int_{z_1(x,y)}^{z_2(x,y)} f(x,y,z)\mathrm{d}z.$$

一般地，设 V 是由式 (1) 给出的空间区域 V，函数 $f(x,y,z)$ 在 V 上连续，则

$$\iiint_V f(x,y,z)\mathrm{d}V = \iint_{D_{xy}} \mathrm{d}x\mathrm{d}y \int_{z_1(x,y)}^{z_2(x,y)} f(x,y,z)\mathrm{d}z. \tag{2}$$

若 D_{xy} 又可表示为 $D_{xy} = \{(x,y) \mid y_1(x) \leqslant y \leqslant y_2(x), a \leqslant x \leqslant b\}$，则式 (2) 变为

$$\iiint_V f(x,y,z)\mathrm{d}V = \int_a^b \mathrm{d}x \int_{y_1(x)}^{y_2(x)} \mathrm{d}y \int_{z_1(x,y)}^{z_2(x,y)} f(x,y,z)\mathrm{d}z. \tag{3}$$

这就将三重积分化成了三次积分.

类似可定义 **yz 型** 和 **zx 型** 空间区域，上面的计算公式有相应的结果，读者可自行得出.

公式 (3) 给出的计算方法，是先将 x 与 y 视为常数，把 $f(x,y,z)$ 只看作是 z 的函数，在区间 $[z_1(x,y),z_2(x,y)]$ 上对 z 积分，其结果得到关于 x、y 的二元函数，然后再在 V 在 xOy 平面的投影域 D_{xy} 上做二重积分.

直角坐标系下
三重积分的计算

【例 7-14】　计算三重积分 $\iiint_V x\mathrm{d}x\mathrm{d}y\mathrm{d}z$，其中 V 是由三个坐标面与平面 $x+2y+z=1$ 所围成的闭区域.

解　V 的图形如图 7-25 所示.

$$D_{xy} = \left\{ (x,y) \,\Big|\, 0 \leqslant y \leqslant \frac{1}{2}(1-x), 0 \leqslant x \leqslant 1 \right\}$$

$$V = \{(x,y,z) \mid 0 \leqslant z \leqslant 1-x-2y, (x,y) \in D_{xy}\}$$

所以

$$\iiint_V x\mathrm{d}x\mathrm{d}y\mathrm{d}z = \int_0^1 \mathrm{d}x \int_0^{\frac{1}{2}(1-x)} \mathrm{d}y \int_0^{1-x-2y} x\mathrm{d}z$$

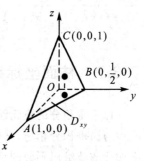

图 7-25

$$= \int_0^1 dx \int_0^{\frac{1}{2}(1-x)} x(1-x-2y)dy$$

$$= \int_0^1 x\left[(1-x)y-y^2\right]_0^{\frac{1}{2}(1-x)} dx$$

$$= \frac{1}{4}\int_0^1 (x^3-2x^2+x)dx = \frac{1}{48}$$

【例 7-15】 计算 $\iiint\limits_V z\,dV$,其中 $V = \{(x,y,z) \mid 0 \leqslant z \leqslant \sqrt{1-x^2-y^2}\}$.

解 V 是以原点为球心,半径为 1 的上半球体,它在 xOy 面的投影域为圆盘:

$$D_{xy} = \{(x,y) \mid x^2+y^2 \leqslant 1\}.$$

$$\iiint\limits_V z\,dV = \iint\limits_{D_{xy}}\left[\int_0^{\sqrt{1-x^2-y^2}} z\,dz\right]dxdy = \frac{1}{2}\iint\limits_{D_{xy}}(1-x^2-y^2)dxdy$$

$$= \frac{1}{2}\int_0^{2\pi} d\theta \int_0^1 (1-r^2)rdr = \frac{\pi}{4}.$$

【例 7-16】 计算三重积分 $\iiint\limits_V y\cos(x+z)dxdydz$,其中 V 是由抛物柱面 $y=\sqrt{x}$ 及平面 $y=0,z=0$ 及 $x+z=\frac{\pi}{2}$ 所围区域(图 7-26).

解 V 在 xOy 平面的投影域为

$$D_{xy} = \left\{(x,y) \mid 0 \leqslant y \leqslant \sqrt{x}, 0 \leqslant x \leqslant \frac{\pi}{2}\right\}.$$

可知 V 是以 D_{xy} 为底,以平面 $z=\frac{\pi}{2}-x$ 为顶的曲顶柱体,即

$$V = \left\{(x,y,z) \mid 0 \leqslant z \leqslant \frac{\pi}{2}-x, (x,y) \in D_{xy}\right\}.$$

于是

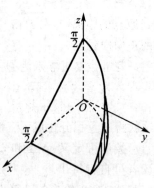

图 7-26

$$\iiint\limits_V y\cos(x+z)dxdydz$$

$$= \int_0^{\frac{\pi}{2}} dx \int_0^{\sqrt{x}} ydy \int_0^{\frac{\pi}{2}-x} \cos(x+z)dz$$

$$= \int_0^{\frac{\pi}{2}} dx \int_0^{\sqrt{x}} y(1-\sin x)dy = \int_0^{\frac{\pi}{2}} \frac{1}{2}x(1-\sin x)dx$$

$$= \frac{\pi^2}{16} - \frac{1}{2}.$$

7.3.2 柱面坐标系与球面坐标系下三重积分的计算

1.三重积分的换元法

与二重积分相仿,某些三重积分通过恰当的变量代换,可使积分变得方便易行. 我们不加证明地给出下面的结论.

定理 7-4 设 V 是 $Oxyz$ 坐标系中的有界闭区域,函数 $f(x,y,z)$ 在 V 上连续;V' 是

$Ouvw$ 坐标系中的有界闭区域,函数

$$x = x(u,v,w), \quad y = y(u,v,w), \quad z = z(u,v,w). \tag{4}$$

在 V' 上有连续的一阶偏导数,且雅可比行列式

$$J = \frac{\partial(x,y,z)}{\partial(u,v,w)} = \begin{vmatrix} \dfrac{\partial x}{\partial u} & \dfrac{\partial x}{\partial v} & \dfrac{\partial x}{\partial w} \\[2mm] \dfrac{\partial y}{\partial u} & \dfrac{\partial y}{\partial v} & \dfrac{\partial y}{\partial w} \\[2mm] \dfrac{\partial z}{\partial u} & \dfrac{\partial z}{\partial v} & \dfrac{\partial z}{\partial w} \end{vmatrix} \neq 0 \qquad (u,v,w) \in V'.$$

当变换(4) 把 V' 一对一地映到 V 时,有

$$\iiint\limits_{V} f(x,y,z)\mathrm{d}x\mathrm{d}y\mathrm{d}z = \iiint\limits_{V'} f(x(u,v,w),y(u,v,w),z(u,v,w)) \, |\,J\,| \, \mathrm{d}u\mathrm{d}v\mathrm{d}w. \tag{5}$$

如果雅可比行列式 J 只在 V' 上的个别点处或有限条曲线、有限块曲面上为零,式(5) 仍成立.

作为一般变量代换的特例,下面介绍计算三重积分常用的柱面坐标与球面坐标.

2. 柱面坐标系下三重积分的计算

设空间中点 P 在空间直角坐标系 $Oxyz$ 中的坐标为 (x,y,z). 则 $P'(x,y,0)$ 为 P 在 xOy 面上的投影. 用 r 表示 P' 到原点的距离(也是 P 到 z 轴的距离);θ 为从 z 轴正向看,x 轴的正向向量逆时针转到向量 $\boldsymbol{OP'}$ 的角度(图 7-27),则除 z 轴上的点外,点 P 与数组 (r,θ,z) 是一一对应的,称 (r,θ,z) 为点 P 的**柱面坐标**(cylindrical coordinates),相应的坐标系称为柱面坐标系. 这里规定

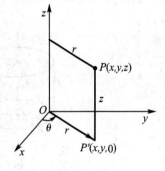

图 7-27

$0 \leqslant r < +\infty, 0 \leqslant \theta \leqslant 2\pi(\text{或} -\pi \leqslant \theta \leqslant \pi), -\infty < z < +\infty.$
显然两种坐标间有如下关系:

$$\begin{cases} x = r\cos\theta \\ y = r\sin\theta, \\ z = z \end{cases} \tag{6}$$

且 $x^2 + y^2 = r^2$. 将上式看作变换,相应的雅可比行列式

$$J = \frac{\partial(x,y,z)}{\partial(r,\theta,z)} = \begin{vmatrix} \cos\theta & -r\sin\theta & 0 \\ \sin\theta & r\cos\theta & 0 \\ 0 & 0 & 1 \end{vmatrix} = r.$$

设变换(6) 将 $r\theta z$ 空间中的有界闭区域 V' 变换成 xyz 空间中的有界闭区域 V,则由式(5) 得

三重积分在柱面坐标系下的计算公式

$$\iiint\limits_{V} f(x,y,z)\mathrm{d}V = \iiint\limits_{V'} f(r\cos\theta, r\sin\theta, z) r\mathrm{d}r\mathrm{d}\theta\mathrm{d}z. \tag{7}$$

利用两种坐标的关系,很容易将一个直角坐标系下的曲面方程,变换成柱面坐标系下

的曲面方程。例如将(6)中的关系带入上半圆锥面 $z = \sqrt{x^2 + y^2}$,经化简可得到该曲面的柱面坐标方程 $z = r$.

柱面坐标系中的 r,θ,z 有着明确的几何意义:r 为常数,表示以 z 轴为对称轴的圆柱面;θ 为常数,表示过 z 轴的半平面;z 为常数,表示垂直于 z 轴的平面. 点 $M(r,\theta,z)$ 正是这三个曲面的交点(图 7-28).

当三重积分 $\iiint\limits_{V} f(x,y,z)\mathrm{d}V$ 存在时,其值与 V 的分法无关. 如果用三组曲面 $r =$ 常数,$\theta =$ 常数,$z =$ 常数将 V 分成若干的小区域,则点 (r,θ,z) 所处的小区域体积可近似看作长方体的体积(图 7-29),在公式(7)中对应的正是体积微元

$$\mathrm{d}V = r\mathrm{d}r\mathrm{d}\theta\mathrm{d}z.$$

当三重积分变换为柱面坐标下计算公式后,则可把它化为对 z、对 r、对 θ 的累次积分. 一般来说,当 V 是旋转体,它在坐标面上的投影为圆域、或与圆有关的区域,如圆环域、扇形域,或用极坐标表示方便的曲线所围区域,或被积函数中含有 $x^2 + y^2, y^2 + z^2, z^2 + x^2,$ $xy, \dfrac{x}{y}$ 之一者,用柱面坐标计算比较方便.

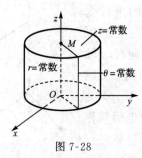

图 7-28

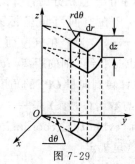

图 7-29

【例 7-17】 计算 $I = \iiint\limits_{V} xyz\mathrm{d}V$,其中 V 是由圆柱面 $x^2 + y^2 = 1$,平面 $z = 2$ 以及三个坐标面所围成的立体在第一卦限的部分(图 7-30).

解 积分区域 V 在 xOy 平面上的投影域为

$$D = \{(x,y)\,|\,x^2 + y^2 \leqslant 1, x \geqslant 0, y \geqslant 0\},$$

即

$$\left\{(r,\theta)\,\Big|\,0 \leqslant r \leqslant 1,\ 0 \leqslant \theta \leqslant \frac{\pi}{2}\right\}.$$

于是积分区域 V 可用不等式 $0 \leqslant z \leqslant 2,\ 0 \leqslant r \leqslant 1, 0 \leqslant \theta \leqslant \dfrac{\pi}{2}$ 表示,故

$$I = \int_0^{\frac{\pi}{2}}\mathrm{d}\theta\int_0^1\mathrm{d}r\int_0^2 r\cos\theta r\sin\theta rz\,\mathrm{d}z$$

$$= \int_0^{\frac{\pi}{2}}\cos\theta\sin\theta\,\mathrm{d}\theta\int_0^1 r^3\,\mathrm{d}r\int_0^2 z\,\mathrm{d}z$$

$$= \frac{1}{2}\int_0^{\frac{\pi}{2}}\sin\theta\,\mathrm{d}(\sin\theta) = \frac{1}{4}.$$

【例 7-18】 计算 $I = \iiint\limits_{V}(x^2 + y^2)\mathrm{d}V$,其中 V 是由曲面 $x^2 + y^2 = 2z$ 与平面 $z = 2$ 围

成的空间区域(图 7-31).

解　由题设可得两曲面的交线

$$\begin{cases} x^2 + y^2 = 4 \\ z = 2 \end{cases}.$$

从而 V 在 xOy 平面上的投影域

$$D = \{(x,y) \mid x^2 + y^2 \leqslant 4\} = \{(r,\theta) \mid 0 \leqslant r \leqslant 2, 0 \leqslant \theta \leqslant 2\pi\}.$$

又曲面 $x^2 + y^2 = 2z$ 在柱面坐标系下的方程为 $z = \dfrac{r^2}{2}$,于是积分区域 V 可用不等式

$$\frac{r^2}{2} \leqslant z \leqslant 2, 0 \leqslant r \leqslant 2, 0 \leqslant \theta \leqslant 2\pi$$

表示,故

$$I = \int_0^{2\pi} \mathrm{d}\theta \int_0^2 \mathrm{d}r \int_{\frac{r^2}{2}}^2 r^2 \cdot r\mathrm{d}z = 2\pi \int_0^2 r^3 \left(2 - \frac{r^2}{2}\right) \mathrm{d}r = \frac{16\pi}{3}.$$

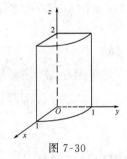
图 7-30

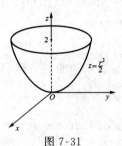
图 7-31

3. 球面坐标系下三重积分的计算

对于空间的点 $P(x,y,z)$,用 ρ 表示 P 到原点的距离,φ 表示向量 **OP** 与 z 轴正向的夹角,θ 表示向量 **OP** 在 xOy 平面上的投影向量 **OP**′ 与 x 轴正向的夹角(图 7-32).规定 ρ,φ,θ 的取值范围为

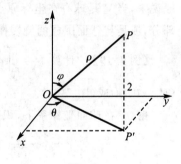
图 7-32

$0 \leqslant \rho < +\infty, 0 \leqslant \varphi \leqslant \pi, 0 \leqslant \theta \leqslant 2\pi$(或 $-\pi \leqslant \theta \leqslant \pi$),
则除 z 轴上的点外,点 P 与数组(ρ,φ,θ) 是一一对应的.我们称(ρ,φ,θ) 是点 P 的**球面坐标**(spherical coordinates),并称建立了空间球面坐标系.

在球面坐标系中,ρ 为常数,表示中心位于坐标原点的球面;φ 为常数,表示顶点在原点,z 轴为对称轴的圆锥面;θ 为常数,表示过 z 轴的半平面.

显然,直角坐标与球面坐标的关系是

$$\begin{cases} x = \rho\sin\varphi\cos\theta \\ y = \rho\sin\varphi\sin\theta, \\ z = \rho\cos\varphi \end{cases} \tag{8}$$

且有 $x^2 + y^2 + z^2 = \rho^2$.

如果上述变换把 $\rho\varphi\theta$ 空间中的有界闭区域 V'，变成 xyz 空间中的有界闭区域 V，由于

$$J = \frac{\partial(x,y,z)}{\partial(\rho,\varphi,\theta)} = \begin{vmatrix} \sin\varphi\cos\theta & \rho\cos\varphi\cos\theta & -\rho\sin\varphi\sin\theta \\ \sin\varphi\sin\theta & \rho\cos\varphi\sin\theta & \rho\sin\varphi\cos\theta \\ \cos\varphi & -\rho\sin\varphi & 0 \end{vmatrix}$$

$$= \rho^2\sin\varphi,$$

于是由公式(5)，得

> **三重积分在球面坐标系下的计算公式**
>
> $$\iiint\limits_V f(x,y,z)\mathrm{d}V = \iiint\limits_{V'} f(\rho\sin\varphi\cos\theta, \rho\sin\varphi\sin\theta, \rho\cos\varphi)\rho^2\sin\varphi\mathrm{d}\rho\mathrm{d}\varphi\mathrm{d}\theta. \tag{9}$$

这里，$\mathrm{d}V = \rho^2\sin\varphi\mathrm{d}\rho\mathrm{d}\varphi\mathrm{d}\theta$ 是球面坐标系下的体积微元，它的几何意义十分明显. 即用 ρ、φ、θ 等于常数的三组曲面将 V 分成许多小闭区域，考虑 ρ、φ、θ 各取微小的增量 $\mathrm{d}\rho$、$\mathrm{d}\varphi$、$\mathrm{d}\theta$，则点 (ρ,φ,θ) 所处的小区域可近似看作边长为 $\mathrm{d}\rho$、$\rho\mathrm{d}\varphi$、$\rho\sin\varphi\mathrm{d}\theta$ 的长方体(图 7-33)，从而得公式(8)中的体积微元

$$\mathrm{d}V = \rho^2\sin\varphi\mathrm{d}\rho\mathrm{d}\varphi\mathrm{d}\theta.$$

对于用直角坐标表示的曲面方程，只需将(8)的关系代入，则可得到该曲面的球面坐标方程。例如，曲面 $x^2+y^2+z^2 = a^2, x^2+y^2+z^2 = 2z, z = \sqrt{x^2+y^2}$，在球面坐标系下的方程依次是 $\rho = a, \rho = 2\cos\varphi$ 和 $\varphi = \dfrac{\pi}{4}$.

当三重积分变换为球面坐标系下计算公式后，则可把它化为对 ρ、φ、θ 的累次积分. 一般说来，当 V 是球心在坐标原点，或在坐标轴上而球面经过原点的球体，或者是球体的一部分，或是与球面围成的旋转体，或被积函数含有 $x^2+y^2+z^2$，用球面坐标计算较为方便.

【例 7-19】 计算 $I = \iiint\limits_V x^2\mathrm{d}V$，其中 V 由曲面 $z = \sqrt{x^2+y^2}$ 和 $z = \sqrt{R^2-x^2-y^2}$ $(R>0)$ 围成(图 7-34).

解 在球面坐标系下，积分区域可表示为

$$V' = \left\{(\rho,\theta,\varphi) \mid 0 \leqslant \rho \leqslant R, 0 \leqslant \varphi \leqslant \frac{\pi}{4}, 0 \leqslant \theta \leqslant 2\pi\right\}.$$

所以

$$I = \int_0^{2\pi}\mathrm{d}\theta\int_0^{\frac{\pi}{4}}\mathrm{d}\varphi\int_0^R (\rho\sin\varphi\cos\theta)^2\rho^2\sin\varphi\mathrm{d}\rho$$

$$= \int_0^{2\pi}\mathrm{d}\theta\int_0^{\frac{\pi}{4}}\frac{R^5}{5}\sin^3\varphi\cos^2\theta\mathrm{d}\varphi$$

$$= \frac{\pi}{5}R^5\left(\frac{2}{3} - \frac{5\sqrt{2}}{12}\right).$$

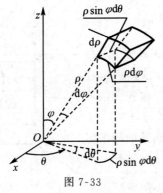
图 7-33

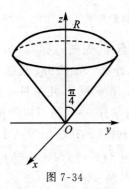
图 7-34

【例 7-20】 计算 $\iiint\limits_V xyz\,\mathrm{d}x\mathrm{d}y\mathrm{d}z$，其中 V 为球体 $x^2+y^2+z^2\leqslant a^2$ 在第一卦限的部分.

分析　本题为三重积分的计算，可以选择不同的坐标系计算，但需要注意相应的体积微元及积分限的确定.

解法 1　利用直角坐标求解，此时积分区域为 $0\leqslant x\leqslant a$，$0\leqslant y\leqslant\sqrt{a^2-x^2}$，$0\leqslant z\leqslant\sqrt{a^2-x^2-y^2}$，于是

$$\iiint\limits_V xyz\,\mathrm{d}x\mathrm{d}y\mathrm{d}z=\int_0^a x\mathrm{d}x\int_0^{\sqrt{a^2-x^2}}y\mathrm{d}y\int_0^{\sqrt{a^2-x^2-y^2}}z\mathrm{d}z$$

$$=\frac{1}{2}\int_0^a x\mathrm{d}x\int_0^{\sqrt{a^2-x^2}}y(a^2-x^2-y^2)\mathrm{d}y$$

$$=\frac{1}{8}\int_0^a x(a^2-x^2)^2\mathrm{d}x=\frac{a^6}{48}.$$

解法 2　利用柱面坐标求解，此时 V 为 $0\leqslant\theta\leqslant\frac{\pi}{2}$，$0\leqslant r\leqslant a$，$0\leqslant z\leqslant\sqrt{a^2-r^2}$. 于是

$$原式=\int_0^{\frac{\pi}{2}}\mathrm{d}\theta\int_0^a r\mathrm{d}r\int_0^{\sqrt{a^2-r^2}}r^2\sin\theta\cos\theta\cdot z\mathrm{d}z=\int_0^{\frac{\pi}{2}}\sin\theta\cos\theta\mathrm{d}\theta\int_0^a r^3\mathrm{d}r\int_0^{\sqrt{a^2-r^2}}z\mathrm{d}z$$

$$=\frac{1}{2}\sin^2\theta\Big|_0^{\frac{\pi}{2}}\cdot\int_0^a r^3\cdot\frac{1}{2}(a^2-r^2)\mathrm{d}r=\frac{1}{4}\int_0^a(a^2r^3-r^5)\mathrm{d}r=\frac{a^6}{48}.$$

解法 3　利用球面坐标求解，此时 $V: 0\leqslant\theta\leqslant\frac{\pi}{2}$，$0\leqslant\varphi\leqslant\frac{\pi}{2}$，$0\leqslant\rho\leqslant a$. 于是

$$原式=\int_0^{\frac{\pi}{2}}\mathrm{d}\theta\int_0^{\frac{\pi}{2}}\mathrm{d}\varphi\int_0^a\rho\sin\varphi\cos\theta\cdot\rho\sin\varphi\sin\theta\cdot\rho\cos\varphi\cdot\rho^2\sin\varphi\mathrm{d}\rho$$

$$=\int_0^{\frac{\pi}{2}}\sin\theta\cdot\cos\theta\mathrm{d}\theta\int_0^{\frac{\pi}{2}}\sin^3\varphi\cos\varphi\mathrm{d}\varphi\int_0^a\rho^5\mathrm{d}\rho=\frac{a^6}{48}.$$

有时计算三重积分也可以先计算一个二重积分，再计算一个定积分.

设区域 V 在 z 轴上的投影是区间 $[c,d]$，即 V 介于两平面 $z=c,z=d$ 之间. 过 $[c,d]$ 上任意一点 z 作垂直于 z 轴的平面，交 V 所得截面为 D_z（图 7-35）. 则

$$V=\{(x,y,z)\mid(x,y)\in D_z,c\leqslant z\leqslant d\}.$$

于是

$$\iiint\limits_{V} f(x,y,z)\mathrm{d}x\mathrm{d}y\mathrm{d}z = \int_{c}^{d}\mathrm{d}z\iint\limits_{D_z} f(x,y,z)\mathrm{d}x\mathrm{d}y.$$

在计算过程中,先把 z 视为常数,将 $f(x,y,z)$ 看作 x,y 的函数,在 D_z 上计算二重积分,其结果是 z 的函数. 然后再在 $[c,d]$ 上对 z 计算定积分. 用这种积分顺序计算二重积分的方法简称**截面法**. 这样,本例也可以利用"截面法"进行计算.

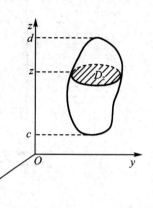

图 7-35

解法 4 利用竖坐标为 z 的平面去截 V,得到平面闭区域 $D_z : x^2 + y^2 \leqslant a^2 - z^2, x \geqslant 0, y \geqslant 0$,此时 $V : x^2 + y^2 \leqslant a^2 - z^2$, $x \geqslant 0, y \geqslant 0, 0 \leqslant z \leqslant a$. 于是

$$原式 = \int_{0}^{a} z\mathrm{d}z\iint\limits_{D_z} xy\mathrm{d}x\mathrm{d}y.$$

而其中

$$\iint\limits_{D_z} xy\mathrm{d}x\mathrm{d}y \xrightarrow{\text{利用极坐标}} \int_{0}^{\frac{\pi}{2}}\mathrm{d}\theta\int_{0}^{\sqrt{a^2-z^2}} r\cos\theta \cdot r\sin\theta \cdot r\mathrm{d}r$$

$$= \int_{0}^{\frac{\pi}{2}} \sin\theta\cos\theta\mathrm{d}\theta\int_{0}^{\sqrt{a^2-z^2}} r^3\mathrm{d}r = \frac{1}{8}(a^2 - z^2)^2,$$

所以

$$原式 = \int_{0}^{a} z\frac{1}{8}(a^2 - z^2)^2\mathrm{d}z = \frac{a^6}{48}.$$

由几何形体上积分的定义知,当被积函数 $f \equiv 1$ 时,积分 $\int_{\Omega}\mathrm{d}\Omega$ 表示几何形体 Ω 的度量. 因而可用三重积分 $\iiint\limits_{V}\mathrm{d}V$ 计算立体 V 的体积.

【例 7-21】 求抛物面 $z = x^2 + 2y^2$ 与 $z = 6 - 2x^2 - y^2$ 所围立体(图 7-36)的体积.

解 通过解

$$\begin{cases} z = x^2 + 2y^2 \\ z = 6 - 2x^2 - y^2 \end{cases},$$

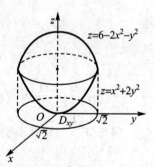

图 7-36

得 V 在 xOy 平面上的投影域为

$$D_{xy} = \{(x,y) \mid x^2 + y^2 \leqslant 2\},$$

于是所求体积

$$V = \iiint\limits_{V}\mathrm{d}V = \iint\limits_{D_{xy}}\left[\int_{x^2+2y^2}^{6-2x^2-y^2}\mathrm{d}z\right]\mathrm{d}x\mathrm{d}y$$

$$= \iint\limits_{D_{xy}}(6 - 3x^2 - 3y^2)\mathrm{d}x\mathrm{d}y$$

$$= \int_{0}^{2\pi}\mathrm{d}\theta\int_{0}^{\sqrt{2}}(6 - 3r^2)r\mathrm{d}r$$

$$= 6\pi.$$

【例 7-22】 已知球体 $V: x^2 + y^2 + z^2 \leqslant 2z$，其密度 $\mu = z$，求该球体的质量 m.

解 在球面坐标系下，球面 $x^2 + y^2 + z^2 = 2z$ 的方程为 $\rho = 2\cos\varphi$，此时 $V: 0 \leqslant \theta \leqslant 2\pi, 0 \leqslant \varphi \leqslant \dfrac{\pi}{2}, 0 \leqslant \rho \leqslant 2\cos\varphi$. 由三重积分的物理意义知(图 7-37)

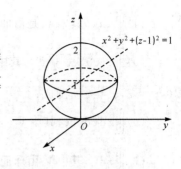

图 7-37

$$m = \iiint\limits_V z \, \mathrm{d}V = \int_0^{2\pi} \mathrm{d}\theta \int_0^{\frac{\pi}{2}} \mathrm{d}\varphi \int_0^{2\cos\varphi} \rho^2 \sin\varphi \cdot \rho\cos\varphi \, \mathrm{d}\rho$$

$$= 2\pi \int_0^{\frac{\pi}{2}} \sin\varphi\cos\varphi \cdot 4\cos^4\varphi \, \mathrm{d}\varphi$$

$$= -8\pi \int_0^{\frac{\pi}{2}} \cos^5\varphi \, \mathrm{d}(\cos\varphi) = \frac{4}{3}\pi.$$

习题 7-3

1. 在直角坐标系下，将连续函数 $f(x, y, z)$ 的三重积分

$$I = \iiint\limits_V f(x, y, z) \, \mathrm{d}V$$

化成累次积分，其中积分区域 V 分别是：

(1) 由平面 $x + \dfrac{y}{2} + \dfrac{z}{4} = 1$ 和三个坐标面所围成的闭区域；

(2) 由锥面 $z = \sqrt{x^2 + y^2}$ 和平面 $z = 1$ 所围成的闭区域；

(3) 由曲面 $z = x^2 + y^2$ 和平面 $z = 4$ 所围成的闭区域；

(4) 由两个圆柱面 $x^2 + y^2 = R^2$ 和 $x^2 + z^2 = R^2$ 所围立体在第一卦限部分.

2. 计算下列三重积分：

(1) $\iiint\limits_V xyz \, \mathrm{d}V$，其中 $V = \{(x, y, z) \mid 0 \leqslant x \leqslant 1, 0 \leqslant y \leqslant 1, 0 \leqslant z \leqslant 1\}$；

(2) $\iiint\limits_V (x + y) \, \mathrm{d}V$，其中 V 由平面 $x + y + z = 1$ 和三个坐标面围成；

(3) $\iiint\limits_V \left(\dfrac{y \sin z}{1 + x^2} \right) \mathrm{d}x\mathrm{d}y\mathrm{d}z$，其中 $V = \{(x, y, z) \mid -1 \leqslant x \leqslant 1, 0 \leqslant y \leqslant 2, 0 \leqslant z \leqslant \pi\}$；

(4) $\iiint\limits_V z \, \mathrm{d}x\mathrm{d}y\mathrm{d}z$，其中 V 是由平面 $x = 1, y = 1, z = 0, x = 0$ 及 $y = z$ 所围成的闭区域；

3. 利用柱面坐标计算下列三重积分：

(1) $\iiint\limits_V (x^2 + y^2) \, \mathrm{d}V$，其中 $V = \{(x, y, z) \mid x^2 + y^2 \leqslant 4, -1 \leqslant z \leqslant 2\}$；

(2) $\iiint\limits_V x^2 \, \mathrm{d}V$，其中 $V = \{(x, y, z) \mid x^2 + y^2 \leqslant 1, 0 \leqslant z \leqslant \sqrt{4x^2 + 4y^2}\}$；

(3) $\iiint\limits_V (z + x^2 + y^2) \, \mathrm{d}V$，其中 V 是由曲线 $\begin{cases} y^2 = 2z \\ x = 0 \end{cases}$ 绕 z 轴旋转一周生成的曲面与平面 $z = 4$ 所围立体；

(4) $\iiint\limits_V z\,\mathrm{d}V$，其中 V 是由曲面 $z = \sqrt{4-x^2-y^2}$ 与 $x^2+y^2 = 3z$ 围成；

(5) $\iiint\limits_V z\sqrt{x^2+y^2}\,\mathrm{d}V$，其中 V 是由柱面 $(x-1)^2+y^2 = 1$ 在第一卦限部分与平面 $z = 0, z = 2, y = 0$ 所围成；

(6) $\iiint\limits_V z\,\mathrm{d}x\mathrm{d}y\mathrm{d}z$，其中 V 是由柱面 $x^2+(y-1)^2 = 1$ 及平面 $z = 0, z = 2$ 所围成；

(7) $\iiint\limits_V z\,\mathrm{d}V$，其中 V 由球面 $x^2+y^2+z^2 = 1(z \geqslant 0)$ 与平面 $z = 0$ 围成.

4. 利用球面坐标计算下列三重积分：

(1) $\iiint\limits_V (x^2+y^2+z^2)\mathrm{d}V$，其中 $V = \{(x,y,z) \mid x^2+y^2+z^2 \leqslant 1\}$；

(2) $\iiint\limits_V (x^2+y^2)\mathrm{d}V$，其中 $V = \{(x,y,z) \mid a^2 \leqslant x^2+y^2+z^2 \leqslant b^2, z \geqslant 0\}(b > a > 0)$；

(3) $\iiint\limits_V z\,\mathrm{d}V$，其中 V 由曲面 $z = \sqrt{4-x^2-y^2}$ 与 $z = \sqrt{x^2+y^2}$ 围成；

(4) $\iiint\limits_V x\,\mathrm{e}^{(x^2+y^2+z^2)^2}\mathrm{d}V$，其中 V 是第一卦限中球面 $x^2+y^2+z^2 = 1$ 与球面 $x^2+y^2+z^2 = 4$ 之间的部分.

5. 选取适当的坐标系计算下列三重积分：

(1) $\int_{-1}^{1}\mathrm{d}x\int_{-\sqrt{1-x^2}}^{\sqrt{1-x^2}}\mathrm{d}y\int_{x^2+y^2}^{2-x^2-y^2} (x^2+y^2)^{3/2}\mathrm{d}z$；

(2) $\int_{0}^{1}\mathrm{d}y\int_{0}^{\sqrt{1-y^2}}\mathrm{d}x\int_{x^2+y^2}^{\sqrt{x^2+y^2}} xyz\,\mathrm{d}z$；

(3) $\iiint\limits_V z^2\,\mathrm{d}V$，其中 V 是由 $z \geqslant \sqrt{x^2+y^2}, x^2+y^2+z^2 \leqslant 2R^2(R > 0)$ 所确定；

(4) $\iiint\limits_V (x^2+y^2)z\,\mathrm{d}V$，其中 V 是由 $2z = x^2+y^2$ 和 $z = 2$ 所围成的区域.

6. 利用三重积分求下列立体 V 的体积：

(1) V 是由平面 $x = 0, y = 0, z = x+y, z = 1-x-y$ 所围成的四面体；

(2) V 是球面 $z = \sqrt{5-x^2-y^2}$ 与抛物面 $x^2+y^2 = 4z$ 所围的立体；

(3) V 是由柱面 $x = y^2$ 和平面 $z = 0$ 及 $x+z = 1$ 围成的立体.

7.4 数量值函数的曲线与曲面积分的计算

7.4.1 第一型曲线积分的计算

由 7.1.4 节知，当 Ω 为平面或空间曲线弧段 L，f 为定义在 L 上的二元或三元函数

$f(x,y)$ 或 $f(x,y,z)$ 时,相应的数量值函数的积分为对弧长的曲线积分(第一型曲线积分). 它们分别为和式极限

$$\int_L f(x,y)\mathrm{d}s = \lim_{d \to 0} \sum_{i=1}^{n} f(\xi_i,\eta_i)\Delta s_i$$

与

$$\int_L f(x,y,z)\mathrm{d}s = \lim_{d \to 0} \sum_{i=1}^{n} f(\xi_i,\eta_i,\zeta_i)\Delta s_i.$$

第一型曲线积分可化为定积分计算.

> 设 L 为平面光滑曲线,其参数方程为
> $$\begin{cases} x = x(t) \\ y = y(t) \end{cases} \quad (\alpha \leqslant t \leqslant \beta),$$
> 函数 $f(x,y)$ 在 L 上连续,则
> $$\int_L f(x,y)\mathrm{d}s = \int_\alpha^\beta f(x(t),y(t))\sqrt{x'^2(t)+y'^2(t)}\,\mathrm{d}t \quad (\alpha < \beta). \tag{1}$$

下面证明公式(1).

在 $[\alpha,\beta]$ 中插入分点

$$\alpha = t_0 < t_1 < \cdots < t_{i-1} < t_i < \cdots < t_n = \beta,$$

记 $\Delta t_i = t_i - t_{i-1}, d = \max_{1 \leqslant i \leqslant n}\{\Delta t_i\}$. 对应于 $t \in [\alpha,\beta]$ 的划分,相应地得到 L 的一个划分. 设 Δs_i 为对应于 $[t_{i-1},t_i]$ 上的一段弧,同时用 Δs_i 表示其长度,则根据弧长公式有

$$\Delta s_i = \int_{t_{i-1}}^{t_i} \sqrt{x'^2(t)+y'^2(t)}\,\mathrm{d}t.$$

应用积分中值定理,有

$$\Delta s_i = \int_{t_{i-1}}^{t_i} \sqrt{x'^2(t)+y'^2(t)}\,\mathrm{d}t = \sqrt{x'^2(\tau_i)+y'^2(\tau_i)}\,\Delta t_i, \quad \tau_i \in [t_{i-1},t_i].$$

设点 (ξ_i,η_i) 对应于参数 τ_i,即 $\xi_i = x(\tau_i), \eta_i = y(\tau_i)$,则 $(\xi_i,\eta_i) \in \Delta s_i$. 于是当 $\int_L f(x,y)\mathrm{d}s$ 存在时,有

$$\int_L f(x,y)\mathrm{d}s = \lim_{d \to 0} \sum_{i=1}^{n} f(x(\tau_i),y(\tau_i))\sqrt{x'^2(\tau_i)+y'^2(\tau_i)}\,\Delta t_i.$$

上式右端是连续函数

$$f(x(t),y(t))\sqrt{x'^2(t)+y'^2(t)}$$

在 $[\alpha,\beta]$ 上的积分和式的极限,此和式的极限为定积分

$$\int_\alpha^\beta f(x(t),y(t))\sqrt{x'^2(t)+y'^2(t)}\,\mathrm{d}t.$$

于是公式(1)得证.

由公式(1)知,第一型曲线积分的计算就是将 $x = x(t), y = y(t), \mathrm{d}s = \sqrt{x'^2(t)+y'^2(t)}\,\mathrm{d}t$ 代入 $\int_L f(x,y)\mathrm{d}s$ 化为定积分.

从上面推导中可以看出,由于小弧段 Δs_i 总是正的,即 $\Delta s_i > 0$,从而 $\Delta t_i > 0$. 故公式

(1) 中的**定积分下限必须小于上限**,即 $\alpha < \beta$. 这是第一型曲线积分的一个特性.

如果 L 的方程为 $y = y(x), a \leqslant x \leqslant b$,则将其看作是特殊的参数方程

$$x = x, \quad y = y(x) \qquad (a \leqslant x \leqslant b).$$

应用公式(1)有

$$\int_L f(x, y) \mathrm{d}s = \int_a^b f(x, y(x)) \sqrt{1 + y'^2(x)} \,\mathrm{d}x.$$

同理,如果 L 的方程为 $x = x(y), c \leqslant y \leqslant d$,则有

$$\int_L f(x, y) \mathrm{d}s = \int_c^d f(x(y), y) \sqrt{1 + x'^2(y)} \,\mathrm{d}y.$$

类似地

如果 L 为空间光滑曲线,设其方程为

$$x = x(t), \quad y = y(t), \quad z = z(t) \quad (\alpha \leqslant t \leqslant \beta),$$

$f(x, y, z)$ 在 L 上连续,则有

$$\int_L f(x, y, z)\mathrm{d}s = \int_\alpha^\beta f(x(t), y(t), z(t)) \sqrt{x'^2(t) + y'^2(t) + z'^2(t)} \,\mathrm{d}t \quad (\alpha < \beta). \tag{2}$$

【**例 7-23**】 计算曲线积分 $\int_L \sqrt{y}\,\mathrm{d}s$,其中 L 为摆线 $x = a(t - \sin t), y = a(1 - \cos t)$ 在 $0 \leqslant t \leqslant 2\pi$ 之间的一段弧.

解 利用公式(1)将此曲线积分化为对参变量 t 的定积分,有

$$\mathrm{d}s = \sqrt{[a(t - \sin t)]'^2 + [a(1 - \cos t)]'^2} \,\mathrm{d}t = \sqrt{a^2(1 - \cos t)^2 + a^2 \sin^2 t} \,\mathrm{d}t$$

$$= a\sqrt{2(1 - \cos t)} \,\mathrm{d}t,$$

$$\int_L \sqrt{y}\,\mathrm{d}s = \int_0^{2\pi} \sqrt{a(1 - \cos t)} \cdot a\sqrt{2(1 - \cos t)} \,\mathrm{d}t = a\sqrt{2a} \int_0^{2\pi} (1 - \cos t)\,\mathrm{d}t$$

$$= a\sqrt{2a} [t - \sin t]_0^{2\pi} = 2\sqrt{2}\pi a^{3/2}.$$

【**例 7-24**】 求 $I = \int_L x\,\mathrm{d}s$,其中 L 为 $x^2 = 4y$ 上从点 $(-2, 1)$ 到点 $(0, 0)$ 的一段弧.

解 将 x 看成参数,则 $-2 \leqslant x \leqslant 0$(图 7-38).

$$I = \int_{-2}^0 x \sqrt{1 + \left(\frac{x}{2}\right)^2} \,\mathrm{d}x = \frac{1}{4} \int_{-2}^0 \sqrt{4 + x^2} \,\mathrm{d}(4 + x^2)$$

$$= \frac{1}{4} \cdot \frac{2}{3} (4 + x^2)^{3/2} \Big|_{-2}^0$$

$$= \frac{4}{3}(1 - 2\sqrt{2})$$

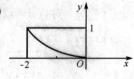

图 7-38

【**例 7-25**】 计算 $\oint_L (x + y)\mathrm{d}s$,其中 L 是以 $A(1, 0)$、$B(1, 1)$、$C(0, 1)$ 为顶点的三角形边界(图 7-39).这里记号 $\oint_L$ 表示积分是在闭合曲线 L 上进行.

解 由积分的性质得

$$\oint_L (x+y)\mathrm{d}s = \int_{AB}(x+y)\mathrm{d}s + \int_{BC}(x+y)\mathrm{d}s + \int_{CA}(x+y)\mathrm{d}s,$$

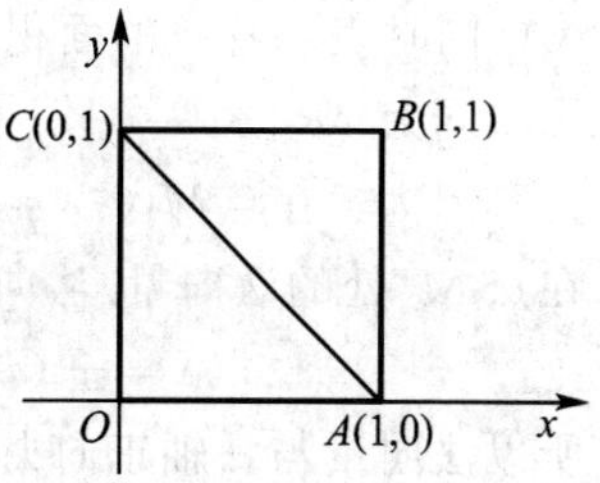

图 7-39

在 AB 上 $x=1$，故

$$\mathrm{d}s = \sqrt{1+x'^2}\,\mathrm{d}y = \mathrm{d}y,$$

在 BC 上 $y=1$，故

$$\mathrm{d}s = \sqrt{1+y'^2}\,\mathrm{d}x = \mathrm{d}x,$$

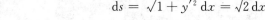

CA 直线段方程为 $y=-x+1$，故

$$\mathrm{d}s = \sqrt{1+y'^2}\,\mathrm{d}x = \sqrt{2}\,\mathrm{d}x,$$

所以

$$\begin{aligned}\oint_L (x+y)\mathrm{d}s &= \int_0^1 (1+y)\mathrm{d}y + \int_0^1 (1+x)\mathrm{d}x + \int_0^1 1\times\sqrt{2}\,\mathrm{d}x \\ &= \frac{3}{2}+\frac{3}{2}+\sqrt{2} = 3+\sqrt{2}.\end{aligned}$$

【例 7-26】 计算 $\int_L \frac{1}{x^2+y^2+z^2}\mathrm{d}s$，其中 L 为螺旋线 $x=\cos t, y=\sin t, z=t$ 上对应于 t 从 0 到 1 的一段弧.

解　由公式(2)，有

$$\begin{aligned}\int_L \frac{1}{x^2+y^2+z^2}\mathrm{d}s &= \int_0^1 \frac{1}{\cos^2 t+\sin^2 t+t^2}\sqrt{(-\sin t)^2+(\cos t)^2+1}\,\mathrm{d}t \\ &= \int_0^1 \frac{1}{1+t^2}\cdot\sqrt{2}\,\mathrm{d}t = \sqrt{2}\arctan t\Big|_0^1 = \frac{\sqrt{2}\pi}{4}.\end{aligned}$$

7.4.2　第一型曲面积分的计算

在 7.1 节的几何形体上积分定义中，当 Ω 为有界光滑曲面 S，f 为三元函数 $f(x,y,z)$ 时，积分

$$\iint_S f(x,y,z)\mathrm{d}S = \lim_{d\to 0}\sum_{i=1}^{n} f(\xi_i,\eta_i,\zeta_i)\Delta S_i$$

称为数量值函数 $f(x,y,z)$ 在曲面 S 上对面积的曲面积分(第一型曲面积分).

在讨论曲面积分计算法之前，先讨论曲面面积的计算问题.

设曲面 S 的方程为

$$z=z(x,y),(x,y)\in D_{xy}.$$

$z(x,y)$ 在 S 的投影域 D_{xy} 上有连续偏导数，即 S 是光滑曲面.

将 D_{xy} 任意分划为 n 个小区域 $\Delta\sigma_i(i=1,2,\cdots,n)$，记

$$d=\max_{1\leqslant i\leqslant n}\{\Delta\sigma_i \text{ 的直径}\},$$

这时曲面 S 相应被分划为 n 个小曲面块 $\Delta S_i(i=1,2,\cdots,n)$，在每个小曲面块 ΔS_i 上任取一点 $M_i(\xi_i,\eta_i,\zeta_i)$，作 S 的切平面 π_i，π_i 上与 ΔS_i 相对应的小切平面块，记为 ΔA_i(ΔS_i 与

ΔA_i 同时表示各自的面积),即 ΔA_i 与 ΔS_i 在 xOy 平面的投影域同为 $\Delta \sigma_i$(图 7-40).

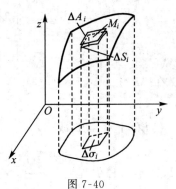

因为 S 在点 $M_i(\xi_i, \eta_i, \zeta_i)$ 处的切平面 π_i 的法向量就是 S 在点 M_i 处的法向量. 法向量为

$$\boldsymbol{n}_i = \pm (-z_x, -z_y, 1)\mid_{M_i},$$

所以法向量与 z 轴正向夹角的余弦为

$$\cos \gamma_i = \pm \frac{1}{\sqrt{1 + z_x^2(\xi_i, \eta_i) + z_y^2(\xi_i, \eta_i)}}.$$

图 7-40

由于 $\Delta \sigma_i = \Delta A_i \mid \cos \gamma_i \mid$,所以

$$\Delta A_i = \frac{\Delta \sigma_i}{\mid \cos \gamma_i \mid} = \sqrt{1 + z_x^2(\xi_i, \eta_i) + z_y^2(\xi_i, \eta_i)}\, \Delta \sigma_i,$$

于是 S 的面积

$$S = \lim_{d \to 0} \sum_{i=1}^n \Delta A_i = \lim_{d \to 0} \sum_{i=1}^n \sqrt{1 + z_x^2(\xi_i, \eta_i) + z_y^2(\xi_i, \eta_i)}\, \Delta \sigma_i$$

$$= \iint_{D_{xy}} \sqrt{1 + z_x^2(x,y) + z_y^2(x,y)}\, \mathrm{d}x\mathrm{d}y.$$

如果曲面方程为 $x = x(y,z)$ 或 $y = y(z,x)$ 时,可分别将曲面投影到 yOz 平面上(投影域记为 D_{yz})或 zOx 平面上(投影域记为 D_{zx}),类似地可得到曲面面积的计算公式

$$S = \iint_{D_{yz}} \sqrt{1 + x_y^2 + x_z^2}\, \mathrm{d}y\mathrm{d}z$$

或

$$S = \iint_{D_{zx}} \sqrt{1 + y_z^2 + y_x^2}\, \mathrm{d}z\mathrm{d}x.$$

【例 7-27】 求球面 $x^2 + y^2 + z^2 = R^2 (z \geqslant 0)$ 介于平面 $z = h (0 < h < R)$ 和平面 $z = 0$ 之间部分的面积.

解 由 $z = \sqrt{R^2 - x^2 - y^2}$ 可得

$$\sqrt{1 + z_x^2 + z_y^2} = \frac{R}{\sqrt{R^2 - x^2 - y^2}},$$

题设曲面块在 xOy 平面的投影域为圆环域

$$D_{xy} = \{(x,y) \mid R^2 - h^2 \leqslant x^2 + y^2 \leqslant R^2\}.$$

根据曲面面积计算公式并引用极坐标,有

$$S = \iint_{D_{xy}} \frac{R}{\sqrt{R^2 - x^2 - y^2}}\, \mathrm{d}x\mathrm{d}y = R \int_0^{2\pi} \mathrm{d}\theta \int_{\sqrt{R^2 - h^2}}^R \frac{r}{\sqrt{R^2 - r^2}}\, \mathrm{d}r$$

$$= 2\pi R \left[-\sqrt{R^2 - r^2}\right]_{\sqrt{R^2 - h^2}}^R = 2\pi R h.$$

特别地,当 $h = R$ 时,得半球面的面积为 $2\pi R^2$,从而知半径为 R 的球面面积为 $4\pi R^2$.

下面讨论第一型曲面积分 $\iint_S f(x,y,z)\mathrm{d}S$ 的计算.

设 S 的方程为
$$z = z(x,y), (x,y) \in D_{xy}.$$
函数 $z(x,y)$ 在 D_{xy} 上有连续偏导数，D_{xy} 为 S 在 xOy 上的投影域，$f(x,y,z)$ 在 S 上连续.

与推导第一型曲线积分类似，可得第一型曲面积分的计算公式

$$\iint_S f(x,y,z)\mathrm{d}S = \iint_{D_{xy}} f(x,y,z(x,y)) \sqrt{1+z_x^2+z_y^2}\,\mathrm{d}x\mathrm{d}y. \tag{3}$$

有兴趣的读者可完全仿照 7.4.1 节的方法给出证明.

由公式(3)知，计算曲面积分 $\iint_S f(x,y,z)\mathrm{d}S$，若 S 由方程 $z=z(x,y)$ 给出，则只需将

变量 z 换成 $z(x,y)$，把曲面面积微元 $\mathrm{d}S$ 换成 $\sqrt{1+z_x^2+z_y^2}\,\mathrm{d}x\mathrm{d}y$，并确定 S 在 xOy 平面上的投影域 D_{xy}，这样就把第一型的曲面积分的计算化作了二重积分的计算.

如果 S 的方程为 $x=x(y,z)$ 或 $y=y(z,x)$，也有类似的计算公式(读者可自行写出).

【例 7-28】　计算 $\iint_S (x+2y+3z)\mathrm{d}S$，其中 S 是平面 $x+\dfrac{y}{2}$

$+z=1$ 在第一卦限的部分.

解　如图 7-41 所示，平面 S 在 xOy 面上的投影区域为 x

$+\dfrac{y}{2}=1$ 与两坐标轴围成的区域. 由 $z=1-x-\dfrac{y}{2}$ 可得

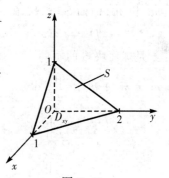

$$\sqrt{1+z_x^2(x,y)+z_y^2(x,y)} = \sqrt{1+1+\frac{1}{4}} = \frac{3}{2},$$

根据公式(3)有

$$\iint_S (x+2y+3z)\mathrm{d}S = \frac{3}{2}\iint_{D_{xy}} \left(x+2y+3-3x-\frac{3}{2}y\right)\mathrm{d}x\mathrm{d}y$$

$$= \frac{3}{2}\int_0^1 \mathrm{d}x \int_0^{2-2x} \left(-2x+\frac{1}{2}y+3\right)\mathrm{d}y$$

$$= \frac{3}{2}\int_0^1 (5x^2-12x+7)\mathrm{d}x = 4.$$

图 7-41

第一型曲面
积分的计算

【例 7-29】　计算 $\iint_S xz\mathrm{d}S$，其中 S 是锥面 $z=\sqrt{x^2+y^2}$ 被圆柱面 x^2+

$y^2=2ax\,(a>0)$ 所截下部分(图 7-42).

解　S 在 xOy 面上的投影域为 $D_{xy}: x^2+y^2 \leqslant 2ax$，

其极坐标表示为

$$0 \leqslant r \leqslant 2a\cos\theta \quad \left(-\frac{\pi}{2} \leqslant \theta \leqslant \frac{\pi}{2}\right),$$

于是

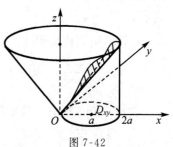

图 7-42

$$\iint\limits_{S} xz \, \mathrm{d}S = \iint\limits_{D_{xy}} x \cdot \sqrt{x^2+y^2} \cdot \sqrt{1+z_x^2+z_y^2} \, \mathrm{d}x\mathrm{d}y$$

$$= \sqrt{2} \iint\limits_{D_{xy}} x\sqrt{x^2+y^2} \, \mathrm{d}x\mathrm{d}y = \sqrt{2} \int_{-\frac{\pi}{2}}^{\frac{\pi}{2}} \mathrm{d}\theta \int_{0}^{2a\cos\theta} r^3 \cos\theta \, \mathrm{d}r$$

$$= 4\sqrt{2}a^4 \int_{-\frac{\pi}{2}}^{\frac{\pi}{2}} \cos^5\theta \, \mathrm{d}\theta = 8\sqrt{2}a^4 \int_{0}^{\frac{\pi}{2}} \cos^5\theta \, \mathrm{d}\theta$$

$$= 8\sqrt{2}a^4 \cdot \frac{4\times 2}{5\times 3} = \frac{64\sqrt{2}}{15}a^4.$$

【例 7-30】 已知四分之一球面块 S：$x^2+y^2+z^2=4$（$x\geqslant 0$，$y\geqslant 0$），其面密度为 $\rho = z^2$，求该球面块的质量.

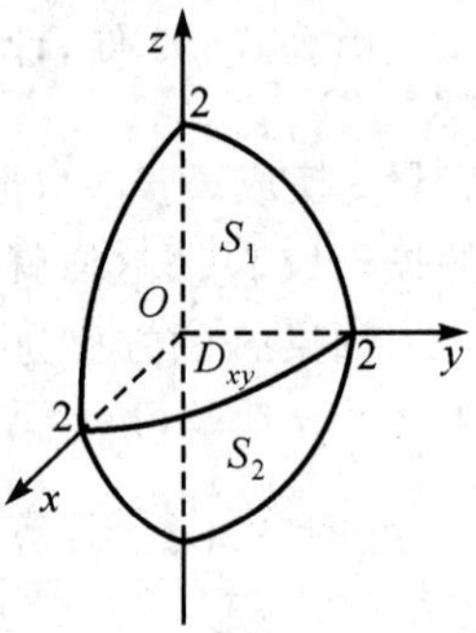

解 将曲面 S 分成 S_1 和 S_2 两部分（图 7-43），其中 S_1：$z=\sqrt{4-x^2-y^2}$ 为曲面 S 在 xOy 面以上的部分，S_2：$z=-\sqrt{4-x^2-y^2}$ 为曲面 S 在 xOy 面以下的部分，其质量分别记为 m_1 和 m_2. 曲面 S_1 和 S_2 在 xOy 面上的投影区域为

$$D_{xy} = \{(x,y) \mid x^2+y^2 \leqslant 4, x\geqslant 0, y\geqslant 0\}$$

于是球面块 S 的质量

图 7-43

$$m = m_1 + m_2 = \iint\limits_{S_1} z^2 \, \mathrm{d}S + \iint\limits_{S_2} z^2 \, \mathrm{d}S$$

$$= 2\iint\limits_{D_{xy}} (4-x^2-y^2) \cdot \sqrt{1+z_x^2(x,y)+z_y^2(x,y)} \, \mathrm{d}x\mathrm{d}y$$

$$= 2\iint\limits_{D_{xy}} (4-x^2-y^2) \cdot \frac{2}{\sqrt{4-x^2-y^2}} \, \mathrm{d}x\mathrm{d}y$$

$$= 4\int_{0}^{\pi/2} \mathrm{d}\theta \int_{0}^{2} r\sqrt{4-r^2} \, \mathrm{d}r$$

$$= -\pi \int_{0}^{2} \sqrt{4-r^2} \, \mathrm{d}(4-r^2)$$

$$= \frac{16}{3}\pi.$$

习题 7-4

1. 计算下列曲线积分：

(1) $\displaystyle\int_L \frac{xy}{x^2+y^2} \mathrm{d}s$，其中 L 为圆周 $x=a\cos t, y=a\sin t$ 上对应于 $0\leqslant t\leqslant\pi$ 的一段；

(2) $\displaystyle\int_L xy\,\mathrm{d}s$，其中 L 为单位圆 $x^2+y^2=1$ 位于第一象限的弧段；

(3) $\displaystyle\int_L \sqrt{x}\,\mathrm{d}s$，其中 L 为抛物线 $y=\sqrt{x}$ 从点 $(0,0)$ 到点 $(1,1)$ 的一段弧；

(4) $\oint_L e^{\sqrt{x^2+y^2}} \mathrm{d}s$，其中 L 是由直线 $y = x, y = 0$ 和曲线 $x^2 + y^2 = a^2 (x \geqslant 0, y \geqslant 0)$ 所围平面区域的边界；

(5) $\int_L (x^2 + y^2 + z^2) \mathrm{d}s$，其中 L 是螺旋线 $x = a\cos t, y = a\sin t, z = kt$ 上相应于 $0 \leqslant t \leqslant 2\pi$ 的一段弧；

(6) $\int_L x^2 yz \mathrm{d}s$，其中 L 是联结 $A(0,0,0)$、$B(0,0,2)$、$C(1,0,2)$ 及 $D(1,3,2)$ 的折线；

(7) $\int_L \dfrac{\mathrm{d}s}{x^2 + y^2 + z^2}$，其中 L 为曲线 $x = e^t\cos t, y = e^t\sin t, z = e^t (0 \leqslant t \leqslant 2)$；

(8) $\int_L \sqrt{2y^2 + z^2} \mathrm{d}s$，其中 L 为球面 $x^2 + y^2 + z^2 = a^2 (a > 0)$ 与平面 $x = y$ 的交线.

2. 计算曲线 $L: x = e^{-t}\cos t, y = e^{-t}\sin t, z = e^{-t} (0 < t < +\infty)$ 的弧长.

3. 有一铁丝为半圆形，$x = a\cos t, y = a\sin t (0 \leqslant t \leqslant \pi)$，其上每一点的密度等于该点的纵坐标，求铁丝的质量.

4. 计算下列曲面积分：

(1) $\iint\limits_S \left(2x + \dfrac{4}{3}y + z\right) \mathrm{d}S$，其中 S 为平面 $\dfrac{x}{2} + \dfrac{y}{3} + \dfrac{z}{4} = 1$ 在第一卦限的部分；

(2) $\iint\limits_S (2xy - 2x^2 - x + z) \mathrm{d}S$，其中 S 为平面 $2x + 2y + z = 6$ 在第一卦限中的部分；

(3) $\iint\limits_S z \mathrm{d}S$，$S$ 是半球面 $x^2 + y^2 + z^2 = a^2 (z \geqslant 0)(a > 0)$；

(4) $\oiint\limits_S (x^2 + y^2) \mathrm{d}S$，其中 S 是锥面 $z = \sqrt{x^2 + y^2}$ 及平面 $z = 1$ 所围成的区域的整个边界曲面；

5. 求锥面 $z = \sqrt{x^2 + y^2}$ 被平面 $z = 2$ 所截下部分的曲面面积.

6. 求面密度为 $\rho = \sqrt{x^2 + y^2}$ 的圆锥壳 $z = 1 - \sqrt{x^2 + y^2} (0 \leqslant z \leqslant 1)$ 的质量.

7.5　数量值函数积分在物理学中的典型应用

我们已经讨论了数量值函数在几何形体上的积分，由其定义知，积分是一类非均匀分布的可加量求和问题的数学抽象，它在物理上具有广泛的应用. 在讨论定积分应用时，我们曾采用了微元法，对于本节讨论的某些问题也将采用微元法. 对几何形体 Ω，分布在 Ω 上的可加量 Q 的微元为

$$\mathrm{d}Q = f(M)\mathrm{d}\Omega \quad M \in \mathrm{d}\Omega,$$

$\mathrm{d}\Omega$ 为 Ω 的任一子量，$f(M)$ 为定义在 Ω 上的连续函数，且当 $d \to 0$ 时，$\Delta Q - f(M)\mathrm{d}\Omega$ 是比 d 高阶的无穷小. 于是

$$Q = \int_\Omega f(M) \, \mathrm{d}\Omega.$$

7.5.1 质心与转动惯量

设质量为 m 的质点位于空间点 (x, y, z) 处,在力学中称 $M_{xy} = z \cdot m, M_{zx} = y \cdot m, M_{yz} = x \cdot m$ 分别为该质点对坐标面 xOy, zOx, yOz 的**静矩**. 称 $I_x = m(y^2 + z^2), I_y = m(x^2 + z^2), I_z = m(x^2 + y^2)$ 为该质点关于 x 轴、y 轴和 z 轴的**转动惯量**.

如果考虑空间 n 个质点构成的质点系,它们的质量为 m_i,分别位于点 $(x_i, y_i, z_i)(i = 1, 2, \cdots, n)$ 处,则该质点系关于坐标面 xOy、zOx、yOz 的静矩分别为

$$M_{xy} = \sum_{i=1}^n m_i z_i, \quad M_{zx} = \sum_{i=1}^n m_i y_i, \quad M_{yz} = \sum_{i=1}^n m_i x_i,$$

该质点系的质心坐标为

$$\bar{x} = \frac{M_{yz}}{m} = \frac{\sum\limits_{i=1}^n m_i x_i}{\sum\limits_{i=1}^n m_i}, \quad \bar{y} = \frac{M_{zx}}{m} = \frac{\sum\limits_{i=1}^n m_i y_i}{\sum\limits_{i=1}^n m_i}, \quad \bar{z} = \frac{M_{xy}}{m} = \frac{\sum\limits_{i=1}^n m_i z_i}{\sum\limits_{i=1}^n m_i}.$$

该质点系关于 x 轴、y 轴和 z 轴的转动惯量分别是

$$I_x = \sum_{i=1}^n m_i(y_i^2 + z_i^2), \quad I_y = \sum_{i=1}^n m_i(x_i^2 + z_i^2), \quad I_z = \sum_{i=1}^n m_i(x_i^2 + y_i^2).$$

考虑空间中的几何形体 Ω,若其上各点的质量分布是非均匀的,设密度为 $\rho = \rho(x, y, z)$. 现用微元法求 Ω 的质心. 先求 Ω 对三个坐标面的静矩. 在 Ω 中任取一很小的几何形体,由于 $\mathrm{d}\Omega$ 很小,可近似看作一个质点,其质量 $\Delta m \approx \mathrm{d}m = \rho \mathrm{d}\Omega$,于是它对三个坐标面的静矩分别为

$$\mathrm{d}M_{xy} = z \cdot \mathrm{d}m = z \cdot \rho \mathrm{d}\Omega,$$
$$\mathrm{d}M_{zx} = y \cdot \mathrm{d}m = y \cdot \rho \mathrm{d}\Omega,$$
$$\mathrm{d}M_{yz} = x \cdot \mathrm{d}m = x \cdot \rho \mathrm{d}\Omega.$$

由微元法知,Ω 对三个坐标面的静矩分别为

$$M_{xy} = \int_\Omega z\rho(x, y, z) \mathrm{d}\Omega,$$

$$M_{zx} = \int_\Omega y\rho(x, y, z) \mathrm{d}\Omega,$$

$$M_{yz} = \int_\Omega x\rho(x, y, z) \mathrm{d}\Omega.$$

又 Ω 的质量 $m = \int_\Omega \rho(x, y, z) \mathrm{d}\Omega$,于是 Ω 的质心坐标分别为

$$\bar{x} = \frac{M_{yz}}{m} = \frac{\displaystyle\int_{\Omega} x\rho(x,y,z)\mathrm{d}\Omega}{\displaystyle\int_{\Omega} \rho(x,y,z)\mathrm{d}\Omega},$$

$$\bar{y} = \frac{M_{zx}}{m} = \frac{\displaystyle\int_{\Omega} y\rho(x,y,z)\mathrm{d}\Omega}{\displaystyle\int_{\Omega} \rho(x,y,z)\mathrm{d}\Omega}, \tag{1}$$

$$\bar{z} = \frac{M_{xy}}{m} = \frac{\displaystyle\int_{\Omega} z\rho(x,y,z)\mathrm{d}\Omega}{\displaystyle\int_{\Omega} \rho(x,y,z)\mathrm{d}\Omega}.$$

当 Ω 为平面区域 D、空间立体 V、空间曲线 L、空间曲面 S 时,公式(1)中的积分分别换成二重积分、三重积分、第一型曲线积分、第一型曲面积分,便可得相应几何形体的质心坐标.

当 Ω 为平面区域 D 或平面曲线 L 时,这时只有对 y 轴和 x 轴的静矩 M_y 与 M_x.

应用微元法完全类似可得几何形体 Ω 对 x、y、z 轴的转动惯量,分别为

$$I_x = \int_{\Omega} \rho(y^2 + z^2)\mathrm{d}\Omega,$$

$$I_y = \int_{\Omega} \rho(x^2 + z^2)\mathrm{d}\Omega, \tag{2}$$

$$I_z = \int_{\Omega} \rho(x^2 + y^2)\mathrm{d}\Omega.$$

当 Ω 为平面区域 D、空间立体 V、空间曲线 L、空间曲面 S 时,公式(2)中的积分分别换成二重积分、三重积分、第一型曲线积分、第一型曲面积分,便得相应几何形体的转动惯量.

【例 7-31】　求均匀半球面 $S:z = \sqrt{R^2 - x^2 - y^2}$ 的质心坐标.

解　由 S 的对称性,可设质心坐标为 $(0,0,\bar{z})$.

由公式(1)

$$\bar{z} = \frac{\rho\displaystyle\iint_{S} z\mathrm{d}S}{\rho\displaystyle\iint_{S} \mathrm{d}S} = \frac{\displaystyle\iint_{S} z\mathrm{d}S}{\displaystyle\iint_{S} \mathrm{d}S},$$

而

$$\mathrm{d}S = \sqrt{1 + z_x^2 + z_y^2}\,\mathrm{d}x\mathrm{d}y = \frac{R}{\sqrt{R^2 - x^2 - y^2}}\mathrm{d}x\mathrm{d}y,$$

于是

$$\iint_{S} z\mathrm{d}S = \iint_{x^2 + y^2 \leqslant R^2} \sqrt{R^2 - x^2 - y^2} \cdot \frac{R}{\sqrt{R^2 - x^2 - y^2}}\mathrm{d}x\mathrm{d}y$$

$$= R \iint_{x^2 + y^2 \leqslant R^2} \mathrm{d}x\mathrm{d}y = \pi R^3,$$

$$\iint\limits_{S} dS = 2\pi R^2, \quad \bar{z} = \frac{\pi R^3}{2\pi R^2} = \frac{R}{2},$$

故质心坐标为 $\left(0,0,\dfrac{R}{2}\right)$.

【例 7-32】 有一半径为 a 的均质半球体 V_1,在其大圆上拼接一个材料相同的半径为 a 的圆柱 V_2,问圆柱体的高为多少时,拼接后的立体 V 的质心恰好在球心处.

解 设圆柱体的高为 h,如图 7-44 所示建立坐标系. 由对称性知,质心在 z 轴上. 要使质心在球心(坐标原点)处,只需

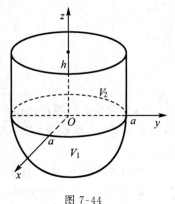

图 7-44

$$\bar{z} = \frac{\iiint\limits_{V} \rho z \, dv}{\iiint\limits_{V} \rho \, dv} = \frac{\iiint\limits_{V} z \, dv}{\iiint\limits_{V} dv} = 0,$$

其中常数 ρ 为密度. 由于

$$\iiint\limits_{V} z \, dv = \iiint\limits_{V_1} z \, dv + \iiint\limits_{V_2} z \, dv$$

$$= \int_0^{2\pi} d\theta \int_{\frac{\pi}{2}}^{\pi} \cos\varphi \sin\varphi \, d\varphi \int_0^a \rho^3 \, d\rho + \int_0^{2\pi} d\theta \int_0^a r \, dr \int_0^h z \, dz$$

$$= -\frac{1}{4}\pi a^4 + \frac{1}{2}\pi a^2 h^2,$$

令 $\bar{z} = 0$,即

$$-\frac{1}{4}\pi a^4 + \frac{1}{2}\pi a^2 h^2 = 0,$$

解得

$$h = \frac{\sqrt{2}}{2}a,$$

即圆柱体的高应为 $\dfrac{\sqrt{2}}{2}a$.

【例 7-33】 已知曲线 $L:\begin{cases} x^2 + y^2 + z^2 = R^2 \\ x + y + z = 0 \end{cases}$,求其对三个坐标轴的转动惯量之和 $I_x + I_y + I_z$(设线密度为 1).

解 由公式(2)知,L 关于 x,y,z 轴的转动惯量分别为

$$I_x = \oint_L (y^2 + z^2) ds, \quad I_y = \oint_L (x^2 + z^2) ds, \quad I_z = \oint_L (x^2 + y^2) ds,$$

则有

$$I_x + I_y + I_z = \oint_L (y^2 + z^2) ds + \oint_L (x^2 + z^2) ds + \oint_L (x^2 + y^2) ds$$

$$= 2\oint_L (x^2 + y^2 + z^2) ds$$

$$= 2\oint_L R^2 ds = 4\pi R^3.$$

【例 7-34】　计算半径为 R，圆心角为 2α 的圆弧 L 对它的对称轴的转动惯量（设线密度 $\rho = 1$）.

解　质量为 m 的质点到定直线 l 的距离为 r，则该质点对 l 的转动惯量为 $I = mr^2$.

如图 7-45 所示建立坐标系，则问题变为求 L 对 x 轴的转动惯量 I_x.

根据转动惯量的定义，用微元法容易推得

$$I_x = \int_L \rho y^2 \mathrm{d}s,$$

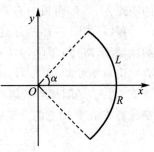

图 7-45

由于 L 的参数方程为

$$\begin{cases} x = R\cos t \\ y = R\sin t \end{cases} (-\alpha \leqslant t \leqslant \alpha),$$

于是

$$I_x = \int_L \rho y^2 \mathrm{d}s = \int_{-\alpha}^{\alpha} \rho R^2 \sin^2 t \sqrt{(-R\sin t)^2 + (R\cos t)^2}\, \mathrm{d}t$$

$$= \rho R^3 \int_{-\alpha}^{\alpha} \sin^2 t\, \mathrm{d}t = R^3(\alpha - \sin\alpha\cos\alpha).$$

7.5.2　引　力

设空间立体 V 的密度为 $\rho(x,y,z)$，$M_0(x_0, y_0, z_0)$ 为 V 外的一质点，其质量为 m. 下面讨论 V 对 M_0 的引力.

任取 V 的一体积微元 $\mathrm{d}V$，则 V 的质量微元为

$$\mathrm{d}m = \rho(x,y,z)\mathrm{d}V.$$

记 M_0 到 V 上任一点 $M(x,y,z)$ 的向量为 $\boldsymbol{r}$，即 $\boldsymbol{r} = (x - x_0, y - y_0, z - z_0)$，则 $\mathrm{d}V$ 对 M_0 的引力微元

$$\mathrm{d}\boldsymbol{F} = K\frac{m\,\mathrm{d}m}{r^2}\boldsymbol{e}_r = K\frac{m\rho(x,y,z)\mathrm{d}V}{r^2}\boldsymbol{e}_r$$

$$= K\frac{m\rho(x,y,z)}{r^3}\mathrm{d}V \cdot (x - x_0, y - y_0, z - z_0),$$

其中 $r = |\boldsymbol{r}|$，$\boldsymbol{e}_r$ 表示与 $\boldsymbol{r}$ 同向的单位向量，K 为万有引力常数，于是 V 对 M_0 的引力为

$$\boldsymbol{F} = (F_x, F_y, F_z),$$

这里

$$F_x = \iiint\limits_V \frac{Km\rho(x,y,z)(x - x_0)}{r^3}\mathrm{d}V,$$

$$F_y = \iiint\limits_V \frac{Km\rho(x,y,z)(y - y_0)}{r^3}\mathrm{d}V,$$

$$F_z = \iiint\limits_V \frac{Km\rho(x,y,z)(z - z_0)}{r^3}\mathrm{d}V.$$

如果几何形体是平面薄板、空间或平面曲线、空间曲面，则上述计算公式中积分换为

二重积分、曲线积分或曲面积分.

【例 7-35】　设有一半径为 R、密度为常数 ρ 的圆板, 在板的中心垂线上有一质量为 1 的质点 M_0, M_0 距板中心的距离为 h. 求圆板对该质点的引力.

解　如图 7-46 所示建立坐标系, 圆板位于 xOy 平面上的区域 D, M_0 位于 $(0,0,h)$ 处.

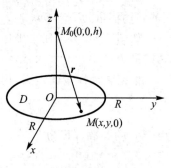

由对称性知, 圆板对 M_0 的引力 $\boldsymbol{F}$ 在 x 轴和 y 轴上的分量 F_x 与 F_y 必因相互抵消而为零, 即 $F_x=0$, $F_y=0$. 因而只需计算 $\boldsymbol{F}$ 在 z 轴上的分量 F_z. 利用极坐标

$$
\begin{aligned}
F_z &= \iint\limits_{D} \frac{K\rho(0-h)}{(x^2+y^2+h^2)^{3/2}}\mathrm{d}\sigma \\
&= \int_0^{2\pi}\mathrm{d}\theta\int_0^R \frac{-K\rho h}{(r^2+h^2)^{3/2}}r\mathrm{d}r \\
&= -2\pi\rho h K\int_0^R \frac{r}{(r^2+h^2)^{3/2}}\mathrm{d}r = -2\pi\rho K\left(1-\frac{h}{\sqrt{R^2+h^2}}\right),
\end{aligned}
$$

图 7-46

所以圆板对质点 M_0 的引力为

$$
\boldsymbol{F} = -2\pi\rho K\left(0,0,1-\frac{h}{\sqrt{R^2+h^2}}\right).
$$

习题 7-5

1. 求由坐标轴与直线 $2x+y=6$ 所围成的三角形均匀薄片的质心坐标.

2. 设均匀平面薄片在 xOy 面上占有区域 D, D 由 $y=\sin x$ 及直线 OA 围成, 其中 O 为原点, $A\left(\dfrac{\pi}{2},1\right)$, 求薄片的质心坐标.

3. 求位于两圆 $r=2\sin\theta$ 和 $r=4\sin\theta$ 之间的均匀薄片的质心坐标.

4. 求由 $x=a(t-\sin t)$, $y=a(1-\cos t)(0\leqslant t\leqslant 2\pi, a>0)$, $y=0$ 所围均匀平面薄片的质心坐标.

5. 求由 $x^2+y^2=pz$ 和 $z=h$ 所围均匀立体的质心坐标 ($p,h>0$).

6. 球体 $x^2+y^2+z^2\leqslant 2Rz(R>0)$ 内, 各点处的密度等于该点到坐标原点的距离平方, 试求该球体的质心.

7. 设平面均匀薄片 (面密度为 1) 由 $x+y=1$, $\dfrac{x}{3}+y=1$, $y=0$ 所围成, 求此薄片对 x 轴的转动惯量.

8. 设有位于 $y^2=\dfrac{9}{2}x$, $x=2$ 所围成区域的均匀薄片 (密度为 ρ), 求薄片分别对于 x 轴与 y 轴的转动惯量.

9. 求由曲面 $x^2+y^2+z^2=2$ 和 $x^2+y^2=z^2$ 所围成的含 z 轴正向部分的均匀立体对 z 轴的转动惯量 (设体密度为 ρ).

10. 求密度为常数 μ 的均匀锥面 $\dfrac{x^2}{a^2}+\dfrac{y^2}{a^2}-\dfrac{z^2}{b^2}=0(0\leqslant z\leqslant b)$ 对 z 轴的转动惯量.

11. 设质量均匀分布,总质量为 M 的圆线方程为

$$\begin{cases} x^2 + y^2 = R^2 \\ z = 0 \end{cases} \quad (R > 0),$$

求此圆线对质量为 m,位于点 $(0,0,a)$ 处的质点的引力 $\boldsymbol{F}$.

7.6 应用实例阅读

【实例 7-1】 一颗地球同步轨道通信卫星的轨道位于地球的赤道平面内,且可近似认为是圆轨道. 通信卫星运行的角速率与地球自转的角速率相同,即人们看到它在天空不动. 已知地球半径为 R,卫星离地面的高度为 h(h 为定值),计算一颗通信卫星所覆盖地球表面的面积 S.

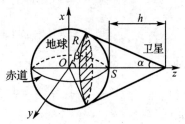

图 7-47

解 本题为用曲面积分计算曲面的面积问题.

如图 7-47 所示建立坐标系,赤道平面放置在 yOz 平面上,地球表面方程为 $x^2 + y^2 + z^2 = R^2$,卫星覆盖地球表面的面积为 $S = \iint\limits_{S} \mathrm{d}S$,这里 S 是半球面 $z = \sqrt{R^2 - x^2 - y^2}$ 上被圆锥角 β 所限定的曲面部分.

$$S = \iint\limits_{D_{xy}} \sqrt{1 + \left(\frac{\partial z}{\partial x}\right)^2 + \left(\frac{\partial z}{\partial y}\right)^2} \mathrm{d}x\mathrm{d}y = \iint\limits_{D_{xy}} \frac{R}{\sqrt{R^2 - x^2 - y^2}} \mathrm{d}x\mathrm{d}y,$$

$$D_{xy} : x^2 + y^2 \leqslant R^2 \sin^2\beta.$$

利用极坐标变换,并注意到 $\cos\beta = \sin\alpha = \dfrac{R}{R+h}$,得

$$S = \int_0^{2\pi} \mathrm{d}\theta \int_0^{R\sin\beta} \frac{R}{\sqrt{R^2 - r^2}} r\mathrm{d}r = 2\pi R \int_0^{R\sin\beta} \frac{r}{\sqrt{R^2 - r^2}} \mathrm{d}r$$

$$= 2\pi R^2 (1 - \cos\beta) = 2\pi R^2 \left(1 - \frac{R}{R+h}\right) = \frac{2\pi R^2 h}{R+h}.$$

注意到地球表面积为 $4\pi R^2$,可知 $\dfrac{h}{2(R+h)}$ 为卫星覆盖面积与地球表面积的比例系数. 若取 $R = 6.4 \times 10^6$ m,$h = 36 \times 10^6$ m,知

$$\frac{h}{2(R+h)} = \frac{36 \times 10^6}{2 \times (36 + 6.4) \times 10^6} \approx 0.425.$$

即卫星覆盖了地球 $\dfrac{1}{3}$ 以上的面积. 从理论上讲,使用三颗相间为 $\dfrac{2}{3}\pi$ 的通信卫星,就可以覆盖几乎全部地球表面.

【实例 7-2】 **空气的总质量为多少**

地球大气层中空气的密度随海拔高度的增加而减少,若地球上空距地球中心为 $\rho(\rho > R, R$ 为地球半径) 处,空气密度 $\mu(\rho) = \mu_0 \mathrm{e}^{K\left(1 - \frac{\rho}{R}\right)}$,这里 μ_0 是地球表面处空气的密

度, K 为常数, μ_0 和 K 均可通过测量获得. 试证明, 地球上空空气总质量约为

$$\frac{4\pi\mu_0 R^3}{K^3}(2+2K+K^2).$$

证明 空气的总质量为 $m = \lim\limits_{H\to+\infty}\iiint\limits_{R\leqslant\rho\leqslant H}\mu(\rho)\mathrm{d}V$. 利用球面坐标及无穷区间上反常积分的计算方法, 将上式化作三次积分计算, 得

$$m = \iiint\limits_{R\leqslant\rho<+\infty}\mu(\rho)\mathrm{d}V = \iint\limits_{R\leqslant\rho<+\infty}\mu_0 e^{K\left(1-\frac{\rho}{R}\right)}\rho^2\sin\varphi\mathrm{d}\rho\mathrm{d}\varphi\mathrm{d}\theta$$

$$= \mu_0 e^K\int_0^{2\pi}\mathrm{d}\theta\int_0^\pi\sin\varphi\mathrm{d}\varphi\int_R^{+\infty}\rho^2 e^{-\frac{K\rho}{R}}\mathrm{d}\rho$$

$$= 4\pi\mu_0 e^K\int_R^{+\infty}\rho^2 e^{-\frac{K\rho}{R}}\mathrm{d}\rho,$$

而

$$\int_R^{+\infty}\rho^2 e^{-\frac{K\rho}{R}}\mathrm{d}\rho = -\frac{R}{K}\int_R^{+\infty}\rho^2 \mathrm{d}e^{-\frac{K\rho}{R}}$$

$$= -\frac{R}{K}\left[\rho^2 e^{-\frac{K\rho}{R}}\Big|_R^{+\infty} - 2\int_R^{+\infty}\rho e^{-\frac{K\rho}{R}}\mathrm{d}\rho\right]$$

$$= \frac{R^3}{K}e^{-K} - \frac{2R^2}{K^2}\int_R^{+\infty}\rho \mathrm{d}e^{-\frac{K\rho}{R}}$$

$$= \frac{R^3}{K}e^{-K} - \frac{2R^2}{K^2}\rho e^{-\frac{K\rho}{R}}\Big|_R^{+\infty} + \frac{2R^2}{K^2}\int_R^{+\infty}e^{-\frac{K\rho}{R}}\mathrm{d}\rho$$

$$= \frac{R^3}{K}e^{-K} + \frac{2R^3}{K^2}e^{-K} + \frac{2R^3}{K^3}e^{-K},$$

代入前式, 化简得

$$m = \frac{4\pi\mu_0 R^3}{K^3}(2+2K+K^2).$$

【实例 7-3】 山体形成的做功问题

在研究山脉形成时, 地质学家要计算从海平面耸起一座山所做的功. 假定日本的富士山形如一个半径为 19 km, 高为 4 km 的直圆锥体, 密度为常数 3 200 kg/m³, 那么从最初海平面上的一块陆地变为现在的富士山需作多少功?

解 设山脉为空间区域 Ω, P 为 Ω 上任一点, 该点附近物质的密度为 $f(P)$, 点 P 的海拔高度为 $h(P)$, 则形成山脉做的功即增加的势能. 点 P 处体积微元 $\mathrm{d}V$ 的势能 $\mathrm{d}W = h(P)f(P)g\mathrm{d}V$, 其中 g 为重力加速度, 故总势能, 即山脉形成过程中作的总功

$$W = g\iiint\limits_\Omega h(P)f(P)\mathrm{d}V.$$

将富士山这个"直圆锥体"底面圆心取为坐标原点, 使圆锥体顶点位于 z 轴正半轴上, 建立坐标系, 则由题设条件知, 圆锥面方程为

$$z = 4\,000 - \frac{4}{19}\sqrt{x^2+y^2} \quad (z\geqslant 0),$$

采用柱面坐标系, 则它在 xOy 平面上的投影区域为

$$D = \{(r,\theta) \mid 0\leqslant\theta\leqslant 2\pi, 0\leqslant r\leqslant 19\,000\},$$

故

$$\Omega = \{(r,\theta,z) \mid (r,\theta) \in D, 0 \leqslant z \leqslant 4\,000 - \frac{4}{19}r\}.$$

又因为 $h(P) = z$, $f(P) = 3\,200$,所以

$$W = \iiint_{\Omega} 3\,200gz\,\mathrm{d}V = 3\,200g \int_0^{2\pi} \mathrm{d}\theta \int_0^{19\,000} r\,\mathrm{d}r \int_0^{4\,000-\frac{4}{19}r} z\,\mathrm{d}z$$

$$= 3\,200\pi g \int_0^{19\,000} r\left(4\,000 - \frac{4}{19}r\right)^2 \mathrm{d}r = \frac{46\,208}{3}\pi g \times 10^{14}$$

$$\approx 4.839 \times 10^{18} g\,(\mathrm{J}).$$

【实例 7-4】　飓风的能量有多大

当飓风来临时,会给人们的生活造成很大危害,因此估算飓风的能量,了解飓风能量的分布规律,有着十分现实的意义.下面是一个简化的飓风模型.

假定风速只取单纯的圆周方向,其大小为 $v(r,z) = \omega r\mathrm{e}^{-\frac{z}{h}-\frac{r}{a}}$,其中 r,z 是柱面坐标的两个坐标变量,ω,h,a 为常数.ω 为飓风的角速度,a 为飓风风眼的半径,一般为 $15 \sim 25\ \mathrm{km}$,大的会达到 $30 \sim 50\ \mathrm{km}$,h 为等温大气高度.以海平面飓风中心处为坐标原点,如果大气密度 $\rho(z) = \rho_0\mathrm{e}^{-\frac{z}{h}}$,这里 ρ_0 为地面大气密度.在飓风中,由于气压很大,一般 ρ_0 的变化也很大.由于本模型是简化的理想化模型,因而认为 ρ_0 为常数,与飓风的级别无关.

在此假设下,求飓风运动的全部动能,并问在哪一位置风速具有最大值?

解　根据动能公式 $E = \frac{1}{2}mv^2$,飓风动能的微元为

$$\mathrm{d}E = \frac{1}{2}v^2 \cdot \Delta m = \frac{1}{2}v^2\rho\,\mathrm{d}V,$$

因此动能

$$E = \frac{1}{2}\iiint_V \rho_0\mathrm{e}^{-\frac{z}{h}}(\omega r\mathrm{e}^{-\frac{z}{h}-\frac{r}{a}})^2\,\mathrm{d}V.$$

因为飓风活动空间很大,在选用柱面坐标计算时,认为 z 由 $0 \to +\infty$,r 由 $0 \to +\infty$,于是飓风总能量为

$$E = \frac{1}{2}\rho_0\omega^2 \int_0^{2\pi} \mathrm{d}\theta \int_0^{+\infty} r^3\mathrm{e}^{-\frac{2r}{a}}\,\mathrm{d}r \int_0^{+\infty} \mathrm{e}^{-\frac{3z}{h}}\,\mathrm{d}z,$$

其中 $\int_0^{+\infty} r^3\mathrm{e}^{-\frac{2r}{a}}\,\mathrm{d}r$ 用分部积分法算得 $\frac{3}{8}a^4$,又

$$\int_0^{+\infty} \mathrm{e}^{-\frac{3z}{h}}\,\mathrm{d}z = -\frac{h}{3}\mathrm{e}^{-\frac{3z}{h}}\bigg|_0^{+\infty} = \frac{h}{3},$$

最后得到

$$E = \frac{1}{2}\rho_0\omega^2 \cdot 2\pi \cdot \frac{3}{8}a^4 \cdot \frac{h}{3} = \frac{h\rho_0\pi}{8}\omega^2 a^4.$$

下面计算何处风速最大.求 $v = \omega r\mathrm{e}^{-\frac{z}{h}-\frac{r}{a}}$ 的两个偏导数,并解方程组

$$\begin{cases} \dfrac{\partial v}{\partial z} = \omega r\left(-\dfrac{1}{h}\right)\mathrm{e}^{-\frac{z}{h}-\frac{r}{a}} = 0 & (1) \\[3mm] \dfrac{\partial v}{\partial r} = \omega\left(\mathrm{e}^{-\frac{z}{h}-\frac{r}{a}} - \dfrac{r}{a}\mathrm{e}^{-\frac{z}{h}-\frac{r}{a}}\right) = 0, & (2) \end{cases}$$

由式(1)解得 $r=0$，此时 $v=0$，显然不是最大值，实际上是最小值，反映了在飓风的中心风速为零. 由式(2)解得 $r=a$，此时 $v=\omega a\mathrm{e}^{-\left(1+\frac{z}{h}\right)}$，它是 z 的单调减少函数，故当 $r=a$，$z=0$ 处风速最大，也就是海平面上风眼边缘的风速最大.

【实例 7-5】　摆线的等时性

1696 年伯努利提出了一个著名问题:确定一条从点 A 到点 B 的曲线(点 B 在点 A 的下方,但不在正下方),使得一颗珠子在重力的作用下,沿着这条曲线从点 A 滑到点 B 所用时间最短. 这就是著名的**最速下降线**问题,它是对变分学发展有着巨大影响的三大问题之一. 这个问题在 1697 年就得到了解决,牛顿、莱布尼茨、洛必达和伯努利兄弟都独立得到了正确的结论:这条曲线不是连接 A,B 的直线,而是唯一的一条连接 A,B 的向上凹的摆线. 在此以后,欧拉又证明了沿着摆线弧摆动的摆锤,不论其振幅大小,做一次全摆动所需的时间是完全相同的. 因此摆线又叫**等时线**. 下面对摆线的等时性进行讨论.

图 7-48 是摆线的一支,它的方程为

$$\begin{cases} x=a(\theta-\sin\theta) \\ y=a(1-\cos\theta) \end{cases} (0\leqslant\theta\leqslant 2\pi),$$

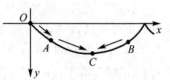

图 7-48

点 C 是摆线的谷底,对应于 $\theta=\pi$. 结论是:一颗珠子在重力的作用下,无论从曲线上点 O,A 或 B,或其他任何一点由静止开始沿曲线下滑到点 C,所用的时间是相同的.

解　设点 A 的坐标为 (x_0,y_0),对应于 $\theta=\theta_0$,珠子的质量为 m,初速度为 $v_0=0$,现求它从点 A 沿曲线下滑到点 C 所用的时间 T.

在 A 与 C 之间的任一点 (x,y) 处,设珠子的速度为 v,由能量守恒定理知

$$mg(y-y_0)=\frac{1}{2}mv^2-\frac{1}{2}mv_0^2=\frac{1}{2}mv^2,$$

故有

$$v=\sqrt{2g(y-y_0)}.$$

另一方面,珠子沿曲线下滑,速度为弧长 s 对时间 t 的变化率,即 $v=\dfrac{\mathrm{d}s}{\mathrm{d}t}$,从而

$$\frac{\mathrm{d}s}{\mathrm{d}t}=\sqrt{2g(y-y_0)},$$

$$\mathrm{d}t=\frac{\mathrm{d}s}{\sqrt{2g(y-y_0)}},$$

所以珠子沿摆线 l 从点 A 滑到点 C 所需时间为曲线积分

$$T=\int_{\widehat{AC}}\frac{\mathrm{d}s}{\sqrt{2g(y-y_0)}}=\int_{\theta_0}^{\pi}\frac{\sqrt{x'^2(\theta)+y'^2(\theta)}}{\sqrt{2g(a\cos\theta_0-\cos\theta)}}\mathrm{d}\theta$$

$$=\int_{\theta_0}^{\pi}\sqrt{\frac{[a(1-\cos\theta)]^2+(a\sin\theta)^2}{2g(a\cos\theta_0-\cos\theta)}}\mathrm{d}\theta$$

$$=\sqrt{\frac{a}{g}}\int_{\theta_0}^{\pi}\sqrt{\frac{1-\cos\theta}{\cos\theta_0-\cos\theta}}\mathrm{d}\theta=\sqrt{\frac{a}{g}}\int_{\theta_0}^{\pi}\sqrt{\frac{2\sin^2\dfrac{\theta}{2}}{2\cos^2\dfrac{\theta_0}{2}-2\cos^2\dfrac{\theta}{2}}}\mathrm{d}\theta$$

$$= \sqrt{\frac{a}{g}} \int_{\theta_0}^{\pi} \frac{\sin\frac{\theta}{2}}{\sqrt{\cos^2\frac{\theta_0}{2} - \cos^2\frac{\theta}{2}}} d\theta = 2\sqrt{\frac{a}{g}} \int_{\theta_0}^{\pi} \frac{-1}{\sqrt{1 - \left(\frac{\cos\frac{\theta}{2}}{\cos\frac{\theta_0}{2}}\right)^2}} d\left(\frac{\cos\frac{\theta}{2}}{\cos\frac{\theta_0}{2}}\right)$$

$$= -2\sqrt{\frac{a}{g}} \arcsin\left(\frac{\cos\frac{\theta}{2}}{\cos\frac{\theta_0}{2}}\right)\Bigg|_{\theta_0}^{\pi} = \pi\sqrt{\frac{a}{g}}.$$

可见 T 是一个常数,与起点位置 $\theta = \theta_0$ 无关.

复习题 7

1. 判断下列结论是否正确:

(1) $\int_1^2 dy \int_{-2}^1 x^2 \cos(x-y) dx = \int_{-2}^1 dx \int_1^2 x^2 \cos(x-y) dy$;

(2) $\iint\limits_{1 \leqslant x^2+y^2 \leqslant 4} \sqrt{x^2+y^2}\, dxdy = \int_0^{2\pi} d\theta \int_1^2 r dr$;

(3) 积分 $\int_0^{2\pi} d\theta \int_0^2 dr \int_r^2 dz$ 表示由圆锥面 $z = \sqrt{x^2+y^2}$ 和平面 $z = 2$ 围成的立体的体积;

(4) 积分 $\iiint\limits_V \mu r^3 dzdrd\theta$ 表示密度为 μ 的物体 V 关于 z 轴的转动惯量.

2. 填空题:

(1) 设 D 是由 $|x+y|=1$, $|x-y|=1$ 所围成的闭区域,则 $\iint\limits_D dxdy =$ _____;

(2) 设 $D: a \leqslant x \leqslant b, 0 \leqslant y \leqslant 1$,且 $\iint\limits_D yf(x)dxdy = 1$,则 $\int_a^b f(x)dx =$ _____;

(3) 若 D 是由 $x+y=1$ 与两坐标轴围成的三角形域,且 $\iint\limits_D f(x)dxdy = \int_0^1 \varphi(x)dx$,则 $\varphi(x) =$ _____;

(4) 若 $\int_0^1 dx \int_{x^2}^x f(x,y)dy = \int_0^1 dy \int_{x_1(y)}^{x_2(y)} f(x,y)dx$,则 $(x_1(y), x_2(y)) =$ _____;

(5) 积分 $\iint\limits_{|x|+|y| \leqslant 1} (x+y)^2 dxdy =$ _____;

(6) 积分 $\iiint\limits_{x^2+y^2+z^2 \leqslant 1} (x^2+y^2)dV =$ _____;

(7) 设 L 为周长为 a 的椭圆 $\frac{x^2}{4} + \frac{y^2}{3} = 1$,则 $\oint_L (2xy + 3x^2 + 4y^2)ds =$ _____;

(8) 设 S 为锥面 $z = \sqrt{x^2+y^2}$ 在柱体 $x^2+y^2 \leqslant 2x$ 内的部分,则 $\iint\limits_S |y| dS =$ _____.

3. 单项选择题：

(1) 设 $I = \iint\limits_{D} \ln(x^2 + y^2)\mathrm{d}x\mathrm{d}y$，其中 D 是圆环：$1 \leqslant x^2 + y^2 \leqslant 4$ 所确定的闭区域，则必有（　　）

A. $I > 0$　　　　B. $I < 0$　　　　C. $I = 0$　　　　D. $I \neq 0$，但符号不定

(2) 设 $V: - \sqrt{1 - x^2 - y^2} \leqslant z \leqslant 0$，记 $I_1 = \iiint\limits_{V} z\mathrm{e}^{-x^2-y^2}\mathrm{d}V, I_2 = \iiint\limits_{V} z^2\mathrm{e}^{-x^2-y^2}\mathrm{d}V, I_3 = \iiint\limits_{V} z^3\mathrm{e}^{-x^2-y^2}\mathrm{d}V, I_1, I_2, I_3$ 大小顺序是（　　）.

A. $I_3 \leqslant I_1 \leqslant I_2$　　　B. $I_2 \leqslant I_3 \leqslant I_1$　　　C. $I_3 \leqslant I_2 \leqslant I_1$　　　D. $I_1 \leqslant I_3 \leqslant I_2$

4. 交换累次积分的次序：$I = \int_0^1 \mathrm{d}y \int_{1-\sqrt{1-y^2}}^{2-y} f(x,y)\mathrm{d}x$.

5. 计算下列二重积分：

(1) $I = \int_0^1 \mathrm{d}x \int_x^1 x^2 \mathrm{e}^{-y^2}\mathrm{d}y$；

(2) $\iint\limits_{D} \sin\sqrt{x^2+y^2}\mathrm{d}x\mathrm{d}y$，其中 $D = \{(x,y) \mid \pi^2 \leqslant x^2 + y^2 \leqslant 4\pi^2\}$；

(3) $I = \iint\limits_{D} |xy|\mathrm{d}x\mathrm{d}y$，其中 $D: x^2 + y^2 \leqslant R^2$.

6. 求极限 $\lim\limits_{t \to 0}\iint\limits_{D}\ln(x^2+y^2)\mathrm{d}\sigma$，其中 $D = \{(x,y) \mid t^2 \leqslant x^2 + y^2 \leqslant 1\}$.

7. 证明 $\int_0^a \mathrm{d}x \int_0^x f(y)\mathrm{d}y = \int_0^a (a-x)f(x)\mathrm{d}x$.

8. 计算下列三重积分：

(1) $I = \iiint\limits_{V} \dfrac{\mathrm{d}x\mathrm{d}y\mathrm{d}z}{(1+x+y+z)^3}$，其中 V 由平面 $x+y+z=1, x=0, y=0$ 及 $z=0$ 围成；

(2) $I = \iiint\limits_{V} \sin z\mathrm{d}V$，其中 V 是由锥面 $z = \sqrt{x^2+y^2}$ 和平面 $z = \pi$ 围成；

(3) $I = \iiint\limits_{V} x\mathrm{e}^{\frac{x^2+y^2+z^2}{a^2}}\mathrm{d}V$，其中 $V = \{(x,y,z) \mid x^2+y^2+z^2 \leqslant a^2, x,y,z \geqslant 0\}$.

9. 求空间曲线 $x = 3t, y = 3t^2, z = 2t^3$ 从点 $O(0,0,0)$ 到点 $A(3,3,2)$ 的长度.

10. 求由四个平面 $x=0, y=0, x=1$ 及 $y=1$ 所围的柱体被平面 $z=0$ 与 $z = 6 - 2x - 3y$ 截得的立体的体积.

11. 设函数 $f(x)$ 在 $[a,b]$ 上连续，试利用二重积分证明

$$\left[\int_a^b f(x)\mathrm{d}x\right]^2 \leqslant (b-a)\int_a^b f^2(x)\mathrm{d}x.$$

12. 已知 $f(x)$ 为连续函数且 $f(0) = 0, f'(0) = 1$，求

$$\lim_{R \to 0^+} \frac{1}{\pi R^4} \iiint_V f\left(\sqrt{x^2 + y^2 + z^2}\right) \mathrm{d}V.$$

其中 $V = \{(x,y,z) \mid x^2 + y^2 + z^2 \leqslant R^2\}$.

13. 设均匀物体由曲面 $z = x^2 + y^2$, $z = 1$ 和 $z = 2$ 围成,求其质心坐标.

14. 一半径为 1 的半圆形薄片,其上各点处的密度等于该点到圆心的距离,求此半圆形薄片的质心坐标.

15. 设有立体 $V = \{(x,y,z) \mid x^2 + y^2 \leqslant R^2, \mid z \mid \leqslant H\}$,其密度为常数.已知 V 关于 x 轴及 z 轴的转动惯量相等,试证明:

$$\frac{H}{R} = \frac{\sqrt{3}}{2}.$$

参考答案与提示

习题 7-1

3. $Q = \iint\limits_{D} (t_2 - t_1) c(x,y) \mathrm{d}\sigma$

4. $W = \iint\limits_{S} \frac{1}{\sqrt{1+z}} \mathrm{d}S$,其中 S 是旋转抛物面 $z = \frac{x^2 + y^2}{4}$, $x^2 + y^2 \leqslant 4$

5. (1) $I_1 \geqslant I_2$; (2) $I_1 \leqslant I_2$; (3) $I_1 \geqslant I_2$; (4) $I_1 \geqslant I_2$

6. (1) $\frac{1}{2} \leqslant I \leqslant 1$; (2) $0 \leqslant I \leqslant 2$; (3) $0 \leqslant I \leqslant \pi$; (4) $0 \leqslant I \leqslant \frac{4\pi}{3} \ln 2$; (5) $\frac{\pi}{2} \leqslant I \leqslant \frac{\sqrt{2}}{2}\pi$;

(6) $\pi \leqslant I \leqslant 2\pi$

7. (1) π; (2) $4\pi R^4$ **9.** $f(x_0, y_0)$ 提示:利用积分中值定理

习题 7-2

1. (1) $\int_0^1 \mathrm{d}x \int_0^2 f(x,y) \mathrm{d}y$;

(2) $\int_0^2 \mathrm{d}x \int_0^x f(x,y) \mathrm{d}y$;

(3) $\int_{-1}^0 \mathrm{d}x \int_{-1-x}^{x+1} f(x,y) \mathrm{d}y + \int_0^1 \mathrm{d}x \int_{x-1}^{1-x} f(x,y) \mathrm{d}y$

$\int_{-1}^0 \mathrm{d}y \int_{-1-y}^{1+y} f(x,y) \mathrm{d}x + \int_0^1 \mathrm{d}y \int_{y-1}^{1-y} f(x,y) \mathrm{d}x$;

(4) $\int_{\frac{1}{2}}^2 \mathrm{d}x \int_{\frac{1}{x}}^{\frac{5}{2}-x} f(x,y) \mathrm{d}y$, $\int_{\frac{1}{2}}^2 \mathrm{d}y \int_{\frac{1}{y}}^{\frac{5}{2}-y} f(x,y) \mathrm{d}x$.

2. (1) $\frac{9}{20}$; (2) $\frac{9}{8}$; (3) $\frac{4}{9}\left(e^{3/2} - \frac{8}{5}\right)$; (4) $-\frac{5}{6}$; (5) $e - 1$; (6) $1/3$

3. (1) $\frac{1}{e}$; (2) $\frac{20}{3}$; (3) $3\ln 2 - 2$; (4) $9/4$; (5) $\ln 2$; (6) $\frac{216}{35}$; (7) π; (8) $e - \frac{1}{e}$;

(9) $\frac{1}{3}(2\sqrt{2} - 1)$

4. (1) $\int_0^1 \mathrm{d}y \int_{e^y}^e f(x,y) \mathrm{d}x$; (2) $\int_0^1 \mathrm{d}x \int_{\frac{x^2}{2}}^{x^2} f(x,y) \mathrm{d}y + \int_1^{\sqrt{2}} \mathrm{d}x \int_{\frac{x^2}{2}}^1 f(x,y) \mathrm{d}y$;

$(3)\int_{-1}^{1}dx\int_{0}^{\sqrt{1-x^2}}f(x,y)dy$; $(4)\int_{0}^{1}dy\int_{y-1}^{1-y}f(x,y)dx$

5. $(1)\dfrac{2}{9}(2\sqrt{2}-1)$; $(2)\dfrac{1}{3}(\sqrt{2}-1)$; $(3)\dfrac{1}{2}(1-\cos 4)$; $(4)\dfrac{1}{4}(e^{16}-1)$

6. $(1)\pi(e^4-1)$; $(2)-2\pi$; $(3)\dfrac{5}{4}\pi$; $(4)\dfrac{3\pi^2}{64}$; $(5)\dfrac{\pi}{4}(2\ln 2-1)$; $(6)\dfrac{16}{9}$

7. $\dfrac{4}{3}$ **8.** $\left(\dfrac{15}{8}-2\ln 2\right)a^2$

9. $(1)\dfrac{7}{2}$; $(2)6\pi$; $(3)\dfrac{\pi}{2}$

习题 7-3

1. $(1)\int_{0}^{1}dx\int_{0}^{2-2x}dy\int_{0}^{4-4x-2y}f(x,y,z)dz$; $(2)\int_{-1}^{1}dx\int_{-\sqrt{1-x^2}}^{\sqrt{1-x^2}}dy\int_{x^2+y^2}^{1}f(x,y,z)dz$;

$(3)\int_{-2}^{2}dx\int_{-\sqrt{4-x^2}}^{\sqrt{4+x^2}}dy\int_{x^2+y^2}^{4}f(x,y,z)dz$; $(4)\int_{0}^{R}dx\int_{0}^{\sqrt{R^2-x^2}}dy\int_{0}^{\sqrt{R^2-x^2}}f(x,y,z)dz$

2. $(1)\dfrac{1}{8}$; $(2)\dfrac{1}{12}$; $(3)2\pi$; $(4)\dfrac{1}{6}$

3. $(1)24\pi$; $(2)\dfrac{2}{5}\pi$; $(3)\dfrac{256}{3}\pi$; $(4)\dfrac{13}{4}\pi$; $(5)\dfrac{32}{9}$; $(6)2\pi$; $(7)\dfrac{\pi}{4}$

4. $(1)\dfrac{4}{5}\pi$; $(2)\dfrac{4}{15}\pi(b^5-a^5)$; $(3)2\pi$; $(4)\dfrac{\pi}{16}(e^{16}-e)$

5. $(1)\dfrac{8\pi}{35}$; $(2)\dfrac{1}{96}$; $(3)\dfrac{4\pi R^5}{15}(2\sqrt{2}-1)$; $(4)8\pi$

6. $(1)\dfrac{1}{24}$; $(2)\dfrac{2}{3}\pi(5\sqrt{5}-4)$; $(3)\dfrac{8}{15}$

习题 7-4

1. $(1)0$; $(2)\dfrac{1}{2}$; $(3)\dfrac{5\sqrt{5}-1}{12}$; $(4)\left(\dfrac{\pi}{4}a+2\right)e^a-2$;

$(5)\dfrac{2}{3}\pi\sqrt{a^2+k^2}(3a^2+4\pi^2k^2)$; $(6)9$; $(7)\dfrac{\sqrt{3}}{2}(1-e^{-2})$; $(8)2\pi a^2$

2. $\sqrt{3}$ **3.** $2a^2$

4. $(1)4\sqrt{61}$; $(2)-\dfrac{27}{4}$; $(3)\pi a^3$; $(4)\dfrac{1+\sqrt{2}}{2}\pi$

5. $4\sqrt{2}\pi$ **6.** $\dfrac{2\sqrt{2}}{3}\pi$

习题 7-5

1. $(1,2)$ **2.** $\left(\dfrac{12-\pi^2}{3(4-\pi)},\dfrac{\pi}{6(4-\pi)}\right)$ **3.** $\left(0,\dfrac{7}{3}\right)$ **4.** $\left(\pi a,\dfrac{5a}{b}\right)$

5. $\left(0,0,\dfrac{2}{3}h\right)$ **6.** $\left(0,0,\dfrac{5}{4}R\right)$ **7.** $\dfrac{1}{6}$ **8.** $I_x=\dfrac{72}{5}\rho,I_y=\dfrac{32}{3}\rho$

9. $\dfrac{4\pi\rho}{15}(4\sqrt{2}-5)$ **10.** $\dfrac{\pi\mu a^3}{2}\sqrt{a^2+b^2}$ **11.** $\left(0,0,\dfrac{-KamM}{(R^2+a^2)^{3/2}}\right)$,$K$ 为引力常数

复习题 7

1. (1) 对 ; (2) 错 ; (3) 错 ; (4) 对

2. (1) 2； (2) 2； (3) $(1-x)f(x)$； (4) $(y,\sqrt{y})$； (5) $\dfrac{2}{3}$； (6) $\dfrac{8}{15}\pi$； (7) $12a$； (8) $\dfrac{4}{3}\sqrt{2}$

3. (1) A； (2) D **4.** $\displaystyle\int_0^1 \mathrm{d}x \int_0^{\sqrt{2x-x^2}} f(x,y)\mathrm{d}y + \int_1^2 \mathrm{d}x \int_0^{2-x} f(x,y)\mathrm{d}y$

5. (1) $\dfrac{1}{6}\left(1-\dfrac{2}{e}\right)$； (2) $-6\pi^2$； (3) $\dfrac{1}{2}R^4$ **6.** $-\pi$

8. (1) $\dfrac{1}{2}\ln 2 - \dfrac{5}{16}$； (2) $\pi^3 - 4\pi$； (3) $\dfrac{\pi}{8}a^4$ **9.** 5

10. $\dfrac{7}{2}$ **12.** 1 **13.** $\left(0,0,\dfrac{14}{9}\right)$ **14.** $\left(0,\dfrac{3}{2\pi}\right)$ **16.** $h = \dfrac{1}{3}H$

第8章

向量值函数的曲线积分与曲面积分

上一章讨论的多元数量值函数积分学包括重积分、第一型的曲线积分与曲面积分,是定积分在不同几何形体上的直接推广.它们在概念上没有本质的差别,都是某种"数量乘积的和"的极限.第一型(对弧长的)曲线积分和第一型(对面积的)曲面积分对曲线与曲面没有方向性的要求.

本章从向量场的变力做功与流量计算这两个典型问题出发,引出向量值函数的曲线积分与曲面积分概念.这两种积分是某种"向量的数量积的和"的极限,并与积分曲线的走向及积分曲面的侧向有关.这与数量值函数的积分有着很大的不同.

本章除讨论第二型曲线、曲面积分的性质及计算外,还着重讨论各种积分之间的联系,这些联系体现在格林公式、高斯公式与斯托克斯公式之中.最后介绍了描述向量场特征的重要概念:散度与旋度以及几类特殊的向量场.

8.1 向量值函数在有向曲线上的积分

8.1.1 向量场

在第 6 章中,我们讨论了数量场及其基本概念 —— 方向导数与梯度,并给出了向量场的概念,即若场中每一点对应的物理量是向量,则称该场为向量场.例如,力场、流速场等都属于向量场.

从数学的观点看,对于场可以用函数来表示,反之,给定一个函数,相当于给定了一个场.如果我们建立了平面直角坐标系 xOy,则平面场 G 中的任一点就可以用它的坐标 (x,y) 表示,从而数量场可以用一个数量值函数 $z = f(x,y)$ 表示;若 G 是一向量场,则可用定义在 G 上的二元**向量值函数**(vector function) 表示:

$$\boldsymbol{F}(x,y) = P(x,y)\boldsymbol{i} + Q(x,y)\boldsymbol{j},$$

其中二元数量值函数 $P(x,y),Q(x,y)$ 为 $\boldsymbol{F}(x,y)$ 的坐标.若 G 是一空间向量场,在引入空间直角坐标系后,G 可用三元向量值函数表示:

$$\boldsymbol{A}(x,y,z) = P(x,y,z)\boldsymbol{i} + Q(x,y,z)\boldsymbol{j} + R(x,y,z)\boldsymbol{k}.$$

在数量场中,我们从几何上用等值线(面)描述数量场的分布,对于向量场则用**向量线**(vector line)来刻画向量场的分布. 所谓向量线是位于向量场中这样的曲线:该曲线上每点处的切线与该点的场向量重合. 例如,静电场中的电力线,磁场中的磁力线都是向量线,它们直观清晰地描绘了向量场中的电场强度与磁场强度的分布情况.

8.1.2　第二型曲线积分的概念

首先看一个具体问题:在力场作用下,质点沿曲线移动,怎样求力场所做的功?

第二型曲线
积分的概念

设平面力场 $\boldsymbol{F}(x,y) = P(x,y)\boldsymbol{i} + Q(x,y)\boldsymbol{j}$,质点在 $\boldsymbol{F}(x,y)$ 作用下,沿平面光滑曲线 L 从点 A 移动到点 B(图 8-1),下面计算质点在运动过程中力 $\boldsymbol{F}$ 对质点所做的功 W.

如果 $\boldsymbol{F}$ 是常力,即力的大小和方向都不变,质点从点 A 沿直线运动到点 B,则 $\boldsymbol{F}$ 对质点做的功为

$$W = \boldsymbol{F} \cdot \boldsymbol{AB}.$$

如果力 $\boldsymbol{F}$ 的大小和方向都在变,且质点沿曲线 L 运动,在这种情况下,质点沿曲线 L 所做的功 W 可用:分划,以常量近似代替变量,求和,取极限的方法解决.

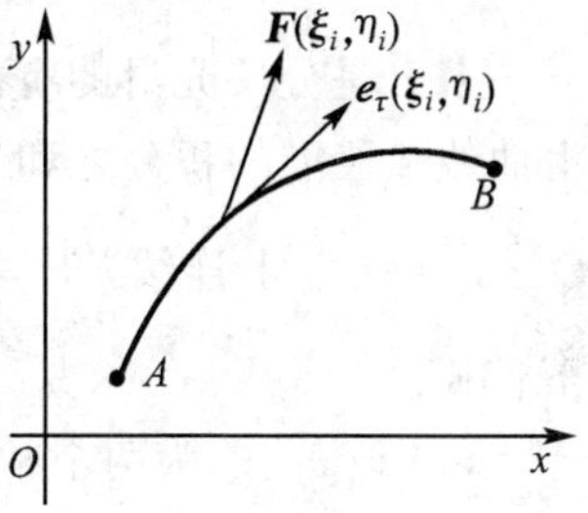

(1) **分划**　记 $\boldsymbol{e}_\tau$ 为曲线 L 上任一点 M 处的单位切向量,其方向与曲线 L 上从点 A 到点 B 的方向一致. 将曲线 L 分成几个小弧段 $\Delta s_1, \Delta s_2, \cdots, \Delta s_n$,第 i 个小弧段的弧长仍记为 $\Delta s_i (i = 1, 2, \cdots, n)$.

(2) **代替**　在 $\Delta s_i (i = 1, 2, \cdots, n)$ 上任取一点 $M_i(\xi_i, \eta_i)$,由于 Δs_i 很短,在每个小弧段 Δs_i 上质点可以近似地看作直线运动,并以 $\boldsymbol{e}_\tau(\xi_i, \eta_i)$ 近似地表示其方向,故可用 $\boldsymbol{e}_\tau(\xi_i, \eta_i)\Delta s_i$ 近似地表示质点在 Δs_i 上的位移向量,在每一小弧段 Δs_i 上的力也可近似地视为常力,用 $\boldsymbol{F}(\xi_i, \eta_i)$ 表示. 故力 $\boldsymbol{F}$ 在 Δs_i 上对质点做的功 ΔW_i 的近似值为

$$\Delta W_i \approx \boldsymbol{F}(\xi_i, \eta_i) \cdot \boldsymbol{e}_\tau(\xi_i, \eta_i)\Delta s_i.$$

(3) **求和**　将上述 n 个小弧段上变力做功的近似值相加,便得到变力 $\boldsymbol{F}$ 沿曲线 $\overset{\frown}{AB}$ 做功的近似值

$$W \approx \sum_{i=1}^{n} \boldsymbol{F}(\xi_i, \eta_i) \cdot \boldsymbol{e}_\tau(\xi_i, \eta_i)\Delta s_i.$$

(4) **取极限**　记 $d = \max_{1 \leqslant i \leqslant n}\{\Delta s_i\}$,令 $d \to 0$,便得到所求功

$$W = \lim_{d \to 0}\sum_{i=1}^{n} \boldsymbol{F}(\xi_i, \eta_i) \cdot \boldsymbol{e}_\tau(\xi_i, \eta_i)\Delta s_i = \int_L \boldsymbol{F}(x,y) \cdot \boldsymbol{e}_\tau(x,y)\mathrm{d}s.$$

以此问题为背景,抽象地研究这种向量的数量积的和的极限,便得到第二型曲线积分的概念.

定义 8-1　设 L 是 xOy 平面内的一条有向光滑的曲线段,A 为起点,B 为终点,$\boldsymbol{e}_\tau$ 为 L 上任一点 (x,y) 处的单位切向量,其方向与曲线 L 上从点 A 到点 B 的方向一致. 又设向量值函数 $\boldsymbol{A}(x,y) = P(x,y)\boldsymbol{i} + Q(x,y)\boldsymbol{j}$,其中 $P(x,y)$、$Q(x,y)$ 是定义在 L 上的有界函数,

图 8-1

若数量积 $\boldsymbol{A} \cdot \boldsymbol{e}_\tau$ 在 L 上的第一型曲线积分存在,则称此积分值为向量值函数 $\boldsymbol{A}$ 在有向曲线 L 上的积分(line integral of vector function),或称**第二型曲线积分**,记为

$$\int_L \boldsymbol{A} \cdot \boldsymbol{e}_\tau \mathrm{d}s.$$

若 $\boldsymbol{e}_\tau = (\cos\alpha, \cos\beta)$,则 $\boldsymbol{e}_\tau \mathrm{d}s = (\cos\alpha \mathrm{d}s, \cos\beta \mathrm{d}s) = (\mathrm{d}x, \mathrm{d}y)$,记 $\mathbf{ds} = (\mathrm{d}x, \mathrm{d}y)$,所以,在直角坐标系中可以将第二型曲线积分表示为

$$\int_L \boldsymbol{A} \cdot \mathbf{ds} = \int_L (P(x,y), Q(x,y)) \cdot (\mathrm{d}x, \mathrm{d}y)$$
$$= \int_L P(x,y)\mathrm{d}x + Q(x,y)\mathrm{d}y.$$

此式为第二型曲线积分的坐标形式,故也称第二型曲线积分为**对坐标的曲线积分**.

若有向曲线 L 为空间曲线,第二型曲线积分的坐标形式为

$$\int_L P(x,y,z)\mathrm{d}x + Q(x,y,z)\mathrm{d}y + R(x,y,z)\mathrm{d}z.$$

若 L 是分段光滑的有向曲线,则规定 $\boldsymbol{A}(x,y)$ 在 L 上的积分等于 $\boldsymbol{A}(x,y)$ 在各有向光滑曲线弧段上的积分之和. 我们指出,当 $\boldsymbol{A}(x,y)$ 在分段光滑的曲线 L 上连续($P(x,y)$、$Q(x,y)$ 在 L 上连续)时,积分 $\int_L \boldsymbol{A} \cdot \mathbf{ds}$ 一定存在. 由定义容易得到第二型曲线积分的如下性质.

(1)设 c_1、c_2 为两个常数,则

$$\int_L (c_1\boldsymbol{A}_1 + c_2\boldsymbol{A}_2) \cdot \mathbf{ds} = c_1\int_L \boldsymbol{A}_1 \cdot \mathbf{ds} + c_2\int_L \boldsymbol{A}_2 \cdot \mathbf{ds};$$

(2)设 $L = L_1 + L_2$,且 L_1 与 L_2 的方向均与 L 的方向一致,则

$$\int_L \boldsymbol{A} \cdot \mathbf{ds} = \int_{L_1} \boldsymbol{A} \cdot \mathbf{ds} + \int_{L_2} \boldsymbol{A} \cdot \mathbf{ds};$$

(3)设 L 是有向光滑曲线弧段,L^- 表示与 L 方向相反的曲线段,则

$$\int_L \boldsymbol{A} \cdot \mathbf{ds} = -\int_{L^-} \boldsymbol{A} \cdot \mathbf{ds}.$$

事实上,由于曲线 L^- 上的单位切向量为 $-\boldsymbol{e}_\tau$,故有

$$\int_L \boldsymbol{A} \cdot \mathbf{ds} = \int_L \boldsymbol{A} \cdot \boldsymbol{e}_\tau \mathrm{d}s = -\int_L \boldsymbol{A} \cdot (-\boldsymbol{e}_\tau)\mathrm{d}s = -\int_{L^-} \boldsymbol{A} \cdot \boldsymbol{e}_\tau \mathrm{d}s.$$

需要指出的是,虽然第二型曲线积分是用第一型曲线积分定义的,但这两类曲线积分有着本质的不同. 其显著差别是,第二型曲线积分是两个向量值函数数量积的积分,且积分与曲线的方向有关,而第一型的曲线积分是数量值函数的积分,且积分与曲线的方向无关.

8.1.3 第二型曲线积分的计算

设平面有向光滑曲线 L 的参数方程为 $x = x(t)$、$y = y(t)$,A 为 L 的起点,对应于 $t = \alpha$,B 为 L 的终点,对应于 $t = \beta$,$x'(t)$ 与 $y'(t)$ 在 $[\alpha, \beta]$ 上连续且不同时为零. 设向量值函数

$$\boldsymbol{A}(x,y) = P(x,y)\boldsymbol{i} + Q(x,y)\boldsymbol{j},$$

其中 $P(x,y)$、$Q(x,y)$ 在 L 上连续.

若 $\alpha < \beta$,且 L 的方向与参数 t 增加的方向一致,则曲线 L 上任一点 $M(x,y)$ 处的切向量 $(x'(t),y'(t))$ 的方向也与参数 t 增加的方向一致,故 L 上任一点的单位切向量为

$$\boldsymbol{e}_\tau = \frac{x'(t)}{\sqrt{x'^2(t)+y'^2(t)}}\boldsymbol{i} + \frac{y'(t)}{\sqrt{x'^2(t)+y'^2(t)}}\boldsymbol{j}.$$

根据第一型曲线积分的计算公式,有

$$\int_L P(x,y)\mathrm{d}x + Q(x,y)\mathrm{d}y = \int_L \boldsymbol{A}\cdot\mathrm{d}\boldsymbol{s} = \int_L \boldsymbol{A}\cdot\boldsymbol{e}_\tau\mathrm{d}s$$

$$= \int_\alpha^\beta \boldsymbol{A}[x(t),y(t)]\cdot\boldsymbol{e}_\tau[x(t),y(t)]\sqrt{x'^2(t)+y'^2(t)}\,\mathrm{d}t$$

$$= \int_\alpha^\beta \{P[x(t),y(t)]\boldsymbol{i}+Q[x(t),y(t)]\boldsymbol{j}\}\cdot[x'(t)\boldsymbol{i}+y'(t)\boldsymbol{j}]\mathrm{d}t$$

$$= \int_\alpha^\beta \{P[x(t),y(t)]x'(t)+Q[x(t),y(t)]y'(t)\}\mathrm{d}t;$$

若 $\alpha > \beta$,由于 L^- 的方向与参数 t 增加的方向一致,于是

$$\int_L P\mathrm{d}x + Q\mathrm{d}y = -\int_{L^-} P\mathrm{d}x + Q\mathrm{d}y$$

$$= -\int_\beta^\alpha \{P[x(t),y(t)]x'(t)+Q[x(t),y(t)]y'(t)\}\mathrm{d}t$$

$$= \int_\alpha^\beta \{P[x(t),y(t)]x'(t)+Q[x(t),y(t)]y'(t)\}\mathrm{d}t.$$

这样就得到第二型曲线积分的计算公式:

$$\boxed{\begin{aligned}&\int_L P(x,y)\mathrm{d}x + Q(x,y)\mathrm{d}y\\&= \int_\alpha^\beta \{P[x(t),y(t)]x'(t)+Q[x(t),y(t)]y'(t)\}\mathrm{d}t.\end{aligned}} \tag{1}$$

这一公式表明,第二型曲线积分可以化为定积分来计算.需要注意的是,下限 α 对应于曲线 L 的起点,上限 β 对应于曲线 L 的终点,α 不一定小于 β.

若 L 由方程 $y = y(x)$ 给出,则可把 x 视为参数,得到 L 的参数方程

$$x = x, \quad y = y(x),$$

则有计算公式

$$\int_L P(x,y)\mathrm{d}x + Q(x,y)\mathrm{d}y = \int_\alpha^\beta \{P[x,y(x)]+Q[x,y(x)]y'(x)\}\mathrm{d}x,$$

其中 α 对应于 L 的起点,β 对应于 L 的终点.

若 L 由方程 $x = x(y)$ 给出,只要把 y 视为参数,则可得出相应的计算公式.

计算第二型曲线积分的公式可以推广到空间曲线的情形.设空间曲线 L 的参数方程为

$$x = x(t), \quad y = y(t), \quad z = z(t),$$

则有

$$\int_L P(x,y,z)\mathrm{d}x + Q(x,y,z)\mathrm{d}y + R(x,y,z)\mathrm{d}z =$$

$$\int_{\alpha}^{\beta} \{ P[x(t),y(t),z(t)]x'(t) + Q[x(t),y(t),z(t)]y'(t) + R[x(t),y(t),z(t)]z'(t) \} \mathrm{d}t,$$

其中 α 对应于 L 的起点,β 对应于 L 的终点.

【**例 8-1**】 计算曲线积分 $I = \int_L y\mathrm{d}x + x\mathrm{d}y$,$L$ 为圆周 $x = R\cos t, y = R\sin t$ 上对应于 t 从 0 到 $\dfrac{\pi}{2}$ 的一段弧.

解 将 L 的参数方程 $x = R\cos t, y = R\sin t$ 代入式(1)得

$$I = \int_0^{\frac{\pi}{2}} [R\sin t \cdot (-R\sin t) + R\cos t \cdot R\cos t]\mathrm{d}t = R^2 \int_0^{\frac{\pi}{2}} \cos 2t\, \mathrm{d}t = 0.$$

【**例 8-2**】 计算曲线积分 $\oint_L 2xy\mathrm{d}x + xy\mathrm{d}y$,其中 L 是抛物线 $y = x^2$ 和直线 $y = x$ 所围成的区域的边界,取逆时针方向.这里积分号 $\oint_L$ 表示沿闭合曲线 L 的积分.

解 如图 8-2 所示,

$$\oint_L 2xy\mathrm{d}x + xy\mathrm{d}y = \int_{L_1} 2xy\mathrm{d}x + xy\mathrm{d}y + \int_{L_2} 2xy\mathrm{d}x + xy\mathrm{d}y.$$

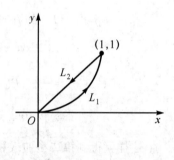

L_1 的方程为:$y = x^2, x = x, x$ 从 0 变到 1,

$$\int_{L_1} 2xy\mathrm{d}x + xy\mathrm{d}y = \int_0^1 (2x \cdot x^2 + x \cdot x^2 \cdot 2x)\mathrm{d}x$$

$$= \int_0^1 (2x^3 + 2x^4)\mathrm{d}x = \frac{9}{10}.$$

L_2 的方程为:$y = x, x = x, x$ 从 1 变到 0,

$$\int_{L_2} 2xy\mathrm{d}x + xy\mathrm{d}y = \int_1^0 (2x \cdot x + x \cdot x \cdot 1)\mathrm{d}x$$

$$= \int_1^0 3x^2\mathrm{d}x = -1.$$

图 8-2

所以

$$\oint_L 2xy\mathrm{d}x + xy\mathrm{d}y = \frac{9}{10} - 1 = -\frac{1}{10}.$$

【**例 8-3**】 设有一平面力场 $\boldsymbol{F}(x,y) = (x+y, y-x)$,一质点在 $\boldsymbol{F}(x,y)$ 作用下运动,求下列情形下 $\boldsymbol{F}(x,y)$ 所做的功.

(1) 质点从点 $A(1,1)$ 到点 $C(4,2)$ 沿抛物线 $y^2 = x$ 的一段弧;

(2) 质点从点 $A(1,1)$ 到点 $C(4,2)$ 的直线段;

(3) 质点从点 $A(1,1)$ 沿直线到点 $B(1,2)$,再沿直线到点 $C(4,2)$ 的折线.

解 (1) 如图 8-3 所示,以 y 为参数,曲线 $\widehat{AC}$ 的方程为

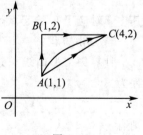

$\begin{cases} x = y^2 \\ y = y \end{cases}$,$y$ 从 1 变到 2,所求功

$$W = \int_{\widehat{AC}} (x+y)\mathrm{d}x + (y-x)\mathrm{d}y$$

图 8-3

$$= \int_1^2 \left[(y^2 + y)2y + (y - y^2) \right] \mathrm{d}y$$

$$= \int_1^2 (2y^3 + y^2 + y) \mathrm{d}y = \frac{34}{3}.$$

(2) 直线段 $\overline{AC}$ 的参数方程为 $x = 3t + 1, y = t + 1, t$ 从 0 变到 1,所求功

$$W = \int_0^1 \left[3(3t + 1 + t + 1) + (t + 1 - 3t - 1) \right] \mathrm{d}t = \int_0^1 (10t + 6) \mathrm{d}t = 11.$$

(3) 直线段 $\overline{AB}$ 的方程为: $x = 1, y = y, y$ 从 1 变到 2;直线段 $\overline{BC}$ 的方程为 $y = 2, x = x, x$ 从 1 变到 4,所求功

$$W = \int_1^2 (y - 1) \mathrm{d}y + \int_1^4 (x + 2) \mathrm{d}x = 14.$$

从本例看出,尽管曲线积分的被积函数相同,起点和终点也相同,但由于选取的积分路径不同,结果往往不同.

【例 8-4】　计算曲线积分 $I = \int_L x^3 \mathrm{d}x + 3y^2 z \mathrm{d}y - x^2 y \mathrm{d}z$,其中 L 是从点 $A(3,2,1)$ 到点 $B(0,0,0)$ 的直线段.

解　直线段 $\overline{AB}$ 的参数方程为 $x = 3t, y = 2t, z = t, t$ 从 1 变到 0,

$$I = \int_1^0 \left[(3t)^3 \cdot 3 + 3(2t)^2 \cdot t \cdot 2 - (3t)^2 \cdot (2t) \cdot 1 \right] \mathrm{d}t = \int_1^0 87t^3 \mathrm{d}t = -\frac{87}{4}.$$

由于第二型曲线积分是借助于第一型曲线积分定义的,因而很容易得到这两类曲线积分之间的关系:

$$\int_L P(x,y) \mathrm{d}x + Q(x,y) \mathrm{d}y = \int_L \left[P(x,y) \cos \alpha + Q(x,y) \cos \beta \right] \mathrm{d}s,$$

其中 α、β 是有向曲线 L 在任一点 $M(x,y)$ 处的切向量的方向角.

习题 8-1

1. 计算下列曲线积分:

(1) $\int_L y^2 \mathrm{d}x + x^2 \mathrm{d}y$,其中 L 是椭圆周 $x = a\cos t, y = b\sin t$ 的上半部分,顺时针方向;

(2) $\int_L (2a - y) \mathrm{d}x + \mathrm{d}y$,其中 L 是摆线 $x = a(t - \sin t), y = a(1 - \cos t)$ 上由 $t = 0$ 到 $t = 2\pi$ 的一段弧;

(3) $\int_L xy \mathrm{d}x + (y - x) \mathrm{d}y$,其中 L 从点 $(0,0)$ 到点 $(1,1)$ 分别沿下列曲线:(i) 直线 $y = x$;(ii) 抛物线 $y^2 = x$;(iii) 曲线 $y = x^3$;

(4) $\int_L xy^2 \mathrm{d}x + y(x - y) \mathrm{d}y$,$L$ 为由原点经点 $P(0,2)$ 到点 $Q(2,2)$ 的折线;

(5) 求 $\oint_L (x + y) \mathrm{d}x - 2y \mathrm{d}y$,其中 L 是由 $x = 0, y = 0, x + y = a$ 所围三角形的边界,逆时针方向;

(6) $\oint_L 2xy \mathrm{d}x + x^2 \mathrm{d}y$,其中 L 是由 x 轴,直线 $x = 1$ 及抛物线 $y = x^2$ 所围成的区域的

边界,取逆时针方向;

(7) $\oint_L \dfrac{(x+y)\mathrm{d}x - (x-y)\mathrm{d}y}{x^2 + y^2}$,其中 L 是圆周 $x^2 + y^2 = a^2$,取逆时针方向.

2. 计算曲线积分 $\int_L y\mathrm{d}x + z\mathrm{d}y + x\mathrm{d}z$,其中 L 为曲线 $x = a\cos t, y = a\sin t, z = bt$ 上从 $t = 0$ 到 $t = 2\pi$ 的一段.

3. 设有力场 $\boldsymbol{F} = y\boldsymbol{i} - x\boldsymbol{j} + (x + y + z)\boldsymbol{k}$,求:

(1) 质点由 $A(a,0,0)$ 沿曲线 $L: x = a\cos t, y = a\sin t, z = \dfrac{b}{2\pi}t$ 到 $B(a,0,b)$,场力 $\boldsymbol{F}$ 做的功;

(2) 质点由 A 沿直线段 L 到 B,场力 $\boldsymbol{F}$ 做的功.

4. 计算 $\int_L \dfrac{\mathrm{d}x + \mathrm{d}y}{|x| + |y|}$,其中 L 为由点 $A(0,-1)$ 到点 $B(1,0)$,再到点 $C(0,1)$ 的折线段.

5. 计算曲线积分 $\oint_L (z-y)\mathrm{d}x + (x-z)\mathrm{d}y + (x-y)\mathrm{d}z$,$L$ 为椭圆周 $\begin{cases} x^2 + y^2 = 1 \\ x - y + z = 2 \end{cases}$,且从 z 轴正方向看去,L 取顺时针方向.

8.2 向量值函数在有向曲面上的积分

8.2.1 曲面的侧

本节讨论的向量值函数在有向曲面上的积分,与指定曲面的侧有关,因此首先讨论光滑曲面的侧向问题. 在光滑曲面 S 上取一定点 M_0,则曲面 S 在点 M_0 处的单位法向量有两个方向,选定其中的一个方向作为曲面 S 在该点 M_0 处的单位法向量,并记为 $\boldsymbol{n}_0$. 如果 S 上动点 M 从点 M_0 出发,在曲面 S 上连续移动而不超过 S 的边界回到 M_0 时,其单位法向量与出发前的方向 $\boldsymbol{n}_0$ 相同,则称曲面 S 为**双侧曲面**,否则称为**单侧曲面**. 通常遇到的曲面都是双侧曲面,本书仅讨论双侧曲面.

顺便指出,也有的曲面只有一侧,例如,默比乌斯(Möbius,德国,1790—1868)带,它是由一长方形纸条 $ABCD$ 扭转 180°,将 A、C 粘在一起,B、D 粘在一起形成的环形带(图 8-4). 可以设想,有一个小虫子在默比乌斯带上,它不通过边界可以爬到任何一点去,这在双侧曲面上是做不到的.

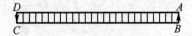

图 8-4

我们将确定了单位法向量的曲面称为**有向曲面**(oriented surface). 当曲面 S 的方

程为
$$z = z(x,y) \quad (或\ x = x(y,z), y = y(z,x))$$
时,即任何平行于 z 轴(或 x 轴、y 轴)的直线与曲面 S 的交点不多于一点时,曲面 S 可以分为上侧与下侧(或前侧与后侧,右侧与左侧).当曲面 S 为封闭曲面时,S 可分为外侧(单位法向量指向外)和内侧(单位法向量指向内).

对于曲面 $S: z = z(x,y)$,在任一点 $M(x,y,z)$ 处的法向量 $\boldsymbol{n}$ 为
$$(-z_x, -z_y, 1) \quad 或 \quad (z_x, z_y, -1).$$
若法向量 $\boldsymbol{n}$ 的指向朝上(或朝下),即 $\boldsymbol{n}$ 与 z 轴正向夹角 $\gamma < \dfrac{\pi}{2}\left(或\ \gamma > \dfrac{\pi}{2}\right)$,即有 $\cos\gamma > 0$(或 $\cos\gamma < 0$),这时
$$上侧\ \boldsymbol{e}_n = \frac{-z_x\boldsymbol{i} - z_y\boldsymbol{j} + \boldsymbol{k}}{\sqrt{1 + z_x^2 + z_y^2}}, \quad 下侧\ \boldsymbol{e}_n = \frac{z_x\boldsymbol{i} + z_y\boldsymbol{j} - \boldsymbol{k}}{\sqrt{1 + z_x^2 + z_y^2}}.$$

同理,对于曲面 $y = y(z,x)$(或 $x = x(y,z)$),可用单位法向量 $\boldsymbol{e}_n$ 分别确定曲面的右侧与左侧(或前侧与后侧).

现介绍有向面积微元的概念,在第 7 章中曾经给出了曲面的面积微元 $\mathrm{d}S$ 的表达式,$\mathrm{d}S$ 是一个没有方向的正的标量.当曲面为有向曲面时,我们规定曲面 S 在任一点处的**有向面积微元 dS** 为
$$\mathbf{d}S = \boldsymbol{e}_n \mathrm{d}S,$$
即 $\mathbf{d}S$ 的方向与 $\boldsymbol{e}_n$ 一致,其大小为 $\mathrm{d}S$.

8.2.2　第二型曲面积分的概念

先讨论流体流向曲面指定一侧的流量问题.

设有不可压缩流体(假设密度为 1)在空间区域中稳定流动,其流速为
$$\boldsymbol{v}(x,y,z) = P(x,y,z)\boldsymbol{i} + Q(x,y,z)\boldsymbol{j} + R(x,y,z)\boldsymbol{k},$$
S 为区域内一有向光滑曲面,函数 $P(x,y,z)$、$Q(x,y,z)$、$R(x,y,z)$ 在 S 上连续,下面来求在单位时间内流体通过曲面 S 流向指定侧的流量 Φ.

如果流速是常向量 $\boldsymbol{v}$,S 为一平面区域(其面积仍记为 S),设 $\boldsymbol{e}_n$ 为 S 的单位法向量,其方向为 S 的指定侧方向,记 $\theta = (\widehat{\boldsymbol{v}, \boldsymbol{e}_n})$,则流量为(图 8-5)
$$\Phi = |\boldsymbol{v}|\cos\theta \cdot S = (\boldsymbol{v} \cdot \boldsymbol{e}_n)S.$$

如果 $\boldsymbol{v}$ 不是常向量,S 也不是平面,我们利用分划、代替、求和、取极限的方法来解决这一问题.

(1) **分划**　将曲面 S 分成 n 个小块 $\Delta S_1, \Delta S_2, \cdots, \Delta S_n$,其第 i 个小块的面积仍记为 $\Delta S_i (i = 1, 2, \cdots, n)$,设 S 上任一点 M 处的单位法向量为 $\boldsymbol{e}_n$,其方向与曲面 S 的指定侧相同.

(2) **代替**　在 ΔS_i 上任取一点 $M_i(\xi_i, \eta_i, \zeta_i)$,由于 $P(x,y,z)$、$Q(x,y,z)$、$R(x,y,z)$ 在光滑曲面 S 上连续,当 ΔS_i 的直径很小时,可将 ΔS_i 近似地看作平面,其单位法向量近似为 $\boldsymbol{e}_n(\xi_i, \eta_i, \zeta_i)$,用 $\boldsymbol{v}(\xi_i, \eta_i, \zeta_i)$ 近似表示 ΔS_i 上各点的流速.于是,单位时间内流体通过

曲面 ΔS_i 流向指定侧的流量的近似值为(图 8-6)

$$\Delta \Phi_i \approx \boldsymbol{v}(\xi_i, \eta_i, \zeta_i) \cdot \boldsymbol{e}_n(\xi_i, \eta_i, \zeta_i)\Delta S_i \quad (i = 1, 2, \cdots, n).$$

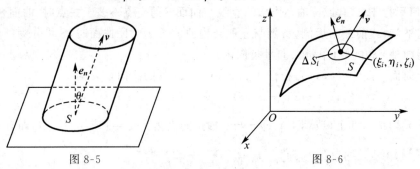

图 8-5   图 8-6

（3）**求和**　将流体在单位时间内通过各小曲面流量的近似值相加,便得所求流量 Φ 的近似值

$$\Phi \approx \sum_{i=1}^{n} \boldsymbol{v}(\xi_i, \eta_i, \zeta_i) \cdot \boldsymbol{e}_n(\xi_i, \eta_i, \zeta_i)\Delta S_i.$$

（4）**取极限**　记 $d = \max_{1 \leqslant i \leqslant n}\{\Delta S_i \text{ 的直径}\}$,令 $d \to 0$,则流量为

$$\Phi = \lim_{d \to 0}\sum_{i=1}^{n} \boldsymbol{v}(\xi_i, \eta_i, \zeta_i) \cdot \boldsymbol{e}_n(\xi_i, \eta_i, \zeta_i)\Delta S_i,$$

即

$$\Phi = \iint_S \boldsymbol{v}(x, y, z) \cdot \boldsymbol{e}_n(x, y, z)\mathrm{d}S.$$

在上述和式的极限中抛开具体含义,便得第二型曲面积分的定义.

定义 8-2　设 S 为光滑有向曲面,$\boldsymbol{e}_n$ 为曲面 S 上任一点 M 处的单位法向量,其方向与 S 指定侧一致,又设向量值函数

$$\boldsymbol{A}(x, y, z) = P(x, y, z)\boldsymbol{i} + Q(x, y, z)\boldsymbol{j} + R(x, y, z)\boldsymbol{k},$$

其中 P、Q、R 在 S 上有界,若数量积 $\boldsymbol{A} \cdot \boldsymbol{e}_n$ 在 S 上的第一型曲面积分存在,则称此积分值为向量值函数 $\boldsymbol{A}(x, y, z)$ 在有向曲面 S 上的积分(surface integral of vector function),或称**第二型曲面积分**,记为

$$\iint_S \boldsymbol{A} \cdot \boldsymbol{e}_n \mathrm{d}S.$$

若记 $\boldsymbol{e}_n = (\cos\alpha, \cos\beta, \cos\gamma)$,则 $\boldsymbol{e}_n\mathrm{d}S = (\cos\alpha\mathrm{d}S, \cos\beta\mathrm{d}S, \cos\gamma\mathrm{d}S)$,并称其为**有向面积微元**,记作 $\mathrm{d}\boldsymbol{S}$,所以在直角坐标系中,第二型曲面积分可记为

$$\iint_S \boldsymbol{A} \cdot \mathrm{d}\boldsymbol{S} = \iint_S \boldsymbol{A} \cdot \boldsymbol{e}_n\mathrm{d}S = \iint_S (P\cos\alpha + Q\cos\beta + R\cos\gamma)\mathrm{d}S$$

$$= \iint_S P\cos\alpha\mathrm{d}S + Q\cos\beta\mathrm{d}S + R\cos\gamma\mathrm{d}S,$$

其中 $\cos\alpha\mathrm{d}S, \cos\beta\mathrm{d}S, \cos\gamma\mathrm{d}S$ 分别是有向面积微元 $\mathrm{d}\boldsymbol{S}$ 在 yOz, zOx, xOy 三个坐标面上的投影,将它们分别记为 $\mathrm{d}y\mathrm{d}z$、$\mathrm{d}z\mathrm{d}x$、$\mathrm{d}x\mathrm{d}y$,即

$$\cos\alpha\mathrm{d}S = \mathrm{d}y\mathrm{d}z, \quad \cos\beta\mathrm{d}S = \mathrm{d}z\mathrm{d}x, \quad \cos\gamma\mathrm{d}S = \mathrm{d}x\mathrm{d}y.$$

所以,有向面积微元为

$$\mathbf{dS} = (\cos\alpha \mathrm{d}S, \cos\beta \mathrm{d}S, \cos\gamma \mathrm{d}S) = (\mathrm{d}y\mathrm{d}z, \mathrm{d}z\mathrm{d}x, \mathrm{d}x\mathrm{d}y).$$

从而,第二型曲面积分可表示为

$$\iint_S P(x,y,z)\mathrm{d}y\mathrm{d}z + Q(x,y,z)\mathrm{d}z\mathrm{d}x + R(x,y,z)\mathrm{d}x\mathrm{d}y.$$

这就是第二型曲面积分的坐标形式,因而也称第二型曲面积分为**对坐标的曲面积分**.

需要注意的是,我们用第一型曲面积分来定义第二型曲面积分,但两类积分有本质区别,第二型曲面积分是两个向量值函数的数量积的积分,且与曲面的侧有关.

第二型曲面积分有如下性质.

(1) 设 c_1、c_2 为两个常数,则

$$\iint_S (c_1\mathbf{A}_1 + c_2\mathbf{A}_2)\cdot \mathbf{dS} = c_1\iint_S \mathbf{A}_1\cdot \mathbf{dS} + c_2\iint_S \mathbf{A}_2\cdot \mathbf{dS}.$$

(2) 若 S 可分为 S_1 与 S_2,记作 $S = S_1 + S_2$,其中 S_1、S_2 的侧与 S 的侧一致,则

$$\iint_S \mathbf{A}\cdot \mathbf{dS} = \iint_{S_1} \mathbf{A}\cdot \mathbf{dS} + \iint_{S_2} \mathbf{A}\cdot \mathbf{dS}.$$

(3) 设 S 的另一侧为 S^-,则

$$\iint_S \mathbf{A}\cdot \mathbf{dS} = -\iint_{S^-} \mathbf{A}\cdot \mathbf{dS}.$$

事实上,由于曲面 S^- 侧的单位法向量为 $-\mathbf{e}_n$,所以有

$$\iint_S \mathbf{A}\cdot \mathbf{dS} = -\iint_S \mathbf{A}\cdot(-\mathbf{e}_n)\mathrm{d}S = -\iint_{S^-} \mathbf{A}\cdot \mathbf{dS}.$$

8.2.3　第二型曲面积分的计算

对于第二型的曲面积分,经常用下面的方法进行计算,即分别计算 $\iint_S P(x,y,z)\mathrm{d}y\mathrm{d}z$、$\iint_S Q(x,y,z)\mathrm{d}z\mathrm{d}x$ 和 $\iint_S R(x,y,z)\mathrm{d}x\mathrm{d}y$,然后将它们相加就得到积分 $\iint_S P(x,y,z)\mathrm{d}y\mathrm{d}z + Q(x,y,z)\mathrm{d}z\mathrm{d}x + R(x,y,z)\mathrm{d}x\mathrm{d}y$ 的结果.

对于积分 $\iint_S R(x,y,z)\mathrm{d}x\mathrm{d}y$,若 S 的方程为 $z = z(x,y)$,$(x,y)\in D_{xy}$,D_{xy} 是 S 在 xOy 平面上的投影区域,函数 $R(x,y,z)$ 在 S 上连续,则

$$\boxed{\iint_S R(x,y,z)\mathrm{d}x\mathrm{d}y = \pm \iint_{D_{xy}} R[x,y,z(x,y)]\mathrm{d}x\mathrm{d}y.} \tag{1}$$

等式右端的"$\pm$"可这样确定:如果 S 取上侧,即 $\mathbf{n}$ 与 z 轴的正向夹角为锐角,取"+"号;如果 S 取下侧,即 $\mathbf{n}$ 与 z 轴的正向夹角为钝角,取"−"号.

公式(1)表明,计算曲面积分 $\iint_S R(x,y,z)\mathrm{d}x\mathrm{d}y$ 时,只需将其中变量 z 换为表示 S 的函数 $z(x,y)$,然后在 S 的投影区域 D_{xy} 上计算二重积分即可.

同理,如果曲面 S 的方程为 $x = x(y,z)$,$(y,z) \in D_{yz}$,其中 D_{yz} 为 S 在 yOz 面上的投影区域,函数 $P(x,y,z)$ 在 S 上连续,则

$$\iint\limits_{S} P(x,y,z)\mathrm{d}y\mathrm{d}z = \pm \iint\limits_{D_{yz}} P[x(y,z),y,z]\mathrm{d}y\mathrm{d}z. \tag{2}$$

等式右端的"$\pm$"可这样确定:如果 S 取前侧,即 $\boldsymbol{n}$ 与 x 轴的正向夹角为锐角,取"$+$"号;如果 S 取后侧,即 $\boldsymbol{n}$ 与 x 轴的正向夹角为钝角,取"$-$"号.

如果曲面 S 的方程为 $y = y(z,x)$,$(z,x) \in D_{zx}$,其中 D_{zx} 为 S 在 zOx 面上的投影区域,函数 $Q(x,y,z)$ 在 S 上连续,则

$$\iint\limits_{S} Q(x,y,z)\mathrm{d}z\mathrm{d}x = \pm \iint\limits_{D_{zx}} Q[x,y(z,x),z]\mathrm{d}z\mathrm{d}x. \tag{3}$$

等式右端的"$\pm$"可这样确定:如果 S 取右侧,即 $\boldsymbol{n}$ 与 y 轴的正向夹角为锐角,取"$+$"号;如果 S 取左侧,即 $\boldsymbol{n}$ 与 y 轴的正向夹角角为钝角,取"$-$"号.

【例 8-5】 计算 $I = \iint\limits_{S} z^2 \mathrm{d}x\mathrm{d}y$,其中 S 为平面 $x+y+z=1$ 位于第一卦限部分的上侧.

解 积分曲面 S 如图 8-7 所示,将 S 投影到 xOy 面上,得 $D_{xy} = \{(x,y) \mid 0 \leqslant x \leqslant 1, 0 \leqslant y \leqslant 1-x\}$.

S 的方程为 $z = 1-x-y$,取上侧,由第二型曲面积分公式(1)有

$$\begin{aligned}
\iint\limits_{S} z^2 \mathrm{d}x\mathrm{d}y &= \iint\limits_{D_{xy}} (1-x-y)^2 \mathrm{d}x\mathrm{d}y \\
&= \int_0^1 \mathrm{d}x \int_0^{1-x} (1-x-y)^2 \mathrm{d}y \\
&= \frac{1}{3} \int_0^1 (1-x)^3 \mathrm{d}x \\
&= \frac{1}{12}.
\end{aligned}$$

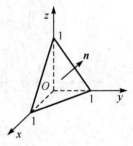

图 8-7

【例 8-6】 计算 $I = \iint\limits_{S} y\mathrm{d}z\mathrm{d}x + z\mathrm{d}x\mathrm{d}y$,其中 S 为圆柱面 $x^2+y^2=1$ 的前半个柱面介于平面 $z=0$ 及 $z=3$ 之间的部分,取后侧.

解 积分曲面 S 如图 8-8 所示,将 S 投影到 zOx 面上,得 $D_{zx} = \{(z,x) \mid 0 \leqslant x \leqslant 1, 0 \leqslant z \leqslant 3\}$,$S$ 按 zOx 面分成左、右两部分 S_1 及 S_2,其中 $S_1: y = -\sqrt{1-x^2}$,取右侧;$S_2: y = \sqrt{1-x^2}$,取左侧. 于是

$$\begin{aligned}
\iint\limits_{S} y\mathrm{d}z\mathrm{d}x &= \iint\limits_{S_1} y\mathrm{d}z\mathrm{d}x + \iint\limits_{S_2} y\mathrm{d}z\mathrm{d}x \\
&= \iint\limits_{D_{zx}} (-\sqrt{1-x^2})\mathrm{d}z\mathrm{d}x - \iint\limits_{D_{zx}} \sqrt{1-x^2}\mathrm{d}z\mathrm{d}x
\end{aligned}$$

$$=-2\iint\limits_{D_{zx}}\sqrt{1-x^2}\,\mathrm{d}z\mathrm{d}x$$

$$=-2\int_0^1\mathrm{d}x\int_0^3\sqrt{1-x^2}\,\mathrm{d}z$$

$$=-6\int_0^1\sqrt{1-x^2}\,\mathrm{d}x=(-6)\cdot\frac{\pi}{4}=-\frac{3}{2}\pi.$$

注意到曲面 S 上任意点处的法向量与 z 轴正向的夹角 $\gamma=\frac{\pi}{2}$,

因而 $\mathrm{d}x\mathrm{d}y=\cos\gamma\mathrm{d}S=0$,从而 $\iint\limits_{S}z\mathrm{d}x\mathrm{d}y=0$. 所以

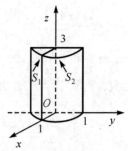

图 8-8

$$I=\iint\limits_{S}y\mathrm{d}z\mathrm{d}x+z\mathrm{d}x\mathrm{d}y=\iint\limits_{S}y\mathrm{d}z\mathrm{d}x+0=-\frac{3}{2}\pi.$$

【例 8-7】　设某液体的流速为 $v=(x,y,z)$,求单位时间内从球面 $x^2+y^2+z^2=R^2$ 的内部流过球面的流量.

解　如图 8-9 所示,根据对称性

流量 $\varPhi=\oiint\limits_{S}x\mathrm{d}y\mathrm{d}z+y\mathrm{d}z\mathrm{d}x+z\mathrm{d}x\mathrm{d}y=3\oiint\limits_{S}z\mathrm{d}x\mathrm{d}y$

$$=3[\iint\limits_{D_{xy}}\sqrt{R^2-x^2-y^2}\,\mathrm{d}x\mathrm{d}y-$$

$$\iint\limits_{D_{xy}}(-\sqrt{R^2-x^2-y^2}\,)\mathrm{d}x\mathrm{d}y]$$

$$=6\iint\limits_{D_{xy}}\sqrt{R^2-x^2-y^2}\,\mathrm{d}x\mathrm{d}y=6\int_0^{2\pi}\mathrm{d}\theta\int_0^R\sqrt{R^2-r^2}\,r\mathrm{d}r$$

图 8-9

$$=-6\pi\int_0^R\sqrt{R^2-r^2}\,\mathrm{d}(R^2-r^2)=4\pi R^3.$$

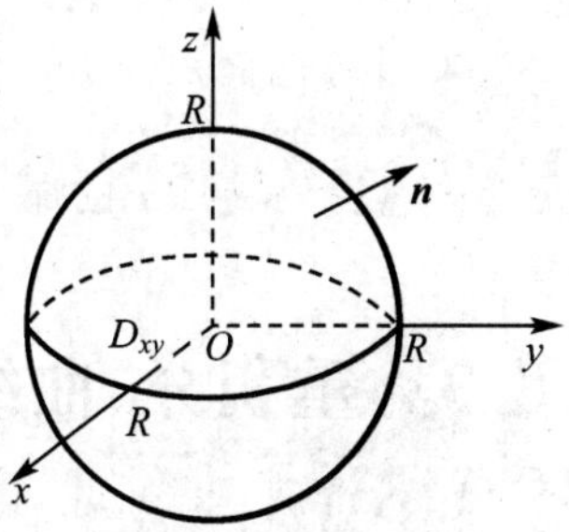

这里记号 $\oiint\limits_{S}$ 表示沿闭合曲面 S 的积分.

由于第二型曲面积分是借助于第一型曲面积分定义的,因而很容易得到这两类曲面积分之间的关系:$\iint\limits_{S}P(x,y,z)\mathrm{d}y\mathrm{d}z+Q(x,y,z)\mathrm{d}z\mathrm{d}x+R(x,y,z)\mathrm{d}x\mathrm{d}y=\iint\limits_{S}[P(x,y,z)\cdot$
$\cos\alpha+Q(x,y,z)\cos\beta+R(x,y,z)\cos\gamma]\mathrm{d}S.$ 其中 α,β,γ 是有向曲面 S 在任一点 (x,y,z) 处的法向量的方向角.

习题 8-2

1. 计算下列曲面积分:

(1) $\iint\limits_{S}z\mathrm{d}x\mathrm{d}y$,其中 S 是球面 $x^2+y^2+z^2=R^2$ 的下半部分的下侧;

(2) $\iint\limits_{S}z^2\mathrm{d}x\mathrm{d}y$,其中 S 为锥面 $z=\sqrt{x^2+y^2}$ 下侧在 $0\leqslant z\leqslant 1$ 的部分;

(3)$\iint\limits_S z\mathrm{d}x\mathrm{d}y$,其中 S 是球面 $x^2 + y^2 + z^2 = 1$ 外侧在 $x \geqslant 0, y \geqslant 0$ 的部分;

(4)$\oiint\limits_S \dfrac{\mathrm{e}^z\mathrm{d}x\mathrm{d}y}{\sqrt{x^2 + y^2}}$,其中 S 是锥面 $z = \sqrt{x^2 + y^2}$ 及平面 $z = 1, z = 2$ 所围成的立体表面的外侧.

(5)$\oiint\limits_S y^2 z\mathrm{d}x\mathrm{d}y$,其中 S 是旋转抛物面 $z = x^2 + y^2$ 与平面 $z = 1$ 所围的立体表面的外侧.

2. 计算曲面积分 $I = \iint\limits_S z\mathrm{d}x\mathrm{d}y + x\mathrm{d}y\mathrm{d}z + y\mathrm{d}z\mathrm{d}x$,其中 S 是柱面 $x^2 + y^2 = 1$ 被平面 $z = 0$ 及 $z = 3$ 所截得的在第一卦限内部分的前侧.

3. 设 S 是由平面 $x + y + z = 1, x = 0, y = 0, z = 0$ 所围立体表面的外侧,计算
(1)$\oiint\limits_S z\mathrm{d}x\mathrm{d}y$;(2)$\oiint\limits_S x^2\mathrm{d}y\mathrm{d}z$;(3)$\oiint\limits_S y^3\mathrm{d}z\mathrm{d}x$.

4. 计算曲面积分 $I = \iint\limits_S (x^2 + y^2)\mathrm{d}z\mathrm{d}x + z\mathrm{d}x\mathrm{d}y$,其中 S 为锥面 $z = \sqrt{x^2 + y^2}$ 上满足 $x \geqslant 0, y \geqslant 0, z \leqslant 1$ 的那一部分的下侧.

8.3 重积分、曲线积分、曲面积分之间的联系

在一元函数定积分中,牛顿 - 莱布尼茨公式

$$\int_a^b F'(x)\mathrm{d}x = F(b) - F(a)$$

给出了函数 $F'(x)$ 在区间 $[a,b]$ 上的定积分与其原函数 $F(x)$ 在端点的函数值之间的关系.在多元函数积分学中,已经讨论了二重积分和三重积分,第一型及第二型的曲线积分和曲面积分.这一节将介绍的格林公式、高斯公式和斯托克斯公式,分别揭示了平面区域上的二重积分与区域边界上曲线积分之间的关系,空间区域上的三重积分与其边界曲面上曲面积分之间的关系,曲面上的曲面积分与其边界上曲线积分之间的关系.这些公式在向量场中都有其实际背景,无论在数学上还是物理场论中都非常重要.

8.3.1 格林公式

在介绍格林(G. Green,英国,1793—1841)公式之前,先给出平面区域及闭曲线的有关概念.

设 D 为平面区域,如果 D 内任意一条闭合曲线的内部都属于 D,则称 D 为**单连通区域**;否则称 D 为**复连通区域**.例如平面区域 $x^2 + y^2 < 1$,右半平面 $x > 0$ 都是单连通区域,

而圆环 $2 < x^2 + y^2 < 4, 0 < x^2 + y^2 < 1$ 均是复连通区域.直观地说,单连通区域是没有"洞"的区域,而复连通区域则是有"洞"的区域,如图 8-10 所示.

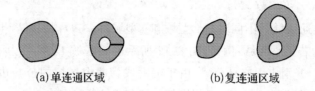

(a)单连通区域　　　　　(b)复连通区域

图 8-10

对于单连通区域和复连通区域 D 的边界曲线 L,我们规定 L 的正方向如下:当某人沿 L 的这个方向行走时,D 内在此人近处的部分总在他的左边.由这个规定知,单连通区域边界曲线 L 的正方向为**逆时针方向**;复连通区域的外边界曲线的正方向为**逆时针方向**,而内边界曲线的正方向为**顺时针方向**.本节所讨论的闭曲线都是简单闭曲线,即除两个端点重合外,曲线自身不相交.

定理 8-1　（格林公式） 设平面闭区域 D 是由分段光滑的曲线 L 围成的单连通区域,函数 $P(x, y)$ 及 $Q(x, y)$ 在 D 上有一阶连续偏导数,则有

$$\oint_L P\,\mathrm{d}x + Q\,\mathrm{d}y = \iint_D \left(\frac{\partial Q}{\partial x} - \frac{\partial P}{\partial y} \right) \mathrm{d}x\,\mathrm{d}y, \tag{1}$$

其中 L 是 D 的正方向边界曲线.

证明　按平面闭区域 D 的几种不同情形来证明.

（1）设 D 既是 x 型域,又是 y 型域,且为单连通区域.如图 8-11 所示.

由二重积分的计算法有

$$\iint_D \left(-\frac{\partial P}{\partial y} \right) \mathrm{d}x\,\mathrm{d}y = \int_a^b \mathrm{d}x \int_{y_1(x)}^{y_2(x)} \left(-\frac{\partial P}{\partial y} \right) \mathrm{d}y$$

$$= \int_a^b \{ P[x, y_1(x)] - P[x, y_2(x)] \} \mathrm{d}x,$$

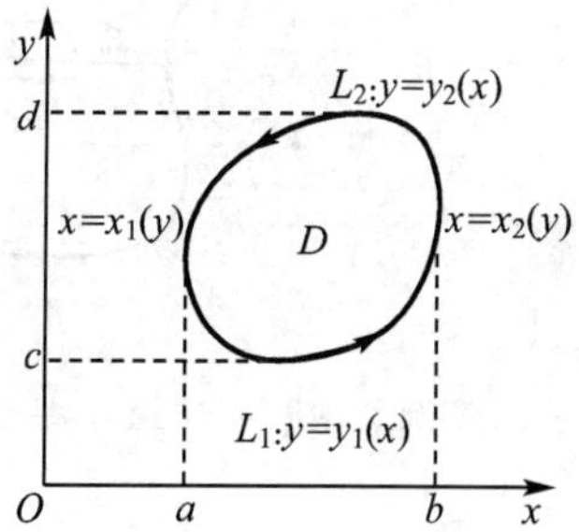

再由第二型曲线积分的计算公式有

$$\oint_L P\,\mathrm{d}x = \int_{L_1} P\,\mathrm{d}x + \int_{L_2} P\,\mathrm{d}x = \int_a^b P[x, y_1(x)]\mathrm{d}x +$$

$$\int_b^a P[x, y_2(x)]\mathrm{d}x$$

$$= \int_a^b \{ P[x, y_1(x)] - P[x, y_2(x)] \} \mathrm{d}x,$$

图 8-11

故

$$\iint_D \left(-\frac{\partial P}{\partial y} \right) \mathrm{d}x\,\mathrm{d}y = \oint_L P\,\mathrm{d}x.$$

类似地,当 D 表示为 $D = \{ (x, y) \mid x_1(y) \leqslant x \leqslant x_2(y), c \leqslant y \leqslant d \}$ 时,可证明

$$\iint_D \frac{\partial Q}{\partial x}\mathrm{d}x\,\mathrm{d}y = \oint_L Q\,\mathrm{d}y.$$

由以上二式可得

$$\oint_L P\mathrm{d}x + Q\mathrm{d}y = \iint_D \left(\frac{\partial Q}{\partial x} - \frac{\partial P}{\partial y}\right)\mathrm{d}x\mathrm{d}y.$$

（2）如果单连通区域 D 不同时是 x 型域和 y 型域，可在 D 内引入若干条辅助线将 D 分成满足情形（1）的若干小区域. 例如，图 8-12 所示的闭区域 D，可分为两个小区域 D_1 与 D_2，在 D_1 与 D_2 上分别应用格林公式，由于辅助线为两个区域的公共边界，方向相反，所以它们对应的曲线积分相互抵消，因此格林公式仍然成立.

注意：当 D 为复连通区域时（D 具有有限个"洞"），格林公式仍成立. 这时可在 D 内作一条或几条辅助线使之成为单连通区域，例如，在图 8-13 中，复连通区域 D 由 L_1 与 L_2 所围成，在 D 内作线段 MN，将 D 的边界曲线 L_1 和 L_2 连起来，以 L_1、MN、L_2、NM 作为边界线，就得到单连通区域，于是有

$$\iint_D \left(\frac{\partial Q}{\partial x} - \frac{\partial P}{\partial y}\right)\mathrm{d}x\mathrm{d}y = \oint_{L_1} P\mathrm{d}x + Q\mathrm{d}y + \int_{MN} P\mathrm{d}x + Q\mathrm{d}y + \oint_{L_2} P\mathrm{d}x + Q\mathrm{d}y + \int_{NM} P\mathrm{d}x + Q\mathrm{d}y$$

$$= \oint_{L_1} P\mathrm{d}x + Q\mathrm{d}y + \oint_{L_2} P\mathrm{d}x + Q\mathrm{d}y.$$

所以，此时格林公式仍然成立. 格林公式还可以推广到有限个"洞"的复连通区域上.

利用格林公式可以把闭曲线积分转化为二重积分来计算，这给一些曲线积分的计算带来了方便.

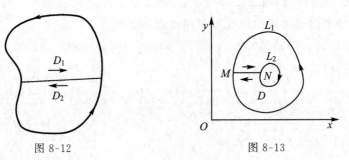

图 8-12　　　　　　　　　　　图 8-13

【例 8-8】 计算 $I = \oint_L y\mathrm{d}x + 2x\mathrm{d}y$，其中 L 是 $|x|+|y|=1$（图 8-14），取正向.

解　$P = y$，$Q = 2x$，在 L 所围区域 D 内有一阶连续偏导数，应用格林公式有

$$I = \oint_L y\mathrm{d}x + 2x\mathrm{d}y = \iint_D (2-1)\mathrm{d}x\mathrm{d}y = 2.$$

【例 8-9】 计算 $I = \oint_L xy^2\mathrm{d}y - x^2 y\mathrm{d}x$，其中 L 是正向圆周曲线 $x^2 + y^2 = R^2$，如图 8-15 所示.

解　$P = -x^2 y$，$Q = xy^2$，在 L 所围区域 D 内有一阶连续偏导数，应用格林公式有

$$I = \oint_L xy^2\mathrm{d}y - x^2 y\mathrm{d}x = \iint_D (y^2 + x^2)\mathrm{d}x\mathrm{d}y$$

$$= \int_0^{2\pi} \mathrm{d}\theta \int_0^R r^2 \cdot r\mathrm{d}r = \frac{1}{2}\pi R^4.$$

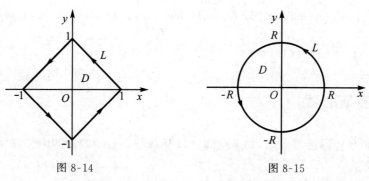

图 8-14　　　　　　　　　　　图 8-15

【例 8-10】 计算 $I = \int_L (x^2 - 2y)\mathrm{d}x + (3x + y\mathrm{e}^y)\mathrm{d}y$,其中 L 是由直线 $x + y = 1$ 位于第一象限的线段及圆弧 $x^2 + y^2 = 1$ 位于第二象限的部分组成,方向如图 8-16 所示.

解　作线段 $\overline{CA}$,则 $L \bigcup \overline{CA}$ 构成闭曲线 $\overset{\frown}{ABCA}$,取正向,设其所围的区域为 D,$P = x^2 - 2y$,$Q = 3x + y\mathrm{e}^y$ 在 D 上满足格林公式的条件,所以有

$$\oint_{\overset{\frown}{ABCA}} (x^2 - 2y)\mathrm{d}x + (3x + y\mathrm{e}^y)\mathrm{d}y = \iint_D (3+2)\mathrm{d}x\mathrm{d}y = \frac{5}{2} + \frac{5\pi}{4}.$$

又 CA 的方程为

$$y = 0, \quad -1 \leqslant x \leqslant 1,$$

故有

$$\int_{CA} (x^2 - 2y)\mathrm{d}x + (3x + y\mathrm{e}^y)\mathrm{d}y = \int_{-1}^1 (x^2 - 0)\mathrm{d}x = \frac{2}{3}.$$

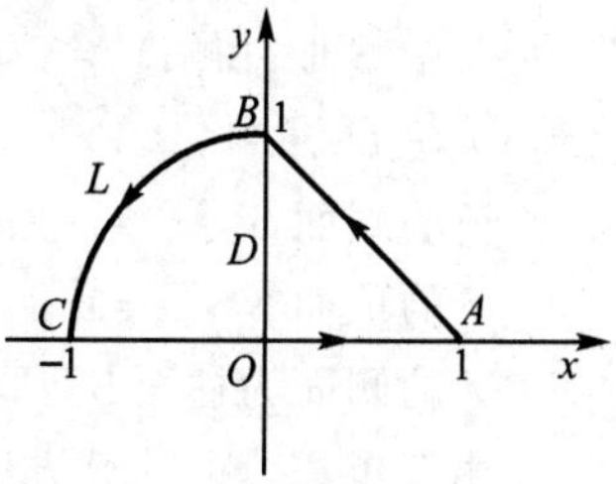

于是

$$I = \oint_{\overset{\frown}{ABCA}} (x^2 - 2y)\mathrm{d}x + (3x + y\mathrm{e}^y)\mathrm{d}y - \int_{CA} (x^2 - $$

$$2y)\mathrm{d}x + (3x + y\mathrm{e}^y)\mathrm{d}y$$

图 8-16

$$= 5\left(\frac{1}{2} + \frac{\pi}{4}\right) - \frac{2}{3} = \frac{5\pi}{4} + \frac{11}{6}.$$

例 8-10 表明对某些非闭曲线上的第二型曲线积分,可以做辅助线,使之化为闭曲线上的曲线积分,再应用格林公式以及曲线积分的性质,可达到简化计算的目的.

下面介绍格林公式的一个简单应用.

在格林公式中,若取 $P = -y$,$Q = x$,则有

$$\frac{1}{2}\oint_L x\mathrm{d}y - y\mathrm{d}x = \frac{1}{2}\iint_D (1+1)\mathrm{d}\sigma = \iint_D \mathrm{d}\sigma,$$

这恰是区域 D 的面积.因而可用下列公式计算区域 D 的面积:

$$S = \frac{1}{2}\oint_L x\mathrm{d}y - y\mathrm{d}x. \tag{2}$$

【例 8-11】 求椭圆 $x = a\cos t$,$y = b\sin t$ 所围图形的面积.

解　我们可用多种方法计算椭圆面积,下面用曲线积分再给出一种计算方法.应用公式(2),有

$$S = \frac{1}{2}\oint_L x\mathrm{d}y - y\mathrm{d}x = \frac{1}{2}\int[(a\cos t)b\cos t - b\sin t(-a\sin t)]\mathrm{d}t$$

$$= \frac{ab}{2}\int_0^{2\pi}\mathrm{d}t = \pi ab.$$

8.3.2　高斯公式

与平面上单连通区域类似,如果空间区域 V 内任一封闭曲面的内部都属于 V,则称 V 是单连通区域.

定理 8-2　(**高斯公式**) 设空间闭区域 V 是由光滑或分片光滑的封闭曲面 S 所围成的单连通区域,函数 $P(x,y,z)$、$Q(x,y,z)$、$R(x,y,z)$ 在 V 上有一阶连续偏导数,则有

$$\oiint_S P\mathrm{d}y\mathrm{d}z + Q\mathrm{d}z\mathrm{d}x + R\mathrm{d}x\mathrm{d}y = \iiint_V \left(\frac{\partial P}{\partial x} + \frac{\partial Q}{\partial y} + \frac{\partial R}{\partial z}\right)\mathrm{d}V, \tag{3}$$

其中,S 取外侧.

证明　设闭区域 V 在 xOy 面上的投影区域为 D_{xy},假定任何平行于 z 轴的直线穿过 V 的内部与 V 的边界曲面 S 的交点为两个(图 8-17),则 V 可表示为

其中 S 取外侧.$V = \{(x,y,z) \mid z_1(x,y) \leqslant z \leqslant z_2(x,y),$ $(x,y) \in D_{xy}\}$.

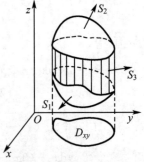

图 8-17

V 的底面 $S_1:z = z_1(x,y)$,取下侧;

V 的顶面 $S_2:z = z_2(x,y)$,取上侧;

V 的侧面为柱面 S_3:取外侧.

由三重积分的计算方法有

$$\iiint_V \frac{\partial R}{\partial z}\mathrm{d}V = \iint_{D_{xy}}\mathrm{d}x\mathrm{d}y\int_{z_1(x,y)}^{z_2(x,y)}\frac{\partial R}{\partial z}\mathrm{d}z$$

$$= \iint_{D_{xy}}\{R[x,y,z_2(x,y)] - R[x,y,z_1(x,y)]\}\mathrm{d}x\mathrm{d}y.$$

再由第二型曲面积分的计算方法有

$$\oiint_S R(x,y,z)\mathrm{d}x\mathrm{d}y = \iint_{S_1}R(x,y,z)\mathrm{d}x\mathrm{d}y + \iint_{S_2}R(x,y,z)\mathrm{d}x\mathrm{d}y + \iint_{S_3}R(x,y,z)\mathrm{d}x\mathrm{d}y$$

$$= \iint_{D_{xy}}R[x,y,z_2(x,y)]\mathrm{d}x\mathrm{d}y - \iint_{D_{xy}}R[x,y,z_1(x,y)]\mathrm{d}x\mathrm{d}y + 0,$$

故

$$\iiint_V \frac{\partial R}{\partial z}\mathrm{d}V = \oiint_S R(x,y,z)\mathrm{d}x\mathrm{d}y.$$

如果穿过 V 内部且与 x 轴平行的直线以及平行于 y 轴的直线与 V 的边界曲面 S 的交点也都恰有两个,那么类似可证

$$\iiint_V \frac{\partial P}{\partial x}\mathrm{d}V = \oiint_S P(x,y,z)\mathrm{d}y\mathrm{d}z,$$

$$\iiint\limits_{V} \frac{\partial Q}{\partial y} \mathrm{d}V = \oiint\limits_{S} Q(x,y,z)\mathrm{d}z\mathrm{d}x,$$

将以上三式相加便得高斯(G. F. Gauss,德国,1777—1855)公式.

如果平行于坐标轴的直线穿过 V 的内部与其边界曲面 S 的交点多于两个,可引入若干张辅助曲面将 V 分成若干满足上述条件的闭区域,而曲面积分在辅助曲面正反两侧相互抵消,故高斯公式仍成立.

高斯公式为曲面积分的计算开辟了一条新途径.

【例 8-12】　计算 $I = \oiint\limits_{S} x\mathrm{d}y\mathrm{d}z + y\mathrm{d}z\mathrm{d}x + 2z\mathrm{d}x\mathrm{d}y$,其中 S 是由三个坐标面及平面 $x+y+z=a(a>0)$ 围成的四面体 V 的整个表面的外侧(图 8-18).

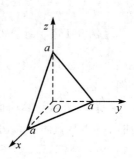

图 8-18

解　$P=x, Q=y, R=2z$,则

$$\frac{\partial P}{\partial x}=1, \frac{\partial Q}{\partial y}=1, \frac{\partial R}{\partial z}=2.$$

由高斯公式得

$$\oiint\limits_{S} x\mathrm{d}y\mathrm{d}z + y\mathrm{d}z\mathrm{d}x + 2z\mathrm{d}x\mathrm{d}y$$

$$= \iiint\limits_{V}(1+1+2)\mathrm{d}x\mathrm{d}y\mathrm{d}z = 4 \cdot \frac{1}{3} \cdot \frac{a^2}{2} \cdot a = \frac{2}{3}a^3.$$

【例 8-13】　计算 $I = \oiint\limits_{S}(y-z)x\mathrm{d}y\mathrm{d}z + (x-y)\mathrm{d}x\mathrm{d}y$,其中 S 为柱面 $x^2+y^2=1$ 及平面 $z=0, z=1$ 所围成的空间闭区域 V 的边界曲面的外侧(图 8-19).

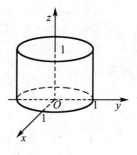

图 8-19

解　　　$P=(y-z)x, Q=0, R=x-y.$

利用高斯公式将曲面积分化为三重积分

$$I = \oiint\limits_{S}(y-z)x\mathrm{d}y\mathrm{d}z + (x-y)\mathrm{d}x\mathrm{d}y$$

$$= \iiint\limits_{V}(y-z)\mathrm{d}x\mathrm{d}y\mathrm{d}z$$

$$= \int_{0}^{2\pi}\mathrm{d}\theta\int_{0}^{1}r\mathrm{d}r\int_{0}^{1}(r\sin\theta - z)\mathrm{d}z$$

$$= -\frac{\pi}{2}.$$

【例 8-14】　计算 $I = \oiint\limits_{S} y^2\mathrm{d}y\mathrm{d}z + yz^2\mathrm{d}z\mathrm{d}x + x^2\mathrm{d}x\mathrm{d}y$,其中 S 是球面 $x^2+y^2+z^2 = R^2$ 的外侧(图 8-20).

解　$P=y^2, Q=yz^2, R=x^2$,则

$$\frac{\partial P}{\partial x}=0, \frac{\partial Q}{\partial y}=z^2, \frac{\partial R}{\partial z}=0.$$

由高斯公式得

$$I = \oiint_S y^2 \mathrm{d}y\mathrm{d}z + yz^2 \mathrm{d}z\mathrm{d}x + x^2 \mathrm{d}x\mathrm{d}y$$

$$= \iiint_V z^2 \mathrm{d}x\mathrm{d}y\mathrm{d}z$$

$$= \int_0^{2\pi} \mathrm{d}\theta \int_0^R r\mathrm{d}r \int_{-\sqrt{R^2-r^2}}^{\sqrt{R^2-r^2}} z^2 \mathrm{d}z$$

$$= 2\pi \int_0^R \frac{2}{3} r (R^2 - r^2)^{\frac{3}{2}} \mathrm{d}r = \frac{4}{15}\pi R^5.$$

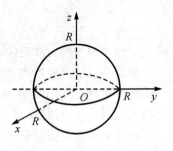

图 8-20

【例 8-15】 计算曲面积分 $I = \iint_S 2x^3 \mathrm{d}y\mathrm{d}z + 2y^3 \mathrm{d}z\mathrm{d}x +$

$3(z^2 - 1)\mathrm{d}x\mathrm{d}y$，其中 S 是曲面 $z = 1 - x^2 - y^2 (z \geqslant 0)$ 的上侧
（图 8-21）.

解 直接计算曲面积分较繁，考虑应用高斯公式. 由于
曲面 S 不是封闭曲面，引进辅助曲面 S_1：

$S_1: z = 0, (x, y) \in D_{xy}$，取下侧

$$D_{xy} = \{(x, y) \mid x^2 + y^2 \leqslant 1\},$$

则有

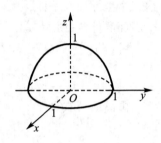

图 8-21

$$I = \oiint_{S+S_1} 2x^3 \mathrm{d}y\mathrm{d}z + 2y^3 \mathrm{d}z\mathrm{d}x + 3(z^2 -$$

$$1)\mathrm{d}x\mathrm{d}y -$$

$$\iint_{S_1} 2x^3 \mathrm{d}y\mathrm{d}z + 2y^3 \mathrm{d}z\mathrm{d}x + 3(z^2 - 1)\mathrm{d}x\mathrm{d}y.$$

由高斯公式知

$$\oiint_{S+S_1} 2x^3 \mathrm{d}y\mathrm{d}z + 2y^3 \mathrm{d}z\mathrm{d}x + 3(z^2 - 1)\mathrm{d}x\mathrm{d}y$$

$$= \iiint_V 6(x^2 + y^2 + z)\mathrm{d}x\mathrm{d}y\mathrm{d}z = 6 \int_0^{2\pi} \mathrm{d}\theta \int_0^1 \mathrm{d}r \int_0^{1-r^2} (z + r^2) r\mathrm{d}z$$

$$= 12\pi \int_0^1 \left[\frac{1}{2} r (1 - r^2)^2 + r^3 (1 - r^2) \right] \mathrm{d}r = 2\pi.$$

而

$$\iint_{S_1} 2x^3 \mathrm{d}y\mathrm{d}z + 2y^3 \mathrm{d}z\mathrm{d}x + 3(z^2 - 1)\mathrm{d}x\mathrm{d}y$$

$$= - \iint_{x^2+y^2 \leqslant 1} (-3)\mathrm{d}x\mathrm{d}y = 3\pi,$$

因此

$$I = 2\pi - 3\pi = -\pi.$$

利用两类曲面积分的关系，高斯公式也可以写作

$$\oiint_S (P\cos\alpha + Q\cos\beta + R\cos\gamma)\mathrm{d}S = \iiint_V \left(\frac{\partial P}{\partial x} + \frac{\partial Q}{\partial y} + \frac{\partial R}{\partial z} \right)\mathrm{d}V, \qquad (4)$$

其中 $\cos\alpha$、$\cos\beta$、$\cos\gamma$ 是曲面 S 外侧上任一点处的外法向量的方向余弦.

8.3.3　斯托克斯公式

斯托克斯(S. G. G. Stokes,英国,1819—1903)公式是格林公式在空间曲面上的推广. 我们不加证明而给出下面定理.

定理 8-3　(**斯托克斯公式**)设 L 为分段光滑的空间有向闭曲线,S 为以 L 为边界的分片光滑有向曲面,L 的正向与 S 的法向量构成右手系,函数 $P(x,y,z)$,$Q(x,y,z)$ 及 $R(x,y,z)$ 在包含曲面 S 在内的一个空间区域内有一阶连续偏导数,则有

$$\oint_L P\,\mathrm{d}x + Q\,\mathrm{d}y + R\,\mathrm{d}z$$
$$= \iint_S \left(\frac{\partial R}{\partial y} - \frac{\partial Q}{\partial z}\right)\mathrm{d}y\mathrm{d}z + \left(\frac{\partial P}{\partial z} - \frac{\partial R}{\partial x}\right)\mathrm{d}z\mathrm{d}x + \left(\frac{\partial Q}{\partial x} - \frac{\partial P}{\partial y}\right)\mathrm{d}x\mathrm{d}y. \tag{5}$$

为了便于记忆,斯托克斯公式常写成

$$
\oint_L P\,\mathrm{d}x + Q\,\mathrm{d}y + R\,\mathrm{d}z = \iint_S
\begin{vmatrix}
\mathrm{d}y\mathrm{d}z & \mathrm{d}z\mathrm{d}x & \mathrm{d}x\mathrm{d}y \\
\dfrac{\partial}{\partial x} & \dfrac{\partial}{\partial y} & \dfrac{\partial}{\partial z} \\
P & Q & R
\end{vmatrix}
$$
$$
= \iint_S
\begin{vmatrix}
\cos\alpha & \cos\beta & \cos\gamma \\
\dfrac{\partial}{\partial x} & \dfrac{\partial}{\partial y} & \dfrac{\partial}{\partial z} \\
P & Q & R
\end{vmatrix}\mathrm{d}S. \tag{6}
$$

其中行列式按第一行展开,并规定当 $\frac{\partial}{\partial y}$ 与 R "相乘" 时,得 $\frac{\partial R}{\partial y}$;当 $\frac{\partial}{\partial z}$ 与 Q "相乘" 时,得 $\frac{\partial Q}{\partial z}$ 等,$(\cos\alpha,\cos\beta,\cos\gamma)$ 为曲面 S 上与其侧方向一致的单位法向量.

如果 S 是 xOy 坐标面上的平面区域,则斯托克斯公式便成为格林公式.

【例 8-16】　计算曲线积分 $I = \oint_L z\,\mathrm{d}x + x\,\mathrm{d}y + y\,\mathrm{d}z$,其中 L 为平面 $x+y+z=1$ 被三个坐标面所截得的三角形 S 的整个边界,其正方向与这个三角形上侧的法向量成右手系.

解　$P=z$,$Q=x$,$R=y$,由斯托克斯公式,得

$$I = \oint_L z\,\mathrm{d}x + x\,\mathrm{d}y + y\,\mathrm{d}z = \iint_S
\begin{vmatrix}
\mathrm{d}y\mathrm{d}z & \mathrm{d}z\mathrm{d}x & \mathrm{d}x\mathrm{d}y \\
\dfrac{\partial}{\partial x} & \dfrac{\partial}{\partial y} & \dfrac{\partial}{\partial z} \\
z & x & y
\end{vmatrix}$$

$$= \iint_S \mathrm{d}y\mathrm{d}z + \mathrm{d}z\mathrm{d}x + \mathrm{d}x\mathrm{d}y.$$

其中 S 取上侧(图 8-22),设 S 在 xOy 面上投影区域为 D_{xy}, 由对称性得

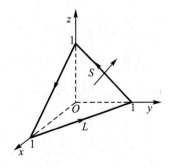

图 8-22

$$I = 3\iint\limits_{S} \mathrm{d}x\mathrm{d}y = 3\iint\limits_{D_{xy}} \mathrm{d}x\mathrm{d}y = \frac{3}{2}.$$

【例 8-17】 计算曲线积分 $\oint_{L} y\mathrm{d}x + z\mathrm{d}y + x\mathrm{d}z$,其中 L 是球面 $x^2 + y^2 + z^2 = 2(x+y)$ 与平面 $x + y = 2$ 的交线,L 的正向从原点看去是逆时针方向(图 8-23).

解 取平面 $x + y = 2$ 上由曲线 L 所围部分为斯托克斯公式中的曲面 S,则 S 的法向量的方向余弦按右手法则为

$$\cos \alpha = -\frac{1}{\sqrt{2}}, \quad \cos \beta = -\frac{1}{\sqrt{2}}, \quad \cos \gamma = 0.$$

于是由斯托克斯公式,得

$$\oint_{L} y\mathrm{d}x + z\mathrm{d}y + x\mathrm{d}z = \iint\limits_{S} \begin{vmatrix} \cos \alpha & \cos \beta & \cos \gamma \\ \dfrac{\partial}{\partial x} & \dfrac{\partial}{\partial y} & \dfrac{\partial}{\partial z} \\ y & z & x \end{vmatrix} \mathrm{d}S$$

$$= \iint\limits_{S} \left(\frac{1}{\sqrt{2}} + \frac{1}{\sqrt{2}} \right) \mathrm{d}S = \sqrt{2} \iint\limits_{S} \mathrm{d}S$$

$$= \sqrt{2} \cdot \left[\pi(\sqrt{2})^2 \right] = 2\sqrt{2}\,\pi.$$

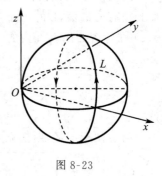

图 8-23

习题 8-3

1. 利用格林公式,计算下列曲线积分:

(1) $\oint_{L} (2x - y + 4)\mathrm{d}x + (5y + 3x - 6)\mathrm{d}y$,其中 L 为三顶点分别为 $(0,0)$,$(3,0)$ 和 $(3,2)$ 的三角形正向边界;

(2) $\oint_{L} (x^2 y\cos x + 2xy\sin x - y^2 \mathrm{e}^x)\mathrm{d}x + (x^2 \sin x - 2y\mathrm{e}^x)\mathrm{d}y$,其中 L 为正向星形线 $x^{2/3} + y^{2/3} = a^{2/3}\ (a > 0)$.

2. 利用格林公式,计算曲线积分 $\int_{L} xy^2 \mathrm{d}y - x^2 y\mathrm{d}x$,其中 L 为

(1) 圆周 $x^2 + y^2 = 1$,取逆时针方向;

(2) 上半圆周 $y = \sqrt{1 - x^2}$,方向从点 $A(1,0)$ 到点 $B(-1,0)$.

3. 计算曲线积分 $I = \oint_{L} \dfrac{\mathrm{d}x + \mathrm{d}y}{|x| + |y|}$,其中 L 是以 $A(1,0)$、$B(0,1)$、$C(-1,0)$、$D(0,-1)$ 为顶点的正方形边界,取正向.

4. 利用格林公式,计算曲线积分 $\oint_{L} (x^3 + 2y)\mathrm{d}x + (4x - 3y^2)\mathrm{d}y$,其中 L 为椭圆 $\dfrac{x^2}{a^2} + \dfrac{y^2}{b^2} = 1$ 的正向闭路.

5. 计算曲线积分 $I = \int_{L} (\mathrm{e}^x \sin y - my)\mathrm{d}x + (\mathrm{e}^x \cos y - m)\mathrm{d}y$,其中 L 是从点 $(a,0)$ 经上半圆周 $y = \sqrt{ax - x^2}\ (a > 0)$ 到点 $(0,0)$ 的一段弧.

6. 利用高斯公式计算下列曲面积分：

(1) $I = \oiint\limits_{S} (y-z)\mathrm{d}y\mathrm{d}z + (z-x)\mathrm{d}z\mathrm{d}x + (x-y)\mathrm{d}x\mathrm{d}y$，其中 S 为锥面 $z = \sqrt{x^2+y^2}$ 与平面 $z = h(h > 0)$ 所围成立体的整个表面的外侧.

(2) $I = \oiint\limits_{S} 4xz\mathrm{d}y\mathrm{d}z - y^2\mathrm{d}z\mathrm{d}x + yz\mathrm{d}x\mathrm{d}y$，其中 S 是平面 $x = 0, y = 0, z = 0, x = 1$，$y = 1, z = 1$ 所围成的立体的整个表面，取外侧.

(3) $I = \oiint\limits_{S} x\mathrm{d}y\mathrm{d}z + y\mathrm{d}z\mathrm{d}x + z\mathrm{d}x\mathrm{d}y$，其中 S 是介于 $z = 0$ 和 $z = 3$ 之间的圆柱体 $x^2 + y^2 \leqslant 9$ 的整个表面的外侧.

(4) $I = \oiint\limits_{S} x^2\mathrm{d}y\mathrm{d}z + y^2\mathrm{d}z\mathrm{d}x + z^2\mathrm{d}x\mathrm{d}y$，其中 S 是长方体 $V = \{(x,y,z) \mid 0 \leqslant x \leqslant a$, $0 \leqslant y \leqslant b, 0 \leqslant z \leqslant c\}$ 整个表面的外侧.

7. 利用高斯公式计算曲面积分 $\iint\limits_{S} x^3\mathrm{d}y\mathrm{d}z + y^3\mathrm{d}z\mathrm{d}x + (z^3 + x^2 + y^2)\mathrm{d}x\mathrm{d}y$，其中 S 为

(1) 球面 $x^2 + y^2 + z^2 = R^2(R > 0)$ 的外侧；

(2) 上半球面 $z = \sqrt{R^2 - x^2 - y^2}(R > 0)$ 的上侧.

8. 利用高斯公式计算曲面积分 $\oiint\limits_{S} (x-y)\mathrm{d}x\mathrm{d}y + xz\mathrm{d}y\mathrm{d}z$，其中 S 是柱面 $x^2 + y^2 = 1$ 及平面 $z = 0, z = 3$ 所围成的空间闭区域的整个边界曲面的外侧.

9. 利用高斯公式计算曲面积分 $\iint\limits_{S} x\mathrm{d}y\mathrm{d}z + y\mathrm{d}z\mathrm{d}x + z\mathrm{d}x\mathrm{d}y$，其中 S 为椭球面 $\dfrac{x^2}{a^2} + \dfrac{y^2}{b^2} + \dfrac{z^2}{c^2} = 1$ 的下半部分下侧.

10. 计算曲面积分 $\iint\limits_{S} \dfrac{ax\mathrm{d}y\mathrm{d}z + (z+a)^2\mathrm{d}x\mathrm{d}y}{(x^2+y^2+z^2)^{1/2}}$，其中 S 是下半球面 $z = -\sqrt{a^2 - x^2 - y^2}$ 的上侧，a 为大于零的常数.

11. 利用斯托克斯公式，计算下列曲线积分：

(1) $\oint\limits_{L} 2y\mathrm{d}x + 3x\mathrm{d}y - z^2\mathrm{d}z$，其中 L 为圆周 $\begin{cases} x^2 + y^2 + z^2 = 9 \\ z = 0 \end{cases}$，若从 z 轴正向往负向看去，L 为逆时针方向；

(2) $\oint\limits_{L} 3y\mathrm{d}x - xz\mathrm{d}y + yz^2\mathrm{d}z$，其中 L 为圆周 $\begin{cases} x^2 + y^2 = 2z \\ z = 2 \end{cases}$，若从 z 轴正向往负向看去，L 为逆时针方向；

(3) $\oint\limits_{L} xy\mathrm{d}x + yz\mathrm{d}y + zx\mathrm{d}z$，其中 L 是以点 $(1,0,0)$、$(0,3,0)$、$(0,0,3)$ 为顶点的三角形的边界，从 z 轴正向往负向看去，L 为逆时针方向.

8.4 平面曲线积分与路径无关的条件

一般来说,第二型曲线积分不仅与起点和终点的位置有关,而且还与积分的路径有关. 对于有相同的起点与终点,即使相同的被积函数,沿不同路径所得积分结果一般也不会相同. 但是,在物理上如重力场、静电场中,重力与电场力所做的功,只与起点、终点有关,而与所走的路径无关. 这个问题在数学上就是所谓**积分与路径无关**(independent of path). 下面讨论平面上第二型曲线积分与路径无关的条件.

当曲线积分在区域 D 内与路径无关时,对于 D 内任意给定的两点 A 与 B,以及从点 A 到点 B 的任意两条连接曲线 L_1, L_2(图 8-24),都有

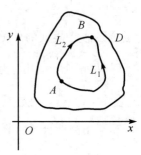

图 8-24

$$\int_{L_1} P\mathrm{d}x + Q\mathrm{d}y = \int_{L_2} P\mathrm{d}x + Q\mathrm{d}y \ \text{成立},$$

则

$$\int_{L_1} P\mathrm{d}x + Q\mathrm{d}y - \int_{L_2} P\mathrm{d}x + Q\mathrm{d}y = 0.$$

由于

$$\int_{L_2} P\mathrm{d}x + Q\mathrm{d}y = -\int_{L_2^-} P\mathrm{d}x + Q\mathrm{d}y,$$

因而

$$\int_{L_1} P\mathrm{d}x + Q\mathrm{d}y - \int_{L_2} P\mathrm{d}x + Q\mathrm{d}y = \int_{L_1} P\mathrm{d}x + Q\mathrm{d}y + \int_{L_2^-} P\mathrm{d}x + Q\mathrm{d}y = 0,$$

即

$$\oint_{L_1 + L_2^-} P\mathrm{d}x + Q\mathrm{d}y = 0,$$

其中 $L_1 + L_2^-$ 构成了一条有向闭曲线.

反过来,如果在区域 D 内沿任意闭曲线的积分为零,容易推出在 D 内曲线积分与路径无关. 因此,曲线积分 $\int_L P\mathrm{d}x + Q\mathrm{d}y$ 在 D 内与路径无关等价于沿 D 内任何闭曲线 C 上的曲线积分为零,即 $\oint_C P\mathrm{d}x + Q\mathrm{d}y = 0$.

定理 8-4 设 D 为平面上的单连通区域,函数 $P(x,y), Q(x,y)$ 在 D 上具有一阶连续偏导数,则曲线积分 $\int_L P\mathrm{d}x + Q\mathrm{d}y$ 在 D 内与路径无关(或沿 D 内任意闭曲线的曲线积分为零)的充分必要条件是

$$\frac{\partial Q}{\partial x} = \frac{\partial P}{\partial y} \tag{1}$$

在 D 内恒成立.

证明 先证充分性.

设 L 为 D 内任一闭曲线,它所围的区域记为 G,由于 D 是单连通区域,则 $G \subset D$. 应用格林公式,并注意到 $\frac{\partial Q}{\partial x} = \frac{\partial P}{\partial y}$ 在 D 内处处成立,有

$$\oint_L P\,\mathrm{d}x + Q\,\mathrm{d}y = \pm \iint_G \left(\frac{\partial Q}{\partial x} - \frac{\partial P}{\partial y}\right)\mathrm{d}x\mathrm{d}y = 0,$$

其中,当 L 取正向时,上式取"+"号,否则取"一"号.

再证必要性,即证明:如果沿 D 内任意闭曲线的曲线积分为零,那么式(1)在 D 内恒成立.

运用反证法,假设上述论断不成立,那么在 D 内至少有一点 M_0,使

$$\left(\frac{\partial Q}{\partial x} - \frac{\partial P}{\partial y}\right)_{M_0} \neq 0,$$

不妨假定

$$\left(\frac{\partial Q}{\partial x} - \frac{\partial P}{\partial y}\right)_{M_0} > 0.$$

因为 $\dfrac{\partial Q}{\partial x}, \dfrac{\partial P}{\partial y}$ 在 D 内连续,故由连续函数的保号性可知,在 D 内存在一个以 M_0 为圆心,半径足够小的圆域 K,使得在该圆域 K 上

$$\frac{\partial Q}{\partial x} - \frac{\partial P}{\partial y} > 0.$$

设 L 为圆域 K 的正向边界曲线,σ 为 K 的面积,则由格林公式及二重积分的中值定理,有

$$\begin{aligned}
\oint_L P\,\mathrm{d}x + Q\,\mathrm{d}y &= \iint_K \left(\frac{\partial Q}{\partial x} - \frac{\partial P}{\partial y}\right)\mathrm{d}x\mathrm{d}y \\
&= \left(\frac{\partial Q}{\partial x} - \frac{\partial P}{\partial y}\right)_{M^*} \iint_K \mathrm{d}x\mathrm{d}y \\
&= \left(\frac{\partial Q}{\partial x} - \frac{\partial P}{\partial y}\right)_{M^*} \cdot \sigma > 0,
\end{aligned}$$

这里 M^* 是 K 内某一点.

这结果与沿 D 内任意闭曲线积分为零的假定相矛盾,可见 D 内使式(1)不成立的点不可能存在,即式(1)在 D 内处处成立,证毕.

【例 8-18】　证明曲线积分 $I = \displaystyle\int_L (2x\cos y + y^2\cos x)\mathrm{d}x +$
$(2y\sin x - x^2\sin y)\mathrm{d}y$ 与路径无关,并计算积分值,其中 L 是 $(x-1)^2 + y^2 = 1$ 的上半圆周,方向如图 8-25 所示.

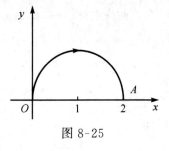

图 8-25

解　$P = 2x\cos y + y^2\cos x, Q = 2y\sin x - x^2\sin y$,则

$$\frac{\partial P}{\partial y} = -2x\sin y + 2y\cos x; \quad \frac{\partial Q}{\partial x} = 2y\cos x - 2x\sin y$$

所以 $\dfrac{\partial P}{\partial y} = \dfrac{\partial Q}{\partial x}$.

由定理 8-4 可知,曲线积分与路径无关,取有向直线段 $\overline{OA}$ 为积分路径,在 $\overline{OA}$ 上,$y = 0$,x 的变化范围是从 0 到 2.故

$$I = \int_0^2 2x\,\mathrm{d}x = 2 \cdot \left.\frac{x^2}{2}\right|_0^2 = 4.$$

【例 8-19】 计算积分

$$I = \int_{\widehat{AB}} (x^2 y\cos x + 2xy\sin x - y^2 e^x)dx + (x^2\sin x - 2ye^x)dy,$$

其中曲线 $\widehat{AB}$ 是自点 $A(a,0)$ 沿星形线 $x^{\frac{2}{3}} + y^{\frac{2}{3}} = a^{\frac{2}{3}}(a > 0)$ 到点 $B(0,a)$ 在第一象限的一段弧.

解 这里

$$P = x^2 y\cos x + 2xy\sin x - y^2 e^x, \quad Q = x^2\sin x - 2ye^x,$$

因为

$$\frac{\partial Q}{\partial x} = 2x\sin x + x^2\cos x - 2ye^x = \frac{\partial P}{\partial y}$$

处处成立,故曲线积分与积分路径无关,为此选如图 8-26 所示的路径,在 $\overline{AO}$ 上,因 $y = 0, dy = 0$,而在 $\overline{OB}$ 上,$x = 0$,$dx = 0$,所以

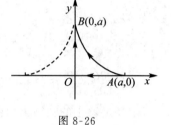

图 8-26

$$I = \int_{\overline{AO}+\overline{OB}} (x^2 y\cos x + 2xy\sin x - y^2 e^x)dx + (x^2\sin x - 2ye^x)dy$$

$$= \int_a^0 0dx + \int_0^a (-2y)dy = -2\int_0^a ydy = -a^2.$$

若曲线积分 $\int_L Pdx + Qdy$ 只与曲线 L 的起点 $M_0(x_0,y_0)$ 及终点 $M(x,y)$ 有关,而与路径 L 无关,则可将这个积分记为 $\int_{(x_0,y_0)}^{(x,y)} Pdx + Qdy$.

【例 8-20】 已知曲线积分 $\int_L (x^2+1)ydx + f(x)dy$ 与路径无关.

(1) 设 $f(0) = 1$,求 $f(x)$.

(2) 在(1)的基础上,计算曲线积分 $I = \int_{(1,1)}^{(2,3)} (x^2+1)ydx + f(x)dy$.

解 (1)$P = (x^2+1)y, Q = f(x)$,则

$$\frac{\partial P}{\partial y} = x^2+1, \quad \frac{\partial Q}{\partial x} = f'(x).$$

由曲线积分 $\int_L (x^2+1)ydx + f(x)dy$ 与路径无关可知

$$\frac{\partial P}{\partial y} = \frac{\partial Q}{\partial x},$$

即

$$f'(x) = x^2+1,$$

因此

$$f(x) = \int (x^2+1)dx = \frac{1}{3}x^3 + x + c.$$

将 $f(0) = 1$ 代入,得 $c = 1$,所以

$$f(x) = \frac{1}{3}x^3 + x + 1.$$

(2) 如图 8-27 所示,设点 A、B、C 的坐标分别为$(1,1)$,$(2,3)$,$(2,1)$.

由于曲线积分 I 与路径无关,故取有向直线段 $\overline{AC} + \overline{CB}$ 为积分路径,在 $\overline{AC}$ 上 $y = 1$,

$\mathrm{d}y = 0$，而在 $\overline{CB}$ 上 $x = 2, \mathrm{d}x = 0$，所以

$$
\begin{aligned}
I &= \int_{(1,1)}^{(2,3)} (x^2 + 1)y\mathrm{d}x + \left(\frac{1}{3}x^3 + x + 1\right)\mathrm{d}y \\
&= \int_{\overline{AC}+\overline{CB}} (x^2 + 1)y\mathrm{d}x + \left(\frac{1}{3}x^3 + x + 1\right)\mathrm{d}y \\
&= \int_1^2 (x^2 + 1)\mathrm{d}x + \int_1^3 \left(\frac{1}{3} \cdot 2^3 + 2 + 1\right)\mathrm{d}y \\
&= \left[\frac{1}{3}x^3 + x\right]\Big|_1^2 + \frac{17}{3} \cdot y\Big|_1^3 = \frac{44}{3}.
\end{aligned}
$$

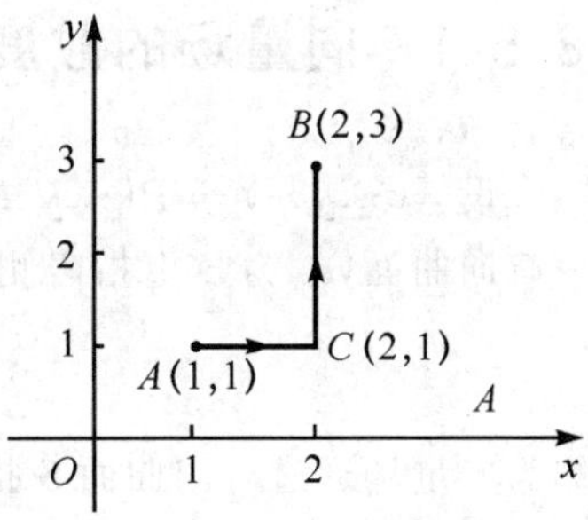

图 8-27

习题 8-4

1. 验证下列曲线积分在 xOy 面内与路径无关，并计算积分值：

(1) $\displaystyle\int_{(1,1)}^{(2,3)} (x + y)\mathrm{d}x + (x - y)\mathrm{d}y$；

(2) $\displaystyle\int_{(1,0)}^{(2,1)} (2xy - y^4 + 3)\mathrm{d}x + (x^2 - 4xy^3)\mathrm{d}y$；

(3) $\displaystyle\int_{(0,0)}^{(a,b)} \mathrm{e}^x (\cos y\mathrm{d}x - \sin y\mathrm{d}y)$；

(4) $\displaystyle\int_{(-1,0)}^{(0,1)} \mathrm{e}^x[\mathrm{e}^y(x - y + 2) + y]\mathrm{d}x + \mathrm{e}^x[\mathrm{e}^y(x - y) + 1]\mathrm{d}y$.

2. 计算曲线积分 $I = \displaystyle\int_L (x^3 + \sin y)\mathrm{d}x + (x\cos y + y^2)\mathrm{d}y$，其中 L 是从点 $O(0,0)$ 沿曲线 $y = x^{3/2}$ 到点 $B(1,1)$.

3. 计算曲线积分 $\displaystyle\int_L (2xy + 3x\sin x)\mathrm{d}x + (x^2 - y\mathrm{e}^y)\mathrm{d}y$，其中 L 是从点 $O(0,0)$ 沿摆线 $x = t - \sin t, y = 1 - \cos t$ 到点 $A(\pi, 2)$ 的一段弧.

4. 已知曲线积分 $\displaystyle\int_L (x^4 + 4xy^3)\mathrm{d}x + (6x^{\lambda-1}y^2 - 5y^4)\mathrm{d}y$ 与路径无关，试确定常数 λ 的值，并计算积分值 $I = \displaystyle\int_{(0,0)}^{(1,2)} (x^4 + 4xy^3)\mathrm{d}x + (6x^{\lambda-1}y^2 - 5y^4)\mathrm{d}y$.

5. 设在右半平面内 $(x > 0)$，有一力场 $\boldsymbol{F} = -\dfrac{K}{r^3}(x\boldsymbol{i} + y\boldsymbol{j})$，其中 K 为常数，$r = \sqrt{x^2 + y^2}$. 证明此力场中，场力所做的功与所取路径无关，而只与起点与终点有关.

8.5　场论简介

前面已经简要地介绍了数量场和向量场的概念，其中梯度是描述数量场特征的一个基本概念，下面介绍描述向量场特征的两个基本概念：散度和旋度.

8.5.1 向量场的散度

设 $\boldsymbol{A}(x,y,z) = P(x,y,z)\boldsymbol{i}+Q(x,y,z)\boldsymbol{j}+R(x,y,z)\boldsymbol{k}$ 为一向量场，S 为该向量场内一有向曲面，$\boldsymbol{e}_n$ 为 S 上指定侧的单位法向量，则向量场 $\boldsymbol{A}$ 沿曲面 S 的第二型曲面积分

$$\iint\limits_S \boldsymbol{A}\cdot \mathrm{d}\boldsymbol{S} = \iint\limits_S \boldsymbol{A}\cdot \boldsymbol{e}_n \mathrm{d}S$$

称为向量场通过有向曲面 S 指定侧的**通量**，记为

$$\Phi = \iint\limits_S \boldsymbol{A}\cdot \mathrm{d}\boldsymbol{S}.$$

在各种具体的向量场中，通量具有相应的物理意义，例如，在流速场 $\boldsymbol{v}(x,y,z)$ 中，通量 Φ 表示流量；在电感强度为 $\boldsymbol{D}$ 的电场中，通过有向曲面 S 指定侧的通量 $\Phi = \iint\limits_S \boldsymbol{D}\cdot \mathrm{d}\boldsymbol{S}$ 表示电通量.

如果有向曲面 S 是分片光滑的闭曲面，由高斯公式有

$$\oiint\limits_S \boldsymbol{A}\cdot \mathrm{d}\boldsymbol{S} = \oiint\limits_S \boldsymbol{A}\cdot \boldsymbol{e}_n \mathrm{d}S = \oiint\limits_S P\mathrm{d}y\mathrm{d}z + Q\mathrm{d}z\mathrm{d}x + R\mathrm{d}x\mathrm{d}y$$

$$= \iiint\limits_V \left(\frac{\partial P}{\partial x}+\frac{\partial Q}{\partial y}+\frac{\partial R}{\partial z}\right)\mathrm{d}V.$$

我们称 $\frac{\partial P}{\partial x}+\frac{\partial Q}{\partial y}+\frac{\partial R}{\partial z}$ 为向量场 $\boldsymbol{A}(x,y,z)$ 在点 (x,y,z) 处的**散度**(divergence)，记为 $\mathrm{div}\,\boldsymbol{A}$，即

$$\mathrm{div}\,\boldsymbol{A} = \frac{\partial P}{\partial x}+\frac{\partial Q}{\partial y}+\frac{\partial R}{\partial z}. \tag{1}$$

于是高斯公式也可以写成向量形式：

$$\oiint\limits_S \boldsymbol{A}\cdot \mathrm{d}\boldsymbol{S} = \iiint\limits_V \mathrm{div}\,\boldsymbol{A}\mathrm{d}V. \tag{2}$$

由散度的定义知，散度是一个数量，它可以看作由向量场 $\boldsymbol{A}(x,y,z)$ 产生的数量场，称为**散度场**.

下面我们以流量为例解释高斯公式的物理意义. 设 $\boldsymbol{A}(x,y,z),(x,y,z)\in V$ 为空间 V 中稳定流动的不可压缩流体的速度场.

高斯公式的左端表示单位时间内通过闭曲面 S 流向 V 外部流体的流量，如果我们规定从 S 内通过 S 流向外侧的流量为正流量，从 S 外通过 S 流向内侧的流量为负流量，则通过曲面 S 的总流量 Φ 等于通过 S 的正流量与负流量的代数和. 当 $\Phi > 0$ 时，说明流出的多于流入的，因而在 S 内一定存在产生流体的"源"，此时称在 S 内有正源. 当 $\Phi < 0$ 时，表示流出的少于流入的，则在 S 内一定有"洞"，此时称在 S 内有负源. 当 $\Phi = 0$ 时，在 S 内可能无源，也可能在 S 内同时存在着正源和负源，它们的代数和为零.

将高斯公式两边同除以 V(V 表示空间区域的体积)，即

$$\frac{1}{V}\oiint\limits_S \boldsymbol{A}\cdot \mathrm{d}\boldsymbol{S} = \frac{1}{V}\iiint\limits_V \mathrm{div}\,\boldsymbol{A}\mathrm{d}V,$$

上式右端表示 V 内的"源"在单位体积内产生的流体总量的平均值,称为流速场 $\boldsymbol{A}$ 在 S 内的**平均源强**. 由三重积分的中值定理得

$$\frac{1}{V}\oiint_S \boldsymbol{A} \cdot \mathrm{d}\boldsymbol{S} = \frac{1}{V}\iiint_V \operatorname{div} \boldsymbol{A}\,\mathrm{d}V = \operatorname{div} \boldsymbol{A}(M^*),$$

其中 M^* 为 V 内一点,当 V 连续收缩到 V 内一点 $M(x,y,z)$ 时,便有

$$\lim_{V \to M}\frac{1}{V}\oiint_S \boldsymbol{A} \cdot \mathrm{d}\boldsymbol{S} = \lim_{V \to M}\operatorname{div} \boldsymbol{A}(M^*) = \operatorname{div} \boldsymbol{A}(M) = \frac{\partial P}{\partial x} + \frac{\partial Q}{\partial y} + \frac{\partial R}{\partial z},$$

于是

$$\operatorname{div} \boldsymbol{A} = \lim_{V \to M}\frac{1}{V}\oiint_S \boldsymbol{A} \cdot \mathrm{d}\boldsymbol{S}.$$

这说明散度 $\operatorname{div} \boldsymbol{A}$ 表示流体在点 M 处"正源"或"负源"的**源头强度**. 当 $\operatorname{div} \boldsymbol{A} > 0$,表示在该点有正源;当 $\operatorname{div} \boldsymbol{A} < 0$,表示在该点有负源. 如果散度 $\operatorname{div} \boldsymbol{A}$ 在场内处处为零,那么称向量场 $\boldsymbol{A}$ 为**无源场**.

【例 8-21】 求向量场 $\boldsymbol{A}(x,y,z) = (x,y,z)$ 通过圆柱 $x^2 + y^2 \leqslant a^2 (0 \leqslant z \leqslant h)$ 的全表面流向外侧的通量.

解 由高斯公式知

$$\varPhi = \oiint_S \boldsymbol{A} \cdot \mathrm{d}\boldsymbol{S} = \oiint_S x\,\mathrm{d}y\mathrm{d}z + y\,\mathrm{d}z\mathrm{d}x + z\,\mathrm{d}x\mathrm{d}y = \iiint_V 3\,\mathrm{d}V = 3\pi a^2 h.$$

【例 8-22】 设向量场 $\boldsymbol{A}(x,y,z) = (xy, y\mathrm{e}^z, xz)$,求 $\boldsymbol{A}(x,y,z)$ 在点 $(0,1,0)$ 处的散度 $\operatorname{div} \boldsymbol{A}$.

解
$$P = xy, \quad Q = y\mathrm{e}^z, \quad R = xz,$$
$$\operatorname{div} \boldsymbol{A} = \frac{\partial P}{\partial x} + \frac{\partial Q}{\partial y} + \frac{\partial R}{\partial z} = y + \mathrm{e}^z + x,$$

于是

$$\operatorname{div} \boldsymbol{A}\,\big|_{(0,1,0)} = 1 + 1 + 0 = 2.$$

【例 8-23】 置于原点的点电荷 q 产生的静电场强度为

$$\boldsymbol{E} = \frac{q}{(x^2 + y^2 + z^2)^{3/2}}(x\boldsymbol{i} + y\boldsymbol{j} + z\boldsymbol{k}),$$

求静电场中点 M 处的散度 $\operatorname{div} \boldsymbol{E}$.

解 由

$$P = \frac{qx}{(x^2 + y^2 + z^2)^{3/2}}, \quad Q = \frac{qy}{(x^2 + y^2 + z^2)^{3/2}}, \quad R = \frac{qz}{(x^2 + y^2 + z^2)^{3/2}},$$

解出

$$\frac{\partial P}{\partial x} = q \cdot \frac{y^2 + z^2 - 2x^2}{(x^2 + y^2 + z^2)^{5/2}},$$

$$\frac{\partial Q}{\partial y} = q \cdot \frac{z^2 + x^2 - 2y^2}{(x^2 + y^2 + z^2)^{5/2}},$$

$$\frac{\partial R}{\partial z} = q \cdot \frac{x^2 + y^2 - 2z^2}{(x^2 + y^2 + z^2)^{5/2}},$$

从而

$$\text{div } \boldsymbol{E} = \frac{\partial P}{\partial x} + \frac{\partial Q}{\partial y} + \frac{\partial R}{\partial z} = 0.$$

由此可知,除原点外场中任何一点的散度都为零,即点电荷产生的静电场强度 $\boldsymbol{E}$ 在原点外的区域上是无源场.

8.5.2 向量场的旋度

设 $\boldsymbol{A}(x,y,z) = P(x,y,z)\boldsymbol{i} + Q(x,y,z)\boldsymbol{j} + R(x,y,z)\boldsymbol{k}$ 为一向量场,L 为向量场内一条有向闭曲线,$\boldsymbol{\tau}_0$ 为 L 上与指定方向一致的单位切向量,我们称曲线积分

$$\oint_L \boldsymbol{A} \cdot \mathrm{d}\boldsymbol{s} = \oint_L \boldsymbol{A} \cdot \boldsymbol{\tau}_0 \mathrm{d}s$$

为向量场 $\boldsymbol{A}$ 沿闭曲线 L 的**环量**,记为 Γ.

在空间直角坐标系下,环量可表示为

$$\Gamma = \oint_L \boldsymbol{A} \cdot \mathrm{d}\boldsymbol{s} = \oint_L \boldsymbol{A} \cdot \boldsymbol{\tau}_0 \mathrm{d}s = \oint_L P\mathrm{d}x + Q\mathrm{d}y + R\mathrm{d}z,$$

根据斯托克斯公式有

$$\oint_L \boldsymbol{A} \cdot \mathrm{d}\boldsymbol{s} = \oint_L P\mathrm{d}x + Q\mathrm{d}y + R\mathrm{d}z$$

$$= \iint_S \left(\frac{\partial R}{\partial y} - \frac{\partial Q}{\partial z}\right)\mathrm{d}y\mathrm{d}z + \left(\frac{\partial P}{\partial z} - \frac{\partial R}{\partial x}\right)\mathrm{d}z\mathrm{d}x + \left(\frac{\partial Q}{\partial x} - \frac{\partial P}{\partial y}\right)\mathrm{d}x\mathrm{d}y.$$

我们称向量

$$\left(\frac{\partial R}{\partial y} - \frac{\partial Q}{\partial z}, \frac{\partial P}{\partial z} - \frac{\partial R}{\partial x}, \frac{\partial Q}{\partial x} - \frac{\partial P}{\partial y}\right)$$

为向量场 $\boldsymbol{A}$ 的**旋度**,记为 $\mathbf{rot}\,\boldsymbol{A}$,即

$$\mathbf{rot}\,\boldsymbol{A} = \left(\frac{\partial R}{\partial y} - \frac{\partial Q}{\partial z}\right)\boldsymbol{i} + \left(\frac{\partial P}{\partial z} - \frac{\partial R}{\partial x}\right)\boldsymbol{j} + \left(\frac{\partial Q}{\partial x} - \frac{\partial P}{\partial y}\right)\boldsymbol{k}$$

$$= \begin{vmatrix} \boldsymbol{i} & \boldsymbol{j} & \boldsymbol{k} \\ \dfrac{\partial}{\partial x} & \dfrac{\partial}{\partial y} & \dfrac{\partial}{\partial z} \\ P & Q & R \end{vmatrix}. \tag{3}$$

于是斯托克斯公式也可写成向量形式:

$$\boxed{\oint_L \boldsymbol{A} \cdot \mathrm{d}\boldsymbol{s} = \iint_S \mathbf{rot}\,\boldsymbol{A} \cdot \mathrm{d}\boldsymbol{S}.} \tag{4}$$

下面来讨论旋度的意义.

对于力场 $\boldsymbol{F} = P\boldsymbol{i} + Q\boldsymbol{j} + R\boldsymbol{k}$,环量 $\oint_L \boldsymbol{F} \cdot \mathrm{d}\boldsymbol{s}$ 表示变力沿闭曲线 L 所做的功,同时也表示了力场 $\boldsymbol{F}$ 推动质点沿 L "转动"所具有的转动能力.

对于流速场 $\boldsymbol{v} = P\boldsymbol{i} + Q\boldsymbol{j} + R\boldsymbol{k}$,环量 $\oint_L \boldsymbol{v} \cdot \mathrm{d}\boldsymbol{s}$ 可以用来作为单位时间内密度为 1 而速度为 $\boldsymbol{v}$ 的流体沿闭曲线 L 流动量大小的度量,也可以作为速度场 $\boldsymbol{v}$ 绕闭曲线 L 旋转趋势大

小的度量.

设点 M 是向量场 A 中的一点,在点 M 处取定一个方向,用单位向量 e_n 表示.过点 M 做一个小平面块 ΔS,其面积也记为 ΔS,并以 e_n 代表点 M 处 ΔS 的法向量.设 ΔS 的边界为 L,且 L 走向与 e_n 的方向符合右手法则(图 8-28).由斯托克斯公式及曲面积分的中值定理,有

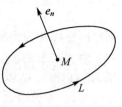

图 8-28

$$\frac{1}{\Delta S}\oint_L A \cdot ds = \frac{1}{\Delta S}\iint_{\Delta S}\mathbf{rot}\,A \cdot dS$$

$$= \frac{1}{\Delta S}\iint_{\Delta S}(\mathbf{rot}\,A \cdot e_n)dS = (\mathbf{rot}\,A \cdot e_n)_{M^*},$$

其中 $M^* \in \Delta S$.上式左端 $\dfrac{1}{\Delta S}\oint_L A \cdot ds$ 是环量对面积的变化率,称为 A 在 L 上沿方向 e_n 的**平均环量密度**.

令 ΔS 向点 M 处收缩,则得

$$\lim_{\Delta S \to M}\frac{1}{\Delta S}\oint_L A \cdot ds = \lim_{\Delta S \to M}(\mathbf{rot}\,A \cdot e_n)_{M^*} = (\mathbf{rot}\,A \cdot e_n)_M,$$

称此极限为 A 在点 M 处沿方向 e_n 的**环量密度**.

可见,环量密度除了与点 M 的位置有关,还与所取的方向 e_n 有关.显然,当 e_n 方向与 $\mathbf{rot}\,A$ 方向一致时,环量密度取得最大值.因而向量场 A 的旋度 $\mathbf{rot}\,A$ 是这样一个向量:它的方向是向量场 A 取得最大环量密度的方向,它的模 $|\,\mathbf{rot}\,A\,|$ 即最大环量密度.

【例 8-24】　设有平面向量场 $A(x,y,z) = -y\boldsymbol{i} + x\boldsymbol{j}$,$L$ 为场中圆周 $(x-a)^2 + y^2 = a^2$,求此向量场 A 沿 L 正向的环量.

解　应用格林公式所求环量

$$\Gamma = \oint_L A \cdot ds = \oint_L -y\,dx + x\,dy = \iint_D 2\,dx\,dy = 2\pi a^2.$$

【例 8-25】　求向量场 $A(x,y,z) = (x^2yz,xy^2z,xyz^2)$ 的旋度 $\mathbf{rot}\,A\,|_{(1,-1,2)}$.

解　由于

$$\mathbf{rot}\,A = \begin{vmatrix} \boldsymbol{i} & \boldsymbol{j} & \boldsymbol{k} \\ \dfrac{\partial}{\partial x} & \dfrac{\partial}{\partial y} & \dfrac{\partial}{\partial z} \\ x^2yz & xy^2z & xyz^2 \end{vmatrix}$$

$$= (xz^2 - xy^2)\boldsymbol{i} + (x^2y - yz^2)\boldsymbol{j} + (y^2z - x^2z)\boldsymbol{k},$$

故

$$\mathbf{rot}\,A\,|_{(1,-1,2)} = (3,3,0).$$

8.5.3　几类特殊的场

1.无源场

前面已经定义过,设 $A(x,y,z)\,[(x,y,z) \in V]$ 为向量场,如果对于 V 内任意一点 M,

都有

$$\text{div}\,\boldsymbol{A}(M) = 0,$$

则称向量场 $\boldsymbol{A}$ 为**无源场**.

由例 8-23 可知,点电荷 q 产生的静电场强度 $\boldsymbol{E}$,除 q 所在的点外,均有 $\text{div}\,\boldsymbol{E} = 0$,即电场强度 $\boldsymbol{E}$ 构成一无源场.

又如,重力场 $\boldsymbol{F} = (0,0,-mg)$,由于

$$\text{div}\,\boldsymbol{F} = 0 + 0 + \frac{\partial}{\partial z}(-mg) = 0,$$

因此,重力场是无源场.

2. 无旋场

设向量场 $\boldsymbol{A}(x,y,z)$,$(x,y,z) \in V$,如果对于 V 内任意一点 M,都有

$$\text{rot}\,\boldsymbol{A}(M) = \boldsymbol{0},$$

则称向量场 $\boldsymbol{A}$ 为**无旋场**.

例如,重力场 $\boldsymbol{F} = (0,0,-mg)$,由于 $\text{rot}\,\boldsymbol{F} = \boldsymbol{0}$,所以重力场也是无旋场.

容易证明,例 8-23 中点电荷 q 产生的静电场强度 $\boldsymbol{E}$,除原点外构成一无旋场.

3. 有势场

对于向量场 $\boldsymbol{A}(x,y,z)$,$(x,y,z) \in V$,如果存在函数 $u(x,y,z)$,$(x,y,z) \in V$,有

$$\boldsymbol{A} = \left(\frac{\partial u}{\partial x}, \frac{\partial u}{\partial y}, \frac{\partial u}{\partial z}\right),$$

则称 $\boldsymbol{A}$ 是有势场,$u(x,y,z)$ 称为 $\boldsymbol{A}$ 的**势函数**.

由定义知,有势场是一个梯度场,它的势函数有无穷多个,彼此之间只相差一个常数.

4. 调和场

如果向量场 $\boldsymbol{A}(x,y,z)$,$(x,y,z) \in V$,满足

$$\text{div}\,\boldsymbol{A} = 0, \quad \text{rot}\,\boldsymbol{A} = 0,$$

则称向量场 $\boldsymbol{A}$ 是**调和场**.

例如,重力场 $\boldsymbol{F} = (0,0,-mg)$ 是调和场.

【例 8-26】 证明平面向量场 $\boldsymbol{A} = -2y\boldsymbol{i} - 2x\boldsymbol{j}$ 是调和场.

证明 因为 $P = -2y$,$Q = -2x$,所以

$$\text{div}\,\boldsymbol{A} = \frac{\partial P}{\partial x} + \frac{\partial Q}{\partial y} = 0,$$

$$\text{rot}\,\boldsymbol{A} = \begin{vmatrix} \boldsymbol{i} & \boldsymbol{j} & \boldsymbol{k} \\ \dfrac{\partial}{\partial x} & \dfrac{\partial}{\partial y} & \dfrac{\partial}{\partial z} \\ -2y & -2x & 0 \end{vmatrix} = \boldsymbol{0}.$$

可见,$\boldsymbol{A}$ 是调和场.

习题 8-5

1. 求向量场 $\boldsymbol{A} = (2x-z, x^2y, -xz^2)$ 通过立方体 $0 \leqslant x \leqslant a, 0 \leqslant y \leqslant a, 0 \leqslant z \leqslant a$ 的全表面流向外侧的通量.

2. 求向量场 $\boldsymbol{A} = (x^3, y^3, z^3)$ 通过球面 $x^2 + y^2 + z^2 = a^2$ 流向外侧的通量.

3. 设曲线 L 是圆锥面 $z = 2 - \sqrt{x^2 + y^2}$ 与平面 $z = 1$ 的交线,其方向与 z 轴正向成右手系,求向量场 $\boldsymbol{A} = (x - z)\boldsymbol{i} + (x^3 + yz)\boldsymbol{j} - 3xy^2\boldsymbol{k}$ 沿曲线 L 按上述指定方向的环量.

4. 求下列向量场的散度:

(1) $\boldsymbol{A} = (\mathrm{e}^{xy}, \cos(xy), \cos(xz^2))$;

(2) $\boldsymbol{A} = xyz(x\boldsymbol{i} + y\boldsymbol{j} + z\boldsymbol{k})$;

(3) $\boldsymbol{A} = (xy, \cos(xy), \cos(xz))$;

(4) $\boldsymbol{A} = x(y - z)\boldsymbol{i} + y(z - x)\boldsymbol{j} + z(x - y)\boldsymbol{k}$.

5. 求下列向量场的旋度:

(1) $\boldsymbol{A} = (z + \sin y, x\cos y - z, 0)$;　　(2) $\boldsymbol{A} = (x^2\sin y, y^2\sin z, z^2\sin x)$.

6. 求向量场 $\boldsymbol{A} = (4xyz, -xy^2, x^2yz)$ 在点 $(1, -1, 2)$ 处的散度与旋度.

7. 证明对于任意具有二阶连续偏导数的数量函数 $u = u(x, y, z)$ 以及向量场 $\boldsymbol{A}(x, y, z)$,有 $\mathbf{rot}(\mathbf{grad}\ u) = \boldsymbol{0}$,$\mathrm{div}(\mathbf{rot}\ \boldsymbol{A}) = 0$.

8. 设 $\boldsymbol{A} = (axz + x^2, by + xy^2, z - z^2 + cxz - 2xyz)$,试确定常数 a, b, c,使 $\boldsymbol{A}$ 成为一无源场.

9. 设向量 $\boldsymbol{A} = (3yz^2, -yz, x + 2y^2)$,求 $\boldsymbol{A}$ 在点 $M(1, 2, -1)$ 处的旋度 $\mathbf{rot}\ \boldsymbol{A}(M)$ 及其最大环量密度.

8.6　应用实例阅读

【实例 8-1】　用曲线积分证明开普勒第二定律

17 世纪初,法国天文学家开普勒(Kepler)对他的老师和同事所做的天文观察结果进行了长达 20 年之久的研究,提出了著名的行星运动的三大定律:

(1) 太阳系行星的运行轨道是以太阳为焦点的圆锥曲线.行星沿椭圆轨道绕太阳运转,太阳位于椭圆轨道的一个焦点;

(2) 从太阳到行星的向径(以太阳为起点,以行星为终点的向量),在相等的时间内扫过相等的面积;

(3) 行星运行的周期平方正比于椭圆长轴的立方.

开普勒三大定律涉及曲线所围图形的面积、面积速度、变速运动的瞬时速度、路程等数学概念和处理方法.当时三大定律的提出只是开普勒通过观测进行的总结,并未在数学上加以论证.直至 17 世纪下半叶,牛顿总结出万有引力定律以及微积分的创立,运用基本物理定律和数学方法论证开普勒三大定律才变成了可能.

开普勒定律可以用万有引力定律推得,这里我们用曲线积分的方法,对开普勒第二定律加以证明.

证明过程要引用向量分析的几个结果:

(1) 设有向量值函数 $\boldsymbol{r}(t) = x(t)\boldsymbol{i} + y(t)\boldsymbol{j} + z(t)\boldsymbol{k}$,这里 $x(t)$,$y(t)$,$z(t)$ 均可导,则向量值函数 $\boldsymbol{r}(t)$ 的导数为

$$\frac{\mathrm{d}\boldsymbol{r}(t)}{\mathrm{d}t} = \frac{\mathrm{d}x(t)}{\mathrm{d}t}\boldsymbol{i} + \frac{\mathrm{d}y(t)}{\mathrm{d}t}\boldsymbol{j} + \frac{\mathrm{d}z(t)}{\mathrm{d}t}\boldsymbol{k}.$$

（2）设 $\boldsymbol{a}(t),\boldsymbol{b}(t)$ 均是对 t 可导的向量值函数，则

$$\frac{\mathrm{d}(\boldsymbol{a}\times\boldsymbol{b})}{\mathrm{d}t} = \frac{\mathrm{d}\boldsymbol{a}}{\mathrm{d}t}\times\boldsymbol{b} + \boldsymbol{a}\times\frac{\mathrm{d}\boldsymbol{b}}{\mathrm{d}t},$$

$$\frac{\mathrm{d}(\boldsymbol{a}\cdot\boldsymbol{b})}{\mathrm{d}t} = \frac{\mathrm{d}\boldsymbol{a}}{\mathrm{d}t}\cdot\boldsymbol{b} + \boldsymbol{a}\cdot\frac{\mathrm{d}\boldsymbol{b}}{\mathrm{d}t}.$$

证明　行星绕太阳运动过程中服从牛顿第二定律，有

$$\boldsymbol{F} = m\boldsymbol{a} = m\frac{\mathrm{d}^2\boldsymbol{r}}{\mathrm{d}t^2}. \tag{1}$$

及万有引力定律

$$\boldsymbol{F} = \frac{GMm}{r^3}\boldsymbol{r}, \tag{2}$$

其中 G 为万有引力系数，M 为太阳质量，m 为行星质量. 由式（1）及式（2）知

$$\boldsymbol{r}\times\frac{\mathrm{d}^2\boldsymbol{r}}{\mathrm{d}t^2} = \boldsymbol{r}\times\left(\frac{1}{m}\boldsymbol{F}\right) = \boldsymbol{0},$$

而

$$\frac{\mathrm{d}}{\mathrm{d}t}\left(\boldsymbol{r}\times\frac{\mathrm{d}\boldsymbol{r}}{\mathrm{d}t}\right) = \frac{\mathrm{d}\boldsymbol{r}}{\mathrm{d}t}\times\frac{\mathrm{d}\boldsymbol{r}}{\mathrm{d}t} + \boldsymbol{r}\times\frac{\mathrm{d}^2\boldsymbol{r}}{\mathrm{d}t^2} = \boldsymbol{0}, \tag{3}$$

于是 $\boldsymbol{r}\times\dfrac{\mathrm{d}\boldsymbol{r}}{\mathrm{d}t}$ 是一个常值向量，它的方向垂直于 xOy 平面，即与 z 轴平行. 记

$$\boldsymbol{r}\times\frac{\mathrm{d}\boldsymbol{r}}{\mathrm{d}t} = p\boldsymbol{k} \quad (p \text{ 是常数}).$$

如图 8-29 所示，当行星沿椭圆轨道从点 B 运行到点 D（点 B 对应时刻 t_0，点 D 对应时刻 t），向径 $\overrightarrow{OB}$ 所扫过的面积 A 可以用第二型曲线积分求面积的公式

$$A(t) = \frac{1}{2}\oint_{\overset{\frown}{OBDO}} x\mathrm{d}y - y\mathrm{d}x$$

求得. 于是

$$A(t) = \frac{1}{2}\int_{\overline{OB}} x\mathrm{d}y - y\mathrm{d}x + \frac{1}{2}\int_{\overset{\frown}{BD}} x\mathrm{d}y - y\mathrm{d}x + \frac{1}{2}\int_{\overline{DO}} x\mathrm{d}y - y\mathrm{d}x,$$

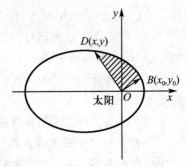

图 8-29

其中 $\overline{OB}$ 的方程为 $y = \dfrac{y_0}{x_0}x$，这样

$$\frac{1}{2}\int_{\overline{OB}} x\mathrm{d}y - y\mathrm{d}x = \frac{1}{2}\int_0^{x_0}\left(x\frac{y_0}{x_0} - \frac{y_0}{x_0}x\right)\mathrm{d}x = 0.$$

同理可得

$$\frac{1}{2}\int_{\overline{DO}} x\mathrm{d}y - y\mathrm{d}x = 0.$$

下面计算

$$\int_{\overset{\frown}{BD}} x\mathrm{d}y - y\mathrm{d}x.$$

因为
$$r(t) = x(t)\boldsymbol{i} + y(t)\boldsymbol{j},\qquad(4)$$

并注意到(4),有
$$p\boldsymbol{k} = \boldsymbol{r} \times \frac{\mathrm{d}\boldsymbol{r}}{\mathrm{d}t} = [x(t)\boldsymbol{i} + y(t)\boldsymbol{j}] \times \left(\frac{\mathrm{d}x(t)}{\mathrm{d}t}\boldsymbol{i} + \frac{\mathrm{d}y(t)}{\mathrm{d}t}\boldsymbol{j}\right)$$
$$= \left(x\frac{\mathrm{d}y}{\mathrm{d}t} - y\frac{\mathrm{d}x}{\mathrm{d}t}\right)\boldsymbol{k},$$

于是
$$A(t) = \frac{1}{2}\int_{\overset{\frown}{BD}} x\,\mathrm{d}y - y\,\mathrm{d}x = \frac{1}{2}\int_{t_0}^{t}\left(x\frac{\mathrm{d}y}{\mathrm{d}t} - y\frac{\mathrm{d}x}{\mathrm{d}t}\right)\mathrm{d}t$$
$$= \frac{1}{2}p(t - t_0).$$

从而$\frac{\mathrm{d}A}{\mathrm{d}t} = \frac{1}{2}p$,为一常数,与时间 t 无关.

下面计算 p 的值.

记 T 是行星绕太阳运行的周期,记椭圆的长半轴为 a,短半轴为 b,则椭圆面积为
$$\pi ab = A(T+t) - A(t)$$
$$= \frac{1}{2}p(T+t-t_0) - \frac{1}{2}p(t-t_0) = \frac{1}{2}pT,$$

可得
$$T = \frac{2\pi ab}{p} \quad \text{或} \quad p = \frac{2\pi ab}{T}.$$

【实例 8-2】　用高斯公式证明阿基米德定律

物理学中的阿基米德定律在中学已为大家所熟知,即:浸没在液体中的物体,所受液体压力的合力,即浮力,其方向铅直向上,其大小等于这物体所排开的液体的重量.

下面我们用第二型曲面积分的方法给予证明.

证明　设物体(表面光滑)浸没在液体中,取液面为xOy 平面,z 轴铅直向下,建立如图 8-30 所示坐标系.设液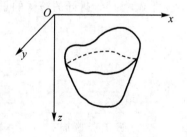体的密度为 ρ,则在深度为 h 的地方产生的压强为 $\rho g h$(g

图 8-30

为重力加速度).这时物体表面 S 上的点(x,y,z) 处的面积元素 $\mathrm{d}S$ 所受液体的压力元素 $\mathrm{d}\boldsymbol{F}$ 在三个坐标轴方向上的分量为
$$\mathrm{d}F_x = -\rho g z\,\mathrm{d}S\cos\alpha,$$
$$\mathrm{d}F_y = -\rho g z\,\mathrm{d}S\cos\beta,$$
$$\mathrm{d}F_z = -\rho g z\,\mathrm{d}S\cos\gamma.$$

由两类曲面积分的关系及高斯公式,可得到物体表面的受总压力 $\boldsymbol{F}$ 的各分量为
$$F_x = -\rho g\oiint_S z\cos\alpha\,\mathrm{d}S = -\rho g\oiint_S z\,\mathrm{d}y\mathrm{d}z = -\rho g\iiint_V 0\,\mathrm{d}V = 0,$$
$$F_y = -\rho g\oiint_S z\cos\beta\,\mathrm{d}S = -\rho g\oiint_S z\,\mathrm{d}z\mathrm{d}x = -\rho g\iiint_V 0\,\mathrm{d}V = 0,$$

$$F_z = -\rho g \oiint\limits_{S} z\cos\gamma \mathrm{d}S = -\rho g \oiint\limits_{S} z\,\mathrm{d}x\mathrm{d}y = -\rho g \iiint\limits_{V} \mathrm{d}V = -\rho g V = -W,$$

于是 $\boldsymbol{F} = -W\boldsymbol{k}$,这里 V 是物体的体积,W 是被排液体的重量,负号表示铅直朝上,于是阿基米德定律得证.

说明:如果物体不是全部浸入液体中,此定律仍成立. 只是将上面推导过程中的 V 改为浸没在水中的部分 V_1,将 S 改为在液体中的部分 S_1,再补上一个平面域:$z = 0$ 与 V 相交部分 S_2(指向上方). 注意到在 S_2 上 $\cos\alpha = \cos\beta = 0$,$\cos\gamma = 1$,且 $z = 0$,故有

$$\iint\limits_{S_2} z\cos\alpha\mathrm{d}S = \iint\limits_{S_2} z\cos\beta\mathrm{d}S = 0, \iint\limits_{S_2} z\cos\gamma\mathrm{d}S = 0.$$

因而

$$F_x = -\rho g \iint\limits_{S_1} z\cos\alpha\mathrm{d}S = -\rho g \left(\oiint\limits_{S_1+S_2} z\cos\alpha\mathrm{d}S - \iint\limits_{S_2} z\cos\alpha\mathrm{d}S \right)$$

$$= -\rho g \iiint\limits_{V_1} 0\mathrm{d}V + 0 = 0,$$

同理

$$F_y = 0,$$

$$F_z = -\rho g \iint\limits_{S_1} z\cos\gamma\mathrm{d}S = -\rho g \left(\oiint\limits_{S_1+S_2} z\cos\gamma\mathrm{d}S - \iint\limits_{S_2} z\cos\gamma\mathrm{d}S \right)$$

$$= -\rho g \iiint\limits_{V_1} 0\mathrm{d}V + 0 = -\rho g V_1 = -W_1,$$

这里 W_1 为 V_1 排开的液体的重量. 于是

$$\boldsymbol{F} = -W_1\boldsymbol{k}.$$

复习题 8

1. 填空:

(1) 设 L 是圆周 $x^2 + y^2 = R^2$(取正向),则曲线积分 $\oint_L (xy - 2y)\mathrm{d}x + (x^2 - x)\mathrm{d}y = $ _____.

(2) 设 $F(x,y)$ 是可微函数,则曲线积分 $\int_L F(x,y)(y\mathrm{d}x + x\mathrm{d}y)$ 与路径无关的充要条件是 _____.

(3) 向量场 $\boldsymbol{A}(x,y,z) = (xy^2, ye^z, x\ln(1 + z^2))$ 在点 $(1,1,0)$ 处的散度 $\mathrm{div}\,\boldsymbol{A} = $ _____,旋度 $\mathrm{rot}\,\boldsymbol{A} = $ _____.

(4) 设数量场 $u = \ln\sqrt{x^2 + y^2 + z^2}$,则 $\mathrm{div}(\mathbf{grad}\,u) = $ _____.

2. 选择题:

(1) 曲线积分 $I = \oint_L \dfrac{-y\mathrm{d}x + x\mathrm{d}y}{4x^2 + y^2}$,其中 L 为椭圆 $4x^2 + y^2 = 1$,并取正向,则 I 的值为( ).

A. -2π　　　　　B. 2π　　　　　C. 0　　　　　D. π

（2）已知曲线积分 $\displaystyle\int_L \frac{(x+ay)\mathrm{d}x+y\mathrm{d}y}{(x+y)^2}$ 与路径无关，则 a 等于 _____.

A. 2　　　　　B. 1　　　　　C. 0　　　　　D. -1

（3）若 S 为球面 $x^2+y^2+z^2=1$ 的外侧，S_1 为 S 在第一卦限部分的外侧，则积分 $\displaystyle\oiint_S x^2\mathrm{d}y\mathrm{d}z+y^2\mathrm{d}z\mathrm{d}x+z^2\mathrm{d}x\mathrm{d}y$ 等于 _____.

A. $8\displaystyle\iint_{S_1} x^2\mathrm{d}y\mathrm{d}z+y^2\mathrm{d}z\mathrm{d}x+z^2\mathrm{d}x\mathrm{d}y$　　　　B. $4\displaystyle\iint_{S_1} x^2\mathrm{d}y\mathrm{d}z+y^2\mathrm{d}z\mathrm{d}x+z^2\mathrm{d}x\mathrm{d}y$

C. $2\displaystyle\iint_{S_1} x^2\mathrm{d}y\mathrm{d}z+y^2\mathrm{d}z\mathrm{d}x+z^2\mathrm{d}x\mathrm{d}y$　　　　D. 0

3. 计算曲线积分 $I=\displaystyle\int_L \sin y\mathrm{d}x+\sin x\mathrm{d}y$，$L$ 是由 $A(0,\pi)$ 到 $B(\pi,0)$ 的直线段.

4. 计算曲线积分 $I=\displaystyle\int_L (12xy+\mathrm{e}^y)\mathrm{d}x-(\cos y-x\mathrm{e}^y)\mathrm{d}y$，其中 L 为由点 $A(-1,1)$ 沿抛物线 $y=x^2$ 到点 $O(0,0)$，再沿 x 轴到点 $B(2,0)$.

5. 在过点 $O(0,0)$ 和点 $A(\pi,0)$ 的曲线族 $y=a\sin x(a>0)$ 中，求一条曲线 L，使得沿该曲线从点 O 到点 A 的曲线积分 $\displaystyle\int_L (1+y^3)\mathrm{d}x+(2x+y)\mathrm{d}y$ 的值最小.

6. 设函数 $f(x)$ 有连续的导数，且曲线积分 $\displaystyle\int_L [\mathrm{e}^{-x}-f(x)]y\mathrm{d}x+f(x)\mathrm{d}y$ 与路径无关，求 $f(x)$.

7. 设 $f(x)$ 有连续的二阶导数，且 $f(1)=f'(1)=1$，$\displaystyle\oint_L \left[\frac{y^2}{x}+xf\left(\frac{y}{x}\right)\right]\mathrm{d}x+\left[y-xf'\left(\frac{y}{x}\right)\mathrm{d}y\right]=0$，其中 L 是任一不与 y 轴相交的光滑闭曲线，试求 $f(x)$.

8. 设函数 $Q(x,y)$ 在 xOy 面上具有一阶连续偏导数，曲线积分 $\displaystyle\int_L 2xy\mathrm{d}x+Q(x,y)\mathrm{d}y$ 与路径无关，且对任意实数 t，恒有 $\displaystyle\int_{(0,0)}^{(t,1)} 2xy\mathrm{d}x+Q(x,y)\mathrm{d}y=\int_{(0,0)}^{(1,t)} 2xy\mathrm{d}x+Q(x,y)\mathrm{d}y$，求函数 $Q(x,y)$.

9. 计算曲线积分 $I=\displaystyle\oint_L (y^2-z^2)\mathrm{d}x+(z^2-x^2)\mathrm{d}y+(x^2-y^2)\mathrm{d}z$，其中 L 是 $x^2+y^2+z^2=1$ 与三个坐标面在第一卦限的交线，取逆时针方向，即沿此方向前进时，球面三角形总在左方.

10. 计算 $\displaystyle\iint_S (y^2-z)\mathrm{d}y\mathrm{d}z+(z^2-x)\mathrm{d}z\mathrm{d}x+(x^2-y)\mathrm{d}x\mathrm{d}y$，其中 S 是锥面 $z=\sqrt{x^2+y^2}(0\leqslant z\leqslant h)$ 的外侧.

11. 计算曲面积分 $I=\displaystyle\iint_S 2x^3\mathrm{d}y\mathrm{d}z+2y^3\mathrm{d}z\mathrm{d}x+3(z^2-1)\mathrm{d}x\mathrm{d}y$，其中 S 是曲面 $z=1-x^2-y^2(z\geqslant 0)$ 上侧.

12. 计算曲面积分 $I = \oiint\limits_{S} \dfrac{x}{r^3}\mathrm{d}y\mathrm{d}z + \dfrac{y}{r^3}\mathrm{d}z\mathrm{d}x + \dfrac{z}{r^3}\mathrm{d}x\mathrm{d}y$，其中 $r = \sqrt{x^2 + y^2 + z^2}$，$S$ 为球面 $x^2 + y^2 + z^2 = a^2$，取外侧.

13. 计算 $\oiint\limits_{S} \boldsymbol{F} \cdot \boldsymbol{e}_n \mathrm{d}S$，其中 $\boldsymbol{F}(x,y,z) = (x,y,z)$，$S$ 是曲面（图 8-31，一立方体去掉一个小立方体剩下的立体的表面）的外侧.

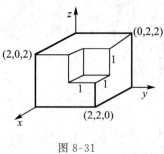

图 8-31

14. 利用斯托克斯公式，计算曲线积分 $I = \oint\limits_{L}(y - z)\mathrm{d}x + (z - x)\mathrm{d}y + (x - y)\mathrm{d}z$，$L$ 是椭圆 $x^2 + y^2 = a^2$，$\dfrac{x}{a} + \dfrac{z}{b} = 1(a,b > 0)$，从 z 轴正向往负向看去，L 为逆时针方向.

15. 利用斯托克斯公式计算 $\oint\limits_{L}(y^2 - z^2)\mathrm{d}x + (2z^2 - x^2)\mathrm{d}y + (3x^2 - y^2)\mathrm{d}z$，其中 L 是平面 $x + y + z = 2$ 与柱面 $|x| + |y| = 1$ 的交线，从 z 轴正向往负向看去，L 为逆时针方向.

16. 设 $f(x)$ 是正值连续函数，$D: x^2 + y^2 \leqslant 1$，L 是 D 的正向边界，证明：

(1) $\oint\limits_{L} xf(y)\mathrm{d}y - \dfrac{y}{f(x)}\mathrm{d}x = \oint\limits_{L} -yf(x)\mathrm{d}x + \dfrac{x}{f(y)}\mathrm{d}y$；

(2) $\oint\limits_{L} xf(y)\mathrm{d}y - \dfrac{y}{f(x)}\mathrm{d}x \geqslant 2\pi$.

17. 设空间区域 V 是由曲面 $z = a^2 - x^2 - y^2 (a > 0)$ 与平面 $z = 0$ 围成，其体积为 V，S 为区域 V 的表面，取外侧，证明

$$\oiint\limits_{S} x^2 yz^2 \mathrm{d}y\mathrm{d}z - xy^2 z^2 \mathrm{d}z\mathrm{d}x + (z + xyz^2)\mathrm{d}x\mathrm{d}y = V.$$

参考答案与提示

习题 8-1

1. (1) $\dfrac{4}{3}ab^2$；　(2) πa^2；　(3)(i) $\dfrac{1}{3}$，(ii) $\dfrac{17}{30}$，(iii) $-\dfrac{1}{20}$；　(4) $\dfrac{16}{3}$；　(5) $-\dfrac{1}{2}a^2$；　(6) 0；　(7) -2π

2. $-a^2\pi$　　**3.** (1) $\dfrac{b^2}{2} - 2\pi a^2$；　(2) $ab + \dfrac{b^2}{2}$

4. 2　　**5.** -2π

习题 8-2

1. (1) $\dfrac{2}{3}\pi R^3$；　(2) $-\dfrac{\pi}{2}$；　(3) $\dfrac{\pi}{3}$；　(4) $2\pi e^2$；　(5) $\dfrac{\pi}{12}$

2. $\dfrac{3}{2}\pi$　　**3.** (1) $\dfrac{1}{6}$；　(2) $\dfrac{1}{12}$；　(3) $\dfrac{1}{20}$　　**4.** $\dfrac{1}{4} - \dfrac{\pi}{6}$

习题 8-3

1. (1) 12；　(2) 0　　**2.** (1) $\dfrac{\pi}{2}$；　(2) $\dfrac{\pi}{4}$　　**3.** 0　　**4.** $2\pi ab$　　**5.** $\dfrac{\pi}{8}ma^2$

6. (1)0；　(2) $\dfrac{3}{2}$；　(3)81π；　(4) $abc(a+b+c)$

7. (1) $\dfrac{12}{5}\pi R^5$；　(2) $\dfrac{6}{5}\pi R^5+\dfrac{1}{2}\pi R^4$　　**8.** $\dfrac{9}{2}\pi$　　**9.** $2\pi abc$　　**10.** $-\dfrac{\pi}{2}a^3$

11. (1)9π；　(2) -20π；　(3) $-\dfrac{13}{2}$

习题 8-4

1. (1) $\dfrac{5}{2}$；　(2)5；　(3) $e^a\cos b-1$；　(4)1　　**2.** $I=\sin 1+\dfrac{7}{12}$

3. $3\pi+2\pi^2-e^2-1$；　　**4.** $\lambda=3,I=-\dfrac{79}{5}$

习题 8-5

1. $a^3\left(2-\dfrac{a^2}{6}\right)$　　**2.** $\dfrac{12}{5}\pi a^5$　　**3.** $\dfrac{3}{4}\pi$

4. (1) $ye^{xy}-x\sin(xy)-2xz\sin(xz^2)$；　(2) $6xyz$；　(3) $y-x\sin(xy)-x\sin(xz)$；　(4)0

5. (1)**rot A** $=(1,1,0)$；　(2)**rot A** $=(-y^2\cos z,-z^2\cos x,-x^2\cos y)$

6. div **A** $\big|_{(1,-1,2)}=-7$, **rot A** $\big|_{(1,-1,2)}=(2,0,-9)$

8. $a=2,b=-1,c=-2$

9. **rot** $\mathbf{A}(M)=(10,-13,-3),\sqrt{278}$

复习题 8

1. (1) πR^2；　(2) $xF_x-yF_y=0$；　(3)2, $(-1,0,-2)$；　(4) $\dfrac{1}{x^2+y^2+z^2}$

2. (1)D；　(2)A；　(3)D　　**3.** 0

4. $\sin 1+e-1$　　**5.** $y=\sin x$　　**6.** $f(x)=e^{-x}(x+C)$　　**7.** $f(x)=x^3-x^2+1$

8. $Q(x,y)=x^2+2y-1$　　**9.** -4　　**10.** $-\dfrac{\pi}{4}h^4$　　**11.** $-\pi$

12. 4π　　**13.** 21　　**14.** $-2\pi a(a+b)$　　**15.** -24

16. 提示:利用格林公式　　**17.** 提示:利用高斯公式

第9章

无穷级数

　　无穷级数在现代数学方法中占有重要的地位,其概念起源较早,它伴随着极限概念而产生,并在发展过程中,不断丰富自己的理论.无穷级数对于深入研究微积分有着不可替代的作用,它是表示函数、研究函数性态以及进行数值计算的有效工具.

　　常数项级数是无穷级数的基础.本章首先通过实例引出常数项级数的概念,讨论常数项级数的性质,正项级数的收敛判别法、交错级数的收敛判别法以及任意项级数的绝对收敛和条件收敛.

　　幂级数是函数的一种新的表示方式.它有着重要的应用价值,即可以用简单的性质"良好"的多项式函数来逼近一般函数.关于幂级数,主要讨论它的运算与性质以及如何把函数展开为幂级数.

　　傅立叶级数是另一类重要的函数项级数,它是研究自然界和工程中周期现象问题的有力工具.本章着重讨论傅立叶级数的概念、收敛定理以及将函数展成为傅立叶级数的方法.

9.1　常数项无穷级数的概念与基本性质

　　本节首先从实例引出常数项级数的概念,然后讨论常数项级数的基本性质.

9.1.1　常数项无穷级数的概念

常数项无穷
级数的概念

　　【例 9-1】　一弹性小球从距地面高 h 处下落,着地后弹起的高度为原来下落高度的一半.小球第二次下落后再弹起的高度为第二次下落高度的一半,这样依次继续下去,小球第 n 次下落后弹起的高度为第 n 次下落高度的一半,求小球一直如此运动的总路程 S.

　　由题已知,小球第一次下落和弹起的路程 $u_1 = \dfrac{3}{2}h$,因此小球前一次

下落和弹起的路程为 $S_1 = u_1 = \dfrac{3}{2}h$;小球第二次下落和弹起的路程 $u_2 = \dfrac{3}{2^2}h$,因此小球

前两次下落和弹起的路程为 $S_2 = u_1 + u_2 = \frac{3}{2}h + \frac{3}{2^2}h$；…；小球第 n 次下落和弹起的路程

$u_n = \frac{3}{2^n}h$，因此小球前 n 次下落和弹起的路程 $S_n = u_1 + u_2 + \cdots + u_n = \frac{3}{2}h + \frac{3}{2^2}h + \cdots +$

$\frac{3}{2^n}h$. 如此继续下去，小球运动的总路程 S 应为

$$S = u_1 + u_2 + \cdots + u_n + \cdots.$$

这里出现了无穷多个数"相加"的问题，并且 S 应看作是 $n \to \infty$ 时 S_n 的极限，即

$$S = \lim_{n \to \infty} S_n.$$

一般地，将数列 $\{u_n\}$ 的各项依次用"+"连接起来的式子

$$u_1 + u_2 + \cdots + u_n + \cdots$$

叫作**常数项无穷级数**，简称**数项级数**或**级数**（series），记为 $\sum_{n=1}^{\infty} u_n$，即

$$\sum_{n=1}^{\infty} u_n = u_1 + u_2 + \cdots + u_n + \cdots,$$

其中 $u_1, u_2, \cdots, u_n$ 称为级数的第 1 项，第 2 项，…，第 n 项，u_n 称为级数的**一般项**或**通项**.

我们知道，任意有限项之和的意义是十分明确的，而无穷多个数"相加"，这是一个新的概念. 这种加法是不是具有"和数"？这个"和数"的确切意义又是什么？从上述实例知道，我们可以从有限项的和出发，研究其变化趋势，由此来理解无穷多个数相加的意义.

令

$$S_1 = u_1, S_2 = u_1 + u_2, \cdots, S_n = u_1 + u_2 + \cdots + u_n = \sum_{k=1}^{n} u_k, \cdots,$$

这样，对任何一个无穷级数 $\sum_{n=1}^{\infty} u_n$，总可以做出一个数列 $S_n = \sum_{k=1}^{n} u_k (n = 1, 2, \cdots)$，并称

$\{S_n\}$ 为级数 $\sum_{n=1}^{\infty} u_n$ 的**部分和数列**.

若级数 $\sum_{n=1}^{\infty} u_n$ 的部分和数列 $\{S_n\}$ 收敛于有限值 S，即

$$\lim_{n \to \infty} S_n = \lim_{n \to \infty} \sum_{k=1}^{n} u_k = S,$$

则称级数 $\sum_{n=1}^{\infty} u_n$ **收敛**（convergent），这时极限 S 叫作这个级数的**和**，并写成

$$S = u_1 + u_2 + \cdots + u_n + \cdots.$$

若部分和数列 $\{S_n\}$ 发散，则称级数 $\sum_{n=1}^{\infty} u_n$ **发散**（divergent），此时级数没有"和数".

可见级数收敛与否，与它的部分和数列是否有极限是等价的.

当级数收敛时，其部分和 S_n 是级数的和 S 的近似值，它们之间的差值

$$r_n = S - S_n = \sum_{k=n+1}^{\infty} u_k = u_{n+1} + u_{n+2} + \cdots$$

叫作级数的**余和**. 用近似值 S_n 代替 S 所产生的绝对误差为这个余和的绝对值

$$|r_n| = |S - S_n|.$$

显然级数 $\sum\limits_{n=1}^{\infty} u_n$ 收敛的充分必要条件是

$$\lim_{n\to\infty} r_n = 0.$$

研究无穷级数，需要解决两个问题：① 该级数是收敛还是发散（级数的敛散性）？② 如果级数收敛，它的和等于什么？其中第一个问题更为重要，这不仅由于 ① 是 ② 的前提，即只有收敛级数才能讨论求和问题，而且，如果已知级数收敛，在求和比较困难的情况下，我们总可以用级数的部分和作为级数和的近似值，只要项数取得足够多，近似的精度就可以足够高，所以后面的内容主要是围绕着判定级数的敛散性展开的.

【例 9-2】 证明级数 $\sum\limits_{n=1}^{\infty} \dfrac{1}{n(n+1)}$ 收敛并求其和.

证明 该级数的部分和

$$S_n = \frac{1}{1\cdot2} + \frac{1}{2\cdot3} + \cdots + \frac{1}{n(n+1)}$$
$$= \left(1 - \frac{1}{2}\right) + \left(\frac{1}{2} - \frac{1}{3}\right) + \cdots + \left(\frac{1}{n} - \frac{1}{n+1}\right)$$
$$= 1 - \frac{1}{n+1},$$
$$\lim_{n\to\infty} S_n = \lim_{n\to\infty}\left(1 - \frac{1}{n+1}\right) = 1,$$

故该级数收敛且其和为 1.

【例 9-3】 讨论等比级数（几何级数）

$$\sum\limits_{n=0}^{\infty} aq^n = a + aq + \cdots + aq^n + \cdots \quad (a \neq 0)$$

的敛散性.

解 当 $q \neq 1$ 时，该级数的部分和

$$S_n = a + aq + aq^2 + \cdots + aq^{n-1} = \frac{a(1-q^n)}{1-q}.$$

当 $|q| < 1$ 时，$\lim\limits_{n\to\infty} q^n = 0$，$\lim\limits_{n\to\infty} S_n = \dfrac{a}{1-q}$，即级数收敛，它的和为 $S = \dfrac{a}{1-q}$.

当 $|q| > 1$ 时，$\lim\limits_{n\to\infty} q^n = \infty$，$\lim\limits_{n\to\infty} S_n = \infty$，即级数发散.

当 $q = 1$ 时，级数变为 $a + a + \cdots + a + \cdots$，而 $S_n = na$，$\lim\limits_{n\to\infty} S_n = \infty$，即级数发散.

当 $q = -1$ 时，级数变为 $a - a + a - a + \cdots$，而 $S_n = \begin{cases} 0 & (n\text{ 为偶数}) \\ a & (n\text{ 为奇数}) \end{cases}$，因此 S_n 没有极限，即级数发散.

综上可知，$|q| < 1$ 时级数收敛，$|q| \geq 1$ 时级数发散. 等比级数在无穷级数中有着重要的应用，它的结论应该熟知.

利用例 9-3 的结论易知例 9-1 中小球运动的总路程 $S = 3h$.

【例 9-4】 证明级数 $\sum\limits_{n=1}^{\infty} \dfrac{n}{2^n}$ 收敛，并求其和.

证明　因为

$$S_n = \frac{1}{2} + \frac{2}{2^2} + \frac{3}{2^3} + \cdots + \frac{n}{2^n},$$

$$2S_n = 1 + \frac{2}{2} + \frac{3}{2^2} + \cdots + \frac{n}{2^{n-1}}.$$

以上两式相减,得

$$S_n = 1 + \left(\frac{2}{2} - \frac{1}{2}\right) + \left(\frac{3}{2^2} - \frac{2}{2^2}\right) + \cdots + \left(\frac{n}{2^{n-1}} - \frac{n-1}{2^{n-1}}\right) - \frac{n}{2^n}$$

$$= 1 + \frac{1}{2} + \frac{1}{2^2} + \cdots + \frac{1}{2^{n-1}} - \frac{n}{2^n}$$

$$= \frac{1 - \frac{1}{2^n}}{1 - \frac{1}{2}} - \frac{n}{2^n} = 2 - \frac{1}{2^{n-1}} - \frac{n}{2^n},$$

故

$$\lim_{n \to \infty} S_n = \lim_{n \to \infty}\left(2 - \frac{1}{2^{n-1}} - \frac{n}{2^n}\right) = 2.$$

这就证明了该级数收敛,且其和为 2.

【例 9-5】　讨论调和级数 $\sum\limits_{n=1}^{\infty} \frac{1}{n} = 1 + \frac{1}{2} + \frac{1}{3} + \cdots + \frac{1}{n} + \cdots$ 的敛散性.

解　该级数的通项 u_n 满足下列关系式

$$u_n = \frac{1}{n} = \int_n^{n+1} \frac{1}{n}\mathrm{d}x > \int_n^{n+1} \frac{1}{x}\mathrm{d}x = \ln(n+1) - \ln n.$$

于是部分和

$$S_n = 1 + \frac{1}{2} + \frac{1}{3} + \cdots + \frac{1}{n} > (\ln 2 - \ln 1) + (\ln 3 - \ln 2) +$$

$$(\ln 4 - \ln 3) + \cdots + [\ln(n+1) - \ln n] = \ln(n+1).$$

当 $n \to \infty$ 时,$\ln(n+1) \to +\infty$,所以有 $S_n \to +\infty$,即该级数发散.

说明　如果 a、b、c 三数满足 $\frac{1}{c} = \frac{1}{2}\left(\frac{1}{a} + \frac{1}{b}\right)$,则称 c 是 a、b 的调和平均数,而级数 $\sum\limits_{n=1}^{\infty} \frac{1}{n}$ 从第二项起,每项都是相邻两项的调和平均数,故称此级数为**调和级数**. 调和级数的部分和增长的速度很缓慢,欧拉曾计算过 $S_{1\,000} \approx 7.84, \cdots, S_{1\,000\,000} \approx 14.390\,0$.

9.1.2　常数项无穷级数的基本性质

通过求出部分和数列的极限来判断级数的敛散性虽然是最基本的方法,但它常常是很困难的. 因此有必要研究级数的性质,以便寻求简便易行的判别方法.

性质 9-1　设 k 为任一不等于零的常数,若级数 $\sum\limits_{n=1}^{\infty} u_n$ 收敛,则级数 $\sum\limits_{n=1}^{\infty} ku_n$ 也收敛,并

且有 $\sum\limits_{n=1}^{\infty} ku_n = k\sum\limits_{n=1}^{\infty} u_n$；若级数 $\sum\limits_{n=1}^{\infty} u_n$ 发散，则级数 $\sum\limits_{n=1}^{\infty} ku_n$ 也发散. 即级数的每一项同乘一个不为零的常数后，不改变其敛散性.

证明 设级数 $\sum\limits_{n=1}^{\infty} u_n$ 与级数 $\sum\limits_{n=1}^{\infty} ku_n$ 的部分和分别为 S_n 和 σ_n，则

$$\sigma_n = ku_1 + ku_2 + \cdots + ku_n = kS_n.$$

于是当级数 $\sum\limits_{n=1}^{\infty} u_n$ 收敛于 S 时，有

$$\lim_{n\to\infty}\sigma_n = k\lim_{n\to\infty}S_n = kS.$$

即级数 $\sum\limits_{n=1}^{\infty} ku_n$ 收敛于 kS.

当级数 $\sum\limits_{n=1}^{\infty} u_n$ 发散时，$\lim\limits_{n\to\infty}S_n$ 不存在，因为 $k \neq 0$，所以 $\lim\limits_{n\to\infty}\sigma_n$ 也不存在，即级数 $\sum\limits_{n=1}^{\infty} ku_n$ 也发散.

性质 9-2 如果级数 $\sum\limits_{n=1}^{\infty} u_n$ 和 $\sum\limits_{n=1}^{\infty} v_n$ 分别收敛于 S 和 σ，则级数 $\sum\limits_{n=1}^{\infty} (u_n \pm v_n)$ 也收敛，且其和为 $S \pm \sigma$.

证明 设级数 $\sum\limits_{n=1}^{\infty} u_n$ 和 $\sum\limits_{n=1}^{\infty} v_n$ 的部分和分别为 S_n 和 σ_n，则级数 $\sum\limits_{n=1}^{\infty} (u_n \pm v_n)$ 的部分和

$$w_n = (u_1 \pm v_1) + (u_2 \pm v_2) + \cdots + (u_n \pm v_n)$$
$$= (u_1 + u_2 + \cdots + u_n) \pm (v_1 + v_2 + \cdots + v_n) = S_n \pm \sigma_n.$$

于是 $$\lim_{n\to\infty}w_n = \lim_{n\to\infty}(S_n \pm \sigma_n) = S \pm \sigma.$$

即 $\sum\limits_{n=1}^{\infty} (u_n \pm v_n)$ 收敛，且其和为 $S \pm \sigma$.

从性质 9-1 和性质 9-2 容易得到如下推论：

推论 9-1 设级数 $\sum\limits_{n=1}^{\infty} u_n$ 和 $\sum\limits_{n=1}^{\infty} v_n$ 分别收敛于 S 和 σ，α 和 β 是不为零的任意常数，则级数 $\sum\limits_{n=1}^{\infty} (\alpha u_n \pm \beta v_n)$ 收敛于 $\alpha S \pm \beta\sigma$.

容易证明级数还有下面的性质：

性质 9-3 在级数中去掉、增加或改变有限项后，级数的敛散性不变.

当然，当原级数收敛时，一般来说新的级数的和要发生改变.

性质 9-4 如果级数 $\sum\limits_{n=1}^{\infty} u_n$ 收敛于 S，则对该级数的项任意加（有限个或无限个）括号后所得级数

$$\sum_{k=1}^{\infty} v_k = (u_1 + \cdots + u_{n_1}) + (u_{n_1+1} + \cdots + u_{n_2}) + \cdots + (u_{n_{k-1}+1} + \cdots + u_{n_k}) + \cdots$$

仍收敛，且其和仍为 S.

由这个性质易知，若加括号后的级数发散，原级数必定发散.

需要指出的是,收敛级数一般不能去掉无穷多个括号,发散级数一般不能加无穷多个括号.例如级数

$$(1-1)+(1-1)+\cdots+(1-1)+\cdots$$

是收敛的,其和为零,但去掉括号后的级数

$$1-1+1-1+\cdots+(-1)^{n-1}+\cdots$$

发散.

性质 9-5　级数 $\sum\limits_{n=1}^{\infty}u_n$ 收敛的必要条件是 $\lim\limits_{n\to\infty}u_n=0$.

证明　设 $\sum\limits_{n=1}^{\infty}u_n=S$,从而 $\lim\limits_{n\to\infty}u_n=\lim\limits_{n\to\infty}(S_n-S_{n-1})=S-S=0$.

由性质 9-5 可给出级数发散的一个充分条件,即**如果某级数的一般项不趋于零,那么此级数一定发散**.

【例 9-6】　判别级数 $\sum\limits_{n=1}^{\infty}\dfrac{1}{\sqrt[n]{3}}$ 的敛散性

解　因为

$$\lim\limits_{n\to\infty}u_n=\lim\limits_{n\to\infty}\frac{1}{\sqrt[n]{3}}=1\neq 0,$$

所以此级数发散.

【例 9-7】　判别级数 $\sum\limits_{n=1}^{\infty}\dfrac{1}{\left(1+\dfrac{1}{n}\right)^n}$ 的敛散性.

解　因为

$$\lim\limits_{n\to\infty}u_n=\lim\limits_{n\to\infty}\frac{1}{\left(1+\dfrac{1}{n}\right)^n}=\frac{1}{e}\neq 0,$$

所以此级数发散.

应当指出,一般项趋于零只是级数收敛的必要条件,而不是充分条件.即若一般项 $u_n\to 0$,并不能断定级数 $\sum\limits_{n=1}^{\infty}u_n$ 收敛.例如调和级数

$$1+\frac{1}{2}+\frac{1}{3}+\cdots+\frac{1}{n}+\cdots,$$

虽然当 $n\to\infty$ 时,一般项 $u_n=\dfrac{1}{n}\to 0$,但它却是发散的.

【例 9-8】　判别级数 $\left(\dfrac{1}{3}+\dfrac{1}{5}\right)+\left(\dfrac{1}{3^2}+\dfrac{1}{5^2}\right)+\cdots$ 的敛散性,若收敛,求其和.

解　因为 $\dfrac{1}{3}+\dfrac{1}{3^2}+\cdots+\dfrac{1}{3^n}+\cdots$ 是公比为 $q=\dfrac{1}{3}$ 的等比级数,且 $|q|<1$,可知级数 $\sum\limits_{n=1}^{\infty}\dfrac{1}{3^n}$ 收敛于 $\dfrac{\dfrac{1}{3}}{1-\dfrac{1}{3}}=\dfrac{1}{2}$;

又 $\dfrac{1}{5}+\dfrac{1}{5^2}+\cdots+\dfrac{1}{5^n}+\cdots$ 是公比为 $q=\dfrac{1}{5}$ 的等比级数,且 $|q|<1$,可知级数 $\displaystyle\sum_{n=1}^{\infty}\dfrac{1}{5^n}$

收敛于 $\dfrac{\dfrac{1}{5}}{1-\dfrac{1}{5}}=\dfrac{1}{4}$.

由性质 9-2 知,级数 $\left(\dfrac{1}{3}+\dfrac{1}{5}\right)+\left(\dfrac{1}{3^2}+\dfrac{1}{5^2}\right)+\cdots$ 收敛且其和为 $\dfrac{1}{2}+\dfrac{1}{4}=\dfrac{3}{4}$.

习题 9-1

1. 写出下列级数的前 5 项:

(1) $\displaystyle\sum_{n=1}^{\infty}\dfrac{1+n}{1+n^2}$;　　　　　(2) $\displaystyle\sum_{n=1}^{\infty}\dfrac{1\cdot 3\cdot\cdots\cdot(2n-1)}{2\cdot 4\cdot\cdots\cdot 2n}$;

(3) $\displaystyle\sum_{n=1}^{\infty}\dfrac{(-1)^{n-1}}{5^n}$;　　　　(4) $\displaystyle\sum_{n=1}^{\infty}\dfrac{n!}{n^n}$.

2. 写出下列级数的一般项:

(1) $\sin\dfrac{\pi}{6}+\sin\dfrac{3\pi}{6}+\sin\dfrac{5\pi}{6}+\sin\dfrac{7\pi}{6}+\cdots$;

(2) $\dfrac{1}{1\cdot 3}+\dfrac{1}{3\cdot 5}+\dfrac{1}{5\cdot 7}+\dfrac{1}{7\cdot 9}+\cdots$;

(3) $\dfrac{a^2}{3}-\dfrac{a^3}{5}+\dfrac{a^4}{7}-\dfrac{a^5}{9}+\cdots$;

(4) $\dfrac{\sqrt{x}}{2}+\dfrac{x}{2\cdot 4}+\dfrac{x\sqrt{x}}{2\cdot 4\cdot 6}+\dfrac{x^2}{2\cdot 4\cdot 6\cdot 8}+\cdots$

3. 用定义判别下列级数的敛散性,并对收敛级数求其和:

(1) $\displaystyle\sum_{n=1}^{\infty}(\sqrt{n+1}-\sqrt{n})$;　　　(2) $\displaystyle\sum_{n=1}^{\infty}\dfrac{1}{n^2+3n+2}$;

(3) $\displaystyle\sum_{n=1}^{\infty}\dfrac{1}{(5n-4)(5n+1)}$;　　(4) $\displaystyle\sum_{n=1}^{\infty}\ln\dfrac{n}{n+1}$.

4. 利用级数的性质判别下列级数的敛散性,并对收敛级数求其和:

(1) $\left(\dfrac{1}{2}+\dfrac{1}{3}\right)+\left(\dfrac{1}{2^2}+\dfrac{1}{3^2}\right)+\cdots+\left(\dfrac{1}{2^n}+\dfrac{1}{3^n}\right)+\cdots$;　　(2) $\displaystyle\sum_{n=1}^{\infty}2^n\sin\dfrac{\pi}{2^n}$;

(3) $\displaystyle\sum_{n=1}^{\infty}n^2\ln\left(1+\dfrac{x}{n^2}\right)(x\neq 0)$;　　(4) $\displaystyle\sum_{n=1}^{\infty}\dfrac{2^n+1}{3^n}$.

5. 确定使下列级数收敛的 x 的范围:

(1) $\displaystyle\sum_{n=1}^{\infty}\dfrac{1}{(1+x)^n}$;　　　　(2) $\displaystyle\sum_{n=1}^{\infty}(\ln x)^n$.

6. 如图 9-1 所示,在直角三角形 ABC 中,$\angle A=\theta$,$|AC|=b$,$CD\perp AB$,$DE\perp BC$,$EF\perp AB$. 这个过程可以一直继续. 试用 θ 和 b 表示所有垂直线段的总长度

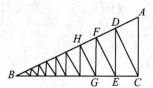

图 9-1

$$L = \mid CD \mid + \mid DE \mid + \mid EF \mid + \mid FG \mid + \cdots.$$

7. 已知 $\sum\limits_{n=1}^{\infty} \dfrac{1}{n^2} = \dfrac{\pi^2}{6}$，求级数 $\sum\limits_{n=1}^{\infty} \dfrac{1}{(2n-1)^2}$ 的和.

9.2　正项级数敛散性的判别法

判别级数的敛散性是级数研究中最基本的问题. 利用级数收敛的定义与性质判别级数的敛散性往往是较困难的. 因此，需要建立一系列简便而有效的判别法. 每一项都是非负的级数称为**正项级数**（positive term series）. 正项级数是最简单同时也是最基本的级数，其他许多级数的敛散性常常可以借助于正项级数的研究而得到解决.

9.2.1　正项级数收敛的基本定理

设正项级数 $\sum\limits_{n=1}^{\infty} u_n (u_n \geqslant 0, n = 1, 2, \cdots)$ 的部分和为 S_n，显然部分和数列 $\{S_n\}$ 是单调增加的，也就是

$$S_1 \leqslant S_2 \leqslant S_3 \leqslant \cdots \leqslant S_n \leqslant \cdots.$$

根据数列的单调有界原理，可知如果这个数列具有上界，那么它必收敛；如果这个数列没有上界，那么它必发散. 由此便获得正项级数收敛的基本定理.

定理 9-1　（基本定理） 正项级数 $\sum\limits_{n=1}^{\infty} u_n$ 收敛的充分必要条件是其部分和数列 $\{S_n\}$ 有上界.

【例 9-9】 证明 p- 级数 $\sum\limits_{n=1}^{\infty} \dfrac{1}{n^p} = 1 + \dfrac{1}{2^p} + \cdots + \dfrac{1}{n^p} + \cdots$ 当 $p \leqslant 1$ 时发散，当 $p > 1$ 时收敛.

证明　当 $p \leqslant 1$ 时，

$$S_n = 1 + \frac{1}{2^p} + \frac{1}{3^p} + \cdots + \frac{1}{n^p} \geqslant 1 + \frac{1}{2} + \frac{1}{3} + \cdots + \frac{1}{n}.$$

上式右端是调和级数的部分和，在 9.1 节已证明

$$\lim_{n \to \infty} \left(1 + \frac{1}{2} + \frac{1}{3} + \cdots + \frac{1}{n} \right) = +\infty.$$

因而 $\{S_n\}$ 无上界，所以当 $p \leqslant 1$ 时，p 级数发散.

当 $p > 1$ 时，由于 $\dfrac{1}{n^p} = \displaystyle\int_{n-1}^{n} \frac{1}{n^p} \mathrm{d}x < \int_{n-1}^{n} \frac{1}{x^p} \mathrm{d}x$，于是

$$S_n = 1 + \frac{1}{2^p} + \frac{1}{3^p} + \cdots + \frac{1}{n^p} < 1 + \int_1^2 \frac{\mathrm{d}x}{x^p} + \int_2^3 \frac{\mathrm{d}x}{x^p} + \cdots + \int_{n-1}^n \frac{\mathrm{d}x}{x^p} = 1 + \int_1^n \frac{\mathrm{d}x}{x^p}$$

$$= 1 + \frac{1}{p-1} \left(1 - \frac{1}{n^{p-1}} \right) < 1 + \frac{1}{p-1},$$

即 $\{S_n\}$ 有上界. 由基本定理可知，当 $p > 1$ 时 p- 级数收敛.

p 级数在判断正项级数的敛散性方面有着重要的应用.

例 9-9 启示我们,判定一个正项级数的敛散性,可以与一个已知敛散性的正项级数来比较确定.

9.2.2 比较判别法

在基本定理基础上,容易推出判别正项级数的收敛或发散的比较判别法.

定理 9-2 (比较判别法) 设有两个正项级数 $\sum\limits_{n=1}^{\infty} u_n$ 与 $\sum\limits_{n=1}^{\infty} v_n$,而且 $u_n \leqslant v_n (n=1,$ $2, \cdots)$,如果 $\sum\limits_{n=1}^{\infty} v_n$ 收敛,则 $\sum\limits_{n=1}^{\infty} u_n$ 也收敛;如果 $\sum\limits_{n=1}^{\infty} u_n$ 发散,则 $\sum\limits_{n=1}^{\infty} v_n$ 也发散.

证明 设级数 $\sum\limits_{n=1}^{\infty} u_n$ 与 $\sum\limits_{n=1}^{\infty} v_n$ 的部分和分别为 S_n 和 σ_n,因为 $u_n \leqslant v_n (n=1,2,\cdots)$,所以

$$S_n = u_1 + u_2 + \cdots + u_n \leqslant v_1 + v_2 + \cdots + v_n = \sigma_n.$$

如果 $\sum\limits_{n=1}^{\infty} v_n$ 收敛,那么由基本定理知 σ_n 有上界,即 $\sigma_n \leqslant M$,从而

$$S_n \leqslant \sigma_n \leqslant M.$$

即 S_n 有上界,再由基本定理可知 $\sum\limits_{n=1}^{\infty} u_n$ 收敛.

如果 $\sum\limits_{n=1}^{\infty} u_n$ 发散,则 $\sum\limits_{n=1}^{\infty} v_n$ 必发散.因为如果 $\sum\limits_{n=1}^{\infty} v_n$ 收敛,由以上证明的结论知 $\sum\limits_{n=1}^{\infty} u_n$ 也必收敛.这与假设矛盾.

由于级数的每一项同乘不为零的常数 k 以及去掉级数前面的有限项不会影响级数的敛散性,于是得到如下推论.

推论 9-2 设 $\sum\limits_{n=1}^{\infty} u_n$ 和 $\sum\limits_{n=1}^{\infty} v_n$ 都是正项级数,且存在自然数 N,使当 $n \geqslant N$ 时有 $u_n \leqslant kv_n (k>0)$ 成立,则如果 $\sum\limits_{n=1}^{\infty} v_n$ 收敛,那么 $\sum\limits_{n=1}^{\infty} u_n$ 也收敛;如果 $\sum\limits_{n=1}^{\infty} u_n$ 发散,则 $\sum\limits_{n=1}^{\infty} v_n$ 也发散.

从比较判别法可知,要判别一个正项级数的敛散性,重要的是寻找一个适当的已知敛散性的正项级数与其比较,p 级数与等比级数经常充当这样的角色.

【例 9-10】 判断下列正项级数的敛散性:

(1) $\sum\limits_{n=1}^{\infty} \dfrac{3 + \sin n}{2^n}$;   (2) $\sum\limits_{n=1}^{\infty} 2^n \sin \dfrac{\pi}{3^n}$;   (3) $\sum\limits_{n=1}^{\infty} \dfrac{1}{\sqrt{n(n^2+1)}}$;   (4) $\sum\limits_{n=1}^{\infty} \dfrac{1}{2n-1}$.

解 (1) 由于

$$u_n = \frac{3 + \sin n}{2^n} \leqslant \frac{4}{2^n},$$

而级数 $\sum\limits_{n=1}^{\infty}\dfrac{4}{2^n}$ 是公比为 $q=\dfrac{1}{2}$ 的等比级数,且 $|q|<1$,可知级数 $\sum\limits_{n=1}^{\infty}\dfrac{4}{2^n}$ 收敛,由比较判别法知级数 $\sum\limits_{n=1}^{\infty}\dfrac{3+\sin n}{2^n}$ 收敛.

(2) 由于

$$u_n = 2^n \sin\frac{\pi}{3^n} \leqslant 2^n \cdot \frac{\pi}{3^n} = \left(\frac{2}{3}\right)^n \pi,$$

而级数 $\sum\limits_{n=1}^{\infty}\left(\dfrac{2}{3}\right)^n\pi$ 是公比为 $q=\dfrac{2}{3}$ 的等比级数,且 $|q|<1$,可知级数 $\sum\limits_{n=1}^{\infty}\left(\dfrac{2}{3}\right)^n\pi$ 收敛,由比较判别法知级数 $\sum\limits_{n=1}^{\infty}2^n\sin\dfrac{\pi}{3^n}$ 收敛.

(3) 因为 $u_n = \dfrac{1}{\sqrt{n(n^2+1)}} < \dfrac{1}{n^{3/2}}$,而级数 $\sum\limits_{n=1}^{\infty}\dfrac{1}{n^{3/2}}$ 是 $p=\dfrac{3}{2}>1$ 的 p 级数,故收敛,从而知级数 $\sum\limits_{n=1}^{\infty}\dfrac{1}{\sqrt{n(n^2+1)}}$ 收敛.

(4) 因为 $\dfrac{1}{2n-1} > \dfrac{1}{2n} = \dfrac{1}{2}\cdot\dfrac{1}{n}$,而级数 $\sum\limits_{n=2}^{\infty}\dfrac{1}{n}$ 是发散的,由性质 9-1 知,$\sum\limits_{n=1}^{\infty}\dfrac{1}{2}\cdot\dfrac{1}{n}$ 也发散,故由比较判别法知级数 $\sum\limits_{n=1}^{\infty}\dfrac{1}{2n-1}$ 发散.

比较判别法对于一般项较复杂的级数,用起来不一定方便,在很多情况下,下面的比较判别法的极限形式更为方便适用.

推论 9-3 (比较判别法的极限形式) 设 $\sum\limits_{n=1}^{\infty}u_n$ 与 $\sum\limits_{n=1}^{\infty}v_n$ 为两个正项级数(其中 $v_n\neq 0$, $n=1,2,\cdots$),若

$$\lim_{n\to\infty}\frac{u_n}{v_n} = l,$$

则

(1) 当 $0<l<+\infty$ 时,两个级数同时收敛或同时发散.

(2) 当 $l=0$ 时,若 $\sum\limits_{n=1}^{\infty}v_n$ 收敛,则 $\sum\limits_{n=1}^{\infty}u_n$ 也收敛;若 $\sum\limits_{n=1}^{\infty}u_n$ 发散,则 $\sum\limits_{n=1}^{\infty}v_n$ 也发散.

(3) 当 $l=+\infty$ 时,若 $\sum\limits_{n=1}^{\infty}v_n$ 发散,则 $\sum\limits_{n=1}^{\infty}u_n$ 也发散;若 $\sum\limits_{n=1}^{\infty}u_n$ 收敛,则 $\sum\limits_{n=1}^{\infty}v_n$ 也收敛.

对于正项级数 $\sum\limits_{n=1}^{\infty}u_n$ 和 $\sum\limits_{n=1}^{\infty}v_n$,当 $u_n\to 0, v_n\to 0$ 时,比较判别法极限形式的本质是比较无穷小 u_n 和 v_n 的阶数. 定理表明,当 $n\to\infty$ 时,如果 u_n 是与 v_n 同阶或是比 v_n 高阶的无穷小,而级数 $\sum\limits_{n=1}^{\infty}v_n$ 收敛,则级数 $\sum\limits_{n=1}^{\infty}u_n$ 收敛;如果 u_n 是与 v_n 同阶或是比 v_n 低阶的无穷小,而级数 $\sum\limits_{n=1}^{\infty}v_n$ 发散,则级数 $\sum\limits_{n=1}^{\infty}u_n$ 发散;如果当 u_n 与 v_n 是同阶无穷小,特别是 u_n 与 v_n 是

等价无穷小时,级数 $\sum\limits_{n=1}^{\infty}u_n$ 和 $\sum\limits_{n=1}^{\infty}v_n$ 同时收敛或同时发散. 因此在判断级数 $\sum\limits_{n=1}^{\infty}u_n$ 敛散性时,经常寻找与 u_n 同阶或等价的无穷小. 等比级数和 p- 级数常用以作为比较的基准级数.

【例 9-11】 判别下列级数的敛散性:

(1) $\sum\limits_{n=1}^{\infty}\sin\dfrac{1}{n}$;   (2) $\sum\limits_{n=1}^{\infty}\ln\left(1+\dfrac{1}{n^2}\right)$;   (3) $\sum\limits_{n=1}^{\infty}\left(1-\cos\dfrac{\alpha}{n}\right)(\alpha\neq 0)$.

解 (1) 由于 $\sin\dfrac{1}{n}\sim\dfrac{1}{n}(n\to\infty)$, 即 $\lim\limits_{n\to\infty}\dfrac{\sin\dfrac{1}{n}}{\dfrac{1}{n}}=1$, 而 $\sum\limits_{n=1}^{\infty}\dfrac{1}{n}$ 发散,可知级数 $\sum\limits_{n=1}^{\infty}\sin\dfrac{1}{n}$ 发散.

(2) 由于 $\ln\left(1+\dfrac{1}{n^2}\right)\sim\dfrac{1}{n^2}(n\to\infty)$, 即 $\lim\limits_{n\to\infty}\dfrac{\ln\left(1+\dfrac{1}{n^2}\right)}{\dfrac{1}{n^2}}=1$, 而 $\sum\limits_{n=1}^{\infty}\dfrac{1}{n^2}$ 收敛,可知级数 $\sum\limits_{n=1}^{\infty}\ln\left(1+\dfrac{1}{n^2}\right)$ 收敛.

(3) 由于 $1-\cos\dfrac{\alpha}{n}\sim\dfrac{1}{2}\left(\dfrac{\alpha}{n}\right)^2(n\to\infty)$, 即 $\lim\limits_{n\to\infty}\dfrac{1-\cos\dfrac{\alpha}{n}}{\dfrac{1}{2}\left(\dfrac{\alpha}{n}\right)^2}=1$, 而 $\sum\limits_{n=1}^{\infty}\dfrac{1}{2}\left(\dfrac{\alpha}{n}\right)^2=\sum\limits_{n=1}^{\infty}\dfrac{\alpha^2}{2}\cdot\dfrac{1}{n^2}$ 收敛,可知级数 $\sum\limits_{n=1}^{\infty}\left(1-\cos\dfrac{\alpha}{n}\right)$ 收敛.

【例 9-12】 判别级数 $\sum\limits_{n=1}^{\infty}\dfrac{8n^3+n^2+1}{2n^6-3n^2+2}$ 的敛散性.

解 因为

$$\lim_{n\to\infty}\dfrac{8n^3+n^2+1}{2n^6-3n^2+2}\bigg/\dfrac{1}{n^3}=4,$$

而级数 $\sum\limits_{n=1}^{\infty}\dfrac{1}{n^3}$ 收敛,所以级数 $\sum\limits_{n=1}^{\infty}\dfrac{8n^3+n^2+1}{2n^6-3n^2+2}$ 也收敛.

【例 9-13】 判别级数 $\sum\limits_{n=1}^{\infty}\dfrac{1}{3^n-2^n}$ 的敛散性

解 因为

$$\lim_{n\to\infty}\dfrac{\dfrac{1}{3^n-2^n}}{\dfrac{1}{3^n}}=\lim_{n\to\infty}\dfrac{3^n}{3^n-2^n}=\lim_{n\to\infty}\dfrac{1}{1-\left(\dfrac{2}{3}\right)^n}=1,$$

而级数 $\sum\limits_{n=1}^{\infty}\dfrac{1}{3^n}$ 收敛,所以级数 $\sum\limits_{n=1}^{\infty}\dfrac{1}{3^n-2^n}$ 收敛.

使用比较判别法时,需要选择一个已知敛散性的级数,一般来说,对技巧性要求较高,有时这种选择并不容易. 下面介绍两个直接依赖级数本身结构来确定其敛散性的判别法.

9.2.3 比值判别法

定理 9-3 （比值判别法）对于正项级数 $\sum\limits_{n=1}^{\infty} u_n , u_n > 0$，如果

$$\lim_{n\to\infty} \frac{u_{n+1}}{u_n} = \rho,$$

则：(1) 当 $\rho < 1$ 时，级数 $\sum\limits_{n=1}^{\infty} u_n$ 收敛；

(2) 当 $\rho > 1$ 时或 $\rho = +\infty$ 时，级数 $\sum\limits_{n=1}^{\infty} u_n$ 发散.

证明 (1) 因为 $\lim\limits_{n\to\infty} \frac{u_{n+1}}{u_n} = \rho < 1$，故可选取 r 满足 $\rho < r < 1$，于是，由极限的保号性

知，当 n 充分大后，总有 $\frac{u_{n+1}}{u_n} < r$，从而

$$u_{n+1} < r u_n,$$
$$u_{n+2} < r u_{n+1} < r^2 u_n,$$
$$u_{n+3} < r u_{n+2} < r^3 u_n,$$
$$\vdots$$

而

$$r u_n + r^2 u_n + r^3 u_n + \cdots$$

是公比 $0 < r < 1$ 的等比级数，故收敛. 根据正项级数的比较判别法知

$$u_{n+1} + u_{n+2} + u_{n+3} + \cdots$$

也收敛，再由 9.1 节级数的性质 9-3 知，级数 $\sum\limits_{n=1}^{\infty} u_n$ 收敛.

(2) 当 $\lim\limits_{n\to\infty} \frac{u_{n+1}}{u_n} = \rho > 1$ 时，总可以选取 r 满足 $1 < r < \rho$，于是，当 n 充分大后，便有

$$\frac{u_{n+1}}{u_n} > r > 1.$$

这时 u_n 单调增加，因此 $u_n \nrightarrow 0 (n \to \infty)$，故级数 $\sum\limits_{n=1}^{\infty} u_n$ 发散.

当 $\rho = +\infty$ 时，上述推导显然也成立，故级数 $\sum\limits_{n=1}^{\infty} u_n$ 发散.

注意 当 $\rho = 1$ 时，比值判别法失效，此时级数可能收敛，也可能发散. 例如，对于 p

级数 $\sum\limits_{n=1}^{\infty} \frac{1}{n^p}$，无论 $p > 1$，还是 $p \leqslant 1$，均有

$$\lim_{n\to\infty} \frac{u_{n+1}}{u_n} = \lim_{n\to\infty} \frac{\frac{1}{(n+1)^p}}{\frac{1}{n^p}} = 1,$$

所以比值判别法不能判定 p 级数的敛散性.

正项级数的比值判别法也称**达朗贝尔**(D'Alembert,法国,1717—1783)**判别法**.

【例 9-14】 讨论下列级数的敛散性:

(1) $\sum\limits_{n=1}^{\infty} \dfrac{1}{(n-1)!}$; (2) $\sum\limits_{n=1}^{\infty} \dfrac{2^n+3}{3^n-2}$.

解 (1) 由于

$$\lim_{n\to\infty} \frac{u_{n+1}}{u_n} = \lim_{n\to\infty} \frac{\dfrac{1}{n!}}{\dfrac{1}{(n-1)!}} = \lim_{n\to\infty} \frac{1}{n} = 0 < 1,$$

故级数 $\sum\limits_{n=1}^{\infty} \dfrac{1}{(n-1)!}$ 收敛.

(2) 由于

$$\lim_{n\to\infty} \frac{u_{n+1}}{u_n} = \lim_{n\to\infty} \frac{2^{n+1}+3}{3^{n+1}-2} \Big/ \frac{2^n+3}{3^n-2} = \lim_{n\to\infty} \frac{2^{n+1}+3}{2^n+3} \cdot \lim_{n\to\infty} \frac{3^n-2}{3^{n+1}-2} = \frac{2}{3} < 1,$$

故级数 $\sum\limits_{n=1}^{\infty} \dfrac{2^n+3}{3^n-2}$ 收敛.

【例 9-15】 讨论下列级数的敛散性:

(1) $\sum\limits_{n=1}^{\infty} \dfrac{n!}{5^n}$; (2) $\sum\limits_{n=1}^{\infty} \dfrac{a^n}{n}(a>0)$.

解 (1) 由于

$$\lim_{n\to\infty} \frac{u_{n+1}}{u_n} = \lim_{n\to\infty} \frac{\dfrac{(n+1)!}{5^{n+1}}}{\dfrac{n!}{5^n}} = \lim_{n\to\infty} \frac{1}{5}(n+1) = +\infty,$$

故级数 $\sum\limits_{n=1}^{\infty} \dfrac{n!}{5^n}$ 发散.

(2) 由于

$$\lim_{n\to\infty} \frac{u_{n+1}}{u_n} = \lim_{n\to\infty} \frac{\dfrac{a^{n+1}}{n+1}}{\dfrac{a^n}{n}} = a,$$

故当 $a>1$ 时,此级数发散;当 $a<1$ 时,此级数收敛.

当 $a=1$ 时比值判别法失效,但注意到此时级数为调和级数 $\sum\limits_{n=1}^{\infty} \dfrac{1}{n}$,发散.

【例 9-16】 判别级数 $\sum\limits_{n=1}^{\infty} \dfrac{\pi^n \cdot n!}{n^n}$ 的敛散性.

解 由于

$$\lim_{n\to\infty} \frac{u_{n+1}}{u_n} = \lim_{n\to\infty} \frac{\dfrac{\pi^{n+1} \cdot (n+1)!}{(n+1)^{n+1}}}{\dfrac{\pi^n \cdot n!}{n^n}} = \lim_{n\to\infty} \frac{\pi}{\left(1+\dfrac{1}{n}\right)^n} = \frac{\pi}{e} > 1,$$

所以级数 $\sum\limits_{n=1}^{\infty} \dfrac{\pi^n \cdot n!}{n^n}$ 发散.

9.2.4　根值判别法

定理 9-4　（根值判别法）设级数 $\sum\limits_{n=1}^{\infty} u_n$ 为正项级数，如果

$$\lim_{n\to\infty} \sqrt[n]{u_n} = \rho,$$

则：

(1) 当 $\rho < 1$ 时，级数 $\sum\limits_{n=1}^{\infty} u_n$ 收敛；

(2) 当 $\rho > 1$ 或 $\rho = +\infty$ 时，级数 $\sum\limits_{n=1}^{\infty} u_n$ 发散.

根值判别法的证明类似于比值判别法，请读者自己证明.

说明　当 $\rho = 1$ 时，级数 $\sum\limits_{n=1}^{\infty} u_n$ 可能收敛也可能发散，即根值判别法失效.

【例 9-17】　讨论级数 $\sum\limits_{n=1}^{\infty} \left(\dfrac{n}{2n+1}\right)^{an}$ 的敛散性.

解　因为

$$\lim_{n\to\infty} \sqrt[n]{u_n} = \lim_{n\to\infty} \sqrt[n]{\left(\dfrac{n}{2n+1}\right)^{an}} = \lim_{n\to\infty} \left(\dfrac{n}{2n+1}\right)^a = \left(\dfrac{1}{2}\right)^a,$$

所以当 $a > 0$ 时，$\left(\dfrac{1}{2}\right)^a < 1$，此级数收敛；当 $a < 0$ 时，$\left(\dfrac{1}{2}\right)^a > 1$，此级数发散；当 $a = 0$ 时，

根值判别法失效，但此时级数为 $\sum\limits_{n=1}^{\infty} 1$ 发散.

正项级数的根值判别法也称**柯西判别法**.

习题 9-2

1. 用比较判别法判断下列级数的敛散性：

(1) $\sum\limits_{n=1}^{\infty} \dfrac{1}{3n-2}$;　　　(2) $\sum\limits_{n=1}^{\infty} \dfrac{1}{(n+1)(n+4)}$;　　　(3) $\sum\limits_{n=1}^{\infty} \sin \dfrac{\pi}{2^n}$;

(4) $\sum\limits_{n=1}^{\infty} \dfrac{1}{\sqrt{n^2+n}}$;　　　(5) $\sum\limits_{n=1}^{\infty} \dfrac{n+1}{n^3+4n}$;　　　(6) $\sum\limits_{n=1}^{\infty} \left(1-\cos\dfrac{1}{n}\right)$;

(7) $\sum\limits_{n=1}^{\infty} \dfrac{1+n}{n^2}$;　　　(8) $\sum\limits_{n=1}^{\infty} \dfrac{3+\cos n}{3^n}$;　　　(9) $\sum\limits_{n=1}^{\infty} \sin \dfrac{1}{\sqrt{n}}$.

2. 用比值判别法判断下列级数的敛散性：

(1) $\sum\limits_{n=1}^{\infty} \dfrac{3^n}{n\mathrm{e}^n}$;　　　　　　(2) $\sum\limits_{n=1}^{\infty} n\tan\dfrac{\pi}{2^{n+1}}$;

$(3) \displaystyle\sum_{n=1}^{\infty} \dfrac{1 \cdot 3 \cdot \cdots \cdot (2n-1)}{n!}$; $(4) \displaystyle\sum_{n=1}^{\infty} \dfrac{x^n}{(1+x)(1+x^2)\cdots(1+x^n)} \quad (x \geqslant 0)$;

$(5) \displaystyle\sum_{n=1}^{\infty} e^{-n} n!$; $(6) \displaystyle\sum_{n=1}^{\infty} \dfrac{(n+2)!}{n! \cdot 10^n}$;

$(7) \displaystyle\sum_{n=1}^{\infty} \dfrac{4^{n-1}}{(n+1)^2 \cdot 3^{n+2}}$; $(8) \displaystyle\sum_{n=1}^{\infty} \dfrac{1}{3^n - n}$.

3. 用根值判别法判断下列级数的敛散性：

$(1) \displaystyle\sum_{n=1}^{\infty} \dfrac{1}{(2n+1)^n}$; $(2) \displaystyle\sum_{n=1}^{\infty} \dfrac{2+(-1)^n}{2^n}$;

$(3) \displaystyle\sum_{n=1}^{\infty} \dfrac{1}{[\ln(n+1)]^n}$; $(4) \displaystyle\sum_{n=1}^{\infty} \left(\dfrac{3n^2}{n^2+1} \right)^n$.

4. 用适当的方法判别下列级数的敛散性：

$(1) \displaystyle\sum_{n=1}^{\infty} \dfrac{1}{n\sqrt{n+1}}$; $(2) \displaystyle\sum_{n=1}^{\infty} \dfrac{1}{\sqrt{n}} \sin \dfrac{2}{\sqrt{n}}$;

$(3) \displaystyle\sum_{n=1}^{\infty} \dfrac{(n!)^2}{(2n)!}$; $(4) \displaystyle\sum_{n=1}^{\infty} \dfrac{1}{4^n} \left(1 + \dfrac{1}{n} \right)^{n^2}$;

$(5) \displaystyle\sum_{n=1}^{\infty} \dfrac{3^n}{1+e^n}$; $(6) \displaystyle\sum_{n=1}^{\infty} \dfrac{n^4}{n!}$.

5. 若级数 $\displaystyle\sum_{n=1}^{\infty} u_n^2$ 和 $\displaystyle\sum_{n=1}^{\infty} v_n^2$ 都收敛，证明级数 $\displaystyle\sum_{n=1}^{\infty} |u_n v_n|$ 与 $\displaystyle\sum_{n=1}^{\infty} (u_n + v_n)^2$ 均收敛.

6. 利用级数收敛的必要条件证明：

$(1) \displaystyle\lim_{n\to\infty} \dfrac{n^n}{(n!)^2} = 0$; $(2) \displaystyle\lim_{n\to\infty} n p^n = 0 \quad (0 < p < 1)$.

9.3 任意项级数敛散性的判别法

任意项级数是指级数中的各项可以是正数、负数或零的级数. 在一般情况下，任意项级数敛散性的判定，要比正项级数敛散性判定复杂得多. 本节首先讨论一种特殊的任意项级数 —— 交错级数的收敛判别法，然后讨论一般任意项级数的绝对收敛与条件收敛.

9.3.1 交错级数敛散性的判别法

各项正负相间的级数叫作**交错级数**(alternating series)，它有两种形式

$$\sum_{n=1}^{\infty} (-1)^{n-1} u_n = u_1 - u_2 + u_3 - u_4 + \cdots + (-1)^{n-1} u_n + \cdots,$$

或

$$\sum_{n=1}^{\infty} (-1)^n u_n = -u_1 + u_2 - u_3 + u_4 - \cdots + (-1)^n u_n + \cdots.$$

其中 $u_n > 0(n = 1,2,\cdots)$. 显然有 $\sum\limits_{n=1}^{\infty}(-1)^n u_n = -\sum\limits_{n=1}^{\infty}(-1)^{n-1}u_n$，因此只需讨论 $\sum\limits_{n=1}^{\infty}(-1)^{n-1}u_n$ 即可.

关于交错级数敛散性的判别，有下列著名的**莱布尼茨判别法**.

定理 9-5　（**莱布尼茨判别法**）若交错级数 $\sum\limits_{n=1}^{\infty}(-1)^{n-1}u_n(u_n > 0)$ 满足条件：

(1) 数列 $\{u_n\}$ 单调减少，即 $u_{n+1} \leqslant u_n(n = 1,2,\cdots)$，

(2) $\lim\limits_{n\to\infty}u_n = 0$，

则交错级数 $\sum\limits_{n=1}^{\infty}(-1)^{n-1}u_n$ 收敛，且其和 S 满足 $0 \leqslant S \leqslant u_1$，余和 r_n 的绝对值 $|r_n| \leqslant u_{n+1}$.

证明　先考虑级数的前 $2m$ 项的和 S_{2m}，因为
$$S_{2m} = (u_1 - u_2) + (u_3 - u_4) + \cdots + (u_{2m-1} - u_{2m}),$$
由条件(1)知括号内非负，所以 $\{S_{2m}\}$ 单调增加且 $S_{2m} \geqslant 0$，又因为
$$S_{2m} = u_1 - (u_2 - u_3) - \cdots - (u_{2m-2} - u_{2m-1}) - u_{2m},$$
可见 $S_{2m} < u_1$. 于是 $\{S_{2m}\}$ 是单调增加且有上界的数列，故收敛. 设其极限为 S，由极限的保号性定理知
$$0 \leqslant \lim\limits_{m\to\infty}S_{2m} = S \leqslant u_1.$$

再考虑级数的 $2m+1$ 项的和 S_{2m+1}，因为
$$S_{2m+1} = S_{2m} + u_{2m+1},$$
由条件(2)及已证结果，有
$$\lim\limits_{n\to\infty}S_{2m+1} = \lim\limits_{n\to\infty}(S_{2m} + u_{2m+1}) = S.$$

由此可见，对交错级数的部分和数列 $\{S_n\}$ 来说，不论 n 是偶数还是奇数都有同一极限 S. 这就证明了交错级数收敛，且其和 S 满足 $0 \leqslant S \leqslant u_1$.

下面讨论余和
$$r_n = S - S_n = (-1)^n(u_{n+1} - u_{n+2} + \cdots).$$

它的绝对值
$$|r_n| = u_{n+1} - u_{n+2} + \cdots$$
也是一个交错级数，它也满足收敛的两个条件，故它的和 $|r_n| \leqslant u_{n+1}$.

【例 9-18】　判别级数
$$\sum\limits_{n=1}^{\infty}(-1)^{n-1}\frac{1}{n} = 1 - \frac{1}{2} + \frac{1}{3} - \frac{1}{4} + \cdots + (-1)^{n-1}\frac{1}{n} + \cdots$$
的敛散性，并求 n 为何值时用部分和 S_n 代替级数和 S 时所得误差小于 0.01.

解　显然级数 $\sum\limits_{n=1}^{\infty}(-1)^{n-1}\frac{1}{n}$ 是交错级数，且满足 $u_n = \frac{1}{n} > u_{n+1} = \frac{1}{n+1}$，及 $\lim\limits_{n\to\infty}u_n = \lim\limits_{n\to\infty}\frac{1}{n} = 0$，由莱布尼茨判别法知该级数收敛.

又由 $|r_n| \leqslant u_{n+1} = \frac{1}{n+1} < 0.01$，得 $n > 99$，即当用 $S_{100} = 1 - \frac{1}{2} + \frac{1}{3} - \frac{1}{4} + \cdots +$

$\dfrac{1}{99} - \dfrac{1}{100}$ 近似 S 时的误差小于 0.01.

【例 9-19】 判别级数 $\displaystyle\sum_{n=1}^{\infty}(-1)^{n}\tan\dfrac{\pi}{3n}$ 的敛散性.

解 对一切 $n \geqslant 1$, 均有 $0 < \dfrac{\pi}{3n} < \dfrac{\pi}{2}$, 故

$$u_{n} = \tan\dfrac{\pi}{3n} > 0 \quad (n = 1,2,\cdots),$$

所以 $\displaystyle\sum_{n=1}^{\infty}(-1)^{n}\tan\dfrac{\pi}{3n}$ 是交错级数, 并满足

$$u_{n} = \tan\dfrac{\pi}{3n} > \tan\dfrac{\pi}{3(n+1)} = u_{n+1} \quad (n = 1,2,\cdots)$$

及 $\lim\limits_{n\to\infty}\tan\dfrac{\pi}{3n} = 0$, 故由莱布尼茨判别法知, 级数 $\displaystyle\sum_{n=1}^{\infty}(-1)^{n}\tan\dfrac{\pi}{3n}$ 收敛.

9.3.2 绝对收敛与条件收敛

绝对收敛与
条件收敛

对一般任意项级数 $\displaystyle\sum_{n=1}^{\infty}u_{n}$, 其各项的绝对值组成的正项级数

$$\sum_{n=1}^{\infty}|u_{n}| = |u_{1}| + |u_{2}| + \cdots + |u_{n}| + \cdots$$

称为原级数的**绝对值级数**. 由于绝对值级数是正项级数, 关于它的敛散性

判别方法, 9.2 节中已有介绍. 下面的定理告诉我们, 一般任意项级数 $\displaystyle\sum_{n=1}^{\infty}u_{n}$ 和它对应的绝

对值级数 $\displaystyle\sum_{n=1}^{\infty}|u_{n}|$ 有着密切关系.

定理 9-6 如果级数 $\displaystyle\sum_{n=1}^{\infty}u_{n}$ 对应的绝对值级数 $\displaystyle\sum_{n=1}^{\infty}|u_{n}|$ 收敛, 则级数 $\displaystyle\sum_{n=1}^{\infty}u_{n}$ 收敛. 这时

称级数 $\displaystyle\sum_{n=1}^{\infty}u_{n}$ **绝对收敛**(absolute convergence).

证明 由于

$$u_{n} = (u_{n} + |u_{n}|) - |u_{n}|,$$

而

$$0 \leqslant u_{n} + |u_{n}| \leqslant 2|u_{n}|,$$

由 $\displaystyle\sum_{n=1}^{\infty}|u_{n}|$ 收敛可知, $\displaystyle\sum_{n=1}^{\infty}2|u_{n}|$ 收敛, 再由比较判别法知, 正项级数 $\displaystyle\sum_{n=1}^{\infty}(u_{n} + |u_{n}|)$ 收

敛. 因此所证级数 $\displaystyle\sum_{n=1}^{\infty}u_{n} = \sum_{n=1}^{\infty}((u_{n} + |u_{n}|) - |u_{n}|)$ 是由两个收敛级数 $\displaystyle\sum_{n=1}^{\infty}(u_{n} + |u_{n}|)$ 及

$\displaystyle\sum_{n=1}^{\infty}|u_{n}|$ 逐项相减而成. 于是, 由级数的性质知 $\displaystyle\sum_{n=1}^{\infty}u_{n}$ 收敛.

【例 9-20】 判别级数 $\displaystyle\sum_{n=1}^{\infty} \frac{(-1)^{n-1}}{n^2}\ln\left(\frac{n+1}{n}\right)$ 的敛散性.

解 因为 $\left|\dfrac{(-1)^{n-1}}{n^2}\ln\left(\dfrac{n+1}{n}\right)\right| = \dfrac{1}{n^2}\ln\left(1+\dfrac{1}{n}\right) \sim \dfrac{1}{n^3}(n\to\infty)$,

即 $\displaystyle\lim_{n\to\infty} \frac{\dfrac{1}{n^2}\ln\left(1+\dfrac{1}{n}\right)}{\dfrac{1}{n^3}} = 1$,而级数 $\displaystyle\sum_{n=1}^{\infty}\frac{1}{n^3}$ 收敛,根据比较判别法知 $\displaystyle\sum_{n=1}^{\infty}\left|\frac{(-1)^{n-1}}{n^2}\ln\left(\frac{n+1}{n}\right)\right|$

也收敛,故级数 $\displaystyle\sum_{n=1}^{\infty}\frac{(-1)^{n-1}}{n^2}\ln\left(\frac{n+1}{n}\right)$ 绝对收敛.

从定义可见,判别级数 $\displaystyle\sum_{n=1}^{\infty}u_n$ 是否绝对收敛,实际上就是判别正项级数 $\displaystyle\sum_{n=1}^{\infty}|u_n|$ 的收敛性.但要注意,当级数 $\displaystyle\sum_{n=1}^{\infty}|u_n|$ 发散时,只能断定级数 $\displaystyle\sum_{n=1}^{\infty}u_n$ 非绝对收敛,而不能断定它必为发散.例如,级数 $\displaystyle\sum_{n=1}^{\infty}\left|\frac{(-1)^{n-1}}{n}\right| = \sum_{n=1}^{\infty}\frac{1}{n}$ 虽然是发散的,但 $\displaystyle\sum_{n=1}^{\infty}\frac{(-1)^{n-1}}{n}$ 却是收敛的.

如果级数 $\displaystyle\sum_{n=1}^{\infty}u_n$ 收敛,而级数 $\displaystyle\sum_{n=1}^{\infty}|u_n|$ 发散,则称级数 $\displaystyle\sum_{n=1}^{\infty}u_n$ **条件收敛**(conditional convergence).

由定义知,例 9-18 中的级数 $\displaystyle\sum_{n=1}^{\infty}(-1)^{n-1}\frac{1}{n}$ 条件收敛.

【例 9-21】 判断下列级数的敛散性,如果收敛,指出是绝对收敛还是条件收敛:

(1) $\displaystyle\sum_{n=1}^{\infty}(-1)^{n-1}\frac{1}{\sqrt{n}}$;　　　　(2) $\displaystyle\sum_{n=1}^{\infty}\frac{\sin(n\alpha)}{n^2}$.

解 (1) 由莱布尼茨判别法易知,交错级数 $\displaystyle\sum_{n=1}^{\infty}(-1)^{n-1}\frac{1}{\sqrt{n}}$ 收敛;但级数 $\displaystyle\sum_{n=1}^{\infty}\frac{1}{\sqrt{n}}$ 是 $p = \dfrac{1}{2} < 1$ 的 p 级数,故发散.由此可知,级数 $\displaystyle\sum_{n=1}^{\infty}(-1)^{n-1}\frac{1}{\sqrt{n}}$ 条件收敛.

(2) 级数 $\displaystyle\sum_{n=1}^{\infty}\frac{\sin(n\alpha)}{n^2}$ 是任意项级数,注意到 $\left|\dfrac{\sin(n\alpha)}{n^2}\right| \leqslant \dfrac{1}{n^2}$,而级数 $\displaystyle\sum_{n=1}^{\infty}\frac{1}{n^2}$ 收敛,故级数 $\displaystyle\sum_{n=1}^{\infty}\left|\frac{\sin(n\alpha)}{n^2}\right|$ 收敛.因此级数 $\displaystyle\sum_{n=1}^{\infty}\frac{\sin(n\alpha)}{n^2}$ 绝对收敛.

应当注意的是,若应用比值判别法和根值判别法来判别绝对值级数 $\displaystyle\sum_{n=1}^{\infty}|u_n|$,而确定 $\displaystyle\sum_{n=1}^{\infty}|u_n|$ 发散时,则级数 $\displaystyle\sum_{n=1}^{\infty}u_n$ 也必发散.这是因为此时 $\displaystyle\lim_{n\to\infty}\left|\frac{u_{n+1}}{u_n}\right| = \rho > 1$ 或 $\displaystyle\lim_{n\to\infty}\sqrt[n]{|u_n|} = \rho > 1$,因而 $|u_n|$ 当 $n\to\infty$ 时不趋于零,进而级数 $\displaystyle\sum_{n=1}^{\infty}u_n$ 的一般项 u_n 当 $n\to\infty$ 时也不会趋于零,所以级数 $\displaystyle\sum_{n=1}^{\infty}u_n$ 发散.

【例 9-22】 判别级数 $\sum\limits_{n=1}^{\infty}(-1)^{n-1}\dfrac{n}{3^n}$ 是绝对收敛、条件收敛还是发散？

解 考虑绝对值级数 $\sum\limits_{n=1}^{\infty}\left|(-1)^{n-1}\dfrac{n}{3^n}\right|=\sum\limits_{n=1}^{\infty}\dfrac{n}{3^n}.$

因为

$$\lim_{n\to\infty}\frac{\dfrac{n+1}{3^{n+1}}}{\dfrac{n}{3^n}}=\lim_{n\to\infty}\frac{1}{3}\cdot\frac{n+1}{n}=\frac{1}{3}<1,$$

由正项级数的比值判别法知级数 $\sum\limits_{n=1}^{\infty}\dfrac{n}{3^n}$ 收敛，所以级数 $\sum\limits_{n=1}^{\infty}(-1)^{n-1}\dfrac{n}{3^n}$ 绝对收敛.

习题 9-3

1. 判别下列级数是绝对收敛、条件收敛还是发散？

(1) $\sum\limits_{n=1}^{\infty}(-1)^{n-1}\dfrac{n}{(n+1)^2}$；

(2) $\sum\limits_{n=1}^{\infty}\dfrac{\alpha^n}{n!}$（$\alpha$ 为常数）；

(3) $\sum\limits_{n=1}^{\infty}(-1)^n\dfrac{1}{n(n+1)}$；

(4) $\sum\limits_{n=1}^{\infty}(-1)^n\left(\dfrac{2n+100}{3n+5}\right)^n$；

(5) $\sum\limits_{n=1}^{\infty}(-1)^n\dfrac{n}{n+1}$；

(6) $\sum\limits_{n=1}^{\infty}\dfrac{(-1)^{n-1}}{\pi^{n+1}}\sin\dfrac{\pi}{n+1}$；

(7) $\sum\limits_{n=1}^{\infty}(-1)^n\dfrac{1}{\ln(n+1)}$；

(8) $\sum\limits_{n=1}^{\infty}(-1)^{n-1}\dfrac{2^n}{n}$.

2.（单项选择）设常数 $k>0$，则级数 $\sum\limits_{n=1}^{\infty}(-1)^n\dfrac{k+n}{n^2}$（　　）.

A. 发散　　　B. 绝对收敛　　　C. 条件收敛　　　D. 收敛或发散与 k 的取值有关

3.（单项选择）设 $u_n=(-1)^n\ln\left(1+\dfrac{1}{\sqrt{n}}\right)$，则级数（　　）.

A. $\sum\limits_{n=1}^{\infty}u_n$ 与 $\sum\limits_{n=1}^{\infty}u_n^2$ 都收敛

B. $\sum\limits_{n=1}^{\infty}u_n$ 与 $\sum\limits_{n=1}^{\infty}u_n^2$ 都发散

C. $\sum\limits_{n=1}^{\infty}u_n$ 收敛而 $\sum\limits_{n=1}^{\infty}u_n^2$ 发散

D. $\sum\limits_{n=1}^{\infty}u_n$ 发散而 $\sum\limits_{n=1}^{\infty}u_n^2$ 收敛

4. 下列各选项正确的是（　　）.

A. 若 $\sum\limits_{n=1}^{\infty}u_n^2$ 和 $\sum\limits_{n=1}^{\infty}v_n^2$ 都收敛，则 $\sum\limits_{n=1}^{\infty}(u_n+v_n)^2$ 收敛

B. 若 $\sum\limits_{n=1}^{\infty}|u_nv_n|$ 收敛，则 $\sum\limits_{n=1}^{\infty}u_n^2$ 与 $\sum\limits_{n=1}^{\infty}v_n^2$ 都收敛

C. 若正项级数 $\sum\limits_{n=1}^{\infty}u_n$ 发散，则 $u_n\geqslant\dfrac{1}{n}$

D. 若级数 $\sum\limits_{n=1}^{\infty}u_n$ 收敛，且 $u_n\geqslant v_n$（$n=1,2,\cdots$），则级数 $\sum\limits_{n=1}^{\infty}v_n$ 也收敛

9.4　幂级数

函数项级数是数项级数的推广,它在表示函数、研究函数性态及数值计算等方面有着重要应用.

本节首先讨论函数项级数的概念,然后讨论应用最为广泛的一类函数项级数 —— 幂级数.

9.4.1　函数项级数的概念

设 $u_n(x)(n=1,2,\cdots)$ 是定义在实数集 X 上的函数,称表达式

$$\sum_{n=1}^{\infty} u_n(x) = u_1(x) + u_2(x) + \cdots + u_n(x) + \cdots$$

是 X 上的**函数项级数**.

如果对 X 中的一点 x_0,数项级数

$$\sum_{n=1}^{\infty} u_n(x_0) = u_1(x_0) + u_2(x_0) + \cdots + u_n(x_0) + \cdots$$

收敛,则称 x_0 为函数项级数的**收敛点**;若这个数项级数发散,则称 x_0 为函数项级数的**发散点**.所有收敛点组成的集合称为函数项级数的**收敛域**,所有发散点组成的集合称为函数项级数的**发散域**.

设函数项级数 $\sum_{n=1}^{\infty} u_n(x)$ 的收敛域为 I,这时,对每一个 $x \in I$,级数 $\sum_{n=1}^{\infty} u_n(x)$ 有唯一的和 $S(x)$,于是在 I 上定义了一个函数 $S(x)$,称 $S(x)$ 为函数项级数 $\sum_{n=1}^{\infty} u_n(x)$ 的**和函数**,即

$$S(x) = u_1(x) + u_2(x) + \cdots + u_n(x) + \cdots \quad (x \in I).$$

若记 $S_n(x) = \sum_{k=1}^{n} u_k(x) = u_1(x) + u_2(x) + \cdots + u_n(x)$,则称 $S_n(x)$ 为函数项级数 $\sum_{n=1}^{\infty} u_n(x)$ 的**部分和**,而

$$r_n(x) = S(x) - S_n(x) = \sum_{k=n+1}^{\infty} u_k(x)$$

叫作函数项级数 $\sum_{n=1}^{\infty} u_n(x)$ 的**余和**.

显然函数项级数 $\sum_{n=1}^{\infty} u_n(x)$ 在 I 上收敛于 $S(x)$ 的充要条件是

$$\lim_{n\to\infty} S_n(x) = S(x) \quad \text{或} \quad \lim_{n\to\infty} r_n(x) = 0.$$

下面几节,我们将讨论两类重要的函数项级数 —— 幂级数和傅立叶级数.

9.4.2 幂级数及其收敛域

形如

$$\sum_{n=0}^{\infty} a_n(x-x_0)^n = a_0 + a_1(x-x_0) + \cdots + a_n(x-x_0)^n + \cdots \quad (x \in (-\infty, +\infty))$$

的函数项级数称为$(x-x_0)$的**幂级数**(power series),其中,x_0是某个确定的值,$a_0, a_1, \cdots,$ $a_n, \cdots$都是常数,叫作幂级数的**系数**.

当$x_0 = 0$时,上述级数变成

$$\sum_{n=0}^{\infty} a_n x^n = a_0 + a_1 x + \cdots + a_n x^n + \cdots \quad (x \in (-\infty, +\infty)),$$

称为x的幂级数.对于幂级数$\sum_{n=0}^{\infty} a_n(x-x_0)^n$,令$x-x_0 = t$,该级数变为$\sum_{n=0}^{\infty} a_n t^n$,可见这两个级数可互相转化.因此,不失一般性,只需讨论幂级数$\sum_{n=0}^{\infty} a_n x^n$即可.

幂级数$\sum_{n=0}^{\infty} a_n x^n$的收敛域有哪些特点呢?

显然,当$x = 0$时,幂级数$\sum_{n=0}^{\infty} a_n x^n$收敛于$a_0$;当$x = x_0$时,幂级数$\sum_{n=0}^{\infty} a_n(x-x_0)^n$收敛于$a_0$,可见幂级数的收敛域是非空的.

又如,对于等比级数

$$\sum_{n=0}^{\infty} x^n = 1 + x + x^2 + x^3 + \cdots + x^n + \cdots,$$

由等比级数的性质易知,它在$-1 < x < 1$时收敛,而在$|x| \geq 1$时发散,即它的收敛域为以原点为对称的区间$(-1, 1)$,其和函数为$\frac{1}{1-x}$.

【例 9-23】 试求幂级数$\sum_{n=0}^{\infty} \frac{x^n}{n+1}$的收敛域.

解 此级数的一般项$u_n(x) = \frac{x^n}{n+1}$,则有

$$\lim_{n \to \infty} \frac{|u_{n+1}(x)|}{|u_n(x)|} = \lim_{n \to \infty} \left|\frac{x^{n+1}}{n+2}\right| \Big/ \left|\frac{x^n}{n+1}\right| = |x|.$$

根据比值判别法,当$|x| < 1$时,级数$\sum_{n=0}^{\infty}\left|\frac{x^n}{n+1}\right|$收敛,从而$\sum_{n=0}^{\infty}\frac{x^n}{n+1}$收敛;而当$|x| > 1$时,$|u_n(x)| \nrightarrow 0 (n \to \infty)$故$u_n(x) \nrightarrow 0 (n \to \infty)$,此时$\sum_{n=0}^{\infty}\frac{x^n}{n+1}$发散.

当$x = 1$时,幂级数成为

$$\sum_{n=0}^{\infty} \frac{1}{n+1} = 1 + \frac{1}{2} + \frac{1}{3} + \cdots + \frac{1}{n} + \cdots,$$

它是调和级数,发散.

当 $n = -1$ 时,幂级数成为

$$\sum_{n=0}^{\infty} \frac{(-1)^n}{n+1} = 1 - \frac{1}{2} + \frac{1}{3} - \frac{1}{4} + \cdots + \frac{(-1)^n}{n+1} + \cdots,$$

它是收敛的.

因此,幂级数 $\sum_{n=0}^{\infty} \frac{x^n}{n+1}$ 的收敛域是 $[-1,1)$. 它的收敛域若不计区间端点,也是关于原点对称的区间.

一般地,有下面的阿贝尔(Abel,挪威,1802—1829)定理,它刻画了幂级数的收敛特征.

定理 9-7　(**阿贝尔定理**) 如果幂级数 $\sum_{n=0}^{\infty} a_n x^n$ 在 $x = x_0 (x_0 \neq 0)$ 时收敛,则对于满足不等式 $|x| < |x_0|$ 的一切 x,幂级数 $\sum_{n=0}^{\infty} a_n x^n$ 绝对收敛;如果幂级数 $\sum_{n=0}^{\infty} a_n x^n$ 在 $x = x_0$ 时发散,则对于满足不等式 $|x| > |x_0|$ 的一切 x,幂级数 $\sum_{n=0}^{\infty} a_n x^n$ 发散.

证明　由于定理的后一部分是前一部分的逆否命题,故只需证明前一部分即可.

如果 $\sum_{n=0}^{\infty} a_n x^n$ 在 $x = x_0 (x_0 \neq 0)$ 时收敛,由级数收敛的必要条件

$$\lim_{n \to \infty} a_n x_0^n = 0,$$

可知数列 $\{a_n x_0^n\}$ 有界. 于是存在一个 $M > 0$,使得对任何 n 都有 $|a_n x_0^n| \leqslant M$. 这样

$$|a_n x^n| = \left| a_n x_0^n \cdot \frac{x^n}{x_0^n} \right| \leqslant M \left| \frac{x}{x_0} \right|^n,$$

而当 $|x| < |x_0|$ 时,级数 $\sum_{n=0}^{\infty} M \left| \frac{x}{x_0} \right|^n$ 是公比小于 1 的收敛的正项级数.依正项级数比较判别法知, $\sum_{n=0}^{\infty} |a_n x^n|$ 收敛,即 $\sum_{n=0}^{\infty} a_n x^n$ 绝对收敛.

因为幂级数的每一项都在 $(-\infty, +\infty)$ 上有定义,所以对每个实数 x,幂级数 $\sum_{n=0}^{\infty} a_n x^n$ 要么收敛,要么发散,因而由阿贝尔定理立即推知下面结论:幂级数 $\sum_{n=0}^{\infty} a_n x^n$ 的收敛性有且只有三种可能情况:

(1) 存在常数 $R (R > 0)$,当 $|x| < R$ 时,幂级数绝对收敛;当 $|x| > R$ 时,幂级数发散;

(2) 除 $x = 0$ 外,幂级数处处发散,此时记 $R = 0$;

(3) 对任何 x,幂级数都绝对收敛,此时记 $R = +\infty$.

这里,我们称 R 为幂级数 $\sum_{n=0}^{\infty} a_n x^n$ 的**收敛半径**(radius of convergence).

以上结论说明,幂级数的收敛域必定是一个区间,只要求出幂级数的收敛半径 R,就大致得到了它的收敛域,通常称开区间 $(-R, R)$ 为幂级数 $\sum_{n=0}^{\infty} a_n x^n$ 的**收敛区间**.至于幂级

数在 $x = \pm R$ 处是否收敛,需要分别讨论相应的两个数项级数,进而决定它的收敛域是 $(-R,R)$,$[-R,R]$,$(-R,R]$、$[-R,R)$ 这 4 个区间中的哪一个.

下面给出幂级数收敛半径的求法.

定理 9-8 (收敛半径计算法) 在幂级数 $\sum\limits_{n=0}^{\infty} a_n x^n$ 中,若

$$\lim_{n \to \infty} \left| \frac{a_{n+1}}{a_n} \right| = \rho,$$

则此幂级数的收敛半径由 ρ 决定:

(1) 当 $\rho \neq 0$ 时,$R = \dfrac{1}{\rho}$;

(2) 当 $\rho = 0$ 时,$R = +\infty$;

(3) 当 $\rho = +\infty$ 时,$R = 0$.

证明 考虑绝对值级数 $\sum\limits_{n=0}^{\infty} |a_n x^n|$,则有

$$\lim_{n \to \infty} \left| \frac{a_{n+1} x^{n+1}}{a_n x^n} \right| = \lim_{n \to \infty} \left| \frac{a_{n+1}}{a_n} \right| |x| = \rho |x|.$$

(1) 如果 $\rho \neq 0$,由正项级数的比值判别法知,当 $\rho |x| < 1$,即 $|x| < \dfrac{1}{\rho}$ 时,幂级数 $\sum\limits_{n=0}^{\infty} a_n x^n$ 绝对收敛;当 $\rho |x| > 1$,即 $|x| > \dfrac{1}{\rho}$ 时,$|a_n x^n|$ 不趋于零,从而 $a_n x^n$ 也不趋于零,所以幂级数 $\sum\limits_{n=0}^{\infty} a_n x^n$ 发散,因而可知收敛半径 $R = \dfrac{1}{\rho}$.

(2) 如果 $\rho = 0$,则对于任何 $x \neq 0$,有 $\lim\limits_{n \to \infty} \left| \dfrac{a_{n+1} x^{n+1}}{a_n x^n} \right| = 0$,可知幂级数 $\sum\limits_{n=0}^{\infty} a_n x^n$ 绝对收敛,于是 $R = +\infty$.

(3) 如果 $\rho = +\infty$,除 $x = 0$ 外的一切 x,都有一般项 $a_n x^n$ 不趋于零,故幂级数 $\sum\limits_{n=0}^{\infty} a_n x^n$ 发散,所以 $R = 0$.

需要指出的是,本定理提供的求收敛半径的方法,是针对不缺项或仅缺有限项的幂级数,而对缺无穷多项的幂级数,结论并不适用.

【例 9-24】 求下列幂级数的收敛域:

(1) $\sum\limits_{n=1}^{\infty} \dfrac{x^n}{n \cdot 3^n}$;　　(2) $\sum\limits_{n=1}^{\infty} \dfrac{(x-3)^n}{n \cdot 3^n}$;　　(3) $\sum\limits_{n=1}^{\infty} \dfrac{x^{2n}}{n \cdot 3^n}$.

解 (1) 由于

$$\rho = \lim_{n \to \infty} \left| \frac{a_{n+1}}{a_n} \right| = \lim_{n \to \infty} \frac{\dfrac{1}{(n+1) \cdot 3^{n+1}}}{\dfrac{1}{n \cdot 3^n}} = \lim_{n \to \infty} \frac{n}{n+1} \cdot \frac{1}{3} = \frac{1}{3},$$

故收敛半径 $R = \dfrac{1}{\rho} = 3$.

当 $x = -3$ 时,级数成为交错级数

$$\sum_{n=1}^{\infty}(-1)^{n}\frac{1}{n}=-1+\frac{1}{2}-\frac{1}{3}+\frac{1}{4}-\cdots,$$

它是收敛的.

当 $x=3$ 时,级数成为调和级数

$$\sum_{n=1}^{\infty}\frac{1}{n}=1+\frac{1}{2}+\frac{1}{3}+\cdots,$$

它是一个发散级数.

因此幂级数 $\sum\limits_{n=1}^{\infty}\dfrac{x^{n}}{n\cdot 3^{n}}$ 的收敛域为 $[-3,3)$.

(2)令 $x-3=t$,则级数成为 $\sum\limits_{n=1}^{\infty}\dfrac{t^{n}}{n\cdot 3^{n}}$,由(1)知,它的收敛域为 $t\in[-3,3)$,即

$-3\leqslant x-3<3$,故 $0\leqslant x<6$. 所以幂级数 $\sum\limits_{n=1}^{\infty}\dfrac{(x-3)^{n}}{n\cdot 3^{n}}$ 的收敛域为 $[0,6)$.

(3)因为幂级数 $\sum\limits_{n=1}^{\infty}\dfrac{x^{2n}}{n\cdot 3^{n}}$ 是一个缺奇数次幂(缺无穷多项)的幂级数,所以不能使用

(1)和(2)的方法求收敛半径,而用比值法求之.

由于

$$\lim_{n\to\infty}\left|\frac{\dfrac{x^{2(n+1)}}{(n+1)\cdot 3^{n+1}}}{\dfrac{x^{2n}}{n\cdot 3^{n}}}\right|=\lim_{n\to\infty}\left|\frac{n}{n+1}\cdot\frac{x^{2}}{3}\right|=\frac{x^{2}}{3},$$

当 $\dfrac{x^{2}}{3}<1$ 即 $|x|<\sqrt{3}$ 时级数收敛;当 $\dfrac{x^{2}}{3}>1$,即当 $|x|>\sqrt{3}$ 时级数发散.

当 $x=\pm\sqrt{3}$ 时,级数成为调和级数 $\sum\limits_{n=1}^{\infty}\dfrac{1}{n}$ 发散. 所以级数 $\sum\limits_{n=1}^{\infty}\dfrac{x^{2n}}{n\cdot 3^{n}}$ 的收敛域为

$(-\sqrt{3},\sqrt{3})$.

9.4.3 幂级数的运算与性质

1.代数运算

设幂级数 $\sum\limits_{n=0}^{\infty}a_{n}x^{n}$ 和 $\sum\limits_{n=0}^{\infty}b_{n}x^{n}$ 的收敛半径分别为 R_{1} 和 R_{2},并令 $R=\min\{R_{1},R_{2}\}$,则

在 $(-R,R)$ 内这两个幂级数都是绝对收敛的,并且在 $(-R,R)$ 内,有

(1)加减法运算

$$\left(\sum_{n=0}^{\infty}a_{n}x^{n}\right)\pm\left(\sum_{n=0}^{\infty}b_{n}x^{n}\right)=\sum_{n=0}^{\infty}(a_{n}\pm b_{n})x^{n},$$

且 $\sum\limits_{n=0}^{\infty}(a_{n}\pm b_{n})x^{n}$ 绝对收敛.

（2）乘法运算

$$\left(\sum_{n=0}^{\infty} a_n x^n\right) \cdot \left(\sum_{n=0}^{\infty} b_n x^n\right)$$

$$= a_0 b_0 + (a_0 b_1 + a_1 b_0)x + \cdots + (a_0 b_n + a_1 b_{n-1} + \cdots + a_n b_0)x^n + \cdots$$

$$= \sum_{n=0}^{\infty} c_n x^n,$$

其中 $c_n = \sum_{k=0}^{n} a_k b_{n-k}$，且 $\sum_{n=0}^{\infty} c_n x^n$ 绝对收敛.

2. 分析运算

设幂级数 $\sum_{n=0}^{\infty} a_n x^n$ 的收敛半径为 R，和函数为 $S(x)$，收敛域为 I，可以证明幂级数的和函数 $S(x)$ 具有下列性质：

性质 9-6 幂级数 $\sum_{n=0}^{\infty} a_n x^n$ 的和函数 $S(x)$ 在其收敛域上连续.

性质 9-7 幂级数 $\sum_{n=0}^{\infty} a_n x^n$ 的和函数 $S(x)$ 在收敛域上可积，并有逐项积分公式

$$\int_0^x S(x)\mathrm{d}x = \int_0^x \left(\sum_{n=0}^{\infty} a_n x^n\right)\mathrm{d}x = \sum_{n=0}^{\infty} \int_0^x a_n x^n \mathrm{d}x = \sum_{n=0}^{\infty} \frac{a_n}{n+1}x^{n+1} \quad (x \in I),$$

逐项积分后所得到的幂级数和原级数有相同的收敛半径.

性质 9-8 幂级数的和函数 $S(x)$ 在收敛区间 $(-R, R)$ 内可导，且有逐项求导公式

$$S'(x) = \left(\sum_{n=0}^{\infty} a_n x^n\right)' = \sum_{n=0}^{\infty} (a_n x^n)' = \sum_{n=1}^{\infty} n a_n x^{n-1} \quad (x \in (-R, R)),$$

逐项求导后得到的幂级数和原级数有相同的收敛半径.

需要说明的是，虽然幂级数在 $(-R, R)$ 内，经逐项积分或逐项求导后的幂级数收敛半径仍为 R，但在 $x = \pm R$ 处的收敛性可能改变.

例如等比级数

$$1 + x + x^2 + \cdots + x^n + \cdots = \frac{1}{1-x},$$

其收敛半径 $R = 1$，收敛域为 $(-1, 1)$. 但是

$$\int_0^x (1 + x + x^2 + \cdots + x^n + \cdots)\mathrm{d}x = \int_0^x \frac{1}{1-x}\mathrm{d}x,$$

得

$$-\ln(1-x) = \sum_{n=0}^{\infty} \frac{x^{n+1}}{n+1},$$

其收敛域为 $[-1, 1)$.

反复应用性质 9-8 可得：幂级数 $\sum_{n=0}^{\infty} a_n x^n$ 的和函数 $S(x)$ 在其收敛区间 $(-R, R)$ 内具有任意阶导数，从以上性质可见，幂级数在其收敛区间 $(-R, R)$ 内就像普通的多项式一样，可以相加、相减、逐项积分、逐项求导，这些性质在求幂级数的和函数时有着重要的应用.

【例 9-25】 求幂级数

$$(1) \sum_{n=1}^{\infty} \frac{x^n}{n}; \qquad\qquad\qquad (2) \sum_{n=1}^{\infty} nx^{n-1}$$

的和函数,并由此求出数项级数 $\sum_{n=1}^{\infty} \frac{1}{n \cdot 2^n}$ 及 $\sum_{n=1}^{\infty} \frac{n}{2^{n-1}}$ 的和.

解 (1) 易知 $\sum_{n=1}^{\infty} \frac{x^n}{n}$ 的收敛域为 $[-1,1)$,设和函数为 $S(x)$,即

$$S(x) = \sum_{n=1}^{\infty} \frac{x^n}{n}.$$

利用性质 9-8,逐项求导得

$$S'(x) = \left(\sum_{n=1}^{\infty} \frac{x^n}{n} \right)' = \sum_{n=1}^{\infty} \left(\frac{x^n}{n} \right)' = \sum_{n=1}^{\infty} x^{n-1} = \frac{1}{1-x} \quad (x \in (-1,1)),$$

对上式从 0 到 x 积分,得

$$S(x) = S(x) - S(0) = \int_0^x S'(x)\mathrm{d}x = \int_0^x \frac{1}{1-x}\mathrm{d}x = -\ln(1-x) \quad (x \in [-1,1)),$$

(2) 不难求出 $\sum_{n=1}^{\infty} nx^{n-1}$ 的收敛域为 $(-1,1)$,设和函数为 $S(x)$,即

$$S(x) = \sum_{n=1}^{\infty} nx^{n-1}.$$

利用性质 9-7,从 0 到 x 逐项积分得

$$\int_0^x S(x)\mathrm{d}x = \int_0^x \left(\sum_{n=1}^{\infty} nx^{n-1} \right)\mathrm{d}x = \sum_{n=1}^{\infty} \int_0^x nx^{n-1}\mathrm{d}x = \sum_{n=1}^{\infty} x^n = \frac{x}{1-x} \quad (x \in (-1,1)),$$

对上式两边求导得

$$S(x) = \frac{1}{(1-x)^2} \quad (x \in (-1,1)),$$

对(1)中的幂级数 $\sum_{n=1}^{\infty} \frac{x^n}{n}$,令 $x = \frac{1}{2}$,则有

$$\sum_{n=1}^{\infty} \frac{1}{n \cdot 2^n} = \sum_{n=1}^{\infty} \frac{\left(\frac{1}{2} \right)^n}{n} = \sum_{n=1}^{\infty} \frac{x^n}{n} \bigg|_{x=\frac{1}{2}} = -\ln(1-x) \big|_{x=\frac{1}{2}} = \ln 2.$$

对(2)中的幂级数 $\sum_{n=1}^{\infty} nx^{n-1}$,令 $x = \frac{1}{2}$,则得

$$\sum_{n=1}^{\infty} \frac{n}{2^{n-1}} = \sum_{n=1}^{\infty} nx^{n-1} \bigg|_{x=\frac{1}{2}} = \frac{1}{(1-x)^2} \bigg|_{x=\frac{1}{2}} = \frac{1}{\left(1 - \frac{1}{2} \right)^2} = 4.$$

9.4.4 泰勒级数

前面对给定的幂级数 $\sum_{n=0}^{\infty} a_n x^n$ 或 $\sum_{n=0}^{\infty} a_n (x - x_0)^n$,讨论了它的收敛域及和函数. 例如

$\sum_{n=0}^{\infty} a_n (x - x_0)^n$ 的和函数是 $S(x)$，收敛域为 I，则有

$$\sum_{n=0}^{\infty} a_n (x - x_0)^n = S(x) \quad (x \in I),$$

若将上式改写成 $S(x) = \sum_{n=0}^{\infty} a_n (x - x_0)^n, x \in I$，即换一个角度看上述问题，就是对给定的一个函数 $f(x)$[用 $f(x)$ 表示 $S(x)$]，去寻找一个幂级数 $\sum_{n=0}^{\infty} a_n (x - x_0)^n$，使它在某区间 I 上收敛，且其和恰好就是 $f(x)$. 这就是所谓**函数展开成幂级数**问题. 如果能找到这样的幂级数，就得到了函数的一种新的表示形式. 由于幂级数不仅形式简单，而且具有与多项式函数类似的性质，因此如果能将已知函数用幂级数表示常常更有利于问题的研究与解决.

显然，$f(x)$ 若能展开成幂级数，必须在包含 x_0 的某区间内有任意阶的导数.

下面就来讨论怎样将一个在包含 x_0 的某区间 I 内具有任意阶导数的函数表示成幂级数，这里包含两个问题：一是函数 $f(x)$ 在什么条件下可以表示成幂级数 $\sum_{n=0}^{\infty} a_n (x - x_0)^n$，即

$$f(x) = \sum_{n=0}^{\infty} a_n (x - x_0)^n \quad (x \in I),$$

也就是说，在什么条件下，上式右端的幂级数收敛于 $f(x)$？二是如果函数 $f(x)$ 能表示成上式的幂级数，其系数 $a_n (n = 0, 1, \cdots)$ 怎样确定？

首先考查第二个问题，假定函数 $f(x)$ 能展开成 $x - x_0$ 的幂级数，由幂级数在收敛区间内有任意阶导数，且可逐项求导的性质，就可得到

$$f^{(n)}(x) = n! a_n + (n+1)! a_{n+1} (x - x_0) + \cdots \quad (n = 0, 1, \cdots),$$

上式两端令 $x = x_0$，则得

$$a_0 = f(x_0), a_1 = f'(x_0), a_2 = \frac{f''(x_0)}{2!}, \cdots, a_n = \frac{f^{(n)}(x_0)}{n!}, \cdots$$

由上述讨论可知，若 $f(x)$ 可以展为 $x - x_0$ 的幂级数，则 $f(x)$ 在点 x_0 的某邻域内必须有任意阶导数，而且幂级数的系数必为 $a_n = \frac{f^{(n)}(x_0)}{n!} (n = 0, 1, \cdots)$，即**函数的幂级数展开式是唯一的**.

当函数 $f(x)$ 在点 x_0 的某邻域内有任意阶导数，称

$$a_n = \frac{f^{(n)}(x_0)}{n!} \quad (n = 0, 1, \cdots)$$

为 $f(x)$ 在点 x_0 处的**泰勒系数**，而由 a_n 构成的幂级数

$$\sum_{n=0}^{\infty} \frac{f^{(n)}(x_0)}{n!} (x - x_0)^n$$

称为 $f(x)$ 在 $x = x_0$ 处的**泰勒级数**(Taylor series). 特别当 $x = 0$ 时，称泰勒级数

$$\sum_{n=0}^{\infty} \frac{f^{(n)}(0)}{n!} x^n$$

为**麦克劳林级数**(Maclaurin series). 可见,若函数 $f(x)$ 在某区间可以展为幂级数,则此幂级数必为泰勒级数.

由于只要函数 $f(x)$ 在某区间有任意阶导数,就可以用 $\sum\limits_{n=0}^{\infty} \dfrac{f^{(n)}(x_0)}{n!}(x-x_0)^n$ 形式地写出它的泰勒级数. 那么这个泰勒级数是否收敛? 如果收敛,是否收敛于 $f(x)$? 回答不是肯定的,例如

$$f(x) = \begin{cases} \mathrm{e}^{-\frac{1}{x^2}} & (x \neq 0), \\ 0 & (x = 0) \end{cases},$$

可以验证它在 $x=0$ 的任何一个邻域内有任意阶导数,并且对任何 n, $f^{(n)}(0)=0$, 因此它在 $x=0$ 处的泰勒级数为

$$0 + \frac{0}{1!}x + \frac{0}{2!}x^2 + \cdots + \frac{0}{n!}x^n + \cdots,$$

显然此级数收敛于 $S(x)=0$, 但当 $x \neq 0$ 时, $S(x) \neq f(x)$, 即泰勒级数不收敛于 $f(x)$. 因此,还要解决第一个问题,即寻求 $f(x)$ 的泰勒级数收敛于 $f(x)$ 的条件.

根据级数收敛的定义, $f(x)$ 的泰勒级数

$$\sum_{n=0}^{\infty} \frac{f^{(n)}(x_0)}{n!}(x-x_0)^n \quad (x \in I)$$

是否收敛于 $f(x)$, 只需考查余和

$$r_n(x) = f(x) - \left[f(x_0) + f'(x_0)(x-x_0) + \cdots + \frac{f^{(n)}(x_0)}{n!}(x-x_0)^n \right]$$

是否随 $n \to \infty$ 而趋于零. 由在一元函数微分学中学过的泰勒中值定理,知上式右端恰好为泰勒公式的余项 $R_n(x) = \dfrac{f^{(n+1)}(\xi)}{(n+1)!}(x-x_0)^{n+1}$(其中 ξ 在 x_0 与 x 之间),所以只要

$$\lim_{n \to \infty} R_n(x) = \lim_{n \to \infty} \frac{f^{(n+1)}(\xi)}{(n+1)!}(x-x_0)^{n+1} = 0 \quad (x \in I),$$

就有

$$f(x) = \sum_{n=0}^{\infty} \frac{f^{(n)}(x_0)}{n!}(x-x_0)^n \quad (x \in I),$$

另一方面,若 $f(x) = \sum\limits_{n=0}^{\infty} \dfrac{f^{(n)}(x_0)}{n!}(x-x_0)^n$, 容易看出 $\lim\limits_{n \to \infty} R_n(x) = 0$.

综合以上分析,有下述定理:

定理 9-9 (**函数的幂级数展开定理**) 设函数 $f(x)$ 在包含 x_0 的某区间 I 内具有任意阶导数,则 $f(x)$ 在该区间内能展开成泰勒级数

$$f(x) = \sum_{n=0}^{\infty} \frac{f^{(n)}(x_0)}{n!}(x-x_0)^n$$

的充分必要条件是 $f(x)$ 的泰勒公式中的余项 $R_n(x)$ 当 $n \to \infty$ 时的极限为零,即

$$\lim_{n \to \infty} R_n(x) = \lim_{n \to \infty} \frac{f^{(n+1)}(\xi)}{(n+1)!}(x-x_0)^{n+1} = 0 \quad (\xi \text{ 在 } x_0 \text{ 与 } x \text{ 之间}, x \in I).$$

9.4.5 常用初等函数的幂级数展开式

根据以上讨论,为将函数 $f(x)$ 展开为幂级数,首先求出它的任意阶导数,并形式地作其泰勒级数,然后讨论泰勒级数的收敛域,最后检验余项 $R_n(x)$ 在收敛域上是否趋于零.

【例 9-26】 将函数 $f(x) = e^x$ 展开为 x 的幂级数.

解 因为 $f^{(n)}(x) = e^x$,$f(0) = 1$,$f^{(n)}(0) = 1 (n = 1, 2, \cdots)$,于是得 e^x 的麦克劳林级数为

$$1 + x + \frac{x^2}{2!} + \cdots + \frac{x^n}{n!} + \cdots,$$

它的收敛半径 $R = \frac{1}{\rho} = \lim_{n \to \infty} \left| \frac{a_n}{a_{n+1}} \right| = \lim_{n \to \infty} (n+1) = +\infty$,故级数的收敛域为 $(-\infty, +\infty)$.

对于任何固定的 x,ξ 在 0 与 x 之间,余项的绝对值为

$$|R_n(x)| = \left| \frac{e^\xi}{(n+1)!} x^{n+1} \right| < e^{|x|} \cdot \frac{|x|^{n+1}}{(n+1)!}.$$

因 $e^{|x|}$ 有限,而 $\frac{|x|^{n+1}}{(n+1)!}$ 是收敛级数 $\sum_{n=0}^{\infty} \frac{|x|^{n+1}}{(n+1)!}$ 的一般项,所以当 $n \to \infty$ 时,$e^{|x|} \cdot \frac{|x|^{n+1}}{(n+1)!} \to 0$,即当 $n \to \infty$ 时,有 $|R_n(x)| \to 0$,于是得展开式

$$e^x = 1 + x + \frac{x^2}{2!} + \cdots + \frac{x^n}{n!} + \cdots \quad (x \in (-\infty, +\infty)).$$

【例 9-27】 将函数 $f(x) = \sin x$ 展开为 x 的幂级数.

解 由 $\sin x$ 的泰勒公式得其泰勒级数

$$x - \frac{x^3}{3!} + \frac{x^5}{5!} - \cdots + (-1)^{n-1} \frac{x^{2n-1}}{(2n-1)!} + \cdots,$$

易知此级数的收敛域为 $(-\infty, +\infty)$,对于任何固定的 x,ξ 在 0 与 x 之间,余项的绝对值为

$$|R_{2n}(x)| = \left| \frac{\sin\left[\xi + (2n+1)\frac{\pi}{2}\right]}{(2n+1)!} x^{2n+1} \right| \leqslant \frac{|x|^{2n+1}}{(2n+1)!}.$$

用上例的方法易知当 $n \to \infty$ 时,$\frac{|x|^{2n+1}}{(2n+1)!} \to 0$,即当 $n \to \infty$ 时,有 $|R_{2n}(x)| \to 0$,于是得展开式

$$\sin x = x - \frac{x^3}{3!} + \frac{x^5}{5!} - \cdots + (-1)^{n-1} \frac{x^{2n-1}}{(2n-1)!} + \cdots \quad (x \in (-\infty + \infty)).$$

以上将函数展开成幂级数的例子,是直接按公式 $a_n = \frac{f^{(n)}(0)}{n!}$ 计算级数的系数,最后考查余项 $R_n(x)$ 是否趋于零.这种直接展开的方法一般说来计算量大,而且对许多函数估计余项 $R_n(x)$ 趋于零比较困难,下面介绍间接展开的方法,即利用已知的函数展开式、幂级数的四则运算、逐项求导、逐项积分和变量代换等方法,将所给函数展开成幂级数.其优点是避开了求 n 阶导数计算和讨论余项趋于零的困难.根据函数幂级数展开的唯一性知,它与直接展开法得到的结果是一致的.

【例 9-28】 将函数 $f(x) = \cos x$ 展开成 x 的幂级数.

解 对 $\sin x$ 的幂级数展开式逐项求导,得

$$\cos x = 1 - \frac{x^2}{2!} + \frac{x^4}{4!} - \cdots + (-1)^n \frac{x^{2n}}{(2n)!} + \cdots \quad (x \in (-\infty, +\infty)).$$

【例 9-29】 将 $f(x) = \ln(1+x)$ 展开为 x 的幂级数.

解 因为

$$f'(x) = \frac{1}{1+x} = 1 - x + x^2 - \cdots + (-1)^n x^n + \cdots \quad (-1 < x < 1),$$

从 0 到 x 逐项积分,得

$$\ln(1+x) = x - \frac{x^2}{2} + \frac{x^3}{3} - \cdots + (-1)^n \frac{x^{n+1}}{n+1} + \cdots \quad (-1 < x \leqslant 1),$$

由于 $x = 1$ 时,右端级数收敛,故上式当 $x = 1$ 时也成立.

【例 9-30】 将 $f(x) = (1+x)^\alpha$ 展开为 x 的幂级数.

解 由 $(1+x)^\alpha$ 的泰勒公式知其泰勒级数为

$$1 + \alpha x + \frac{\alpha(\alpha-1)}{2!} x^2 + \cdots + \frac{\alpha(\alpha-1)\cdots(\alpha-n+1)}{n!} x^n + \cdots,$$

很容易求出级数的收敛半径为 1,故收敛区间为 $(-1, 1)$. 设其和为 $S(x)$,即

$$S(x) = 1 + \alpha x + \frac{\alpha(\alpha-1)}{2!} x^2 + \cdots + \frac{\alpha(\alpha-1)\cdots(\alpha-n+1)}{n!} x^n + \cdots,$$

逐项求导,得

$$S'(x) = \alpha + \alpha(\alpha-1) x + \cdots + \frac{\alpha(\alpha-1)\cdots(\alpha-n+1)}{(n-1)!} x^{n-1} + \cdots,$$

由此得

$$(1+x)S'(x) = \alpha + \alpha[(\alpha-1)+1] x + \cdots + \left[\frac{\alpha(\alpha-1)\cdots(\alpha-n+1)}{(n-1)!} + \right.$$

$$\left. \frac{\alpha(\alpha-1)\cdots(\alpha-n)}{n!} \right] x^n + \cdots$$

$$= \alpha \left[1 + \alpha x + \cdots + \frac{\alpha(\alpha-1)\cdots(\alpha-n+1)}{n!} x^n + \cdots \right]$$

$$= \alpha S(x).$$

这是可分离变量的一阶微分方程,解之并注意初始条件 $S(0) = 1$,即得

$$S(x) = (1+x)^\alpha,$$

于是

$$(1+x)^\alpha = 1 + \alpha x + \frac{\alpha(\alpha-1)}{2!} x^2 + \cdots + \frac{\alpha(\alpha-1)\cdots(\alpha-n+1)}{n!} x^n + \cdots \quad (-1 < x < 1).$$

上式称为**二项式级数**,当 α 为正整数时,就是牛顿二项式公式. 当 $\alpha = -1$ 时,得

$$\frac{1}{1+x} = 1 - x + x^2 - \cdots + (-1)^n x^n + \cdots \quad (-1 < x < 1).$$

在该式中,用 $-x$ 代替 x,得

$$\frac{1}{1-x} = 1 + x + x^2 + \cdots + x^n + \cdots \quad (-1 < x < 1).$$

函数 $e^x, \sin x, \cos x, \ln(1+x), (1+x)^a, \dfrac{1}{1+x}$ 和 $\dfrac{1}{1-x}$ 的幂级数展开式作为基本公式,以后可直接引用.

【例 9-31】 将下列函数展成 x 的幂级数:

$(1)f(x) = \dfrac{1}{x+3}$;　　　　　　　$(2)f(x) = \dfrac{x}{x+1}$;

$(3)f(x) = \dfrac{1}{1+x^2}$;　　　　　　　$(4)f(x) = \ln(1-3x)$.

解　$(1)f(x) = \dfrac{1}{x+3} = \dfrac{1}{3} \cdot \dfrac{1}{1-\left(-\dfrac{x}{3}\right)}$,由于 $\dfrac{1}{1-x} = \displaystyle\sum_{n=0}^{\infty} x^n$　$(|x|<1)$,在上式

中用 $-\dfrac{x}{3}$ 代替 x 得

$$f(x) = \frac{1}{3} \cdot \frac{1}{1-\left(-\dfrac{x}{3}\right)} = \frac{1}{3} \sum_{n=0}^{\infty} \left(-\frac{x}{3}\right)^n = \sum_{n=0}^{\infty} \frac{(-1)^n x^n}{3^{n+1}}　(|x|<3).$$

$(2)f(x) = \dfrac{x}{x+1} = x \cdot \dfrac{1}{1-(-x)} = x \displaystyle\sum_{n=0}^{\infty}(-x)^n = \sum_{n=0}^{\infty}(-1)^n x^{n+1}$　$(|x|<1)$.

$(3)f(x) = \dfrac{1}{1+x^2} = \dfrac{1}{1-(-x^2)} = \displaystyle\sum_{n=0}^{\infty}(-x^2)^n = \sum_{n=0}^{\infty}(-1)^n x^{2n}$　$(|x|<1)$.

(4) 在例 9-29 中将 x 的位置用 $-3x$ 代替,则有

$$f(x) = \ln(1-3x) = \sum_{n=1}^{\infty}(-1)^{n-1}\frac{(-3x)^n}{n}　(-1<-3x\leqslant 1),$$

所以

$$f(x) = -\sum_{n=1}^{\infty}\frac{3^n}{n}x^n　\left(-\frac{1}{3}\leqslant x<\frac{1}{3}\right).$$

【例 9-32】 将下列函数展成 $x-2$ 的幂级数:

$(1)f(x) = \ln x$;　　　　$(2)f(x) = \dfrac{1}{x+1}$.

解　(1)　$f(x) = \ln x = \ln[2+(x-2)] = \ln 2 + \ln\left(1+\dfrac{x-2}{2}\right)$

$$= \ln 2 + \sum_{n=1}^{\infty}(-1)^{n-1}\frac{\left(\dfrac{x-2}{2}\right)^n}{n}　\left(-1<\frac{x-2}{2}\leqslant 1\right)$$

$$= \ln 2 + \sum_{n=1}^{\infty}\frac{(-1)^{n-1}}{n \cdot 2^n}(x-2)^n　(0<x\leqslant 4).$$

$(2)f(x) = \dfrac{1}{x+1} = \dfrac{1}{3+(x-2)} = \dfrac{1}{3} \cdot \dfrac{1}{1-\left(-\dfrac{x-2}{3}\right)}$

$$= \frac{1}{3}\sum_{n=0}^{\infty}\left(-\frac{x-2}{3}\right)^n　\left(\left|-\frac{x-2}{3}\right|<1\right)$$

$$= \sum_{n=0}^{\infty} \frac{(-1)^n}{3^{n+1}}(x-2)^n \quad (-1 < x < 5).$$

【例 9-33】 将函数 $f(x) = \dfrac{1}{x^2 - 3x + 2}$ 展开成 x 的幂级数.

解
$$f(x) = \frac{1}{(1-x)(2-x)} = \frac{1}{1-x} - \frac{1}{2-x},$$

由于
$$\frac{1}{1-x} = \sum_{n=0}^{\infty} x^n \quad (\mid x \mid < 1),$$

$$\frac{1}{2-x} = \frac{\frac{1}{2}}{1 - \frac{x}{2}} = \frac{1}{2} \sum_{n=0}^{\infty} \left(\frac{x}{2}\right)^n = \sum_{n=0}^{\infty} \frac{x^n}{2^{n+1}} \quad (\mid x \mid < 2),$$

因此
$$f(x) = \frac{1}{1-x} - \frac{1}{2-x} = \sum_{n=0}^{\infty} \left(1 - \frac{1}{2^{n+1}}\right) x^n \quad (x \in (-1,1)).$$

【例 9-34】 将 $\sin x$ 展开成 $x - \dfrac{\pi}{4}$ 的幂级数.

解
$$\sin x = \sin\left[\frac{\pi}{4} + \left(x - \frac{\pi}{4}\right)\right]$$
$$= \sin\frac{\pi}{4}\cos\left(x - \frac{\pi}{4}\right) + \cos\frac{\pi}{4}\sin\left(x - \frac{\pi}{4}\right)$$
$$= \frac{1}{\sqrt{2}}\left[\cos\left(x - \frac{\pi}{4}\right) + \sin\left(x - \frac{\pi}{4}\right)\right].$$

由于
$$\cos\left(x - \frac{\pi}{4}\right) = 1 - \frac{\left(x - \frac{\pi}{4}\right)^2}{2!} + \frac{\left(x - \frac{\pi}{4}\right)^4}{4!} - \cdots \quad (x \in (-\infty, +\infty)),$$

$$\sin\left(x - \frac{\pi}{4}\right) = \left(x - \frac{\pi}{4}\right) - \frac{\left(x - \frac{\pi}{4}\right)^3}{3!} + \cdots \quad (x \in (-\infty, +\infty)),$$

因此
$$\sin x = \frac{1}{\sqrt{2}}\left(1 + \left(x - \frac{\pi}{4}\right) - \frac{\left(x - \frac{\pi}{4}\right)^2}{2!} - \frac{\left(x - \frac{\pi}{4}\right)^3}{3!} + \frac{\left(x - \frac{\pi}{4}\right)^4}{4!} + \cdots\right)$$
$$(x \in (-\infty, +\infty)).$$

利用直接或间接展开方法,可以把多数初等函数展开成幂级数.特别有些函数不能用初等函数表示,但却可以用幂级数表示,这样就扩大了函数的类型.幂级数的应用很广泛,这里仅举它在近似计算、定积分、微分方程等方面的几个简单例子.

【例 9-35】 求 $\sqrt[9]{522}$ 的近似值,精确到 10^{-5}.

解 因为
$$\sqrt[9]{522} = \sqrt[9]{512 + 10} = 2\left(1 + \frac{10}{2^9}\right)^{\frac{1}{9}},$$

在二项展开式(例 9-30)中取 $\alpha = \dfrac{1}{9}, x = \dfrac{10}{2^9}$,即得

$$\sqrt[9]{522} = 2\left(1 + \frac{10}{9 \cdot 2^9} - \frac{1 \cdot 8}{2!} \cdot \frac{10^2}{9^2 \cdot 2^{18}} + \frac{1 \cdot (-8) \cdot (-17)}{9^3 \cdot 3!} \cdot \frac{10^3}{2^{27}} - \cdots\right)$$

此级数收敛很快,取前 3 项的和作为 $\sqrt[9]{522}$ 的近似值,其误差为

$$|r_3| \leqslant \frac{1 \cdot (-8) \cdot (-17)}{9^3 \cdot 3!} \cdot \frac{10^3}{2^{27}} \approx 4.8 \times 10^{-7},$$

于是可得近似值

$$\sqrt[9]{522} = 2\left(1 + \frac{10}{9 \cdot 2^9} - \frac{1 \cdot 8}{2!} \cdot \frac{10^2}{9^2 \cdot 2^{18}}\right) \approx 2.00430.$$

【例 9-36】 用幂级数表示函数 $\Phi(x) = \displaystyle\int_0^x \frac{\sin x}{x} \mathrm{d}x$,并计算定积分 $\displaystyle\int_0^1 \frac{\sin x}{x} \mathrm{d}x$ 的近似值,精确到 10^{-4}.

解 因为 $\dfrac{\sin x}{x}$ 的原函数虽然存在,但却不是初等函数,因而找不到一个初等函数来表示 $\Phi(x)$,但把 $\dfrac{\sin x}{x}$ 展开成幂级数,利用逐项积分,可以用幂级数表示 $\Phi(x)$.

$$\Phi(x) = \int_0^x \frac{\sin x}{x} \mathrm{d}x = \sum_{n=1}^{\infty} (-1)^{n-1} \frac{1}{(2n-1)!} \int_0^x x^{2n-2} \mathrm{d}x$$

$$= x - \frac{x^3}{3 \cdot 3!} + \frac{x^5}{5 \cdot 5!} - \frac{x^7}{7 \cdot 7!} + \cdots \quad (x \in (-\infty, +\infty)),$$

令 $x = 1$,得

$$\int_0^1 \frac{\sin x}{x} \mathrm{d}x = 1 - \frac{1}{3 \cdot 3!} + \frac{1}{5 \cdot 5!} - \frac{1}{7 \cdot 7!} + \cdots,$$

这是一个交错级数,由于 $\dfrac{1}{7 \cdot 7!} = \dfrac{1}{35\,280} < 10^{-4}$,故取前三项即可达到精度要求,于是

$$\int_0^1 \frac{\sin x}{x} \mathrm{d}x \approx 1 - \frac{1}{3 \cdot 3!} + \frac{1}{5 \cdot 5!} \approx 0.946\,1.$$

说明:由于 $\displaystyle\lim_{x \to 0^+} \frac{\sin x}{x} = 1$,所以 $\displaystyle\int_0^1 \frac{\sin x}{x} \mathrm{d}x$ 是通常的积分,而不是反常积分.

【例 9-37】 求微分方程 $(1-x)y' + y = 1 + x$ 满足初始条件 $y|_{x=0} = 0$ 的幂级数解.

解 设 $y = a_0 + a_1 x + a_2 x^2 + \cdots + a_n x^n + \cdots$,因为 $y|_{x=0} = 0$,故所求特解可设为
$$y = a_1 x + a_2 x^2 + \cdots + a_n x^n + \cdots,$$
把上式代入微分方程可得
$$(1-x)y' + y$$
$$= (1-x) \sum_{n=1}^{\infty} n a_n x^{n-1} + \sum_{n=1}^{\infty} a_n x^n$$
$$= (a_1 + 2a_2 x + 3a_3 x^2 + \cdots + n a_n x^{n-1} + \cdots) -$$
$$(a_1 x + 2a_2 x^2 + 3a_3 x^3 + \cdots + n a_n x^n + \cdots) +$$
$$(a_1 x + a_2 x^2 + a_3 x^3 + \cdots + a_n x^n + \cdots)$$
$$= a_1 + 2a_2 x + (3a_3 - a_2)x^2 + \cdots + [(n+1)a_{n+1} - n a_n + a_n]x^n + \cdots$$

$$=1+x,$$

于是可推知 $a_1=1, 2a_2=1$,即 $a_2=\dfrac{1}{2}$,$(n+1)a_{n+1}=(n-1)a_n$,即 $a_{n+1}=\dfrac{n-1}{n+1}a_n$.

则有

$$a_3=\frac{1}{2\cdot3},a_4=\frac{1}{3\cdot4},\cdots,$$

故

$$a_n=\frac{1}{(n-1)n},n=2\cdot3,\cdots,$$

于是可得微分方程的幂级数解为

$$y=x+\frac{x^2}{1\cdot2}+\frac{x^3}{2\cdot3}+\frac{x^4}{3\cdot4}+\cdots+\frac{x^n}{(n-1)n}+\cdots\quad(x\in[-1,1]).$$

最后介绍复变函数中的**欧拉(Euler)公式**.

$$\mathrm{e}^{\mathrm{i}x}=\cos x+\mathrm{i}\sin x,$$

这里 i 为虚数单位,$\mathrm{i}^2=-1$.它的严格推导用到复变函数的知识,下面只是该公式的形式推导,假定推导的步骤都是可行的.

将 e^x 的幂级数展开式中的 x 换成复数 z,得到

$$\mathrm{e}^z=1+z+\frac{z^2}{2!}+\frac{z^3}{3!}+\cdots+\frac{z^n}{n!}+\cdots.$$

取 $z=\mathrm{i}x$(x 为实数)后,将实数项与虚数项分别组合,就有

$$\mathrm{e}^{\mathrm{i}x}=1+\mathrm{i}x-\frac{x^2}{2!}-\mathrm{i}\frac{x^3}{3!}+\frac{x^4}{4!}+\cdots+\frac{(\mathrm{i}x)^n}{n!}+\cdots$$

$$=\left[1-\frac{x^2}{2!}+\frac{x^4}{4!}-\cdots+(-1)^n\frac{x^{2n}}{(2n)!}+\cdots\right]+$$

$$\mathrm{i}\left[x-\frac{x^3}{3!}+\frac{x^5}{5!}-\cdots+(-1)^{n-1}\frac{x^{2n-1}}{(2n-1)!}+\cdots\right]$$

$$=\cos x+\mathrm{i}\sin x.$$

这样就得到了欧拉公式.

令 $x=\pi$,得到 $\mathrm{e}^{\mathrm{i}\pi}=-1$,即

$$\boxed{\mathrm{e}^{\mathrm{i}\pi}+1=0.}$$

这个等式被数学史家称为数学中"最美"的等式,因为它将数学上最重要的 5 个常数 $0,1,\pi,\mathrm{e},\mathrm{i}$ 以极为简单的形式联系在一起.

习题 9-4

1.求下列级数的收敛半径与收敛域:

(1) $\displaystyle\sum_{n=1}^{\infty}(-1)^{n-1}\frac{x^n}{n}$;

(2) $\displaystyle\sum_{n=1}^{\infty}(-1)^n\frac{2^n}{\sqrt{n}}x^n$;

(3) $\displaystyle\sum_{n=1}^{\infty}\frac{1}{n!}x^n$;

(4) $\displaystyle\sum_{n=1}^{\infty}\frac{(x-3)^n}{n^2}$;

$(5) \sum_{n=1}^{\infty} \frac{1}{3^n} x^{2n-1}$;

$(6) \sum_{n=1}^{\infty} \frac{1}{n \cdot 4^n} (x-2)^{2n}$;

$(7) \sum_{n=1}^{\infty} \frac{2^n}{n^2+1} x^n$;

$(8) \sum_{n=1}^{\infty} \frac{n}{n+1} \left(\frac{x-1}{2}\right)^n$.

2.(选择题) 若 $\sum_{n=1}^{\infty} a_n (x-1)^n$ 在 $x=-1$ 处收敛,则此级数在 $x=2$ 处( ).

A. 条件收敛   B. 绝对收敛   C. 发散   D. 收敛性不能确定

3. 将下列函数展开成 x 的幂级数,并求收敛域.

$(1) \operatorname{ch} x = \dfrac{e^x + e^{-x}}{2}$;

$(2) \sin \dfrac{x}{2}$;

$(3) \cos^2 x$;

$(4) \ln(3-2x)$;

$(5) \dfrac{1}{2x+3}$;

$(6) \dfrac{x}{1+x^2}$;

$(7) x\ln(1+x)$;

$(8) \arctan x$.

4. 求下列级数的收敛域及和函数:

$(1) \sum_{n=0}^{\infty} \frac{x^{2n+1}}{2n+1}$; $(2) \sum_{n=1}^{\infty} nx^n$; $(3) \sum_{n=1}^{\infty} \frac{1}{n \cdot 2^n} x^n$; $(4) \sum_{n=0}^{\infty} \frac{x^{n+2}}{n!}$.

5. 将函数 $f(x) = \cos x$ 展开成 $\left(x+\dfrac{\pi}{3}\right)$ 的幂级数.

6. 将函数 $f(x) = \dfrac{1}{x}$ 展开成 $(x-3)$ 的幂级数.

7. 将函数 $f(x) = \dfrac{1}{x^2 + 3x + 2}$ 展开成 $(x+4)$ 的幂级数.

8. 利用幂级数展开式求下列各数或积分的近似值:

$(1) \ln 1.2$(精确到 $0.000\,1$); $(2) \sin 9°$(精确到 $0.000\,01$); $(3) \int_0^{0.5} \dfrac{\arctan x}{x} \mathrm{d}x$(精确到 0.001).

9.5 傅立叶级数

    在自然界和工程技术中周期现象是经常出现的,如星球的运行、飞轮的转动、物体的振动和电磁波等,在数学上需要用周期函数来描述这些现象. 若把周期函数用幂级数表达,虽然运算上非常方便,但也有不尽人意之处:首先是条件较苛刻,至少要求函数具有任意阶导数;其次是在计算中,幂级数截断余项后就不是周期函数了. 而由物理学知道,最简单的振动是简谐振动,它可用正弦函数

$$y = A\sin(\omega t + \varphi)$$

表示. 其中 y 表示动点的位置,t 表示时间,A 为振幅,ω 为角频率,φ 为初相,其周期为 $\dfrac{2\pi}{\omega}$.

由于简谐振动叠加后,可以得到较复杂的非简谐的周期运动,因此反过来可设想把一个周期运动分解成有限个或无限个简谐运动的叠加. 例如,光的传播具有波动性,白光是由频

率不等的七种单色光组成的,复杂的声波、电磁波也是由频率不等的谐波叠加而成的. 这就提出了一个问题:一个复杂的周期运动是由哪些频率不同的谐振动合成的?它们各占的比重有多大?用数学的观点看,就是把一个周期为 T 的函数 $f(t)$ 表示为

$$f(t) = A_0 + \sum_{n=1}^{\infty} A_n \sin(n\omega t + \varphi_n)$$

$$= A_0 + \sum_{n=1}^{\infty} (A_n \sin \varphi_n \cos n\omega t + A_n \cos \varphi_n \sin n\omega t).$$

令 $\frac{a_0}{2} = A_0, a_n = A_n \sin \varphi_n, b_n = A_n \cos \varphi_n, \omega t = x$,则得到级数

$$\frac{a_0}{2} + \sum_{n=1}^{\infty} (a_n \cos nx + b_n \sin nx).$$

这种形式的级数称为**三角级数**,其中 a_0、a_n、$b_n (n = 1, 2, \cdots)$ 为常数.

本节主要讨论的问题是:在一定的条件下,如何把一个周期函数展开成上述的三角级数.

9.5.1　三角级数

在三角级数的收敛性以及函数 $f(x)$ 如何展开成三角级数的讨论中,三角函数系的正交性起重要作用. 所谓三角函数系,即函数序列

$$1, \cos x, \sin x, \cos 2x, \sin 2x, \cdots, \cos nx, \sin nx, \cdots.$$

设 c 是任意实数,$[c, c+2\pi]$ 是长度为 2π 的区间,由于三角函数 $\cos nx, \sin nx (n = 1, 2, \cdots)$ 是周期为 2π 的函数,经过简单计算,有

$$\int_c^{c+2\pi} \cos nx \, \mathrm{d}x = \int_0^{2\pi} \cos nx \, \mathrm{d}x = 0, \quad \int_c^{c+2\pi} \sin nx \, \mathrm{d}x = \int_0^{2\pi} \sin nx \, \mathrm{d}x = 0.$$

利用三角函数的积化和差公式容易证明

$$\begin{cases} \int_c^{c+2\pi} \sin nx \cos mx \, \mathrm{d}x = 0 \\ \int_c^{c+2\pi} \sin nx \sin mx \, \mathrm{d}x = \int_c^{c+2\pi} \cos nx \cos mx \, \mathrm{d}x = 0 \quad (m \neq n) \end{cases} \tag{3}$$

最后有

$$\int_c^{c+2\pi} \cos^2 nx \, \mathrm{d}x = \int_c^{c+2\pi} \sin^2 nx \, \mathrm{d}x = \pi, \quad \int_c^{c+2\pi} 1^2 \mathrm{d}x = 2\pi.$$

由上述讨论知,三角函数系中每一个函数在长为 2π 的区间上有定义,其中任何两个不同的函数的乘积在此区间上的积分等于零,这一性质称为**三角函数系的正交性**. 而每个函数自身平方的积分不等于零,为方便计算,长度为 2π 的区间常取为 $[-\pi, \pi]$.

9.5.2　以 2π 为周期的函数的傅立叶级数

设以 2π 为周期的可积函数 $f(x)$ 能展开成三角级数,即

$$f(x) = \frac{a_0}{2} + \sum_{n=1}^{\infty} (a_n \cos nx + b_n \sin nx),$$

且右边的级数可以逐项积分,下面讨论系数 a_0、a_n、$b_n (n = 1, 2, \cdots)$ 和函数 $f(x)$ 的关系.

在计算过程中用到了 9.5.1 节的结论,并取 $c = -\pi$.

对上式在 $[-\pi, \pi]$ 上积分,得

$$\int_{-\pi}^{\pi} f(x) dx = \frac{a_0}{2} \int_{-\pi}^{\pi} dx + \sum_{n=1}^{\infty} (a_n \int_{-\pi}^{\pi} \cos nx\, dx + b_n \int_{-\pi}^{\pi} \sin nx\, dx) = \pi a_0,$$

因此

$$a_0 = \frac{1}{\pi} \int_{-\pi}^{\pi} f(x) dx.$$

以 $\cos mx$ 乘以三角级数两端,再在 $[-\pi, \pi]$ 上积分,得

$$\int_{-\pi}^{\pi} f(x) \cos mx\, dx = \frac{a_0}{2} \int_{-\pi}^{\pi} \cos mx\, dx + \sum_{n=1}^{\infty} (a_n \int_{-\pi}^{\pi} \cos nx \cos mx\, dx +$$

$$b_n \int_{-\pi}^{\pi} \sin nx \cos mx\, dx)$$

$$= a_m \pi.$$

因此

$$a_m = \frac{1}{\pi} \int_{-\pi}^{\pi} f(x) \cos mx\, dx \quad (m = 1, 2, \cdots),$$

即

$$a_n = \frac{1}{\pi} \int_{-\pi}^{\pi} f(x) \cos nx\, dx \quad (n = 1, 2, \cdots).$$

同理可得

$$b_n = \frac{1}{\pi} \int_{-\pi}^{\pi} f(x) \sin nx\, dx \quad (n = 1, 2, \cdots).$$

综合可得函数 $f(x)$ 的**傅立叶系数公式**:

$$a_0 = \frac{1}{\pi} \int_{-\pi}^{\pi} f(x) dx,$$

$$a_n = \frac{1}{\pi} \int_{-\pi}^{\pi} f(x) \cos nx\, dx \quad (n = 1, 2, \cdots),$$

$$b_n = \frac{1}{\pi} \int_{-\pi}^{\pi} f(x) \sin nx\, dx \quad (n = 1, 2, \cdots).$$

$a_n (n = 0, 1, 2, \cdots)$ 和 $b_n (n = 1, 2, \cdots)$ 称为 $f(x)$ 的**傅立叶系数**. 由此而得的三角级数

$$\frac{a_0}{2} + \sum_{n=1}^{\infty} (a_n \cos nx + b_n \sin nx)$$

叫作函数 $f(x)$ 的**傅立叶级数**(Fourier series).

由此可知,一个定义在 $(-\infty, +\infty)$ 上周期为 2π 的函数 $f(x)$,如果它在一个周期上可积,就一定可以做出 $f(x)$ 的傅立叶级数. 然而,函数 $f(x)$ 的傅立叶级数是否一定收敛? 如果收敛,是否一定收敛于函数 $f(x)$?关于这两个问题有下面的傅立叶级数收敛定理.

定理 9-10 (**狄利克雷收敛定理**)设函数 $f(x)$ 是周期为 2π 的周期函数,在 $[-\pi, \pi]$ 上满足条件:

(1) 连续或只有有限个第一类间断点;

(2) 只有有限个单调区间.

则 $f(x)$ 的傅立叶级数收敛,并且

(1) 当 x 为 $f(x)$ 的连续点时,级数收敛于 $f(x)$;

(2) 当 x 为 $f(x)$ 的间断点时,级数收敛于 $\dfrac{f(x-0)+f(x+0)}{2}$.

这里 $f(x-0)$ 与 $f(x+0)$ 分别表示 $f(x)$ 在点 x 处的左、右极限,特别当 $x=\pm\pi$ 时,傅立叶级数收敛于 $\dfrac{1}{2}[f(-\pi+0)+f(\pi-0)]$.

由于傅立叶级数收敛性的证明很复杂,本定理证明从略.

【例 9-38】 设函数 $f(x)$ 是以 2π 为周期的周期函数,它在区间 $(-\pi,\pi]$ 上的表达式为

$$f(x)=\begin{cases} -1 & (-\pi<x\leqslant 0) \\ x^2 & (0<x\leqslant\pi) \end{cases},$$

试写出 $f(x)$ 在 $[-\pi,\pi]$ 上傅立叶级数的和函数 $S(x)$,并求 $S(0)$,$S\left(\dfrac{\pi}{2}\right)$,$S(\pi)$ 及 $S(-3)$.

解 由狄利克雷收敛定理可知

$$S(x)=\begin{cases} \dfrac{\pi^2-1}{2} & (x=\pm\pi) \\ -1 & (-\pi<x<0) \\ -\dfrac{1}{2} & (x=0) \\ x^2 & (0<x<\pi) \end{cases}.$$

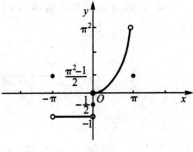

图 9-2

$S(x)$ 的图形如图 9-2 所示.

$$S(0)=\frac{f(0-0)+f(0+0)}{2}=\frac{-1+0}{2}=-\frac{1}{2},$$

$$S\left(\frac{\pi}{2}\right)=f\left(\frac{\pi}{2}\right)=\frac{\pi^2}{4},$$

$$S(\pi)=\frac{f(-\pi+0)+f(\pi-0)}{2}=\frac{-1+\pi^2}{2}=\frac{\pi^2-1}{2},$$

$$S(-3)=f(-3)=-1.$$

傅立叶级数的收敛定理表明,函数展开成傅立叶级数的条件远比展开成幂级数的条件低,通常遇到的周期函数基本上都能展开成傅立叶级数.

【例 9-39】 设 $f(x)$ 是周期为 2π 的周期函数,它在 $[-\pi,\pi)$ 上的表达式为

$$f(x)=\begin{cases} x & (-\pi\leqslant x<0) \\ 0 & (0\leqslant x<\pi) \end{cases},$$

把 $f(x)$ 展开成傅立叶级数.

解 $f(x)$ 满足收敛定理的条件,$x=(2k+1)\pi\ (k=0,\pm1,\cdots)$ 是 $f(x)$ 的第一类间断点,因此 $f(x)$ 的傅立叶级数在上述各点处收敛于

$$\frac{1}{2}[f(-\pi+0)+f(\pi-0)]=\frac{-\pi+0}{2}=-\frac{\pi}{2},$$

在其他各点收敛于 $f(x)$.

计算傅立叶系数:

$$a_0=\frac{1}{\pi}\int_{-\pi}^{\pi}f(x)\mathrm{d}x=\frac{1}{\pi}\int_{-\pi}^{0}x\mathrm{d}x=-\frac{\pi}{2},$$

$$a_n = \frac{1}{\pi} \int_{-\pi}^{\pi} f(x) \cos nx \, dx = \frac{1}{\pi} \int_{-\pi}^{0} x \cos nx \, dx$$

$$= \frac{1-(-1)^n}{n^2 \pi} \quad (n=1,2,\cdots),$$

$$b_n = \frac{1}{\pi} \int_{-\pi}^{\pi} f(x) \sin nx \, dx = \frac{1}{\pi} \int_{-\pi}^{0} x \sin nx \, dx$$

$$= \frac{(-1)^{n+1}}{n} \quad (n=1,2,\cdots).$$

于是得到

$$f(x) = -\frac{\pi}{4} + \left(\frac{2}{\pi}\cos x + \sin x\right) - \frac{1}{2}\sin 2x + \left(\frac{2}{3^2\pi}\cos 3x + \frac{1}{3}\sin 3x\right) - \frac{1}{4}\sin 4x +$$

$$\left(\frac{2}{5^2\pi}\cos 5x + \frac{1}{5}\sin 5x\right) - \cdots,$$

$$x \in (-\infty, +\infty), \quad x \neq (2k+1)\pi \quad (k=0,\pm 1,\pm 2,\cdots).$$

$f(x)$ 傅立叶级数的和函数 $S(x)$ 的图形如图 9-3 所示.

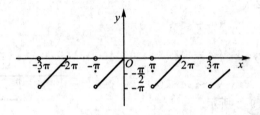

图 9-3

【例 9-40】 设 $f(x)$ 是周期为 2π 的周期函数,它在 $(-\pi,\pi]$ 上的表达式为 $f(x) = x^2 (-\pi < x \leqslant \pi)$,将 $f(x)$ 展开成傅立叶级数,并利用此展开式求数项级数 $\sum_{n=1}^{\infty} \frac{1}{n^2}$ 及

$\sum_{n=1}^{\infty} \frac{(-1)^{n-1}}{n^2}$ 的和.

解 函数 $f(x)$ 的图形如图 9-4 所示.

由于 $f(x)$ 在 $(-\infty, +\infty)$ 内处处连续,从而由收敛定理可知 $f(x)$ 的傅立叶级数处处收敛于 $f(x)$.

计算傅立叶系数:

$$a_0 = \frac{1}{\pi} \int_{-\pi}^{\pi} f(x) \, dx = \frac{1}{\pi} \int_{-\pi}^{\pi} x^2 \, dx = \frac{2}{3}\pi^2,$$

$$a_n = \frac{1}{\pi} \int_{-\pi}^{\pi} f(x) \cos nx \, dx = \frac{1}{\pi} \int_{-\pi}^{\pi} x^2 \cos nx \, dx = \frac{4}{n^2}\cos n\pi = (-1)^n \cdot \frac{4}{n^2} \quad (n=1,2,\cdots),$$

$$b_n = \frac{1}{\pi} \int_{-\pi}^{\pi} f(x) \sin nx \, dx = \frac{1}{\pi} \int_{-\pi}^{\pi} x^2 \sin nx \, dx = 0 \quad (n=1,2,\cdots).$$

因此,函数 $f(x)$ 的傅立叶级数的展开式为

$$f(x) = \frac{\pi^2}{3} + 4 \sum_{n=1}^{\infty} \frac{(-1)^n}{n^2} \cos nx \quad x \in (-\infty, +\infty).$$

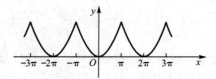

图 9-4

在上式中,令 $x = \pi$,得 $\pi^2 = \dfrac{\pi^2}{3} + 4\sum\limits_{n=1}^{\infty} \dfrac{(-1)^n}{n^2} \cdot (-1)^n$,即

$$\sum_{n=1}^{\infty} \frac{1}{n^2} = \frac{\pi^2}{6}.$$

令 $x = 0$,得

$$0 = \frac{\pi^2}{3} + 4\sum_{n=1}^{\infty} \frac{(-1)^n}{n^2},$$

即

$$\sum_{n=1}^{\infty} \frac{(-1)^{n-1}}{n^2} = \frac{\pi^2}{12}.$$

【例 9-41】　将周期为 2π,振幅为 1 的电压 u 的方波(图 9-5)展开成傅立叶级数.

解　$u(t)$ 的波形在 $[-\pi, \pi)$ 上的表示式为

$$u(t) = \begin{cases} -1 & (-\pi \leqslant t < 0) \\ 1 & (0 \leqslant t < \pi) \end{cases}.$$

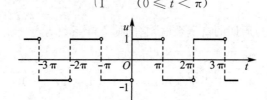

图 9-5

计算傅立叶系数. 注意到 $u(t)\sin nt$ 是偶函数,如不考虑原点,$u(t)$ 是奇函数,$u(t)\cos nt$ 是奇函数,所以

$$a_0 = \frac{1}{\pi}\int_{-\pi}^{\pi} u(t)\mathrm{d}t = 0,$$

$$a_n = \frac{1}{\pi}\int_{-\pi}^{\pi} u(t)\cos nt\,\mathrm{d}t = 0 \quad (n = 1, 2, \cdots),$$

$$b_n = \frac{1}{\pi}\int_{-\pi}^{\pi} u(t)\sin nt\,\mathrm{d}t = \frac{2}{\pi}\int_{0}^{\pi}\sin nt\,\mathrm{d}t = -\frac{2}{\pi} \cdot \frac{\cos nt}{n}\Big|_{0}^{\pi} = \frac{2}{n\pi}(1 - \cos n\pi)$$

$$= \begin{cases} 0 & (n \text{ 为偶数}) \\ \dfrac{4}{n\pi} & (n \text{ 为奇数}) \end{cases},$$

因而方波 $u(t)$ 的傅立叶级数及其收敛情况为

$$\frac{4}{\pi}\sum_{k=1}^{\infty} \frac{\sin(2k-1)t}{2k-1} = \frac{4}{\pi}\left(\sin t + \frac{\sin 3t}{3} + \frac{\sin 5t}{5} + \cdots\right)$$

$$= \begin{cases} 1 & (2n\pi < t < (2n+1)\pi) \\ -1 & ((2n-1)\pi < t < 2n\pi). \\ 0 & (t = n\pi) \end{cases}$$

上面展开式表明,此方波可视为无穷多个不同频率的正弦波叠加而成. 图 9-6 直观地显示了该傅立叶级数的部分和是怎样向 $u(t)$ 收敛的.

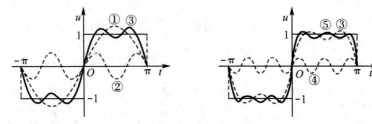

图 9-6

图中曲线 ①、②、④ 分别是 $\dfrac{4}{\pi}\sin t$,$\dfrac{4}{\pi}\dfrac{\sin 3t}{3}$,$\dfrac{4}{\pi}\dfrac{\sin 5t}{5}$ 的波形,它们依次称为一次、三次、五次谐波,一次谐波也称基波. 曲线 ③ 是一次与三次谐波的叠加;曲线 ⑤ 是一次、三次、五次谐波的叠加. 这样不断叠加下去,将无限逼近方波的图形.

一般来说,一个函数的傅立叶级数既含有正弦项,也含有余弦项,但例 9-40 中函数的傅立叶级数却仅含有余弦项,而例 9-41 中函数的傅立叶级数只含有正弦项,这是什么原因呢?实际上,这与函数 $f(x)$ 的奇偶性有密切的关系. 由奇函数与偶函数的积分性质,容易得到下面的结论:

当 $f(x)$ 是以 2π 为周期的奇函数时,它的傅立叶系数为

$$a_n = 0 \quad (n = 0,1,\cdots),$$

$$b_n = \frac{2}{\pi}\int_0^\pi f(x)\sin nx\,dx \quad (n = 1,2,\cdots).$$

此时 $f(x)$ 的傅立叶级数中只含正弦项,即**正弦级数**

$$\sum_{n=1}^\infty b_n \sin nx.$$

当 $f(x)$ 是以 2π 为周期的偶函数时,它的傅立叶系数为

$$a_n = \frac{2}{\pi}\int_0^\pi f(x)\cos nx\,dx \quad (n = 0,1,\cdots),$$

$$b_n = 0 \quad (n = 1,2,\cdots).$$

此时 $f(x)$ 的傅立叶级数中只含余弦项,即**余弦级数**

$$\frac{a_0}{2} + \sum_{n=1}^\infty a_n \cos nx.$$

9.5.3 以 $2l$ 为周期的函数的傅立叶级数

前面讨论了以 2π 为周期的函数,下面讨论一般周期函数的傅立叶级数. 设 $f(x)$ 是以 $2l(l > 0)$ 为周期的函数,通过变量代换

$$\frac{\pi x}{l} = t \quad 或 \quad x = \frac{lt}{\pi},$$

则 $f(x)$ 变为以 2π 为周期的 t 的函数,记

$$f(x) = f\left(\frac{l}{\pi}t\right) = F(t).$$

若 $f(x)$ 在 $[-l, l]$ 上可积,则 $F(t)$ 在 $[-\pi, \pi]$ 也可积. 这时函数 $F(t)$ 的傅立叶级数为

$$\frac{a_0}{2} + \sum_{n=1}^{\infty} (a_n \cos nt + b_n \sin nt),$$

其中

$$a_0 = \frac{1}{\pi} \int_{-\pi}^{\pi} F(t) \mathrm{d}t,$$

$$a_n = \frac{1}{\pi} \int_{-\pi}^{\pi} F(t) \cos nt \, \mathrm{d}t \quad (n = 1, 2, \cdots),$$

$$b_n = \frac{1}{\pi} \int_{-\pi}^{\pi} F(t) \sin nt \, \mathrm{d}t \quad (n = 1, 2, \cdots).$$

把变量 $t = \frac{\pi}{l}x$ 换回,即得以 $2l$ 为周期的函数 $f(x)$ 的傅立叶级数为

$$\frac{a_0}{2} + \sum_{n=1}^{\infty} \left(a_n \cos \frac{n\pi x}{l} + b_n \sin \frac{n\pi x}{l}\right),$$

其中傅立叶系数

$$a_0 = \frac{1}{l} \int_{-l}^{l} f(x) \mathrm{d}x,$$

$$a_n = \frac{1}{l} \int_{-l}^{l} f(x) \cos \frac{n\pi x}{l} \mathrm{d}x \quad (n = 1, 2, \cdots),$$

$$b_n = \frac{1}{l} \int_{-l}^{l} f(x) \sin \frac{n\pi x}{l} \mathrm{d}x \quad (n = 1, 2, \cdots).$$

当 $f(x)$ 在区间 $[-l, l]$ 上满足狄利克雷收敛定理条件时,$f(x)$ 的傅立叶级数在 $f(x)$ 的连续点收敛于 $f(x)$,在间断点 x_0 处收敛于 $\frac{1}{2}[f(x_0 - 0) + f(x_0 + 0)]$,在 $x = \pm l$ 处收敛于 $\frac{1}{2}[f(-l + 0) + f(l - 0)]$.

特别地,当函数 $f(x)$ 为以 $2l$ 为周期的奇函数时,则 $f(x)$ 的傅立叶级数为正弦级数

$$\sum_{n=1}^{\infty} b_n \sin \frac{n\pi x}{l},$$

其中

$$b_n = \frac{2}{l} \int_{0}^{l} f(x) \sin \frac{n\pi x}{l} \mathrm{d}x \quad (n = 1, 2, \cdots).$$

当函数 $f(x)$ 为以 $2l$ 为周期的偶函数时,则 $f(x)$ 的傅立叶级数为余弦级数

$$\frac{a_0}{2} + \sum_{n=1}^{\infty} a_n \cos \frac{n\pi x}{l},$$

其中

$$a_0 = \frac{2}{l}\int_0^l f(x)\mathrm{d}x,$$

$$a_n = \frac{2}{l}\int_0^l f(x)\cos\frac{n\pi x}{l}\mathrm{d}x \quad (n=1,2,\cdots).$$

【例 9-42】 设 $f(x)$ 是周期为 2 的周期函数,它在$[-1,1)$上的表达式为

$$f(x) = \begin{cases} 0 & (-1\leqslant x<0) \\ A & (0\leqslant x<1) \end{cases},$$

其中常数 $A>0$,将 $f(x)$ 展开成傅立叶级数.

解 这里 $l=1$,傅立叶系数

$$a_0 = \frac{1}{l}\int_{-l}^l f(x)\mathrm{d}x = \int_{-1}^0 0\mathrm{d}x + \int_0^1 A\mathrm{d}x = A,$$

$$a_n = \frac{1}{l}\int_{-l}^l f(x)\cos\frac{n\pi x}{l}\mathrm{d}x = \int_0^1 A\cos n\pi x\mathrm{d}x = 0 \quad (n=1,2,\cdots),$$

$$b_n = \frac{1}{l}\int_{-l}^l f(x)\sin\frac{n\pi x}{l}\mathrm{d}x = \int_0^1 A\sin n\pi x\mathrm{d}x = \frac{A}{n\pi}(1-\cos n\pi)$$

$$= \frac{A}{n\pi}[1-(-1)^n] = \begin{cases} \dfrac{2A}{n\pi} & (n=1,3,\cdots) \\ 0 & (n=2,4,\cdots) \end{cases}.$$

因此,函数 $f(x)$ 的傅立叶级数的展开式为

$$f(x) = \frac{A}{2} + \frac{2A}{\pi}\left(\sin\pi x + \frac{1}{3}\sin 3\pi x + \frac{1}{5}\sin 5\pi x + \cdots\right)$$

$$(x\in(-\infty,+\infty) \quad x\neq 0,\pm 1,\cdots).$$

当 $x=0,\pm 1,\cdots$ 时,$f(x)$ 的傅立叶级数收敛于 $\dfrac{A}{2}$,它的和函数的图形如图 9-7 所示.

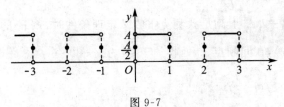

图 9-7

9.5.4 在$[-l,l]$上有定义的函数的傅立叶展开

设函数 $f(x)$ 只在$[-l,l]$上有定义,并且满足收敛定理的条件,则 $f(x)$ 也可以展开成傅立叶级数,方法如下:在$[-l,l)$ 或$(-l,l]$之外对 $f(x)$ 补充定义,使它拓广为一个在整个数轴上有定义且以 $2l$ 为周期的函数 $F(x)$.这种拓广函数的定义域的过程称为**周期延拓**.显然 $F(x)$ 可以展开成周期为 $2l$ 的傅立叶级数,当限制自变量 $x\in(-l,l)$ 时,即得 $F(x)\equiv f(x)$,这样便得到 $f(x)$ 的傅立叶级数展开式.根据收敛定理,此级数在 $x=\pm l$ 处收敛于 $\dfrac{1}{2}[f(-l+0)+f(l-0)]$.

【例 9-43】　将函数 $f(x) = 2 + |x|\ (-1 \leqslant x \leqslant 1)$ 展开成以 2 为周期的傅立叶级数.

解　由于 $f(x) = 2 + |x|\ (-1 \leqslant x \leqslant 1)$ 是偶函数,所以

$$a_0 = 2\int_0^1 (2+x)\mathrm{d}x = 5,$$

$$a_n = 2\int_0^1 (2+x)\cos n\pi x\,\mathrm{d}x = \frac{2(\cos n\pi - 1)}{n^2\pi^2}$$

$$= \frac{2[(-1)^n - 1]}{n^2\pi^2} = \begin{cases} \dfrac{-4}{n^2\pi^2} & (n = 1, 3, \cdots), \\ 0 & (n = 2, 4, \cdots) \end{cases},$$

$$b_n = 0 \quad (n = 1, 2, \cdots).$$

因所给函数在区间 $[-1,1]$ 上满足收敛定理条件,并注意到周期延拓后的函数处处连续(图 9-8),故

$$2 + |x| = \frac{5}{2} - \frac{4}{\pi^2} \sum_{n=0}^{\infty} \frac{\cos(2n+1)\pi x}{(2n+1)^2}, x \in [-1, 1].$$

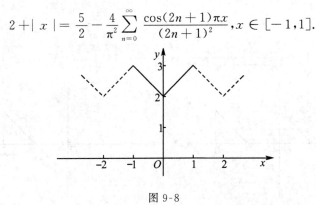

图 9-8

9.5.5　在 $[0,l]$ 上有定义的函数的傅立叶展开

在有限区间上定义的非周期函数与周期函数的傅立叶展开有很大的不同.它可以在定义区间之外灵活地进行周期延拓,因而展开的傅立叶级数并不唯一.但在实际应用时,一般选择方便的形式.特别是对于只在 $[0,l]$ 上有定义的函数,常常将其展开为正弦级数或余弦级数.

设函数 $f(x)$ 只在 $[0,l]$ 上有定义,并且满足收敛定理的条件,由 9.5.4 小节知道,只需在 $(-l,0)$ 内补充 $f(x)$ 的定义,得到定义在区间 $(-l,l]$ 上的函数 $F(x)$,使它在 $(-l,l)$ 上成为奇函数(如果 $f(0) \neq 0$,则规定 $F(0) = 0$)或者偶函数,这种拓广函数定义域的过程称为**奇延拓**或**偶延拓**.

然后在 $(-l,l)$ 上把延拓后的函数 $F(x)$ 展开为傅立叶级数,即得正弦级数或余弦级数,最后限制 $x \in (0,l)$,此时 $F(x) \equiv f(x)$,这样便得到函数 $f(x)$ 的正弦级数或余弦级数展开式.

【例 9-44】　将函数 $f(x) = x - 1$ 在 $[0,2]$ 上展开为

(1) 正弦级数;

(2) 余弦级数.

解 （1）为将 $f(x)$ 展开为正弦级数，需对 $f(x)$ 做奇延拓（图 9-9），于是 $2l = 4$，故

$$b_n = \frac{2}{2} \int_0^2 (x-1) \sin \frac{n\pi x}{2} \mathrm{d}x = -\frac{2}{n\pi} - (-1)^n \frac{2}{n\pi} = \begin{cases} 0 & (n = 1,3,\cdots) \\ -\frac{4}{n\pi} & (n = 2,4,\cdots) \end{cases},$$

由收敛定理知

$$x - 1 = -\frac{4}{\pi} \left(\frac{1}{2} \sin \pi x + \frac{1}{4} \sin 2\pi x + \frac{1}{6} \sin 3\pi x + \cdots \right) \quad (x \in (0,2)).$$

（2）对 $f(x)$ 做偶延拓（图 9-10），故

$$a_0 = \frac{2}{2} \int_0^2 (x-1) \mathrm{d}x = 0,$$

$$a_n = \frac{2}{2} \int_0^2 (x-1) \cos \frac{n\pi x}{2} \mathrm{d}x = \frac{4}{n^2 \pi^2} [(-1)^n - 1] = \begin{cases} \dfrac{-8}{n^2 \pi^2} & (n = 1,3,\cdots) \\ 0 & (n = 2,4,\cdots) \end{cases},$$

由收敛定理知

$$x - 1 = -\frac{8}{\pi^2} \sum_{n=1}^{\infty} \frac{1}{(2n-1)^2} \cos \frac{(2n-1)\pi x}{2} \quad (x \in [0,2]).$$

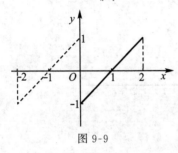

图 9-9

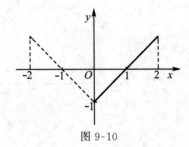

图 9-10

习题 9-5

1. 填空题：

（1）设 $f(x)$ 是周期为 2 的周期函数，它在区间 $(-1,1]$ 上的定义为

$$f(x) = \begin{cases} 2 & (-1 < x \leqslant 0) \\ x^3 & (0 < x \leqslant 1) \end{cases},$$

则 $f(x)$ 的傅立叶级数在 $x = 1$ 处收敛于 _____.

（2）设函数 $f(x) = x^2 (0 \leqslant x < 1)$，而

$$S(x) = \sum_{n=1}^{\infty} b_n \sin n\pi x, x \in (-\infty, +\infty),$$

其中

$$b_n = 2 \int_0^1 f(x) \sin n\pi x \mathrm{d}x \quad (n = 1,2,\cdots),$$

则 $S\left(-\dfrac{1}{2}\right)$ 等于 _____.

（3）设函数 $f(x) = \pi x + x^2 (-\pi < x < \pi)$ 的傅立叶级数展开式为

$$\frac{a_0}{2} + \sum_{n=1}^{\infty} (a_n \cos nx + b_n \sin nx),$$

则其中系数 b_3 的值为 _____ .

(4) 函数 $f(x) = \begin{cases} -1 & (-\pi \leqslant x < 0) \\ 1+x^2 & (0 \leqslant x \leqslant \pi) \end{cases}$ 的傅立叶级数的和函数 $S(x)$ 的表达式为 _____ .

2. 将下列周期为 2π 的函数 $f(x)$ 展开成傅立叶级数,其中 $f(x)$ 在 $[-\pi, \pi)$ 上的表达式为

(1) $f(x) = \begin{cases} 0 & (-\pi \leqslant x < 0) \\ x & (0 \leqslant x < \pi) \end{cases}$; (2) $f(x) = 3x^2 + 1$.

3. 将下列函数展开成傅立叶级数

(1) $f(x) = x(-\pi \leqslant x < \pi)$; (2) $f(x) = \begin{cases} -x & (-\pi \leqslant x < 0) \\ x & (0 \leqslant x \leqslant \pi) \end{cases}$.

4. 把函数

$$f(x) = \begin{cases} -\dfrac{\pi}{4} & (-\pi \leqslant x < 0) \\ \dfrac{\pi}{4} & (0 \leqslant x \leqslant \pi) \end{cases}$$

展开成傅立叶级数,并由它推出 $\dfrac{\pi}{4} = 1 - \dfrac{1}{3} + \dfrac{1}{5} - \dfrac{1}{7} + \cdots$.

5. 将下列周期函数展开成傅立叶级数,下面仅给出函数在一个周期内的表达式.

(1) $f(x) = x^2 - x, -2 \leqslant x < 2$;

(2) $f(x) = \begin{cases} x & (-1 \leqslant x < 0) \\ 1 & (0 \leqslant x < \dfrac{1}{2}) \\ -1 & (\dfrac{1}{2} \leqslant x < 1) \end{cases}$.

6. 将函数 $f(x) = \dfrac{\pi}{2} - x(0 \leqslant x \leqslant \pi)$ 展开成余弦级数.

7. 将函数 $f(x) = \cos\dfrac{x}{2}(0 \leqslant x \leqslant \pi)$ 展开成正弦级数.

8. 把 $f(x) = x + 1, x \in [0, \pi]$ 展开成余弦级数,并求常数项级数 $\sum\limits_{n=1}^{\infty} \dfrac{1}{(2n-1)^2}$ 的和.

9.6　应用实例阅读

【实例 9-1】 p 进制循环小数如何化成十进制分数

我们接触最多的实数是十进制数. 在十进制数中,任何一个有理数都可以表示为一个整数加上一个真分数,而真分数又总能表示为无限循环小数. 在计算机科学中,通常采用二进制、八进制和十六进制进行运算. 更一般地,在科学研究中有时要采用 p 进制来表示一个实数. 那么 p 进制的数与十进制的数如何相互转化? 试以无限循环小数为例加以

说明.

解 设形如 $x = 0.a_1 a_2 \cdots a_k a_1 a_2 \cdots a_k \cdots$ 的数是任意一个 p 进制的无限循环小数,这里 p 是正整数,$a_1, a_2, \cdots, a_k$ 是 0 与 $p-1$ 之间的任意整数,k 是循环节的长度. 现将这个数化成十进制的分数.

根据 p 进制的定义,把 x 写成级数形式

$$
\begin{aligned}
x &= \frac{a_1}{p} + \frac{a_2}{p^2} + \cdots + \frac{a_k}{p^k} + \frac{a_1}{p^{k+1}} + \cdots + \frac{a_k}{p^{k+k}} + \cdots \\
&= \sum_{l=0}^{\infty} \left(\frac{a_1}{p^{lk+1}} + \frac{a_2}{p^{lk+2}} + \cdots + \frac{a_k}{p^{lk+k}} \right) \\
&= \left(\frac{a_1}{p} + \frac{a_2}{p^2} + \cdots + \frac{a_k}{p^k} \right) \sum_{l=0}^{\infty} \frac{1}{p^{lk}} \\
&= \left(\frac{a_1}{p} + \frac{a_2}{p^2} + \cdots + \frac{a_k}{p^k} \right) \frac{p^k}{p^k - 1} \\
&= \frac{a_1 p^{k-1} + a_2 p^{k-2} + \cdots + a_{k-1} p + a_k}{p^k - 1}.
\end{aligned}
$$

这样,就把一个 p 进制的循环小数化成了十进制的分数,下面举例具体计算.

例如,

(1) $x = 0.123\ 123\ 123\cdots$(十进制)

$$
\begin{aligned}
x &= \sum_{k=0}^{\infty} \left(\frac{1}{10^{3k+1}} + \frac{2}{10^{3k+2}} + \frac{3}{10^{3k+3}} \right) \\
&= \frac{1}{10} \sum_{k=0}^{\infty} \frac{1}{10^{3k}} + \frac{2}{100} \sum_{k=0}^{\infty} \frac{1}{10^{3k}} + \frac{3}{1\ 000} \sum_{k=0}^{\infty} \frac{1}{10^{3k}} \\
&= \left(\frac{1}{10} + \frac{2}{100} + \frac{3}{1\ 000} \right) \sum_{k=0}^{\infty} \frac{1}{10^{3k}} \\
&= \frac{123}{1\ 000} \times \frac{1}{1 - \frac{1}{10^3}} = \frac{123}{999}.
\end{aligned}
$$

(2) $x = 0.515\ 151\cdots$(九进制)

$$
x = \sum_{k=0}^{\infty} \left(\frac{5}{9^{2k+1}} + \frac{1}{9^{2k+2}} \right) = \left(\frac{5}{9} + \frac{1}{9^2} \right) \sum_{k=0}^{\infty} \frac{1}{9^{2k}} = \frac{46}{81} \times \frac{1}{1 - \frac{1}{81}} = \frac{46}{80}.
$$

(3) $x = 0.111\ 011\ 101\ 110\cdots$(二进制)

$$
x = \sum_{k=0}^{\infty} \left(\frac{1}{2^{4k+1}} + \frac{1}{2^{4k+2}} + \frac{1}{2^{4k+3}} + \frac{0}{2^{4k+4}} \right) = \left(\frac{1}{2} + \frac{1}{4} + \frac{1}{8} \right) \sum_{k=0}^{\infty} \frac{1}{16^k} = \frac{7}{8} \times \frac{1}{1 - \frac{1}{16}} = \frac{14}{15}.
$$

(4) $x = 0.777\cdots$(八进制)

$$
x = \frac{7}{8} + \frac{7}{8^2} + \frac{7}{8^3} + \cdots = 7 \sum_{k=1}^{\infty} \frac{1}{8^k} = 7 \times \frac{\frac{1}{8}}{1 - \frac{1}{8}} = 1.
$$

反过来,怎样将十进制分数化成 p 进制小数?

设十进制下的分数 x 在 p 进制下的小数形如

$$x = 0.a_1 a_2 \cdots a_k a_1 \cdots.$$

根据定义,有

$$x = \frac{a_1}{p} + \frac{a_2}{p^2} + \cdots + \frac{a_k}{p^k} + \frac{a_1}{p^{k+1}} + \cdots.$$

用 p 乘以上式两端,有

$$px = a_1 + \frac{a_2}{p} + \frac{a_3}{p^2} + \cdots.$$

其整数部分就是 a_1. 从 px 中减去 a_1,得到

$$y = \frac{a_2}{p} + \frac{a_3}{p^2} + \cdots.$$

再用 p 乘以上式两端,其整数部分即 a_2,然后继续重复前面步骤即得.

例如,将十进制分数 $\dfrac{6}{25}$ 化为二进制小数.

$\dfrac{6}{25} = 0.24$,在上面算法中取 $p = 2$,则有

$$0.24 \times 2 = 0.48, \text{故 } a_1 = 0;$$
$$(0.48 - a_1) \times 2 = 0.96, \text{故 } a_2 = 0;$$
$$(0.96 - a_2) \times 2 = 1.92, \text{故 } a_3 = 1;$$
$$(1.92 - a_3) \times 2 = 1.84, \text{故 } a_4 = 1.$$

若精度要求至小数点后四位,则 $\dfrac{6}{25}$ 在二进制下的小数为 0.0011(二进制).

【实例 9-2】 证明 e 是无理数

重要极限 $\lim\limits_{x \to \infty} \left(1 + \dfrac{1}{x}\right)^x = \text{e}$ 已为我们熟悉. e 也可看作数列 $x_n = \left(1 + \dfrac{1}{n}\right)^n$ $(n = 1,$ $2, \cdots)$ 的极限. 数列 $\{x_n\}$ 的每一项都是有理数,而它的极限 e 却是个无理数,这是个很有意思的结果. 怎样证明 e 是无理数呢?

证明 首先证明一个不等式:设 q 是正整数,$q \geqslant 2$,则有 $0 < q! \sum\limits_{n=q+1}^{\infty} \dfrac{1}{n!} < 1$.

显然 $q! \sum\limits_{n=q+1}^{\infty} \dfrac{1}{n!} > 0$,级数 $\sum\limits_{n=q+1}^{\infty} \dfrac{1}{n!}$ 的部分和数列 $\{S_k\}$ 单调增加.

记 $S_k = \dfrac{1}{(q+1)!} + \dfrac{1}{(q+2)!} + \cdots + \dfrac{1}{(q+k)!}$,则

$$S_k \leqslant \frac{1}{(q+1)!} + \frac{1}{(q+1)!(q+1)} + \cdots + \frac{1}{(q+1)!(q+1)^{k-1}}$$
$$= \frac{1}{(q+1)!}\left[1 + \frac{1}{q+1} + \frac{1}{(q+1)^2} + \cdots + \frac{1}{(q+1)^{k-1}}\right].$$

从而

$$\lim_{k \to \infty} S_k \leqslant \frac{1}{(q+1)!} \cdot \frac{1}{1 - \dfrac{1}{q+1}} = \frac{1}{q \cdot q!}.$$

可知正项级数 $\sum\limits_{n=q+1}^{\infty} \dfrac{1}{n!}$ 收敛,且

$$q! \sum_{n=q+1}^{\infty} \frac{1}{n!} \leqslant q! \cdot \frac{1}{q \cdot q!} = \frac{1}{q} < 1,$$

即

$$0 < q! \sum_{n=q+1}^{\infty} \frac{1}{n!} < 1.$$

下面证明 e 是一个无理数.

用反证法. 假如 e 是有理数,则总有 $e = \dfrac{p}{q}$,其中 p、q 是两个互质的正整数,$q \geqslant 2$. 由 $p = eq$ 以及 $e = \sum\limits_{n=0}^{\infty} \dfrac{1}{n!}$,可得到

$$p \cdot (q-1)! = eq \cdot (q-1)! = e \cdot q! = q! \sum_{n=0}^{\infty} \frac{1}{n!}.$$

进而有

$$p \cdot (q-1)! = q! \sum_{n=0}^{q} \frac{1}{n!} + q! \sum_{n=q+1}^{\infty} \frac{1}{n!},$$

等式左边显然是整数,而等式右边第一项也是整数,第二项由已证不等式 $0 < q! \sum\limits_{n=q+1}^{\infty} \dfrac{1}{n!} < 1$,知 $q! \sum\limits_{n=q+1}^{\infty} \dfrac{1}{n!}$ 是小数,这就导出矛盾. 所以 e 不能是有理数,即 e 是无理数.

【实例 9-3】 银行存款问题

假设银行打算实行一种新的存款与付款方式,即某人在银行存入一笔钱,希望在第 n 年末取出 n^2 元($n = 1,2,\cdots$),并且永远按此规律提取,问事先需要存入多少本金?

解 这是一个假想问题,目前国内银行尚无这种存款与付款方式. 它属于财务管理中不等额现金流量现值的计算问题.

设本金为 A,年利率为 p,按复利的计算方法,第 1 年末的本利和(本金与利息之和)为 $A(1+p)$,第 n 年末的本利和为 $A(1+p)^n$($n = 1,2,\cdots$). 假定存 n 年的本金为 A_n,则第 n 年末的本利和应为 $A_n(1+p)^n$($n = 1,2,\cdots$).

为保证某君的要求得以实现,即第 n 年末提取 n^2 元,那么,必须要求第 n 年末的本利和最少应等于 n^2 元,即 $A_n(1+p)^n = n^2$($n = 1,2,\cdots$). 也就是说,应当满足如下条件:

$$A_1(1+p) = 1, A_2(1+p)^2 = 4, A_3(1+p)^3 = 9, \cdots, A_n(1+p)^n = n^2.$$

因此,第 n 年末要提取 n^2 元时,事先应存入的本金 $A_n = n^2(1+p)^{-n}$. 如果还要求此种提款方式能永远继续下去,则事先需要存入的本金总数应等于

$$\sum_{n=1}^{\infty} n^2(1+p)^{-n} = \frac{1}{1+p} + \frac{2^2}{(1+p)^2} + \cdots + \frac{n^2}{(1+p)^n} + \cdots.$$

这是一个正项级数,利用比值判别法,

$$\lim_{n \to \infty} \frac{u_{n+1}}{u_n} = \lim_{n \to \infty} \frac{(n+1)^2}{(1+p)^{n+1}} \cdot \frac{(1+p)^n}{n^2} = \frac{1}{1+p} < 1,$$

可知级数是收敛的. 因此,为了求得本金总数,需要计算该级数的和.

由于上述常数项级数是幂级数 $\sum\limits_{n=1}^{\infty} n^2 x^n$ 的和函数在 $x = \dfrac{1}{1+p}$ 处的值,因此,应当先求该幂级数的和函数. 由于

$$\frac{1}{1-x} = \sum_{n=0}^{\infty} x^n = 1 + x + x^2 + \cdots + x^n + \cdots \quad (x \in (-1,1)),$$

逐项求导,得

$$\frac{1}{(1-x)^2} = \sum_{n=1}^{\infty} nx^{n-1} \quad (x \in (-1,1)),$$

因此

$$\frac{x}{(1-x)^2} = \sum_{n=1}^{\infty} nx^n \quad (x \in (-1,1)).$$

对上式两端再逐项求导,得

$$\frac{1+x}{(1-x)^3} = \sum_{n=1}^{\infty} n^2 x^{n-1} \quad (x \in (-1,1)),$$

所以

$$\sum_{n=1}^{\infty} n^2 x^n = \frac{x + x^2}{(1-x)^3} \quad (x \in (-1,1)).$$

在上式中取 $x = \dfrac{1}{1+p}$,便得所求的本金总数,即

$$\sum_{n=1}^{\infty} n^2 (1+p)^{-n} = \frac{(1+p)(2+p)}{p^3}.$$

如果年利率为 $p = 10\%$,可算得需事先存入本金 2 310 元.

如果年利率为 $p = 5\%$,可算得需事先存入本金 17 220 元.

如果年利率为 $p = 2\%$,可算得需事先存入本金 257 550 元.

讨论　如果换一种提款方式,例如,第 n 年末提取 n 元或 n^3 元等,也可求得事先应存入的本金数. 但是,并非按任何提款方式都是可以实现的. 例如,第 n 年末提取 $(1+p)^n$ 元,永远按此规律提取,则是不能实现的. 因为这时需要存入的本金数为

$$\sum_{n=1}^{\infty} (1+p)^n (1+p)^{-n} = 1 + 1 + 1 + \cdots + 1 + \cdots,$$

该级数是发散的,本金数为无穷大.

复习题 9

1. 填空题:

(1) 数项级数 $\sum\limits_{n=1}^{\infty} \dfrac{1}{(2n-1)(2n+1)}$ 的和为_____;

(2) 级数 $\sum\limits_{n=1}^{\infty} (-1)^n \dfrac{1}{n^p}$,当_____时绝对收敛;当_____时条件收敛;

(3) 设幂级数 $\sum\limits_{n=1}^{\infty} a_n(x+1)^n$ 在 $x = 3$ 处条件收敛,则该幂级数的收敛半径为_____;

(4) 在 $y = 2^x$ 的关于 x 的幂级数展开式中, x^n 项的系数是_____.

2. 选择题

(1) 设 α 为常数,则级数 $\sum\limits_{n=1}^{\infty}\left(\dfrac{\sin n\alpha}{n^2}-\dfrac{1}{\sqrt{n}}\right)$ ( ).

A. 发散   B. 绝对收敛   C. 条件收敛   D. 收敛性与 α 的取值有关

(2) 设 $0\leqslant a_n<\dfrac{1}{n}(n=1,2,\cdots)$,则下列级数中肯定收敛的是( ).

A. $\sum\limits_{n=1}^{\infty}a_n$ B. $\sum\limits_{n=1}^{\infty}(-1)^n a_n$ C. $\sum\limits_{n=1}^{\infty}\sqrt{a_n}$ D. $\sum\limits_{n=1}^{\infty}(-1)^n a_n^2$

(3) 若级数 $\sum\limits_{n=1}^{\infty}a_n$ 与 $\sum\limits_{n=1}^{\infty}b_n$ 都发散,则( ).

A. $\sum\limits_{n=1}^{\infty}(a_n+b_n)$ 发散   B. $\sum\limits_{n=1}^{\infty}a_n b_n$ 发散   C. $\sum\limits_{n=1}^{\infty}(|a_n|+|b_n|)$ 发散   D. $\sum\limits_{n=1}^{\infty}(a_n^2+b_n^2)$ 发散

(4) 设常数 $a>0$,正项级数 $\sum\limits_{n=1}^{\infty}a_n$ 收敛,则级数 $\sum\limits_{n=1}^{\infty}(-1)^n\dfrac{\sqrt{a_{2n-1}}}{\sqrt{n^2+a}}$ ( ).

A. 条件收敛   B. 绝对收敛   C. 发散   D. 敛散性不能确定

3. 判别下列级数的敛散性:

(1) $\sum\limits_{n=1}^{\infty}\dfrac{a^n}{1+a^{2n}}(a>0)$;   (2) $\sum\limits_{n=1}^{\infty}\dfrac{4^n}{5^n-3}$;   (3) $\sum\limits_{n=2}^{\infty}(\sqrt[n]{\mathrm{e}}-1)$;   (4) $\sum\limits_{n=1}^{\infty}\displaystyle\int_0^{\frac{\pi}{n}}\dfrac{\sin x}{1+x}\mathrm{d}x$.

4. 判断下列级数的敛散性,若收敛,是绝对收敛,还是条件收敛.

(1) $\sum\limits_{n=1}^{\infty}\dfrac{n^3\sin\frac{n\pi}{3}}{2^n}$;   (2) $\sum\limits_{n=1}^{\infty}\dfrac{(-1)^n}{\sqrt{n}}\sin\dfrac{1}{\sqrt{n}}$;   (3) $\sum\limits_{n=1}^{\infty}(-1)^n\dfrac{n^{100}}{2^n}$;   (4) $\sum\limits_{n=1}^{\infty}(-1)^{n-1}\left(\dfrac{n}{n+1}\right)^n$.

5. 一个收敛级数与一个发散级数逐项相加所得级数一定发散,两个发散级数逐项相加所得的级数可能收敛,这两个结论是否正确?为什么?

6. 若级数 $\sum\limits_{n=1}^{\infty}u_n$ 收敛,和为 S,问级数 $\sum\limits_{n=1}^{\infty}(u_n+u_{n+1})$ 是否收敛?若收敛求其和.

7. 下列命题是否正确?若正确,请给予证明;若不正确,请举出反例.

(1) 若级数 $\sum\limits_{n=1}^{\infty}u_n$ 发散,则级数 $\sum\limits_{n=1}^{\infty}u_n^2$ 也发散;

(2) 设 $u_n>0$ 且数列 $\{nu_n\}$ 有界,则级数 $\sum\limits_{n=1}^{\infty}u_n^2$ 必收敛;

(3) 若正项级数 $\sum\limits_{n=1}^{\infty}u_n$ 和 $\sum\limits_{n=1}^{\infty}v_n$ 都发散,则级数 $\sum\limits_{n=1}^{\infty}\max\{u_n,v_n\}$ 发散.

8. 设级数 $\sum\limits_{n=1}^{\infty}a_n$ 与 $\sum\limits_{n=1}^{\infty}c_n$ 都收敛,且 $a_n\leqslant b_n\leqslant c_n(n=1,2,\cdots)$,试证级数 $\sum\limits_{n=1}^{\infty}b_n$ 收敛.

9. 设 $a_1=2,a_{n+1}=\dfrac{1}{2}\left(a_n+\dfrac{1}{a_n}\right)(n=1,2,\cdots)$,证明:

(1) $\lim\limits_{n\to\infty}a_n$ 存在;

(2) 级数 $\sum\limits_{n=1}^{\infty}\left(\dfrac{a_n}{a_{n+1}}-1\right)$ 收敛.

10. 求下列幂级数的收敛域及和函数：

(1) $\displaystyle\sum_{n=1}^{\infty} n(n+2)x^n$；　　(2) $\displaystyle\sum_{n=1}^{\infty} n(x-1)^n$.

11. 求数项级数 $\displaystyle\sum_{n=0}^{\infty} \frac{n+1}{2^n \cdot n!}$ 的和.

12. 将函数 $f(x) = xe^x$ 展为 $x-1$ 的幂级数.

13. 将函数 $f(x) = \dfrac{x-1}{4-x}$ 在 $x_0 = 1$ 处展为幂级数，并求 $f^{(n)}(1)$.

14. 将函数 $f(x) = \arctan\dfrac{1+x}{1-x}$ 展为 x 的幂级数，并求数项级数 $\displaystyle\sum_{n=0}^{\infty} \frac{(-1)^n}{2n+1}$ 的和.

15. 将函数 $f(x) = \begin{cases} 1 & (0 \leqslant x < \dfrac{1}{2}) \\ -1 & (\dfrac{1}{2} \leqslant x \leqslant 1) \end{cases}$ 分别展开成正弦级数和余弦级数.

参考答案与提示

习题 9-1

1. (1) $\dfrac{1+1}{1+1^2} + \dfrac{1+2}{1+2^2} + \dfrac{1+3}{1+3^2} + \dfrac{1+4}{1+4^2} + \dfrac{1+5}{1+5^2} + \cdots$；

(2) $\dfrac{1}{2} + \dfrac{1\cdot3}{2\cdot4} + \dfrac{1\cdot3\cdot5}{2\cdot4\cdot6} + \dfrac{1\cdot3\cdot5\cdot7}{2\cdot4\cdot6\cdot8} + \dfrac{1\cdot3\cdot5\cdot7\cdot9}{2\cdot4\cdot6\cdot8\cdot10} + \cdots$；

(3) $\dfrac{1}{5} - \dfrac{1}{5^2} + \dfrac{1}{5^3} - \dfrac{1}{5^4} + \dfrac{1}{5^5} + \cdots$；

(4) $\dfrac{1!}{1} + \dfrac{2!}{2^2} + \dfrac{3!}{3^3} + \dfrac{4!}{4^4} + \dfrac{5!}{5^5} + \cdots$

2. (1) $u_n = \dfrac{(2n-1)\pi}{6}$；　　(2) $u_n = \dfrac{1}{(2n-1)(2n+1)}$；

(3) $u_n = (-1)^{n-1}\dfrac{a^{n+1}}{2n+1}$；　　(4) $u_n = \dfrac{x^{\frac{n}{2}}}{2\cdot4\cdots(2n)}$

3. (1) 发散；　(2) 收敛，和为 $\dfrac{1}{2}$；　(3) 收敛，和为 $\dfrac{1}{5}$；　(4) 发散

4. (1) 收敛，和为 $\dfrac{3}{2}$；　(2) 发散；　(3) 发散；　(4) 收敛，和为 $\dfrac{5}{2}$

5. (1) $x > 0$ 或 $x < -2$；　(2) $\dfrac{1}{e} < x < e$

6. $L = b\left(\dfrac{\sin\theta}{1-\sin\theta}\right)$　　**7.** $\dfrac{\pi^2}{8}$

习题 9-2

1. (1) 发散；　(2) 收敛；　(3) 收敛；　(4) 发散；　(5) 收敛；

(6) 收敛；　(7) 发散；　(8) 收敛；　(9) 发散

2. (1) 发散；　(2) 收敛；　(3) 发散；　(4) 收敛；　(5) 发散；　(6) 收敛；　(7) 发散；　(8) 收敛

3. (1) 收敛；　(2) 收敛；　(3) 收敛；　(4) 发散

4. (1) 收敛；　(2) 发散；　(3) 收敛；　(4) 收敛；　(5) 发散；　(6) 收敛

习题 9-3

1. (1) 条件收敛；　(2) 绝对收敛；　(3) 绝对收敛；　(4) 绝对收敛；　(5) 发散；

(6) 绝对收敛；　(7) 条件收敛；　(8) 发散

2. C　　**3.** C　　**4.** A

习题 9-4

1. (1) 收敛半径为 1, 收敛域为 $(-1,1]$；

(2) 收敛半径为 $\frac{1}{2}$, 收敛域为 $\left(-\frac{1}{2}, \frac{1}{2}\right]$；

(3) 收敛半径为 $+\infty$, 收敛域为 $(-\infty, +\infty)$；

(4) 收敛半径为 1, 收敛域为 $[2,4]$；

(5) 收敛半径为 $\sqrt{3}$, 收敛域为 $(-\sqrt{3}, \sqrt{3})$；

(6) 收敛半径为 2, 收敛域为 $(0,4)$；

(7) 收敛半径为 $\frac{1}{2}$, 收敛域为 $\left[-\frac{1}{2}, \frac{1}{2}\right]$；

(8) 收敛半径为 2, 收敛域为 $(-1,3)$

2. B

3. (1) $\displaystyle\sum_{n=0}^{\infty} \frac{x^{2n}}{(2n)!}, x \in (-\infty, +\infty)$；

(2) $\displaystyle\sum_{n=1}^{\infty} \frac{(-1)^{n-1}}{(2n-1)!}\left(\frac{x}{2}\right)^{2n-1}, x \in (-\infty, +\infty)$；

(3) $1 + \displaystyle\sum_{n=1}^{\infty} (-1)^n \frac{(2x)^{2n}}{2(2n)!}, x \in (-\infty, +\infty)$；

(4) $\ln 3 - \displaystyle\sum_{n=1}^{\infty} \frac{2^n}{n \cdot 3^n} x^n, x \in \left[-\frac{3}{2}, \frac{3}{2}\right)$；

(5) $\displaystyle\sum_{n=0}^{\infty} (-1)^n \frac{2^n}{3^{n+1}} x^n, x \in \left(-\frac{3}{2}, \frac{3}{2}\right)$；

(6) $\displaystyle\sum_{n=0}^{\infty} (-1)^n x^{2n+1}, x \in (-1,1)$；

(7) $\displaystyle\sum_{n=1}^{\infty} (-1)^{n-1} \frac{x^{n+1}}{n}, x \in (-1,1]$；

(8) $\displaystyle\sum_{n=0}^{\infty} (-1)^n \frac{x^{2n+1}}{2n+1}, x \in [-1,1]$

4. (1) $S(x) = \frac{1}{2}\ln\left(\frac{1+x}{1-x}\right), x \in (-1,1)$；

(2) $S(x) = \frac{x}{(1-x)^2}, x \in (-1,1)$；

(3) $S(x) = \ln 2 - \ln(2-x), x \in [-2,2)$；

(4) $S(x) = x^2 e^x, x \in (-\infty, +\infty)$

5. $\cos x = \frac{1}{2}\displaystyle\sum_{n=0}^{\infty} (-1)^n \left(\frac{\left(x+\frac{\pi}{3}\right)^{2n}}{(2n)!} + \sqrt{3}\frac{\left(x+\frac{\pi}{3}\right)^{2n+1}}{(2n+1)!}\right), x \in (-\infty, +\infty)$

6. $\frac{1}{x} = \frac{1}{3}\displaystyle\sum_{n=1}^{\infty} (-1)^n \frac{(x-3)^n}{3^n}, x \in (0,6)$

7. $\frac{1}{x^2+3x+2} = \displaystyle\sum_{n=0}^{\infty} \left(\frac{1}{2^{n+1}} - \frac{1}{3^{n+1}}\right)(x+4)^n, x \in (-6,-2)$

8. (1) 0.182 3；　(2) 0.156 43；　(3) 0.487

习题 9-5

1. (1) $\frac{3}{2}$；　(2) $-\frac{1}{4}$；　(3) $\frac{2}{3}\pi$；　(4) $S(x) = \begin{cases} -1 & (-\pi < x < 0) \\ 1+x^2 & (0 < x < \pi) \\ 0 & (x = 0) \\ \frac{\pi^2}{2} & (x = \pm\pi) \end{cases}$

2. (1) $f(x) = \dfrac{\pi}{4} - \left(\dfrac{2}{\pi}\cos x - \sin x\right) - \dfrac{1}{2}\sin 2x - \left(\dfrac{2}{9\pi}\cos 3x - \dfrac{1}{3}\sin 3x\right) - \cdots$,

$\quad x \in (-\infty, +\infty), x \neq (2k+1)\pi, k = 0, \pm 1, \pm 2, \cdots$

(2) $f(x) = \pi^2 + 1 + 12\displaystyle\sum_{n=1}^{\infty}\dfrac{(-1)^n}{n^2}\cos nx, x \in (-\infty, +\infty)$

3. (1) $f(x) = 2\displaystyle\sum_{n=1}^{\infty}(-1)^{n+1}\dfrac{\sin nx}{n}, x \in (-\pi, \pi)$;

(2) $f(x) = \dfrac{\pi}{2} - \dfrac{4}{\pi}\displaystyle\sum_{k=0}^{\infty}\dfrac{\cos(2k+1)x}{(2k+1)^2}, x \in [-\pi, \pi]$

4. $f(x) = \displaystyle\sum_{k=1}^{\infty}\dfrac{1}{2k-1}\sin(2k-1)x, x \in (-\pi, 0) \bigcup (0, \pi)$

5. (1) $f(x) = \dfrac{4}{3} + \displaystyle\sum_{n=1}^{\infty}(-1)^n\left(\dfrac{16}{n^2\pi^2}\cos\dfrac{n\pi x}{2} + \dfrac{4}{n\pi}\sin\dfrac{n\pi x}{2}\right)$,

$\quad x \in (-\infty, +\infty), x \neq 4k-2, k = 0, \pm 1, \pm 2, \cdots$;

(2) $f(x) = -\dfrac{1}{4} + \displaystyle\sum_{n=1}^{\infty}\left\{\left[\dfrac{1-(-1)^n}{n^2\pi^2} + \dfrac{2\sin\frac{n\pi}{2}}{n\pi}\right]\cos n\pi x + \dfrac{1-2\cos\frac{n\pi}{2}}{n\pi}\sin n\pi x\right\}$,

$\quad x \in (-\infty, +\infty), x \neq 2k, 2k + \dfrac{1}{2}, k = 0, \pm 1, \pm 2, \cdots$

6. $f(x) = \dfrac{4}{\pi}\displaystyle\sum_{n=1}^{\infty}\dfrac{\cos(2n-1)x}{(2n-1)^2}, x \in [0, \pi]$

7. $f(x) = \dfrac{8}{\pi}\displaystyle\sum_{n=1}^{\infty}\dfrac{n}{4n^2-1}\sin nx, x \in (0, \pi]$

8. $f(x) = \dfrac{\pi}{2} + 1 - \dfrac{4}{\pi}\displaystyle\sum_{n=1}^{\infty}\dfrac{\cos(2n-1)x}{(2n-1)^2}, 0 \leqslant x \leqslant \pi, \displaystyle\sum_{n=1}^{\infty}\dfrac{1}{(2n-1)^2} = \dfrac{\pi^2}{8}$

复习题 9

1. (1) $\dfrac{1}{2}$; (2) $p > 1, 0 < p \leqslant 1$; (3) 4; (4) $\dfrac{(\ln 2)^n}{n!}$ **2.** (1)A; (2)D; (3)C; (4)B

3. (1) $a \neq 1$ 时收敛,$a = 1$ 时发散; (2) 收敛; (3) 发散; (4) 收敛

4. (1) 绝对收敛; (2) 条件收敛; (3) 绝对收敛; (4) 发散   **5.** 正确

6. 收敛,和为 $2S - u_1$ **7.** (1) 不正确; (2) 正确; (3) 发散

10. (1)$S(x) = \dfrac{x(3-x)}{(1-x)^3}, -1 < x < 1$; (2)$S(x) = \dfrac{x-1}{(2-x)^2}, 0 < x < 2$.

11. $\dfrac{3}{2}\mathrm{e}^{\frac{1}{2}}$

12. $x\mathrm{e}^x = \mathrm{e}\left[1 + \displaystyle\sum_{n=1}^{\infty}\left(\dfrac{1}{(n-1)!} + \dfrac{1}{n!}\right)(x-1)^n\right], x \in (-\infty, +\infty)$

13. $\dfrac{x-1}{4-x} = \displaystyle\sum_{n=1}^{\infty}\dfrac{(x-1)^n}{3^n}, |x-1| < 3, f^{(n)}(1) = \dfrac{n!}{3^n}$

14. $\arctan\dfrac{1+x}{1-x} = \dfrac{\pi}{4} + \displaystyle\sum_{n=0}^{\infty}\dfrac{(-1)^n}{2n+1}x^{2n+1}, -1 \leqslant x < 1, \displaystyle\sum_{n=0}^{\infty}\dfrac{(-1)^n}{2n+1} = \dfrac{\pi}{4}$

15. (1) $f(x) = \dfrac{2}{\pi}\displaystyle\sum_{n=1}^{\infty}\dfrac{1}{n}\left[1 + (-1)^n - 2\cos\dfrac{n\pi}{2}\right]\sin n\pi x, x \in \left(0, \dfrac{1}{2}\right) \bigcup \left(\dfrac{1}{2}, 1\right)$;

(2) $f(x) = \dfrac{4}{\pi}\displaystyle\sum_{n=1}^{\infty}\dfrac{1}{n}\sin\dfrac{n\pi}{2}\cos n\pi x, x \in \left[0, \dfrac{1}{2}\right) \bigcup \left(\dfrac{1}{2}, 1\right]$

参考文献

[1] 大连理工大学应用数学系.工科微积分.2 版.大连:大连理工大学出版社,2007.

[2] 李连富,白同亮.高等数学.北京:北京邮电大学出版社,2007.

[3] 李心灿,等.高等数学应用 205 例.北京:高等教育出版社,2003.